Retrieval and Validation of Remotely
Sensed Evapotranspiration (ET):
Theory and Technology

遥感ET反演及校验研究

水 利 部
新疆维吾尔自治区 水利水电勘测设计研究院

索建军 等 著

www.waterpub.com.cn

·北京·

内 容 提 要

本书是进一步深入开展遥感 ET 反演、校验与应用的科技专著，系统分析研究了遥感 ET 反演及校验理论与技术，基于 ET 特点开展了若干领域的遥感 ET 应用研究，并结合遥感 ET 发展趋势和示范区实际需求给出五类典型应用。本书是在水利部 "948" 计划《遥感地面校验系统引进及应用技术开发》和新疆水利系统前期多年遥感应用研究与实践等基础上，经作者系统整理与凝炼而撰写。

本书可供水利、农业、环境保护、城市建设、气象、遥感、GIS 等领域的研究人员以及高等院校相关专业的大学生、研究生等学习与参考。

图书在版编目（ＣＩＰ）数据

遥感ET反演及校验研究 / 索建军等著. -- 北京：
中国水利水电出版社，2019.11
ISBN 978-7-5170-8168-5

Ⅰ．①遥… Ⅱ．①索… Ⅲ．①遥感技术－应用－水文学 Ⅳ．①P33-39

中国版本图书馆CIP数据核字(2019)第251071号

书　　　名	**遥感 ET 反演及校验研究** YAOGAN ET FANYAN JI JIAOYAN YANJIU
作　　　者	水利部新疆维吾尔自治区水利水电勘测设计研究院 索建军　　等 著
出 版 发 行	中国水利水电出版社 （北京市海淀区玉渊潭南路 1 号 D 座　100038） 网址：www.waterpub.com.cn E-mail：sales@waterpub.com.cn 电话：(010) 68367658（营销中心）
经　　　售	北京科水图书销售中心（零售） 电话：(010) 88383994、63202643、68545874 全国各地新华书店和相关出版物销售网点
排　　　版	中国水利水电出版社微机排版中心
印　　　刷	北京印匠彩色印刷有限公司
规　　　格	184mm×260mm　16 开本　20.25 印张　493 千字
版　　　次	2019 年 11 月第 1 版　2019 年 11 月第 1 次印刷
印　　　数	0001—1000 册
定　　　价	**110.00 元**

序一

　　这部专著主要基于《遥感地面校验系统引进及应用技术开发》项目研究而撰写。项目为水利部"948"计划（编号 201432），于 2018 年通过水利部国际合作与科技司验收。"948"计划是 1994 年 8 月经国务院批准，由原农业部、原国家林业局、水利部和财政部共同组织实施的"引进国际先进农业科学技术计划"。

　　本书主体鲜明、理论基础深厚扎实、结构严谨、论述精准、行文流畅、创新突出、轻重相依、内容系统而全面、技术手法多样而又相互应征，可作为遥感应用技术开发指导性、基础性专著。其中包含许多前沿性和开拓性专题：如水利系统持续近 60 年的蒸散发研究历程分析；世界诺贝尔奖巨匠电磁波史参照；大气近地面层结构特性及研究方法；地球广义场理论架构及近地交织层耦合机制；遥感影像畸变机理分析及处理；遥感 ET 反演模型算法、流程及多种反演技术路径；地面校验系统设计建设；地面连续 ET 生成方法创新；遥感 ET 规模化应用框架和产业发展前景；ET 多类应用实例等。本书不但展示了中国遥感 ET 复杂技术的精髓，同时还通过应用实践揭示了遥感技术的未来应用前景，可为高效节水、精准农业、水资源可持续发展和生态环境保护等提供关键技术。

　　蒸散发研究属于多学科交叉的前沿科技，提高遥感 ET 精度是世界性难题。项目组基于国产卫星遥感和地面校验系统，开展 ET 反演、校验和应用，解决区域蒸散发监测技术瓶颈，为基于 ET 的真实节水监测、高效用水管理、水资源优化及生态水权保护等提供关键技术和信息，为水利信息化、云计算和大数据等开辟新数据资源。专著不仅为依托我国迅猛发展的遥感技术，开展中国智慧水利建设起到了开路先锋的作用，而且还可为构建人类命运共同体提供关键技术支撑。

　　遥感 ET 反演、校验及应用成功经验的研究与总结，不但对于新疆可持续发展具有举足轻重的里程碑意义，而且对促进全国水利信息化和智慧水利建设、落实建设生态文明强国以及推进"一带一路"建设等必将作出历史贡献。

　　遥感应用项目的成功总结和专著出版，其意义远远超出项目研究的范围。此专著实际上是遥感技术应用系统工程的一次成功实践，是理论研究、技术开发和应用示范三位一体的创新成果，成果不仅适合中国国情，而且具有国际意义。

　　总结是为更好开始，仍需奋斗前进！

国际勘查地球化学家协会会员
新疆大学教授

2019 年 6 月 29 日

序二

蒸散发是水循环的重要组成部分。精准计算区域蒸散发对气候变化研究、水资源规划管理、农业真实节水监测、作物估产、城市建设、生态环境保护等都十分重要。蒸散发信息是实现水利信息化、智能化、现代化的关键基础信息。遥感技术进步为区域蒸散发监测研究和应用打开了巨大空间，同时也为新时代水利发展提供了关键海量信息。基于遥感进行区域蒸散发监测是最具前景的区域蒸散发监测手段，但是由于区域时空异质性、水汽与能量变化的复杂性以及遥感信息的畸变性等存在，导致基于遥感反演区域蒸散发存在着许多不确定性，精准反演区域蒸散发是目前水利、地学、环境等领域的难点和热点，也是制约区域水分平衡深入研究分析的关键。因此，开展基于国产卫星的蒸散发研究和应用具有重要的科学、现实和战略意义。

遥感应用在水利工程建设、水土流失监测、水旱灾害监测等领域已经取得了巨大进展，已建成较为成熟的业务化系统，并取得了良好的应用效益。但在农业真实节水监测、水资源优化利用、生态用水保护等方面还相对滞后，区域蒸散发精准监测是难点和关键，亟待深入研究。为尽快缩小我国农业科技与世界先进水平的差距，从"九五"计划开始，农业农村部（原农业部）、水利部等，连续实施"948"计划项目。基于我国航天遥感的快速发展，水利卫星遥感应用取得的显著成绩，2016年，水利部办公厅发布《关于加快推进卫星遥感水利业务应用的通知》。2017年，水利部印发《关于实施创新驱动发展战略加强水利科技创新若干意见》。为了全面贯彻习近平新时代中国特色社会主义思想和党的十九大精神，贯彻"节水优先、空间均衡、系统治理、两手发力"治水思路，深入实施创新驱动发展战略，2018年，水利部印发《关于促进科技成果转化的指导意见的通知》。水利系统近几十年，持续加大对遥感应用、水利信息化、水利科技创新与转化等的支持力度。2019年，国家发展改革委、水利部联合印发《国家节水行动方案》，为贯彻落实党的十九大精神，大力推动全社会节水，全面提升水资源利用效率，形成节水型生产生活方式，保障国家安全，促进高质量发展提供行动方案。

基于中国遥感快速发展的态势，为推进水资源管理体制改革，促进水资源优化配置、高效利用、全面节约，促进依法治水和科技兴水等，2014年，水利部批复"948"计划项目《遥感地面校验系统引进及应用技术开发》，在新疆水利厅的组织管理下，水利部新疆维吾尔自治区水利水电勘测设计研究院组织实施并完成项目研究。项目初步解决了基于国产卫星遥感反演蒸散发及校验技术瓶颈，并开展多项创新应用，为依托我国遥感技术进步，实现水利技术创新发展以及水资源可持续利用等提供了关键技术支撑。

专著主要基于水利部"948"计划项目《遥感地面校验系统引进及应用技术开发》撰写，阐述了基于遥感反演区域蒸散发这一复杂科技热点和难点问题的理论技术要点、新理论技术以及规模化应用重点问题，集理论研究、技术开发和应用示范三位一体，既自成体系又突出领域重点，内容涵盖遥感、水利、农业、气象、生态环境等多领域。研究开发多项关键新技术，主要包括 ETCM 蒸散遥感反演模块、ET 地面校验系统设计建设、开发日 ET 多尺度移动平均及插值技术、SLS 与 EC 蒸散发交叉验证技术、基于 ET 的农田节水潜力及效益分析技术、基于 ET 的苜蓿灌溉预警模型构建技术等；系统分析了制约遥感 ET 质量的机理和要素；提出采用多系统平行作业生产稳定 ET 序列、地球广义场理论架构和近地交织层概念、遥感 ET 业务化生产框架及产业发展前景等；指出应加强遥感 ET 应用理论研究并建议优先开展 ET 在高效节水、精准农业、生态环境保护、水资源规划管理等领域的应用。该书既是遥感 ET 及应用的技术结晶，又是现代水利、智慧水利建设的基础科技专著。

提高遥感 ET 精度和产品稳定性是目前亟须解决的世界性难题之一。遥感 ET 应用前景十分广阔，应以此为基础，结合高分遥感、大数据、云计算、超级计算、区块链、量子计算等新技术，持续研发，尽快实现遥感 ET 在新疆、中国西部以及世界其他干旱半干旱区等的规模化应用，为"一带一路"建设和中国水利、中国遥感走向世界提供关键技术和动力。

科学无止境，坚定肯登攀。
峰顶揽奇异，笑谈神曲单。

索建军
2019 年 6 月 20 日

　　水是生命之源、生命之本，是人类社会和地球生态系统发展的必要物质基础。随着人类需求的不断增加，21 世纪水资源将更加紧缺，人类、人与自然等用水矛盾都将更加突出，因水而战的风险正在持续增加，保护人类目前唯一的、赖以生存的地球家园是我们共同的责任。实现水资源可持续利用、保护地球环境，需要世界各国的共同参与，构建人类命运共同体是世界发展的历史必然。

　　为了深入贯彻落实习近平总书记指出的"保护生态环境就是保护生产力，改善生态环境就是发展生产力"等关于生态文明建设的重要精神，促进我国水资源可持续发展，贯彻落实绿色发展理念，加强生态环境保护，国家实行了最严格水资源管理制度，并在全国大力发展节水技术，与此同时还加大了水资源管理、节水、生态保护、遥感应用和水利信息化等关键技术的研发。基于我国遥感技术快速发展的先决条件及科技兴水的实际需要，水利部批准了"948"计划项目《遥感地面校验系统引进及应用技术开发》项目。项目旨在集中力量突破遥感反演蒸散发及校验技术瓶颈，为依托我国遥感技术进步实现水利科技创新发展以及水资源可持续利用等提供关键技术支撑，为"一带一路"倡议实施创造有利条件，为世界和平发展提供中国动力、贡献中国智慧。

　　在此大背景下，基于新疆水利发展的实际需要和国家遥感快速发展的态势，水利部新疆维吾尔自治区水利水电勘测设计研究院，结合前期完成的《干旱区流域生态水权界定技术体系研究》《新疆水资源遥感综合调查》《中澳国际合作项目塔里木河流域四源一干水土资源演变遥感调查》等，经反复论证提出此项目，该项目由项目负责单位水利部新疆维吾尔自治区水利水电勘测设计研究院和协作单位克拉玛依绿成农业开发有限责任公司等联合完成。

　　为了继续推进后续研发和应用，同时能与水利同仁、国内外遥感同行分享、交流研究经验与成果，进一步促进中国水利与遥感的发展和国际化，通过系统整理和分析提炼，以遥感 ET 反演、校验和应用为主线撰写此书。

　　本书共分 4 篇 11 章，第 1 篇为理论与技术篇，主要阐述蒸散发及其遥感反演的基础理论与技术。第 2 篇为遥感 ET 反演篇，以 SEBAL 模型和互补关系模型为主线，阐述有关技术过程。第 3 篇为遥感 ET 校验篇，重点阐述地面校验场建设、时间尺度拓展、交互校验等关键技术。第 4 篇为遥感 ET 应用篇，主要通过 5 个典型实例展示 ET 技术在水利、农业、生态等领域的应用潜力。为方便阅读，在附录中还给出部分实际采集的苜蓿地物波谱、常用物理常数、相关计算数据、图片和部分现场照片等。

　　本书主要由索建军撰写完成。参与有关撰写和研究的人员还有孙栋、焦宏波、木克代斯·卡德尔、袁媛、杨江平、玉素甫·买买提、王惠、修富均、王华、郭贺洁、李江波、王欢庆、张福海、居来提·玉素甫、李晓媛、董莉莉、孙娅琳、瓦热斯江·依马木、赵晓燕、崔松山、孔军、王华兵、李冬民、仇志鹏、马志远、李敏、秦国强、陈勤等。

　　由于作者水平有限，书中不足之处在所难免，诚请读者批评指正。

作者

2019 年 6 月 13 日

致谢

《遥感地面校验系统引进及应用技术开发》（编号：201432）为水利部"948"计划项目，得到水利部"948"项目资金资助。其配套项目——紫花苜蓿高效节水灌溉遥感控制动态模型研究及应用示范（项目编号：SK2015－18），得到克拉玛依市科技计划项目资金资助。

在项目实施中，水利部国际合作与科技司、新疆水利厅科技与国际合作处等对项目进行了严格管理并给予良好的技术指导；中国遥感应用协会、新疆遥感技术应用协会给予了许多技术与信息支持；研究中所使用的遥感数据主要来自中国资源卫星应用中心；克拉玛依市水务局、农业综合开发区管委会、克拉玛依绿成农业开发有限责任公司等提供了技术指导和数据支持。这些为项目顺利完成创造了必要条件，在此向上述单位表示感谢。

在项目前期研究中，水利部新疆维吾尔自治区水利水电勘测设计研究院原院长于海鸣、副院长黄琪等参与项目筹划并给予项目许多支持。在项目实施和著作撰写中，水利部国际合作与科技司卢健、樊博、王誉翔、刘晶、谷金钰以及专家马孝义、史学建、庞治国、张晓敏、赵华、李云开、李清珍等，新疆水利厅科技与国际处王新、张路、吴旭等给予许多技术指导；新疆卫星应用中心黄新利主任、韩晓明教高、牛亭教高等，中科星图股份有限公司李虎和陈冬花教授等，新疆发展和改革委经济研究院张永明研究员，新疆气象局肖继东教高，新疆测绘局刘斌教高，新疆师范大学陈蜀江教授，新疆大学师庆东教授，新疆地矿局遥感中心陈卫平教高等提供了技术支持。原西安地质学院（现长安大学）84111班马长源、王天山、李武德等给予了多方建议。在此向上述单位及专家表示感谢。

长江科学研究院提供了地下水监测设备支持。北京雨根科技公司黄勇彬、北京艾万提斯公司侯统熙等提供了良好的技术服务。苜蓿试验田农户张岩龙为数据采集提供了良好辅助工作。遥感信息中心员工宋洋、马强等为项目立项做了许多工作。在此向上述单位及个人表示感谢。

水利部新疆维吾尔自治区水利水电勘测设计研究院李鹏、吕晓鹏、王萍、黄永军、王晓东等为项目设备购置、项目实施和著作撰写等提供了良好的财务支持和审计管理。在撰写中，院总工程师穆汉平教高、技术处徐立峰教高等给予了许多改进建议；院书记彭国春、副院长王水生、李文新、王于宝，院计划经营处李擎坤、向新益，院地质研究所颜新荣、刘诚等给予了指导；院地质研究所陈晓、王柱和、王发刚、马军、姬永尚、张仲靓、张仲贵等对著作提出了宝贵意见，在此表示感谢。此书参照引用了相关领域专家和学者的部分论文及专著成果，在此向这些专家和学者一并致谢。

在撰写中，中国水利水电出版社王志媛分社长给予前期编著指导，并对著作结构、内容等给出调整建议，这些不但促进了著作的完善与提高，同时还加快了撰写进度，在此表示感谢。

作者

2019 年 6 月 10 日

目录

第2篇　遥　感　ET　反　演

第3篇　遥　感　ET　校　验

Retrieval and Validation of Remotely Sensed Evapotranspiration (ET): Theory and Technology

Abstract

This book is a monograph furthering the study on remotely sensed ET retrieval, validation and application. It systematically studies the theory and technology for remotely sensed evapotranspiration (ET) retrieval and validation, summarizes the author's research of remotely sensed ET applications in several fields, and provides five typical applications in line with the development trend of Remotely Sensed ET and the actual needs of the demonstration projects. The book was written by the author on the basis of a "948 – Project" of the Ministry of Water Resources—Introduction and Application Technology Development of Remote Sensing Based Ground Validation System and the previous years of research and practice of remote sensing applications in the water conservancy system in Xinjiang Uygur Autonomous Region.

It can be used for study and reference by researchers engaged in the fields of water conservancy, agriculture, environmental protection, urban construction, meteorology, remote sensing, GIS, etc., as well as college students and graduate students of related majors.

CONTENTS

Part 2　Retrieval of Remotely Sensed ET

Part 3　Validation of Remotely Sensed ET

第 1 篇

理 论 与 技 术

　　人类已经开启飞跃太阳系、试建人造太阳以及普及互联网、大数据、超级计算与人工智能等新人类时代。人类同时也正面临着更加复杂的粮食、水资源、环境、战争等问题，需要从更高层次、更加精准角度认知世界，需要更加安全、有效地解决世界复杂问题，以实现人类的可持续发展。ET 技术为我们深入认识、适应和改造世界提供了新利器。本篇从 ET 技术概念入手，首先阐述遥感 ET 反演原理、进展、机遇、挑战以及巨大的应用前景，然后阐述深刻影响遥感 ET 精度及质量的大气、地球物质场、遥感等领域研究的关键成果及理论方法。为深入开展遥感 ET 反演研究及应用奠定基础，为理论技术创新提供新思路或新方法。

第 1 章　概　　述

　　本章主要阐述遥感 ET 反演的概念原理、研究进展、存在的问题、新机遇以及新视点等。

1.1　概念原理

1.1.1　ET

　　ET 为蒸散发（Evapotranspiration）的英文缩写，Evapotranspiration 为 Evaporation（蒸发）与 Transpiration（蒸腾）的英文合成词，指一定区域内土壤蒸发、水面蒸发和植物蒸腾的总称，与水利科技中的总蒸发相当。总蒸发指流域内土壤蒸发、水面蒸发和植物蒸腾的总称[1]。

　　关于 ET，不同领域、不同研究称谓有所差异但本质一致。如杨德伟等在其《气象学基本原理及气候学》中指出：土壤蒸发与植物蒸腾量的和称为蒸散发（又称蒸散），即农田总蒸发量[2]。姜会飞在其《农业气象学》中指出：植物蒸腾和农田植被下土壤表面蒸发是同时发生的，将农田表面水分输送到大气中去的总过程称为农田蒸散，用 ET 表示[3]。气象名词中的蒸散量和 ET 同义，指农田土壤蒸发和植物蒸腾的总耗水量，也称实际蒸散、腾发量或总蒸发量。ET 是蒸发和蒸腾量的总称，由植被截流蒸发量、植被蒸腾量、土壤蒸发量和水面蒸发量构成，是水分从地表转入大气的一个过程，是自然界水循环的重要组成部分[4]。区域腾发包括地表的水分蒸发、植物表面和植物体内的水分蒸腾，是区域水资源管理与调控的重要依据[5]。蒸散发是绿洲水文循环中重要的水文过程和生态过程之一，基于不同尺度研究蒸散发，相应的研究称为个体尺度的蒸腾研究、群落（田间）尺度蒸散研究、景观和区域尺度的蒸散研究等[6]。蒸散发包括蒸发和蒸散两部分，蒸发指来自海洋、河流、湖泊以及植被、岩石、建筑物表面和土壤表面的水分转变为水汽进入大气的过程，而蒸散则指植物体内的水分经过气孔，并由体内向外扩散的过程，此处的蒸散相当于水利科学中的散发、蒸腾意思。

蒸散发的研究内容主要分为潜在蒸散发（Potential Evapotranspiration，PET）和实际蒸散发（Actual Evapotranspiration，AET）两种。潜在蒸散发指在一定的气象条件下水分供应不受限制时，某一下垫面可能达到的最大蒸发量[7]。实际蒸散发指在特定气象、水分及下垫面等情境下，一定时间段内下垫面实际的蒸散发量。如果不特殊说明，本著作中的蒸散发指实际蒸散发。

1.1.2　遥感 ET

遥感 ET 反演指主要基于遥感数据反演得到的 ET 数据，可简称为遥感 ET。ET 校验重点研究其真实校验的理论与技术。ET 应用重点研究的是其在水利、农业、气象等领域中的应用理论与技术。

由于 ET 存在多种术语表示，加之表达习惯差异，相应的基于遥感数据反演 ET 的工作或研究也就存在多种称谓，例如，ET 的遥感反演、卫星遥感监测 ET、流域蒸散发遥感反演、卫星遥感监测蒸腾蒸发量、蒸散发遥感估算等，这些均是指基于模型主要利用遥感数据提取 ET 信息的过程，其结果都是 ET 数据[8-13]。

依据遥感平台类型，遥感可分为地面遥感、航空遥感、航天遥感、航宇遥感四类。目前 ET 反演都是基于前三类遥感而进行，因此遥感反演 ET 可分为地面遥感反演 ET、航空遥感反演 ET 和航天遥感反演 ET。航天遥感反演 ET 数据主要来自卫星遥感数据，基于卫星遥感数据反演的 ET 称作卫星遥感反演 ET，可简称为卫星遥感 ET。目前绝大多数遥感反演 ET 为卫星遥感反演 ET，如基于 FY－3/VIRR 数据、MODIS 数据、TM 数据、HJ－1B 数据等反演得到的 ET；基于航空遥感数据反演得到的 ET 为航空遥感反演 ET，此类遥感 ET 空间分辨率较高[14]；基于涡度相关仪、闪烁通量仪、波文比仪等地面固定设施得到的 ET 属地面遥感反演 ET，它们可作为校验航空遥感反演 ET 和卫星遥感反演 ET 的依据。对实际蒸散发的观测较为公认的方法是采用基于水量平衡原理的称重式蒸渗仪[15]，基于蒸渗仪类设施得到的 ET 可认为属于地面实际监测 ET，它们可为校验遥感反演 ET 提供直接依据。

1.1.3　基本原理

遥感 ET 反演主要依据能量平衡原理和土壤水分平衡原理。蒸发蒸腾过程，受地表能量交换制约，并受最大可能利用能量的限制。因此，ET 可以通过地表能量守恒原理计算：

$$Rn - G = H + \lambda \cdot ET \tag{1.1.1}$$

式中：Rn 为净辐射通量；G 为地表向下的土壤热通量；H 为感热通量；$\lambda \cdot ET$ 为潜热通量；λ 为水的蒸发潜热。

通过遥感技术可以获取 Rn、G、H，基于方程（1.1.1）即可以估算出 ET。

水分平衡方程一般可表示为

$$P = R + D + ET + \Delta S \tag{1.1.2}$$

式中：P 为降水；R 为径流；D 为深层排水；ΔS 为土壤储水变化量。

由于式（1.1.2）中变量 P、R、D 及 ΔS 可测，因此当 ET 可测后，式（1.1.2）全部要素实现可测。使各个变量均保持在合理精度，避免将误差转入 ET 分项，从而使区域水分平衡分析更加客观、合理。从某种程度上讲，遥感反演 ET 结束了区域 ET 无法测定的历史、结束了 ET 作为其他变量误差"总蓄水池"的历史。水循环要素全部可测，为改进和提高区域水循环模型的精度奠定了基础，为区域高精水循环研究等创造了条件。由于卫星遥感可以长时间大尺度监测地表，数据具有高空间分辨率、多光谱、高光谱、多时相、多角度以及多卫星等特点，因此基于遥感可以得到多种尺度的、持续的、高空间分辨率的 ET 分布信息。借此可以建立更加精准的水循环模型，为水资源可持续利用、高效节水、生态用水保护、生态耗水过程研究、生态系统演化与模拟等提供支持。

1.1.4 研究意义

蒸散发作为陆地生态系统水分传输和能量转换的重要组分，对于深刻理解气候变化、水循环及陆地生态系统水文过程至关重要[16-19]。ET 是地表水循环的重要环节，同时也是研究生态过程的重要参数。ET 监测一直是气象、水利、农业、生态环境、城镇建设等领域关注的主要参数与过程。蒸散发既是地面热量平衡的组成部分，又是水分平衡的重要组成部分。蒸散发过程由于涉及土壤、植被等与大气、气候密切相关的多种复杂过程，准确计算蒸散发更是改进 GCM 的关键所在，因而关于地表蒸散量的研究一直是国内外地学、生物学界关心的问题[20]。潜在蒸发量空间分布的估算模拟是气候学和水文学研究的热点之一，准确地估算蒸散发量对全球气候变化背景下水文响应研究及水资源评估等具有重要意义[21]。

地面热量、水量收支状况在很大程度上又决定着水资源变化，决定着全球区域景观格局。ET 是流域水循环过程和能量过程的重要组成部分。获取高质量的时空连续的流域 ET 产品，一直以来都是气象、水文、农学以及地理科学等领域研究的重点和难点问题[22]。

近代遥感技术进步和基于遥感的 ET 监测理论技术的突破，为 ET 监测和应用创造了新空间[23]。卫星遥感技术是区域尺度蒸散量估算的主要手段[24]，卫星遥感反演为观测区域平均通量提供了可能[25]。近十几年来，我国的遥感技术、北斗导航技术以及地面蒸散发监测技术、大数据管理与分析技术、人工智能技术等的飞速发展，为我国 ET 监测理论技术跟踪研究、创新发展、广泛应用等提供了必要条件。

ET 产品对于气象、水利、农业、生态、城市等服务与发展都十分重要[26,27]。基于遥感反演 ET 克服了点 ET 的局限性，并能形成良好的区域 ET 产品。ET 技术为社会经济发展、水资源可持续利用和生态环境保护等提供了重要信息。目前，虽然 ET 已经在农业、水利及生态等宏观研究、规划管理中得到应用，但由于监测精度问题及数据稳定性问题等，其应用还欠深入，与这些行业发展需求还相差甚远。

随着社会经济系统的不断膨胀，人类改造自然能力的快速增大，人类活动对水文系统的影响越来越大，改变区域水循环演变过程已经不再新鲜。缺水几乎成了全球性问题，优化水资源配置、强化水资源管理、节约用水基本成为许多国家的治水基本方略。基于区域目标 ET 的狭义水资源评估模型，为流域分区的水资源配置和管理提供依据，为基于流域可控 ET 总量控制基础上的经济耗水和生态耗水的合理分配，以及未来社会经济发展和水资源配置格局提出建议，实现水资源的可持续开发利用[28]。

伴随人类需求的不断增长，人类用水也将不断增加，21 世纪用水矛盾将更加突出。为了和平、公平、和谐用水，需要用现代信息技术监测、管理和控制用水。ET 技术是缓解水资源危机，实现水资源可持续利用的关键技术。连续与精准的 ET 监测既是复杂的系统工程问题，是尚未解决的世界性难题，又是支撑国家未来发展的信息重器，是维系人类和谐发展的基石。中国作为世界大国、和平的维护者，急切需要全面掌握此项先进技术。

1.2　研究进展

1.2.1　国外蒸散发研究进展

蒸散发研究一直是气象、农业、水利等部门的重要研究内容，依照新理论技术以及主流观测仪器设备出现次序大致可分为三个阶段：水面蒸发测定阶段、气象蒸散发测定阶段、遥感蒸散发测定阶段。

1.2.1.1　水面蒸发测定阶段

该阶段大致在 17 世纪 80 年代到 19 世纪初，国际上对蒸发的研究始于 17 世纪 80 年代，已有 300 多年的历史，已取得了一系列成果[29,30]。1687 年英国天文学家 Halley 使用蒸发皿测定蒸发量揭开了水面蒸发观测的序幕[31]。此阶段蒸发观测仪器设施主要包括 $\phi20cm$、$\phi60cm$、$\phi80cm$ 等不同口径的蒸发器，以及 $10m^2$、$20m^2$、$100m^2$ 蒸发池等，观测技术主要包括使用不同型号蒸发器的水面蒸发测定技术、大水面蒸发道尔顿模型计算技术、蒸渗仪的植物蒸腾测定技术等，这些仪器及理论技术多数至今仍在使用。

1.2.1.2　气象蒸散发测定阶段

该阶段大致在 19 世纪 20 年代到 20 世纪 70 年代，主要基于气象观测数据通过模型计算蒸散发，包括基于水量平衡、水热平衡的蒸散发计算及基于微气象学方法的蒸散发计算，如波文比-能量平衡法、空气动力学法、涡度相关法等。典型研究如：1926 年，英国物理学家 Bowen I S[32] 在研究自由水面的能量平衡时提出波文比的概念，基于波文比和能量平衡方程计算感热通量和潜热通量的方法称为波文比能量平衡法（BREB）。Fritschen[33] 在 1964 年首次采用称重式蒸渗仪对 BREB 法进行了一次检验。结果表明，BREB 法可以成功地用来确定短期内的蒸散发。BREB 法是一种精度高、实用性较强的方法[34]。Holzman 和 Thomthwaise 于 1939 年首次提出梯度法，该理论认为近地层气象要素的垂直梯度受大气传导性制约，由此可依据近地层气象要素和湍流扩散系数求出某一点的潜热通量[35,36]。

　　1895 年雷诺建立了雷诺分解法，即涡度相关的理论框架。20 世纪 50 年代，随着数字计算机、快速响应的风速仪和温度计的研制成功，涡度相关理论开始转为实践[37]。

　　Penman 于 1948 年首次提出利用标准气象观测数据计算开阔水面的蒸发量，并通过引入阻力因子将该公式应用于植被表面腾发量的计算[38]。1965 年，Monteith[39] 在 Penman 等工作的基础上，通过引入表面阻力的概念导出了 Penman – Monteith（P – M）公式，为非饱和下垫面的蒸发研究开辟新路。Priestley 和 Taylor[40] 于 1972 年以平衡蒸发为基础，在无平流假设的前提下，建立了饱和下垫面蒸散发估算模型，即 Priestley – Taylor（P – T）模型。该模型对于饱和下垫面蒸散发估算较好，通过改进，可以用于估算平流条件下的蒸散发、非饱和下垫面的蒸散发。

　　此阶段新出现的监测仪器设备有梯度仪和涡度仪，主要用于固定点蒸散发的监测和区域蒸散发的推算。此阶段发展的理论与方法至今仍在使用，并为后续的遥感反演 ET 提供真实检验。其特点是基于点气象观测，精确计算点的陆面蒸散，然后推算区域蒸散发。由于缺乏准确反映区域异质性的要素信息，推算出的区域蒸散发一般存在较大误差。陆面蒸散发测定为农业、水利、生态过程的宏观研究提供了良好的依据与手段。

1.2.1.3　遥感蒸散发测定阶段

　　该阶段从 20 世纪 80 年代至今。随着遥感技术的不断发展，利用遥感数据估算蒸散发的理论技术与应用正在快速发展。遥感技术可获取陆表多种空间异质信息，基于遥感技术监测陆面蒸散发是当前和未来陆面蒸散发监测的重要途径。该阶段最大特点是将以点观测的陆面蒸散发发展到从面角度估算蒸散发。目前已在大尺度到特大尺度区域水平衡分析、真实节水研究、遥感农业估产等方面得到实际应用。遥感蒸散发监测主要基于模型利用可见光、近红外及热红外波段的反射或辐射信息反演 ET。主要方法包括经验统计方法、温度植被特征空间法、与传统模型相结合的方法、能量余项法以及陆面数据同化法[12,14,41]等。典型研究及应用如：1998 年联合国粮农组织（FAO）推荐将 Penman – Monteith 法作为计算参考作物腾发量的标准方法[42,43]。Cleugh 等[44] 以 P – M 模型为基础提出了 RS – PM 模型，利用 MODIS 数据，结合观测的气象数据，反演了澳大利亚两个典型气候区 2001—2004 年各月的蒸散发。

　　能量余项法基于地表能量平衡方程，通过气象数据、遥感反演地表温度以及净辐射、感热等能量通量估算陆面蒸散发，该方法主要采用单层模型、双层模型等计算蒸散发。最早的单层模型 SEBI 由 Menenti 等[45] 提出，在 SEBI 模型基础上，后来又衍生出 SEBAL 模型[46]、S – SEBI 模型和 SEBS 模型等。Norman 等[47] 提出双层能量平衡模型，提出可以利用多视角数据分离植被和土壤温度，并使用迭代的方法分别计算了土壤蒸发和植被蒸腾。

　　基于遥感直接估算的蒸散发数据为瞬时数据，难以提供水文、数值预测模型等所需的时间连续的蒸散发数据。陆面数据同化方法能融合遥感的区域信息和数值模型的连续时间信息，估算得到时间连续的蒸散发数据。Irmak 等[48] 利用遗传算法将基于 SEBAL 模型反演的蒸散发同化到 WSAP 模型中，能够有效地模拟土壤水分的变化，从而为灌溉管理提供依据。

　　该阶段出现的新监测仪器设备是闪烁通量仪，目前它是区域通量直接测定的主要仪器。1978 年，王庭义[49] 提出了利用光闪烁法测量感热通量和潜热通量等的设想，基于这一设想的观测仪器由美国 NOAA 波传播实验室研制成功，并在 20 世纪 90 年代中后期实际应用于外场陆面通量实验研究中[50]，当前国内外应用最多的是大孔径闪烁仪（LAS）。它的发展与 20 世纪 90 年代中期以来迅速发展的利用卫星遥感反演区域地面能量收支各分量（特别是潜热通量）密切相关[51]。由于两者空间尺度相近，LAS 自然成为卫星遥感反演结果的最佳验证手段。Li 等[52]利用西班牙 3 个相隔较远、具有不同地表覆盖、不同水文条件地区的 3 台 LAS 的测量值，检验卫星反演模型 SEBS 的通量计算结果，分析表明：二者的感热通量值比较接近。

随着对蒸散发数据空间分辨率要求的提高，需要提供与之匹配较小尺度的区域 ET 地面校验手段，小孔径闪烁仪应运而生。Nakaya 等[53,54]利用 DBSAS 与 EC 系统对森林区的通量进行观测研究，研究动能扩散率与温度扩散率影响因素以及空间平均效应等。

世界许多国家都十分重视蒸散发的研究与应用。蒸散发监测从单纯的水面蒸发监测、植物蒸腾监测到陆面蒸散发监测，从点监测到区域监测，监测内容和范围不断扩展。从基于蒸发皿与蒸渗仪、梯度仪与涡度仪监测到基于闪烁仪与遥感等开展监测，监测技术不断提高。应用领域从气象服务、农业生产到生态保护、水资源可持续利用及城市建设等，应用水平不断提高，应用领域不断扩展。未来 ET 监测手段将更加丰富、监测精度将更高、应用领域将更加广阔。水资源管理、现代农业、生态保护、城市建设等将是 ET 未来的重点应用领域。

1.2.2　国内蒸散发研究进展

由于历史和技术原因，国内蒸散发研究和国际相比起步相当晚。我国水文站观测水面蒸发始于 20 世纪 20 年代[55]。和国外蒸散发研究相比，我国的蒸散发研究没有经历国外水面蒸发测定阶段，从而直接进入气象蒸散发监测的中后阶段，此时国外基于气象参数的蒸散发测定已经进入成熟应用期，因此我国的许多理论技术都来自国外。虽然起步晚，但研究及应用规模和发展速度却相当快。

1.2.2.1　气象蒸散发测定阶段

该阶段大致在 20 世纪 20—70 年代，主要开展水面蒸发监测和气象陆面蒸散发研究应用，水面蒸发监测研究应用方面的典型事件：20 世纪 60 年代水利部门所属近 200 个灌溉试验站结合作物耗水量的研究，在农田上采用水分平衡法测定蒸发，测定结果成为许多作者分析作物需水量和耗水量的基础[56-58]。中国科学院沈阳森林土壤研究所对森林的蒸发进行了测定，中国农业科学院对土壤蒸发器进行了研究[59]。

气象陆面蒸散发研究应用方面的典型事件：1965 年钱纪良等[60]利用彭曼公式计算了全国 400 个站点的蒸发值。1979 年邓根云用北京日射站和官厅蒸发站的实测资料，对彭曼公式中的净辐射项和干燥力项进行了修订[61]，提高了水面蒸发计算精度。

该阶段取得的大量系统实测数据以及研究应用，为我国遥感蒸散发监测阶段快速发展奠定了坚实基础。

1.2.2.2　遥感蒸散发测定阶段

该阶段从 20 世纪 80 年代至今。在本阶段中国除继续开展系统水面蒸发监测外，还大力开展了基于气象观测的蒸散发研究与应用，并在 21 世纪初，开始遥感蒸散发测定。

水面蒸发监测研究应用方面的典型事件：水利部门在三门峡、上铨、丰满、恒仁、大浦、芦桐埠、重庆、古田、哈地坡、广州、营盘、官厅、武昌等建立了水面蒸发站。各站设置了大型蒸发池（10m²、20m²、100m²）、小型蒸发器（E601 蒸发器、80cm 口径蒸发器等）以及漂浮蒸发器等。在蒸发规律研究方面得到了有效成果[62]。通过分析对比，水利部门推荐 E601 蒸发器作为全国水文站测量水面蒸发的仪器。同期气象部门主要以 ϕ20cm 蒸发皿为工具，系统开展水面蒸发监测。

气象陆面蒸散发研究应用方面的典型事件：地质矿产部的水文地质部门与水利部的相关部门建立了若干均衡场（一种蒸发渗漏仪），研究地下水对非饱和带土壤水分的补给以及与降雨入渗的关系。中国科学院地理研究所在德州、石家庄等多地开展蒸发测定[63,64]；中国科学院在禹城综合试验站开展水文、气象、农业、植物、土壤、遥感等多领域联合观测和实验，对地下水运动、土壤水物理特征、植物水分生理特征和大气能量传输等方面开展系统研究，取得了许多国际国内领先成果[65]。2007 年谢贤群等[66]利用彭曼-蒙特斯（Penman - Monteith）公式和常规气象资料计算中国北方地区潜在蒸发变化。2012 年王新菊等[67]基于乌鲁木齐站和喀什站的 1954—2008 年气象资料，运用 P - M 法计算了两站点的潜在蒸散发量。2012 年蔡辉艺等[68]利用淮河流域 26 个气象站观测资料，采用彭曼-蒙梯斯公式计算流域的参考蒸散发量。

中国遥感陆面蒸散发研究应用紧跟世界步伐，并已开始超越。大致在 2000 年，美国、巴基斯坦、印度、斯里兰卡、巴西等开始应用 SEBAL 估算 ET。水利部在海河流域也开展了类似应用试验，并于 2003 年出版了利用遥感监测 ET 技术研究与应用专著[69]，代表当时我国 ET 研究应用的最高水平。该研究促进了国内遥感反演 ET 及应用的快速发展。此后国内许多地区、许多领域开展了遥感反演 ET 技术及应用研究[70-76]。下面是与水利系统有关的几个具有代表性、综合性研究事件或科研活动。

2007 年开始的黑河综合遥感联合试验（Watershed Allied Telemetry Experimental Research，WATER），是由中国科学院西部行动计划项目"黑河流域遥感——地面观测同步试验与综合模拟平台建设"和国家重点基础研究发展计划（"973"计划）项目"陆表生态环境要素主被动遥感协同反演理论与方法"，在我国第二大内陆流域——黑河流域，联合开展的大型遥感试验。项目于 2007 年启动，2010 年结束，项目在黑河流域开展大型航空、卫星遥感和地面同步观测试验，取得了一套高质量、多尺度、标准化的流域联合试验数据集。数据集于 2010 年 7 月开始对外发布共享，提供的数据涉及航空遥感、卫星遥感、气象水文观测及地面观测的各个方面。综合试验为生态水文集成研究，以及水文、生态和定量遥感模型的发展、改进和验证提供了重要支撑[77]。

2006—2009 年，中国水利水电科学研究院、清华大学水利水电工程系联合实施完成了水利部"948"计划项目《区域蒸散量遥感监测估算技术与设备》。项目从荷兰引进陆面蒸散量遥感监测与估算技术和地面标定设备，包括遥感估算区域蒸散量模型（SEBS）、遥感信息处理基础软件（ILWIS）和地面监测设备大孔径闪烁仪（LAS）。项目进一步验证了 SEBS 模型的适应性，并改进模型时间推演方法。

2007—2008 年，水利部新疆维吾尔自治区水利水电勘测设计研究院将遥感反演 ET 应用于新疆白杨河流域规划，首次基于 ET 技术开展生态水权的界定[78]，基于 ET 开展流域生态水文过程分析、水资源优化配置及水权协商和再分配。研究为 ET 应用开辟了新路。

2017 年，科技部立项"十三五"国家重点研发计划项目"国家水资源立体监测体系与遥感技术应用"，项目主持单位为中国水利水电科学研究院。项目研究将为提高水资源信息获取的全面性、准确性、时效性、完整性和可靠性，以及支撑水资源精细化管理与科学化调度等提供关键技术支持。

2014—2018 年，水利部新疆维吾尔自治区水利水电勘测设计研究院实施完成了水利部"948"计划项目《遥感地面校验系统引进及应用技术开发》。项目引进小孔径激光闪烁仪、涡度仪、地物波谱仪等地面标定设备，在新疆克拉玛依大农业区建立通量观测场，研究探索地面 ET 连续精确监测问题和遥感 ET 地面校验问题，以提高遥感 ET 的精度。研究开发遥感 ET 应用技术，为高效节水、水资源可持续利用、现代农业建设等提供了关键技术支持。

遥感 ET 反演需要借助软件完成，国内在开展遥感 ET 反演研究应用初期，主要依靠引进遥感 ET 反演的 SEBS 技术、SEBAL 技术，或基于商业遥感软件完成 ET 反演。目前国内已开发出多款遥感 ET 反演软件。如中国科学院遥感应用研究所开发的 ETWatch 蒸腾蒸发（ET）遥感监测系统，该系统基于地表能量平衡原理，以 Penman - Monteith 方法为基础，通过建立下垫面表面阻抗模型，利用逐日气象数据和遥感数据，获取逐日连续的蒸散发。ETWatch 包括数据获取、预处理、模型反演、多源数据融合、地面验证、数据分析与应用、数据管理与信息发布等功能。ETWatch 生产的综合 ET 精度为 90%～96%，被世界银行项目选为单一来源技术，已为水利部、海河水利委员会以及北京水利水电技术中心等定制了 ET 遥感监测与分析系统。

水利部、中国科学院、气象局等多部门高度重视 ET 监测技术与遥感反演 ET 技术，尤其是水利部，持续开展监测研究、跟踪引进、试验改进已经近 60 年，此举实属罕见，但也昭显 ET 在水利行业的重要性。受 ET 监测精度限制，目前虽然基于 ET 的水资源优化管理、农业真实节水监测管理、生态环境演化模拟等仍处于探索阶段，但相信不久将会有重大突破。中国作为人口大国、水资源问题更加突出；作为联合国常任理事国，责无旁贷应尽力推进 ET 的研究与应用，这既是对自己负责，也是对世界负责。

1.2.3　目前遥感 ET 技术指标

目前国际上有许多对地观测项目或计划，大多基于气象卫星、陆地卫星等数据反演 ET。这些 ET 产品主要应用于试验研究、大尺度、超大尺度区域蒸散发研究。如美国对地观测计划，其对地观测由不同专业机构完成，NASA 负责全球变化研究，NOAA 负责海洋和大气监测、USGS 负责陆地调查，DOD 负责与国防有关的遥感[79]。基于 Landsat 卫星，可以反演 15～30m 空间分辨率，低时间分辨率 ET。基于美国 MODIS 数据，可以反演 250～1000m 空间分辨率，每日 ET。基于美国的 NOAA 数据，可以反演 1.1km 空间分辨率，每日 ET。

欧盟全球环境与安全监测计划简称哥白尼计划，主要开展大气监测、天气预报监测、全球变化研究监测、海洋监测、地球陆表与陆地资源监测、地球重力场与海洋稳定状态监测、土壤水分与海洋盐度监测、地球生物量监测等。

中国地理国情监测云平台提供多种卫星遥感数据反演地表蒸腾与蒸散（ET）产品。ET 采用经验公式反演，通过多种卫星遥感数据（Landsat、MODIS 等）反演得到多尺度 ET 的栅格数据产品，产品分辨率为 30m、250m 和 1km。产品时间尺度为旬、月、年等。

国内许多机构基于 Landsat、MODIS、FY 卫星、HJ 卫星等数据反演 ET。反演 ET 空间分辨率主要集中在 30m、250m 和 1km 等，时间尺度主要为日、旬、月、年。基于目前卫星遥感技术，很难直接生成日 ET 序列，即使生成日 ET 序列，也主要是通过插值计算而得到。反演 ET 的精度差别较大，缺乏地面统一、标准的校验。ET 反演使用的基础数据尺度存在较大差异，ET 产品质量稳定性差。ET 应用领域多、应用对象尺度各异、应用效果评价缺乏统一标准。遥感 ET 反演从基础数据输入到形成 ET 产品，以及 ET 应用都伴随有尺度问题。尺度转换问题在进行遥感 ET 反演研究及应用中不可避免，且可能引入新误差。

凡是与地球参考位置有关的数据都具有尺度特性。尺度问题研究已成为学术界的一个共同课题，尺度是现代科学技术研究必须面对的客观问题[80]。在不同的科学领域，尺度的表达或含义也不同[81]。ET 是多领域研究和应用的重要内容，表征一定地理区域蒸散发特性，自然也存在尺度问题。为了便于理解和方便交流，对尺度概念进行界定。尺度是指研究所采用的时空单位，或研究对象的时空范围。结合气象、水利、地理信息、农业等领域对尺度空间分级的惯例[82,83]，给出通用尺度空间分级参照，不同领域对于尺度空间分级范围的定义有所差异，但基本均可在通用尺度分级参照中找到自己的区段，为本领域研究和成果交流提供参考。尺度空间总计分为 7 个一级类，21 个二级类。尺度空间分级见表 1.2.1。

表 1.2.1   ET 尺 度 空 间 分 级

一级分类	一级编号	二级分类	二级编号	空间范围
超大尺度	1	超大 1 尺度	11	＞10000km
		超大 2 尺度	12	5000～10000km
		超大 3 尺度	13	1000～5000km
大尺度	2	大 1 尺度	21	500～1000km
		大 2 尺度	22	200～500km
		大 3 尺度	23	100～200km
中尺度	3	中 1 尺度	31	50～100km
		中 2 尺度	32	20～50km
		中 3 尺度	33	10～20km
中小尺度	4	中小 1 尺度	41	5～10km
		中小 2 尺度	42	2～5km
		中小 3 尺度	43	1～2km
小尺度	5	小 1 尺度	51	500～1000m
		小 2 尺度	52	200～500m
		小 3 尺度	53	100～200m

一级分类	一级编号	二级分类	二级编号	空间范围
小微尺度	6	小微 1 尺度	61	50～100m
		小微 2 尺度	62	20～50m
		小微 3 尺度	63	10～20m
微尺度	7	微 1 尺度	71	5～10m
		微 2 尺度	72	2.5～5m
		微 3 尺度	73	1～2.5m

国产卫星在空间分辨率、时间分辨率、波谱范围等方面有了很大进步，但基于目前国产卫星数据反演高空间分辨率 ET 还存在许多制约因素。

遥感技术的发展为陆面区域 ET 监测奠定了技术基础。目前区域 ET 研究应用尺度主要集中在中小以上尺度。小微尺度到小尺度的区域 ET 的研究应用不足，而这些应用却和我们的生产、生活存在着较密切的联系，有着更加重要、巨大的应用需求。

在小尺度到超大尺度上，遥感数据基本可以满足反演 ET 的需要。目前空间分辨率为 0.1～10km 的遥感数据比较齐全，时间分辨率也较高。在小微尺度上，可见光、近红外的遥感数据空间分辨率虽然可以满足要求，但远红外波段往往缺乏。该尺度遥感数据时间分辨率往往较低，由于气象原因，卫星资源限制，对于特定区域的重访周期虽然理论上已达 10 天，但实际上每月往往只能获得 5～6 天的有效中空间分辨率遥感数据，可获得的高空间分辨率遥感数据则更少。提高卫星遥感数据时间分辨率是提高卫星遥感反演 ET 时间分辨率的关键。就目前技术而言，还难以直接得到时间分辨为日序列的遥感 ET。

目前主要应用需求集中在以日为监测频度的应用，只有达到此分辨率，ET 产品在农业生产、水资源监测管理、生态用水保护等领域才能发挥其巨大作用。

（1）目前技术阶段 ET 产品主要指标为：

1）空间分辨率：30～250m，500～1000m；

2）时间分辨率：3～25 天，1～2 天；

3）精度：80%～90%；

4）产品保证率：20%～50%；

5）研究应用尺度：集中在中小尺度到超大尺度。

（2）未来需要 ET 产品指标应为：

1）空间分辨率：5～100m，100～1000m；

2）时间分辨率：6～24 小时，1～2 小时；

3）精度：大于 95%；

4）产品保证率：80%～90%；

5）研究应用尺度：集中在微尺度到小尺度。

ET 监测和遥感 ET 反演理论技术是古老而又换发着青春活力的理论技术。随着高分遥感技术的不断发展，它将迈入新阶段，即高分遥感 ET 新阶段。未来 ET 产品的空间分辨率、时间分辨率、精度和稳定性相比于现在，将有极大提高。

1.3 存在的问题

地表蒸散过程涉及大气、土壤、植物、水利、地理等多领域，是多学科交叉的复杂过程[13]。地表过程如地表/大气水碳交换过程的尺度效应一直是地球科学研究中最困难和最富有挑战性的命题[6,84]。由于土壤异质性的存在以及由此引发的植被类型及其覆盖的空间异质性[85]，使得蒸散发的估算具有显著的尺度依赖性，蒸散发过程的精确观测也存在相当大的难度[86]。由于地表辐射和水热通量在时空上存在着很大的不均匀性，而某一特定地区陆面状况的初始值和水文、生物、物理参数值往往难以确定，且模型的物理机制、参数化方案和数值计算方法也存在着缺陷，因此，蒸散发的模拟精度往往不能满足实际要求[87]。复杂地形条件下的蒸散发遥感估算和干旱半干旱植被稀疏条件下的蒸散发估算，一直是蒸散发区域遥感估算的难点热点问题[88]。

虽然基于遥感 ET 克服了点 ET 的局限性，并形成良好的区域 ET 产品，已经为社会经济发展和生态保护提供了重要信息，但是遥感反演 ET 还存在着许多局限性，其主要表现在以下 7 个方面：

（1）模型精度缺陷问题。主要是模型前提条件很难全部满足或全时满足，模型中往往包含经验公式和参数等内容，模型实际应用需要进行大量的近似处理。

（2）反演的地表参数存在不确定性和混元性。随着高分遥感的发展，虽然得到一定程度的缓解，但并不能完全解决；反演温度为地表表皮温度，非空气动力学温度。在模型中直接使用地表表皮温度代替空气动力学温度、或采用修正地表温度都会引入新误差。

（3）遥感 ET 插值问题。遥感数据时间分辨率低，基于目前的遥感数据很难支持直接反演连续变化的 ET，如日 ET 序列、时 ET 序列等。需要经过大量时间插值形成序列 ET。插值必然引入新的误差或不确定性。

（4）瞬时 ET 时间尺度扩展问题。遥感数据为瞬时信息，有必要探究遥感反演蒸散发时间尺度扩展方法，从卫星过境时刻的瞬时值推算逐日 ET 值，甚至逐月累计 ET 值，以满足气象、生态、水文和农业等领域的研究和应用需求[89]，进行尺度拓展往往会引入较大的、新的误差。

（5）多源数据时空尺度匹配转换问题。基于遥感反演 ET 需要多源数据，这些数据的时空尺度往往不一致，如气象数据和遥感数据时空分辨率一般存在较大的差异。遥感数据相对于地面监测，为高空间分辨低时间分辨率数据；地面观测刚好相反，为高时间分辨率低空间分辨率数据。

（6）地面验证问题。地面 ET 监测时空尺度和遥感反演 ET 的时空尺度很难完全匹配，只能采用准同步、近似数据校验。采用时空拓展方法使两者大体匹配。地面区域 ET 实际监测技术还有待提高，目前主要基于闪烁仪或涡度仪阵列开展区域 ET 地面实际监测。

（7）思想意识问题。对 ET 的未来发展认识不足，许多领域还在死守传统，没有创新意识。不愿、不敢用新理论解决问题，缺乏用新知识、新技术改变世界的勇气和胆略。创新是人类进步的灵魂，是国家兴旺发达的动力。

ET 研究需要新思想、新理论、新模型、新检验方法和装备。社会需要更高精度、更加稳定的 ET 产品。如果没有高分遥感，车载导航就难以如此普及、便捷和高效，同样，没有高分 ET，其应用就不会得到良好普及，就只能是雾里看花。

1.4　新机遇

虽然遥感 ET 及应用在目前还存在着这样、那样的许多问题，但随着世界可持续发展意识的提高、环保意识的加强以及现代遥感技术的不断发展，制约其发展的客观、主观要素被逐渐克服，遥感 ET 及应用得到了巨大的发展机遇。

（1）遥感 ET 正在得到越来越多的国家、领域、机构等的重视。有关遥感 ET 研究和应用的成果，在科研院校、气象、水利、农业、城市建设等传统应用领域不断增多。在数据服务、系统集成、设备制造、大数据、云计算、人工智能等新领域，与遥感 ET 技术相关文献数量也在不断增多。应用已经从实验室走向实际生产服务，遥感 ET 的研究与应用正在步入快速发展轨道。

（2）国内外遥感新技术发展为遥感 ET 进步创造了良好条件。遥感 ET 随着遥感技术进步而进步，在欧美等发达国家，卫星遥感技术一直处于领先地位，高分遥感卫星发展迅速，美国遥感卫星分辨率已到 0.41m，法国为 0.5m。在卫星导航技术方面，美国也处于领先地位，这为遥感深入融合应用创造了有利条件。欧美等发达国家和地区通过遥感星座、全球地面站网、大型跨国商业公司等方式抢占国际市场。国外企业通过标准和品牌结合运作模式占据主要遥感数据服务市场。这虽然给我国遥感卫星产业和遥感应用带来了巨大挑战，但也带来机遇，我们可以通过商业途径获取必要的技术和数据，一方面可以弥补我们暂时技术的不足，另一方面与国际同步开展新卫星研发模拟和应用研究。在公益组织方面，欧美等发达国家还向国际社会提供一定的共享数据服务，如美国 NASA 建立了EOSDIS，已经为国际上成千上万个科学家以及其他用户分发相关数据。欧美等发达国家卫星应用也一直处于领先地位，业务化应用日趋成熟，其遥感卫星已经广泛应用于气象、农业、灾害监测、国土、环境保护、林业等多个方面，这些都将为我国遥感 ET 技术研究和业务化应用发展提供借鉴[90]。

（3）我国遥感技术快速发展，目前已经跻身于世界遥感科技的前列，这为我国遥感ET 研究及应用跨越发展创造了先决条件。目前遥感 ET 理论及模型还主要来自于国外，我们主要开展的是理论技术验证、模型改进和应用示范，新理论鲜有来自国内。主要原因是因为国外卫星遥感技术比我们早发展几十年，自然也就近水楼台先得月了。目前我国的卫星遥感技术、卫星导航技术均已跻身于世界前列，而且其上、中、下游产业技术配套齐全，因此在遥感 ET 理论与技术方面，未来我们一定会有新突破和新贡献。

目前中国遥感卫星主要包括风云气象卫星、资源系列卫星、海洋系列卫星、环境灾害系列卫星、高分系列卫星、碳卫星以及其他小卫星和微卫星等。中国仅用不到 20 年时间，实现了从无到有、从有到体系化的两级跨越发展。传感器的研制从最初仅有光学的多光谱、低分辨率发展到目前的高空间分辨率、高时间分辨率、高辐射分辨率、宽视场多角度、雷达等多种传感器共存的新格局，形成了传感器种类较为齐全的综合对地观测体系。

目前国产遥感卫星已经达到的主要技术指标表现在以下几个方面：

光谱范围：覆盖紫外、可见光、近红外、短波红外、热红外、微波等。其中紫外 $0.16\sim0.40\mu m$，可见光、近红外 $0.43\sim0.95\mu m$，短波红外 $1.55\sim3.90\mu m$，热红外 $10.40\sim12.50\mu m$。

光谱分辨率：多光谱、高光谱 $0.45\sim0.95\mu m$（$110\sim128$ 波段）。

时间分辨率：几十秒至几十天，主要包括 20 秒、15 分钟、$2\sim8$ 天、26 天等数据产品。

空间分辨率：0.72m 至几十千米，主要包括 0.72m、1.0m、2m、2.36m、4m、5m、10m、16m、19.5m、30m、50m、150m、258m、400m 等多系列遥感数据以及 500m 至几十千米的气象卫星数据等。

2000 年以前，我国主要依靠国外遥感数据开展 ET 反演，数据资源数量、种类等受到限制。就目前中国遥感已经实现的技术指标来看，我国已经具备研究建设用于遥感 ET 反演需要的各类卫星的能力和技术。遥感技术的巨大进步，为遥感 ET 研究应用打开了巨大空间，带来了新机遇，相信在不远的将来，我们的遥感 ET 技术也将跻身或领先世界。

1.5　新视点

世界在变化，世界在快速变化。今日的你，和 5 年前、10 年前、20 年前、40 年前、80 年前的你大不一样。时间漫步，人在变大变老，你的能力、工具、环境也在快速变化。从前难以解决的问题，而今天却易如反掌。许多不可能变成了可能，许多幻想走进现实。2016 年阿尔法围棋（AlpgaGo）战胜世界围棋冠军李世石，人工智能再次迈入新里程。高德地图可以把你带到你想去的地球上任何地方，只要你的交通工具允许。机器人正在代替普通工人进行复杂劳动。派机器人去火星或太阳系的边际探索可以大大加速我们的宇宙探索进程。大数据与云计算可以告诉你地球陆表任何一点的植被状况以及前 10 年的情景和后 10 年的趋势。我们已经进入数据时代，需要用新视点对待遥感 ET 所遇到的机遇与挑战。

1.5.1　基于复杂系统理论技术研究遥感 ET 问题

遥感 ET 涉及模型构建、数据获取、处理、反演、校验等多个环节，是一个复杂的信息提取系统工程或数据生产系统工程。每一环节可视作一个子系统，各子系统间通过相互串联、并联或耦合构成总系统，因此采用质量系统控制技术提高 ET 产品精度应是最佳选择。可把模型构建看作质量设计，把从数据采集到反演生成 ET 看作质量监控过程，将校验看作事后质量控制和反馈质量控制。以提高 ET 产品精度为目标，设定各环节控制指标，保证最终 ET 产品精度。目前不同方法、不同研究开展的遥感反演 ET 精度存在较大差异，在反演 ET 中缺乏系统思维或手段，是其原因之一。比如基于 SEBAL 模型反演，直接采用引进模型，忽略特定地区的特殊性；虽然采取了严格的数据处理过程，却忽略了基础数据尺度问题和精度问题；反演 ET 数据缺乏有效验证和校正；采用纯数学方法插值，忽略影响要素的局域变化。这些问题都可通过系统方法得到有效解决。遥感数据是基于遥感反演 ET 的基础数据，遥感系统是人类构建的复杂观测系统。在复杂工业生产中为提高工程或产品质量，形成许多先进控制技术，如果将这些技术引入遥感 ET 反演过程中，应该可以起到事半功倍的效果。如姜艺等[91]针对一类工业过程在运行时无法跟踪目标运行指标问题，提出一种模型预测控制方法，以此构造运行层模型预测定值控制器，通过运行层和回路层控制器运行优化设定值控制器，从而动态调节设定点，使整个系统持续跟踪目标运行指标。该技术通过双层控制器联合运行保证工业过程目标的实现。伍铁斌等[92]针对复杂工业过程操作参数优化困难所导致的资源消耗高和产品合格率低等问题，介绍了基于机理模型的操作参数优化方法，以及基于数据黑箱模型、领域专家经验和智能集成优化模型等非机理模型的操作参数优化方法。

蒸散发包括土壤蒸发、水面蒸发和植物蒸腾，是气象、水利、农业、生态环境等的重要研究内容，是研究大气运动、陆地表层水循环、土壤-植物-大气相互作用、植物生理过程以及地表能量平衡、区域水平衡等的重要参数。蒸散发研究涉及大气、水文、土壤、植被等多个复杂系统过程以及其耦合作用。大气边界层是人类生活和生产活动的主要空间，是地气之间相互作用以及大气污染主要发生区。大气边界层中的流体几乎总处于湍流状态[93]。大气是一个混沌系统[94]。今天人们将气候学作为大气圈-水圈-冰雪层-陆面-生态耦合的复杂（地球科学）系统来认识[95]。经典物理学对复杂事物采取简化处理，但是现在环境、生命、材料等方面的现实问题要求化学研究考虑真实系统的复杂性问题[96]。大气、水文、土壤、植物以及大气边界层、地表能量、区域水循环等复杂系统也面临同样的问题，即采用简单、静态、宏观方法处理实际复杂的系统，已经不能满足现实需要，这是新理论技术发展和人类需求升级的共同结果。跨长度、跨时间和跨层次现象以及相应的多尺度耦合是复杂系统中重要问题之一，反映物质世界的基本性质及多学科交叉的内禀特征，宇宙形成、生命现象、天气预报、物理和化学领域的第一原理研究、逼近宏观的原子学模型以及流体湍流等复杂系统问题勾画了这一科学主题的动人图像，多尺度模型是复杂系统的典型问题之一[97]。2013 年诺贝尔化学奖授予 Martin Karplus，Michael Levitt 和 Arieh Warshel，以表彰他们在"发展复杂化学体系的多尺度模型"中所作出的贡献。由于这些科学家的研究开发，分析模拟作为一个研究工具已经日益成熟，使科学家可以在计算机里"观察"分子结构的变化、分子间相互作用和化学反应[98]。多尺度建模在遥感 ET 模型构建中也将发挥巨大作用。为了提高遥感 ET 精度和稳定性，可以探索借鉴复杂系统研究的理论方法，来研究与生产 ET 产品，尤其是用于全球监测、区域监测、业务化服务或商业化服务等领域的遥感 ET 产品的生产。

1.5.2　基于近地交织层分析研究遥感 ET 深层问题

近地交织层指地球表面上下一定厚度的空间综合体，是岩石圈、生物圈、水圈、大气圈交错分布、交互作用而形成的混合圈层，是无机界、有机界和人文界交错分布、交互作用而构成的一个复杂系统，是多场互为交织的复合区。地球生命所需的几乎全部水资源、几乎所有生物圈生物、大气主要成分都分布在此空间，在此空间集中了人类几乎所需的全部能源、物质和信息。

关于近地交织层的研究，尤其是局域特征及规律的研究已经出现在许多领域，特别是涉及地质、生态环境、水利、农业、林业等交叉学科领域。瑞典皮尔瑞克·杰森与路易丝·卡尔伯格所创立的土壤-植被-大气系统热量、物质运移综合模型，是近地交织层在局域地区的一个特例，其研究范围涉及地球局部地域，地表上下大致 50m 空间内的物质、能量分布及变化，重点研究该空间内土壤、植物、大气等分布，以及其变化和交互作用等特征与规律，并通过计算模型模拟各物质时空分布及变化，模拟热量、水分、碳、氮等在同类物质或不同类物质间的迁移和转化。这些模拟其实质是对不同物质状态及过程的模拟，对不同物质间交互作用、转换及限制的模拟，对特定物质在其他物质中的分布及变化模拟[13]。生态气象学、生态地质学、生态水利学、农业生态学、城市生态学、生态交通学、环境生态学等，主要基于生态学原理研究领域问题或进行交叉学科研究，以解决气象、农业、林业、牧业、渔业、矿业、交通、建筑、水利水电、环保等领域问题以及生态和谐发展问题。这些研究实质也是近地交织层的一个缩影，只是研究对象较少，主要涉及 2～3 个领域对象。

近地交织层是多场交互交织的复杂系统。研究近地交织层物质分布及变化、场的交互作用、物质在不同场间的输送规律与制约条件，对于构建自然生态系统、流域水文系统、生态城市系统等时空模型具有重要意义。研究水分在近地交织层的时空分布特征和转移输送规律，可为拓展 ET 模型构建、提高 ET 模型精度和服务领域提供新思路；可以更加逼真地模拟研究对象蒸散发的复杂过程。由于近地交织层问题研究，涉及要素数据巨大、子系统众多、对象尺度多变、模型参数以及模型具有分级多尺度等特点，因此其研究一般需要借助时空模型数据库、大数据以及智能数据挖掘技术等完成。

1.5.3　利用新信息技术研究遥感 ET 问题

信息技术快速发展，为遥感 ET 问题解决带来了新机遇。在解决遥感 ET 精度、质量稳定性、校验、应用等问题时应首先考虑新信息技术这一利器。

在经典物理学年代，我们需要将复杂事物过程简化，以便在当时技术条件下认识事物的特征和状态。在量子物理年代，我们不但需要了解事物的特征和状态，还需要知道事物的精细结构和发展过程，以满足我们更高级的需要。这就要求我们不仅不能过分进行近似计算，而且建立的模型应尽量逼近实际系统，过程不能过分强调用精确函数关系表达，参数不能过分要求统一固定。遥感反演 ET 涉及变量多为场变量，数字化后数据量随分辨率提高会呈几何速度增加。目前反演主要在二维完成，未来反演或应用可能进入三维或四维时代。这些需要更大容量来储存和更高速度来计算。数据库、大数据、云计算、超级计算等技术的突破，有助于这些问题的解决，因此在反演模型研建时应尽量考虑利用现代计算机技术解决问题。

5G 技术已经开始进入实用。5G 可以给我们提供更高速的数据传输、更低延时、更多接入点，为物联网和实时高速数据传输带来技术革命。为了进行区域遥感 ET 校验发明设计了闪烁仪，监测尺度与遥感 ET 像元尺度相当，以满足准同步校验。随着遥感 ET 空间分辨率的提高，小孔径闪烁仪走向前台。可以设想，如果 ET 空间分辨率再提高，可能需要更小尺度区域 ET 监测仪器。随着实际监测区域尺度的减小，我们需要更多的仪器监测区域 ET 的细节变化，以对遥感 ET 的细节特征进行校核。为了提高校验精度，还需要布置其他相关仪器。现场采集的大量数据需要快速传输到数据中心进行快速处理或在现场快速处理。这对 20 世纪普通人来说很难想象，但现在我们不用担心。4G 通信已经在局部地区、个别领域胜任。5G 通信技术发展将为这些研究及应用创造更加良好的前提条件。遥感反演区域 ET 同步校验难点问题，也有可能得益于 5G 技术而被解决。

遥感技术发展很快，高分遥感技术正在全球如火如荼展开。可见光遥感空间分辨率已经达到亚米级，红外、雷达遥感空间分辨率也在不断提高，目前远红外已到 40m，雷达已到 100m。采用遥感星座技术，可见光遥感的时间分辨率已到 15min，如果相关遥感数据时间分辨率均达到 1h，ET 产品的稳定性也就基本可以解决。目前 ET 产品稳定性低主要是由遥感数据时间分辨率低以及云雾引起的遥感数据畸变等造成。

发展遥感 ET 的最终目的在于应用，应用需求是发展遥感 ET 的驱动力。遥感 ET 只是解决了蒸散发区域监测问题，要圆满解决实际应用问题，需要其他数据或系统的配合，如降水、作物产量、植被类型等信息，需要将其纳入到高效节水评估系统、水资源管理系统、农业生产系统、环境保护系统等。大数据挖掘技术、人工智能技术、数据同化技术、虚拟现实技术等将为 ET 的高级应用开辟新空间。

1.5.4　采用商业思维模式推动遥感 ET 研究与应用

遥感 ET 主要应用于现代水资源规划与管理、高效节水监测与管理、水土流失治理、现代农业建设、森林与草场保护、流域或区域水权划分、生态水权界定、生态城市建设等。对于促进我国水资源可持续利用，促进世界和平、公平、和谐用水具有重要意义，ET 产品具有广阔的应用前景。遥感 ET 不会止步于研究和示范，最终将深刻融入社会生产和生活，并造就一个新兴产业，即遥感 ET 产业。

虽然产业前景广阔，但要实现并非易事。如果没有市场化开发，任何技术也只能停留在试验室、科研院所和大学。需要采用商业化思维推动遥感 ET 研究与应用，并重点做好如下工作：

（1）ET 产品定型，包括产品精度、质量、用途、使用方法、培训机构。

（2）形象宣传，主要是遍布各地、各领域的示范区和用户体验。这些类似于 5G 的先行体验区及体验用户。

（3）争取政府、国际组织支持。ET 产品半数服务于国家和国际组织，多数用于公益服务，如湿地生态用水保护、国际水权争议区监测、干旱半干旱区高效节水管理、水资源可持续利用与优化配置、气候变化治理和环境保护等，得到政府和国际组织认可就相当于拿到 5G 牌照。

（4）加大对生产型和个体等普通用户的服务规模，这是 ET 产业的利润点。ET 产业最终能否得到蓬勃发展，关键在于能否获得大量普通用户的青睐。建立稳定、便捷服务渠道，包括建立 ET 生产供应商、第三方检验机构、ET 下载和技术服务平台等。这方面可以考虑利用现有的遥感超市或电商平台。

（5）寻求数据商、投资商支持。技术成果转换和产品升级开发，需要大量的、持续的资金投入和技术迭代开发。没有数据商、投资商等的参与，很难筹集到大量资金以及聘用到大量高技术人才。

这是一个关乎国计民生的产业、关乎世界和平发展的产业，产业具有十分广阔的前景。目前正处于蓄势待发，万事俱备只待东风阶段。产业投资规模大，社会经济生态效益显著。其发展将开启中国数字水利、虚拟水利新时代，促进水利核心技术升级换代，为水资源可持续利用提供根本保障，为国民经济发展和生态环境保护提供水资源保障。其发展将促进中国高新技术与产品跨出国门走向世界。其发展将为一带一路建设，为共建利益共同体、命运共同体、责任共同体等再添新动力和新亮点。

为了明天更美好，让我们携手合作，集思广益，促进遥感 ET 产业蓬勃发展。

参 考 文 献

[1] 水利科技名词审定委员会. 水利科技名词 [M]. 北京：科学出版社，1997：5-7.

[2] 杨德伟，卓景愉. 气象学基本原理及气候学 [M]. 乌鲁木齐：新疆科技卫生出版社（K），1995：54-58.

[3] 姜会飞. 农业气象学 [M]. 北京：科学出版社，2013：78-84.

[4] 孟宪智. 遥感监测 ET 技术在海河流域水资源管理中的应用 [J]. 水利信息化，2009（6）：91-103.

[5] 陈强，苟思，严登华，等. 基于 SEBAL 模型的区域 ET 计算及气象参数敏感性分析——以天津市为例 [J]. 资源科学，2009，31（8）：1303-1308.

[6] 赵文智，吉喜斌，刘鹄. 蒸散发观测研究进展及绿洲蒸散研究展望 [J]. 干旱区研究，2011，28（3）：463-470.

[7] 宋璐璐，尹云鹤，吴绍洪. 蒸散发测定方法研究进展 [J]. 地理科学进展，2012，31（9）：1186-1195.

[8] 王介民，高峰，刘绍民. 流域尺度 ET 的遥感反演 [J]. 遥感技术与应用，2003，18（5）：332-338.

[9] 孙敏章，刘作新，吴炳方，等. 卫星遥感监测 ET 方法及其在水管理方面的应用 [J]. 水科学进展，2005，16（3）：468-474.

[10] 乔平林，张继贤，王翠华. 石羊河流域蒸散发遥感反演方法 [J]. 干旱区资源与环境，2007，21（4）：107-110.

[11] 李黔湘，王华斌，白忠，等. 卫星遥感监测蒸腾蒸发量（ET）精度校验——以北京市 GEF 海河项目为例 [J]. 水利水电技术，2008，39（7）：1-3.

[12] 张荣华，杜君平，孙睿. 区域蒸散发遥感估算方法及验证综述 [J]. 地球科学进展，2012，27（12）：1295-1307.

[13] 郑有飞，陈鹏，吴荣军，等. 地表蒸散的遥感估算模型及其在农业干旱监测中的应用 [J]. 生态学杂志，2011，30（4）：837-844.

[14] 李艳，黄春林，卢玲，等. 蒸散发遥感估算方法的研究进展 [J]. 兰州大学学报（自然科学），2014，50（6）：765-772.

[15] 刘波，姜彤，翟建青，等. 新型蒸渗仪及其对陆面实际蒸散发过程的观测研究 [J]. 气象，2010，36（3）：112-116.

[16] 廖晓芳，钱胜，彭彦铭，等. 蒸发皿蒸发和潜在蒸散发对气候变化的响应 [J]. 人民黄河，2010，32（11）：42-44.

[17] 鱼腾飞，冯起，司建华，等. 遥感结合地面观测估算陆地生态系统蒸散发研究综述 [J]. 地球科学进展，2011，2（12）：1260-1268.

[18] Stocker T F, Raible C C. Climatechange: water cycle shifts gear [J]. Nature, 2005, 434: 830 - 833.

[19] Houghton J T, Jenkins G J, Ephrayms J J. Climate Change: the IPCC Scientific Assessment [M]. Cambridge: Cambridge University Press, 1990.

[20] 陈云浩, 李晓兵, 史培军. 非均匀陆面条件下区域蒸散量计算的遥感模型 [J]. 气象学报, 2002, 60 (4): 508 - 512.

[21] 郝振纯, 杨荣榕, 陈新美, 等. 1960—2011年长江流域潜在蒸发量的时空变化特征 [J]. 冰川冻土, 2013, 35 (2): 408 - 419.

[22] 伊剑, 占车生, 顾洪亮, 等. 基于水文模型的蒸散发数据同化实验研究 [J]. 地球科学进展, 2014, 29 (9): 1075 - 1084.

[23] 索建军. 遥感高分蒸散监测与应用产业前景分析 [J]. 科技创新导报, 2017, 422 (26): 146: 149.

[24] 赵红, 赵玉金, 李峰, 等. FY - 3/VIRR卫星遥感数据反演省级区域蒸散量 [J]. 农业工程学报, 2014, 30 (13): 111 - 119.

[25] 王开存, 周秀骥, 李维亮, 等. 利用卫星遥感资料反演感热和潜热通量的研究综述 [J]. 地球科学进展, 2005, 20 (1): 42 - 48.

[26] 张鑫, 佟玲, 李思恩, 等. 干旱区两种微气象学法测定农田蒸散发的比较研究 [J]. 水利学报, 2011, 42 (12): 1470 - 1478.

[27] 曾小凡, 周建中. 长江流域年平均径流对气候变化的响应及预估 [J]. 人民长江, 2010, 41 (12): 80 - 83.

[28] 张守平, 蒲强, 李丽琴, 等. 基于可控蒸散发的狭义水资源配置 [J]. 水资源保护, 2012, 28 (5): 13 - 18.

[29] 左大康, 覃文汉. 国外蒸发研究的进展 [J]. 地理研究, 1988, 7 (1): 86 - 90.

[30] Brutsaert, W, Evaporation into the atmosphere: theory, history, and application [M]. D. Reidel Publ. Co., Dordrecht, Holland, 1982: 12 - 36.

[31] 武金慧, 李占斌. 水面蒸发研究进展与展望 [J]. 水利与建筑工程学报, 2007, 5 (3): 46 - 50.

[32] Bowen I S. The ratio of heat losses by conduction and by evaporation from any water surface. Phy. Rev., 1926; 27: 779 - 787.

[33] Leo J Fritschen. Accuracy of evapotranspiration determinations by the bowen ratio method [J]. I. A. S. H. Bulletin, 1965, 10 (2): 38 - 48.

[34] 宋从和. 波文比能量平衡法的应用及其误差分析 [J]. 河北林学院学报, 1993, 8 (1): 85 - 96.

[35] Alves I, Perrier A, and Pereira L S. Aerodynamic and surface resistance of complete cover crops: How good is the "big leaf"? [J]. Transaction of ASAE, 1997, 41 (2): 345 - 351.

[36] 刘钰, 彭致功. 区域蒸散发监测与估算方法研究综述 [J]. 中国水利水电科学研究院学报, 2009, 7 (2): 256 - 264.

[37] 李思恩, 康绍忠, 朱治林, 等. 应用涡度相关技术监测地表蒸发蒸腾量的研究进展 [J]. 中国农业科学, 2008, 14 (9): 2720 - 2726.

[38] Penman H L. Natural evaporation from open water, bare soil and grass [J]. Proceedings of the Royal Society of London, Series A. Mathematical and Physical Sciences, 1948, 193: 120 - 145.

[39] Monteith J L. Evaporation and environment [J]. Symposia of the Society for Experimental Biology, 1965 (19): 205 - 234.

[40] Priestley C H B, Taylor R J. On the assessment of surface heat flux and evaporation using large scale parameters [J]. Monthly Weather Review, 1972, 100 (2): 81 - 92.

[41] 高彦春, 龙笛. 遥感蒸散发模型研究进展 [J]. 遥感学报, 2008, 12 (3): 515 - 528.

[42] 董仁, 隋福祥, 张树辉. 应用彭曼公式计算作物需水量 [J]. 黑龙江水专学报, 2006, 33 (2):

100 −101.

[43] 张丹，张广涛，王丽学，等．彭曼−蒙特斯公式在参考作物需水量中的应用研究 [J]．安徽农业科技，2006，34 (18)：4513 −4514.

[44] Cleugh H A，Leuning R，Mu Q Z，et al. Regional evaporation estimates from flux tower and MODIS satellite data [J]. Remote Sensing of Environment，2007，106 (3)：285 − 304.

[45] Menenti M，Choudhury B J. Parameterization of land surface evaporation by means of location dependent potential evaporation and surface temperature range [J]. Land Surface Processes ，1993 (212)：561 −568.

[46] Bastiaanssen W G M，Menenti M，Feddes R A，et al. A remote sensing surface energy balance algorithm for land (SEBAL) 1. Formulation [J]. Journal of Hydrology，1998 (212 − 213)：198 −212.

[47] Norman J M，Kustas W P，Humes K S. Source approach for estimating soil and vegetation energy fluxes in observations of directional radiometric surface temperature [J]. Agricultural and Forest Meteorology，1995，77 (3/4)：263 − 293.

[48] Irmak A，Kamble B. Evapotranspiration data assimilation with genetic algorithms and SWAP model for on − demand irrigation [J]. Irrigation Science，2009，28 (1)：101 − 112.

[49] Wang T，Ochs G R，Clifford S F. A saturation resistant optical scintillometer to measure C2n [J]. Journal of Optical Society of America. 1978，68 (3)：334 − 338.

[50] De Bruin H A R. Introduction：Renaissance of scintillometry [J]. Boundary − Layer Meteorology，2002，105 (1)：1 − 4.

[51] 卢俐，刘绍民，孙敏章，等．大孔径闪烁仪研究区域地表通量的进展 [J]．地球科学进展，2005，20 (9)：932 − 938.

[52] Li Jia，Su zhongbo，Bart van den Hurk，et al. Estimation of sensible heat flux using the surface energy balance system (SEBS) and ATSR measurements [J]. Physis and Chemistry of the Earth，2003 (28)：75 − 88.

[53] Nakaya K，Suzuki C，Kobayashi T，et al. Application of a displaced − beam small aperture scintillometer to a deciduous forest under unstable atmospheric conditions [J]. Agricultural and Forest Meteorology，2006 (136)：45 − 55.

[54] Nakaya K，Suzuki C，Kobayashi T，et al. Spatial averaging effect on local flux measurement using a displaced − beam small aperture scintillometer above the forest cancopy [J]. Agricultural and Forest Meteorology，2007 (145)：97 − 109.

[55] 张有芷．我国水面蒸发实验研究概况 [J]．人民长江，1999 (3)：6 − 8.

[56] 谢贤群，左大康，唐登银．农田蒸发：测定与计算 [M]．北京：气象出版社，1991：1 − 3.

[57] 黄荣翰．小麦的灌溉需水量 [J]．水利学报．1959 (2)：51 − 59.

[58] 竺士林．水稻田间蒸发蒸腾量的研究 [J]．水利学报．1963 (3) 1 − 10.

[59] 信迺诠．土壤蒸发观测方法的研究 [J]．土壤学报，1962 (4)：388 − 400.

[60] 钱纪良，林之光．关于中国干湿气候区划的初步研究 [J]．地理学报，1965，31 (1)：1 − 14.

[61] 邓根云．水面蒸发量的一种气候学计算方法 [J]．气象学报，1979，37 (3) 87 − 96.

[62] 毛锐．太湖、团汊湖水面蒸发的初步研究 [J]．海洋与湖沼，1978，9 (1) 26 − 39.

[63] 程维新，赵家义．关于灌溉农田作物耗水量问题 [J]．水利学报，1983 (4) 45 − 50.

[64] 程维新，赵家义，戚春梅．等．关于玉米农田耗水量的研究 [J]．灌溉排水学报，1982 (2) 34 − 41.

[65] 谢贤群．中国科学院禹城综合试验站农田蒸发试验研究 (Ⅱ) [J]．资源生态环境网络研究动态，1994，5 (1)：25 − 29.

[66] 谢贤群，王菱．中国北方近 50 年潜在蒸发的变化 [J]．自然资源学报，2007，22 (5)：683 − 691.

[67] 王新菊，库路巴依．新疆地区气象要素变化对潜在蒸散发量的影响 [J]．人民黄河，2012，34

（10）：77－79.

[68] 蔡辉艺，余钟波，杨传国，等．淮河流域参考蒸散发量变化分析［J］．河海大学学报（自然科学版），2012，40（1）：76－82.

[69] 王介民．流域尺度ET（蒸发蒸腾量）的遥感反演［A］．刘润堂，刘建明，郭孟卓，等．利用遥感监测ET技术研究与应用［C］．北京：中国农业科学技术出版社，2003：8－17.

[70] 潘卫华，徐涵秋，李文，等．卫星遥感在东南沿海区域蒸散（发）量计算上的反演［J］．中国农业气象，2007，28（2）：154－158.

[71] 刘蓉，文军，张堂堂，等．利用MERIS和AATSR资料估算黄土高原塬区蒸散发量研究［J］．高原气象，2008，27（5）：949－955.

[72] 黄耀欢，王建华，江东，等．基于蒸散遥感反演的全国地表缺水分区［J］．水利学报，2009，40（8）：927－933.

[73] 邸苏闯，吴文勇，刘洪禄，等．基于遥感技术的绿地耗水估算与蒸散发反演［J］．农业工程学报，2012，28（10）：98－104.

[74] 白娟，杨胜天，董国涛，等．基于多源遥感数据的三江平原日蒸散量估算［J］．水土保持研究，2013，20（3）：190－195.

[75] 苴伟伟，刘钰，刘玉龙，等．基于SWAT模型的区域蒸散发模拟及遥感验证［J］．中国水利水电科学研究院学报，2013，11（3）：167－175.

[76] 田文婷，王飞，王新，等．钱塘江流域蒸散发遥感估算［J］．浙江水利科技，2015，202（6）：84－89.

[77] 李新，李小文，李增元，等．黑河综合遥感联合试验研究进展：概述［J］．遥感技术与应用，2012，27（5）：637－649.

[78] 于海鸣，黄琪，索建军．干旱区流域生态水权界定技术体系研究［M］．北京：中国水利水电出版社，2010：32－175.

[79] 仲波，柳钦火，单小均，等．多源光学遥感数据归一化处理技术与方法［M］．北京：科学出版社，2015：1－8.

[80] 孙庆先，李茂堂，路京选，等．地理空间数据的尺度问题及其研究进展［J］．地理与地理信息科学，2007，23（4）：53－80.

[81] 郭达志，方涛，杜培军，等．论复杂系统研究的等级结构与尺度推绎［J］．中国矿业大学学报，2003，23（3）：213－217.

[82] 鲁学军，周成虎，张洪岩，等．地理空间的尺度：结构分析模式探讨［J］．地理科学进展，2004，23（2）：107－114.

[83] 吴立新，余接情．地球系统空间格网及其应用模式［J］．地理与地理信息科学，2012，28（1）：7－13.

[84] Jarvis P G. Scaling processes and problems ［J］. Plant，Cell and Environment，1995，18（10）：1079－1089.

[85] Liu L，Hoogenboom G，Ingram K T. Controlled－environment sunlit plant growth chambers ［J］. Critical Reviews in Plant Sciences，2000，19（4）：347－375.

[86] Marx A，Kunstmann H，Schüttemeyer D，et al. Uncertainty analysis for satellite derived sensible heat fluxes and scintillometer measurements over Savannah environment and comparison to mea-soscale meteorological simulation results ［J］. Agricultural and Forest Meteorology，2008，148（4）：656－667.

[87] 李放，沈彦俊．地表遥感蒸散发模型研究进展［J］．资源科学，2014，36（7）：1478－1488.

[88] 张万昌，高永年．区域土壤植被系统蒸散发二源遥感估算［J］．地理科学，2009，29（4）：523－528.

［89］　夏浩铭，李爱农，赵伟，等 . 遥感反演蒸散发时间尺度拓展方法研究进展 ［J］. 农业工程学报，2015，31（24）：162 - 173.

［90］　郝胜勇，皱同元，宋晨曦，等 . 国外遥感卫星应用产业发展现状及趋势 ［J］. 卫星应用，2013（1）：44 - 49.

［91］　姜艺，李砚浓，范家璐 . 基于模型预测控制的工业过程设定值调整 ［J］. 控制工程，2018，25（6）：980 - 984.

［92］　伍铁斌，龙文，朱红求 . 复杂工业过程操作参数优化研究进展 ［J］. 自动化仪表，2016，37（3）：1 - 8.

［93］　胡非，洪钟祥，雷孝恩 . 大气边界层和大气环境研究进展 ［J］. 大气科学，2003，27（4）：712 - 728.

［94］　Lorenz E N. Deterministic nonperodic flow ［J］. J. Atmo Sci，1963，20：130 - 141.

［95］　张大林 . 大气科学的世纪进展与未来展望 ［J］. 气象学报，2005，63（5）：812 - 824.

［96］　王夔 . 突破层次、尺度和时间跨度，向复杂系统逼近：今后化学发展的趋势之一 ［J］. 自然科学进展，2000，10（8）：693 - 697.

［97］　王崇愚 . 多尺度模型及相关分析方法 ［J］. 复杂系统与复杂性科学，2004，1（1）：9 - 11.

［98］　高毅勤 . 复杂化学体系的分子模拟研究：2013 年诺贝尔化学奖浅析 ［J］. 大学化学，2014，29（2）：1 - 5.

第 2 章 大 气

大气是蒸散发研究和遥感研究的重要内容。蒸发蒸腾发生于地气系统之间，主要涉及大气边界层和陆面特性。对地遥感主要通过捕获透过大气的地物反射与辐射信息来探测地物特性。大气特别是大气边界层对辐射传输影响较大。大气及大气边界研究是遥感反演 ET 以及地面 ET 监测的基础。本章重点阐述大气组成、大气结构及亚结构、大气运动、近地面层湍流、相似理论与 π 定理等。

2.1 大气组成

按照国际标准化组织（ISO）对大气和空气的定义，大气（atmosphere）是指环绕地球的全部空气的总和（the entire mass of air which surrounds the earth）。地球大气是随着地球的形成而逐步演变，经历几十亿年的不断更新，才形成今天的大气。地球形成以后，地球大气为次生大气，经历火山型大气、H_2O-CO_2 型大气，最后演变成 N_2-O_2 型大气，即现代大气[1,2]。

现代大气由一些永久性气体、水汽、雾滴、冰晶和尘埃等混合组成。它们可被分为三类：干洁大气、水汽和气溶胶粒子。

2.1.1 干洁大气

干洁大气指不含水汽和气溶胶粒子的大气。从地面至 $80\sim100km$ 的低层空气中，干洁大气平均相对分子量为 28.996，其主要成分为 N_2，约占 78%，其次为 O_2 约占 21%，Ar 占 0.9%，其他稀有气体包括 He、Ne、Kr、CH_4、氮氧化物、硫氧化物、NH_3、O_3 等共占 0.1%。由于大气的水平运动、垂直运动、湍流运动以及分子扩散作用，使得不同高度、不同地区的大气得以交换与混合。因而除了 CO_2、O_3 和一些微量气体在时空上有些改变外，从地面到 90km 的高度，干洁空气的组成基本保持不变，在该层地球上任何一点干洁大气的物理性质基本相同。在自然界大气的温度、压力条件下，干洁大气的所有成分均处于气态，可以看作理想气体。该层是人类活动的主要范围，其中对人类活动影响比较大的是 N_2、O_2、O_3 和 CO_2。25km 高度下干洁大气成分[3]见表 2.1.1。

2.1.2 水汽

2.1.2.1 水汽分布

水汽在大气中分布极不均匀，主要集中在低层大气中，随着高度的增加水汽密度逐渐降低。水汽主要集中在 $100\sim200m$ 以下的近地面对流层，在 $1.5\sim2km$ 处水汽密度约为近地面的 50%，5km 高度处水汽密度仅为近地面的 10%，再往上水汽的含量就更少，从 15km 向上几乎没有水汽存在；水汽在水平方向的分布也极不均匀。在炎热的沙漠腹地，空

表 2.1.1　　　　　　　　　　　　　25km 高度下干洁大气成分

气体名称	空气中含量	分子量	密度	
	（按容量）ppm		标准状态 * /（g/m³）	相对于空气的比值
干空气	10^6	28.966	1293	1.000
氮气（N_2）	780.9×10^3	28.106	1250	0.967
氧气（O_2）	209.5×10^3	32.000	1429	1.105
氩气（Ar）	9.3×10^3	39.944	1786	1.379
二氧化碳（CO_2）	330.00	44.010	1977	1.529
氖气（Ne）	18.00	20.183	900	0.695
氦气（He）	5.24	4.003	178	0.133
甲烷（CH_4）	2.20	16.040	717	0.555
氪气（Kr）	1.10	83.700	3736	2.868
一氧化氮（N_2O）	0.50	44.016	1978	1.530
氢气（H_2）	0.50	2.016	90	0.070
氙气（Xe）	0.08	131.300	5891	4.524
臭氧（O_3）	0.01 * *	48.000	2140	1.624
氡气（Rn）	极微量	222.000		

　*　标准状态是指 $P_0 = 101.325$kPa，$T_0 = 273.15$K。

　* *　近地面时为 $0 \sim 0.07$ppm，在 $20 \sim 30$km 高度时为 $1 \sim 30$ppm。

气水汽含量接近于零；在温暖的洋面上空，水汽密度的比例可达 4%；在极地，平均约为 0.02%；在热带，平均为 2.5%。空气中水汽密度比例随着下垫面水分的多少和空气温度的高低而改变[1]。

2.1.2.2　水汽特性

水分子是由一个氧原子和两个氢原子组成。对于水汽，其水分子通常做自由运动并与大气其他成分混合，此时它们不可见；当其转化为云雾滴或冰晶，即变成云雾时，我们才可看见；对于水，其水分子挤得很紧，并彼此撞击，就没有水汽分子那么自由；冰中的水分子则按一定的方式排列，通常组成六边形的冰晶结构，其中的水分子只能在其位置附近振动，不能自由移动。

水分在地球环境中以气态、液态和固态三相存在，是地球表面正常情况下唯一呈三态存在的物质。由于水的三相结构不同，因此在相变时就有能量的释放或吸收。从气态到液态水或固态冰时释放热量。从液态或固态到气态时吸收热量。

液态水中某些水分子脱离周围水分子的吸引成为气态水分子，这个过程称为蒸发。相反的过程称为凝结。冰如果受热，冰中的水分子振动加快，到一定程度就进入无序状态，冰晶结构被破坏，固态冰熔解为液态水，此为溶解。相反的过程称为冻结，水失去热量，水分子运动变慢，并逐渐与周围水分子组成固定的六边形结构，成为冰晶。如果冰的晶体结构被破坏后，水分子直接变为自由运动的水汽分子，这个过程称为升华，相反过程称为凝华。

水汽可在大气温度变化范围内进行相变，是天气变化的主要因素。大气中的雾、云、雨、雪、雹等天气现象都是水汽相变所致。大气中水的三相变化不仅影响天气变化，由于相变过程吸收或释放热量，因此对地温和气温还能进行调节。

2.1.2.3 水汽来源

大气水汽主要来自地球表面的蒸发蒸腾，包括江、河、海洋水面蒸发，植物蒸腾和土壤蒸发等。水汽的 15% 来源于陆地蒸发蒸腾，海洋蒸发占 85%。水汽在大气中所占的比例很小，不到 4%；如果与全球总水量比较，仅占其中的 0.001%，即不到十万分之一，相当于覆盖全球表面厚度为 2.5cm 的水层[4-5]。尽管大气水汽很少，但它却是大气中最活跃的成分，在大气运动中扮演着重要角色。

2.1.2.4 蒸发与蒸腾过程及影响

陆表物质和条件差异多变，致使陆面蒸散发差异多变，通过分析蒸散发微观过程可以深入理解温度、风速、土壤、植被、辐射等对蒸散发的影响。

（1）水面蒸发过程。液态水中某些运动速度大的水分子脱离周围水分子的吸引，成为气态水分子，这个过程称为蒸发。

1）对于水面，假设其上方没有空气，某些运动速度大的水分子脱离周围水分子的吸引，进入大气成为水汽分子，水分子由液态变为气态，蒸发过程中吸收热量，水温下降。相反的过程是凝结，某些水汽分子与水面碰撞被水面的分子俘获。在一定温度条件下，分子蒸发和凝结的速度相等时，水面上的水汽含量就达到最大并维持不变，这个平衡状态就是饱和状态，此时如果再有多余水汽加入，就会发生凝结，直到重新达到平衡。某些情况下，尽管蒸发和凝结的速度相等，但水面上的水汽量超过饱和状态的水汽量，这就是过饱和。如果水面有风，蒸发的水分子就会被风带走，平衡被破坏，于是蒸发加快。如果水面温度高，就会有更多的、速度大的分子逃出水面，这样蒸发就越大。

2）如果水面上有空气，一方面，空气分子与水面碰撞，水面的一些分子会获得多余的能量，这样水面的蒸发就变大，因此，水汽饱和时空气中的水汽会多些。另一方面，空气撞击水面，部分空气分子会溶入水中，这些溶入水中的分子对水分子有吸引力，使得水面水分子逃离的难度略为变大，这样降低了蒸发效率。总的来说，空气的作用效果是，水汽饱和时空气中的水汽会比没有空气时真空的情况多些，当然这个量很小。

水汽进入空气中后，分子间互相碰撞，碰撞过程中能量交换，但总能量没有变化。如果空气较暖，则碰撞弹回后水汽分子速度就会变大。空气较冷时，经碰撞弹回后水汽分子就会慢下来，如果这时空气里有微尘、盐粒或其他粒子，慢的水汽分子就会粘在粒上发生凝结，特别是吸湿性的粒子（如盐粒），更易俘获水汽分子。上亿的水汽分子被凝结在粒子上面，可形成可见的液态云滴。因此，水汽在空气中凝结时需要一些悬浮粒子，这些粒子称为凝结核。如果没有凝结核，则水汽需要在过饱和很多时才会发生凝结。这时水汽分子之间距离已经很近，水汽中的分子随机运动有可能使得速度较小的水分子相互聚合成团而发生凝结。

（2）土壤蒸发。指土壤中的水分通过上升和汽化从土壤表面进入大气的过程。主体过程是深部土壤毛细管水上升到土壤表面，通过土壤空隙扩散出土壤表面进入大气。一切影响土壤水分和热状况的因素都可影响土壤蒸发，主要包括土壤质地、结构、色泽、斜坡的方位及倾斜度、植被覆盖等，如湿表面＞干表面、疏松土＞紧密土、土壤中水位高＞水位低、深色土＞浅色土、植被＞裸土、南坡＞北坡等。

（3）植物蒸腾。指植物中的水分以水汽形式转移到大气中的过程。植物蒸腾是通过叶面的气孔来进行，植物根据外界条件变化调整气孔大小来控制蒸腾速度，一般气温在40℃以内时，植物能控制气孔开合。当气温大于40℃时，植物生理控制能力丧失，气孔打开，导致植物死亡。蒸腾作用和土壤的蒸发作用不同点在于土壤蒸发为纯物理过程，而蒸腾作用除符合物理作用规律外，还符合生理作用规律，蒸腾作用相对于土壤蒸发、水面蒸发更为复杂。水面蒸发是自由水面不断失去水分子的过程，也是一个物理过程。影响蒸腾因素较多，空气湿度大，蒸腾小；湿度小，蒸腾大。土壤温度高，蒸腾大；温度低，蒸腾小。有风蒸腾大，有干热风时蒸腾特别强。散射光能使蒸腾作用提高30%～40%，直射光使蒸腾作用提高好几倍[4]。

2.1.2.5　水汽输送

水汽输送指水分随着气流从一地向另一地输送，或由低空输送到高空的过程，是水文循环的一个环节。水汽在输送过程中，水汽含量、运动方向、路线以及输送强度等都会发生变化，并伴随有动量和热量的转移，因而会引发沿途气温、气压、降水等的变化。水汽输送分为水平输送和垂直输送两种，前者主要将海洋上的水汽带到陆地，后者由空气的上升运动完成，把低层的水汽输送到高空，它是成云致雨的重要因素。蒸散发、水汽输送等是引发地球大气水汽垂直分层分布以及水平不均匀分布的重要因素，并引发天气多变。海洋上水汽上升凝结形成云以后，又以降水的形式返回到陆地和海洋上。降到陆地上的水供给河流和湖泊、渗入地下或蒸发，河流和地下径流再将水带入海洋。海洋上的蒸发量大于降水量，蒸发的水分被带到空中再次成云降雨。如此循环，周而复始，造就了当今地球景观，并极大地影响着人类生活。

2.1.3　气溶胶粒子

气溶胶粒子是悬浮在大气中的固态和液态颗粒物，粒径为$10^{-3}\mu m$至几十微米。气溶胶是一种固体、液体的悬浮物，如尘埃、花粉、微生物、盐粒等组成一个固体的核心，在核心以外包有一层液体，直径为$0.01～30\mu m$。气溶胶是形成雨的凝结核，对云雾的形成起着重要作用。气溶胶按来源可分为自然源和人工源。自然源主要包括：火山喷发的烟尘、风吹起的土壤颗粒、海水飞溅扬入大气后蒸发的盐粒、细菌、微生物、植物的孢子花粉、流星燃烧产生的细小微粒和宇宙尘埃等。人工源主要包括：燃烧排放的烟尘、建筑施工的扬尘和汽车尾气等。气溶胶主要集中在大气底层，其分布是不均一的，一般城市多于乡村，冬季多于夏季，干旱地区多于湿润地区。

大气中的气溶胶粒子悬浮空际，使大气能见度降低，减弱太阳辐射和地面辐射，影响地面和空气的温度。沉降在叶片上的固体颗粒可以强烈地吸收太阳辐射，产生高温灼伤叶片，还对叶片遮光，堵塞气孔，影响植物光合作用的正常进行。

在所有颗粒中，粒径范围在$0.1～1\mu m$的细颗粒物对能见度影响最大。能见度的降低主要是由于气体分子与细颗粒物对光的吸收和散射减弱了光信号强度，以及散射作用减小了目标物与天空背景之间的对比度而造成的。细颗粒物直接阻挡太阳光抵达地球表面，使可见光的光学厚度增大，抵达地面的太阳能量通量剧烈下降，导致地面温度降低而高空温度升高。此外，细颗粒物会加剧城市热岛强度，降低昼夜温度波动幅度，使城市大气升温，改变大气的稳定性及垂直运动，影响大范围的大气环流和水文循环。

2.1.4　大气污染

人类活动和自然过程都可导致大气污染，大气污染物按来源可分为自然来源和人工来源。自然来源包括：火山爆发、森林大火、煤田和油田放出的有害气体及腐烂的动植物等。人工来源主要包括：人类工农业生产、交通运输和日常生活等过程产生的污染物。目前人们注意到的污染物约 100 多种，主要包括：含硫化合物、含氮化合物、碳氧化合物、碳氢化合物、含卤素的化合物、光化学氧化剂和颗粒物等七类。美国环境保护署（EPA）把大气污染物按常规污染物（CO、NO_2、SO_2、O_3、PM2.5、PM10 和 Pb7 种）和有害污染物（Hg、Mn、Ni、苯、氯乙烯、乙醛等 140 多种）进行监测[1]。

从 20 世纪末开始，人类对自然的作用能量在许多领域已经可以和大自然媲美。我们可以轻而易举地削平一个山头、掐断一条大河、开挖一条跨海隧道、大范围地实施人工降雨或降温，这还不包括核武器的使用。我们通过石油开采、煤炭开采等方式从地球自然保存的碳库中取出碳的速度远远大于地球自然生产封存此类碳的速度，故此才有了能源危机现象。人类大量向大气排放污染物，在一定程度上改变了低层大气的结构和性质，这些变化影响着地球表面对太阳辐射的吸收与反射、地球辐射传输，并影响区域或全球天气或气候。

酸雨以及臭氧层的破坏会造成大面积生物损伤和死亡，引起局部地区地表覆盖类型急剧变化。CO_2、CH_4、水汽等为主要温室气态，它们的持续改变将会引起全球或局部地区天气或气候变化。这些温室气体既吸收地面长波辐射又向宇宙和地面发射辐射，对地面起保暖增温作用。从 1800 年至今，CO_2 含量增加了 25% 以上，年平均增加 0.4%，以此速度增加，科学家估计，21 世纪末 CO_2 含量会从 2001 年的 374ppm 增加到 500ppm 以上。许多数学模型考虑了包括 CO_2 在内的温室气体的增加，估计到 2100 年全球平均气温会上升 1.4～5.8℃（与 1990 年比较），直接影响天气变化[5]。人类大量的能源消耗，造成大气 CO_2 持续增多，并可能引发地球的持续升温，控制全球 CO_2 排放是世界共同的责任。

2.2　大气结构及亚结构

2.2.1　大气结构

地球被大气圈所包围，离地面越高大气越稀薄，逐步过渡到太阳系空间。一般认为大气厚度约 1000km，并且在垂直方向有层次的区别。大气层自下而上大致分为对流层、平流层、中间层、热层和散逸层（外大气层），一般情况下，各层之间逐渐过渡，没有截然的界线，大气的垂直结构见图 2.2.1。

（1）对流层。该层是地球大气中最低的一层，其底界面是地面。对流层是空气做垂直运动而形成对流的一层，由于热量的传递产生许多天气现象。对流层从地面开始高度在 8～18km 之间变化。对流层厚度随着纬度和季节变化而变化，一般随纬度降低而增加，极地

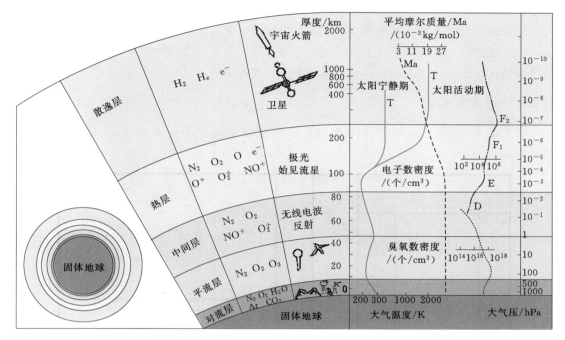

图 2.2.1　大气的垂直结构

地区平均为 8～9km，中纬度地区为 10～12km，低纬度地区为 17～18km；对流层气温一般随高度增加而降低。对流层集中了大气 3/4 的质量和 90% 以上的水汽。温度、湿度分布不均，天气变化频繁。该层对人类生产、生活影响最大，是气象学研究的重点层。该层对卫星遥感数据质量也产生较大影响。

（2）平流层。从对流层顶到距离地面 50～55km 的大气层为平流层，层内对流微弱、气流平稳、水汽极少。气温随高度上升，先是基本不变或稍微上升，当高度大于 25～30km 后，气温随高度上升而明显上升，出现逆温现象。其中有对人类十分重要的臭氧层，由于臭氧层吸收紫外光而升温，也因为臭氧对紫外光的强吸收，在地面上基本观测不到 $0.29\mu m$ 波长的太阳辐射。

（3）中间层。从平流层顶到距离地面 80～85km 的大气层为中间层，该层几乎没有臭氧，温度随高度增加而迅速降低，空气的垂直对流运动相当强烈，因此又称高空对流层。空气中分子较少，原子相对较多。水汽少，几乎没有什么天气现象。在该层的 60～90km 高度区间内，有一个只有在白天才出现的电离层，即 D 层。

（4）热层。该层又称作暖层，位于中间层顶以上，没有明显的顶部。该层气温随高度增加而快速升温，一般认为当气温不再增加时的高度为其顶部，大致在距地面 250～500km 位置。气温增温幅度与太阳活动有关，太阳活动期，温度随高度增加而快速增加。空气处于高度电离状态，因此热层又称为电离层。实际上，电离层的底部大约在 50km 处，一直向上延伸到 1000km 高度，在该层，即在 80～500km 之间密度最大。电离层电子密度随高度而不同，从最低部的 D 层开始到 E、F 层，形成三个电离层，随着高度增加，电离层的电子密度增大。这些电离层可以反射地面发射的无线电波，D 层和 E 层主要反射长波和中波，短波则穿过 D、E 层从 F 层反射，超短波可以穿过 F 层，遥感所用波段一般都比无线电波波长要短得多，因此可以穿过电离层，辐射强度基本不受影响。

（5）散逸层，电离层顶以上的大气层为散逸层。该层空气极为稀薄。气温随高度增加变化缓慢或不变。由于温度很高，空气粒子运动速度很快。

2.2.2 对流层结构

对流层从下向上又可细分为四层，即下层、中层、上层和对流层顶四层，详见图 2.2.2[1,4-6]。

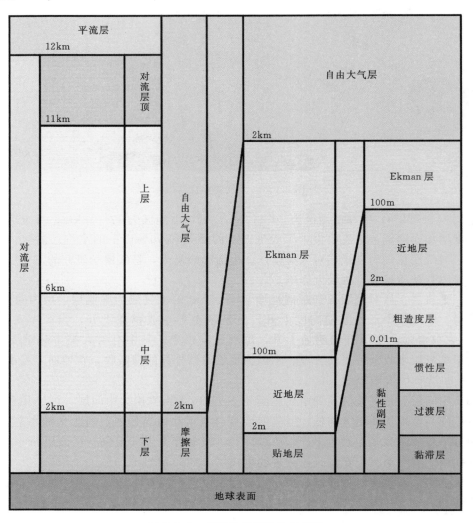

图 2.2.2 对流层垂直结构示意图

下层又称为摩擦层、大气边界层（ABL）或行星边界层（PBL），该层厚 1～2km，随季节和昼夜不同，其厚度有所变化，一般夏季高于冬季，白天高于夜间。该层水汽、尘粒含量较多，低云、雾、浮尘等出现频繁。摩擦层以上的大气称为自由大气，高度通常在

2km 以上；中层厚度为 6km，受地面影响比下层小，气流状况基本可表征整个对流层空气的运动趋势，云和降水大都产生于该层；上层厚 1～8km，该层受地面影响更小，气温常年在 0℃以下，水汽含量较少，在中纬度和热带，该层常出现强风带，高云出现在该层；对流层顶是在上层以上 1～2km 的大气层，实质为对流层与平流层之间的过渡层，该层气温随高度基本不变，具有等温、逆温特点。在低纬度地区平均气温为 −83℃，在高纬度地区为 −53℃。

2.2.3　大气边界层结构

大气边界层位于大气圈与地球表面交界区域，邻近地球表面，该层是直接受地面影响的、最低的一层大气。大气边界层的厚度随地理条件和气象条件具有时空变化特点，范围从几百米到几千米，顶界面在距离地面 1～1.5km 的位置。由于下垫面的热力和动力影响，导致边界层运行具有明显的湍流特性。边界大气动力学问题，实质上是发生在旋转坐标系的，具有复杂边界条件的层结流体的边界层湍流力学问题。在大气边界层中，铅直湍流应力的数值一般可与气压梯度力、科里奥利力相比。根据湍流应力作用性质，可将大气边界层自下而向上再细分为：贴地层、近地层和埃克曼（Ekman）层，见图 2.2.2。

（1）贴地层，指地面之上 2m 以下之间的大气。贴地层包括两个次级层，自下而上分别为黏性副层和粗糙度层。黏性副层由黏滞层、过渡层、惯性层组成，详见图 2.2.2。黏性副层是紧贴地面的一薄层，该层内分子的黏性力比湍流应力大得多，该层典型厚度为 1cm 至几厘米，温度梯度变化较大。但由于厚度较薄，一般不单独研究。

（2）近地层，指从贴地层向上 50～100m 之间的大气。大约占大气边界层厚度的 1/10。该层大气运动呈明显的湍流性质，由于近地层中湍流强烈的混合作用，大气混合较为充分，各物理属性的铅直输送通量近似为常数，因此也被称作常通量层。该层气象要素随高度变化强烈，运动尺度小，科里奥利力与气压梯度力一般可以忽略。

（3）埃克曼层（上部摩擦层），指近地面层以上到 1～1.5km 之间的大气层。该层的特点是湍流应力、气压梯度力和科里奥利力具有相当的数量级，需要考虑风随高度的切变。

大气边界层是大气的能量源和动量汇。根据观测，入射地球大气的太阳能约有 43％被地面吸收，这些被吸收的能量将以潜热（23％）、感热（6％）和辐射（14％）的形式进入大气边界层和通过大气边界层传输到自由大气层。

整个大气层中，热量和水分主要集中在下垫面，而动量则主要集中在高层。通过垂直方向的湍流传送过程，下垫面上的热量和水汽可以输送到大气中，大气边界几乎接收所有的水汽，并通过水汽向上提供约 50％的内能作为大气中的一部分能量来源。同时高层的动能也可以传送到低层，以补偿大气边界层和下垫面不光滑造成的动量损失[7]。

大气边界层具有明显的湍流状态，而湍流运动的特点之一是它具有明显的混合现象。这种混合现象表现为湍流脉动速度部分所引起的属性量的传送。这种传送不仅影响传送方向上的动量分布，而且也影响平均运行的规律。湍流脉动所引起的属性量的输送与分子不规则运动中的属性输送过程类似，只是前者载体为"湍涡"，后者载体为分子。

对于大气边界层中动量、能量和热量等的输送与平衡研究，已经成为研究大气环流的一种重要方法，并且对于大气污染、大气垂直成分的分布、电离层的形成等研究也具有重大意义。大气边界层是人类活动的直接环境，所以大气边界层不但对人类生活，而且对于军事、工业、农业、运输和能源等许多方面都会产生直接影响。大气边界层物质能量传输研究的难点和重点是近地面层湍流传输问题。

2.3　大气运动

2.3.1　大气运动类型及基本物理性质

2.3.1.1　大气运动类型

大气运动指不同区域、不同高度之间的大气进行热量、动量以及水分交换；不同性质的空气互相交流，并以此形成各种天气现象和天气变化的总称。按大气的气团移动方向分为水平运动和垂直运动两种。

大气运动形成各种天气系统，依据天气系统尺度，可将天气系统分为小尺度、中尺度、天气尺度、行星尺度四类。涡旋、尘卷等为小尺度系统；海陆风、山谷风、台风、雷暴等为中尺度系统；高低压系统、气旋、锋面等为天气尺度系统；季风为行星尺度系统。天气系统尺度并不固定，会随着时空变化转为其他尺度天气系统。通常尺度越大，空间影响越大，持续时间越长。地球上不同的天气和气候现象就是不同尺度大气运动的结果。

2.3.1.2　大气基本物理性质

大气是一种流体，具有一般流体共有的四个特性，即连续性、流动性、可压缩性以及黏性。大气具有连续性，可被视作连续介质，表征其状态的物理量可视作场变量。流体对变形的抵抗极其微弱，静止状态的流体不能承受沿流体任意小的切向的作用力，流体可以任意改变自己的形状，只要时间充分，其形变可以一直延续，这就是流体的流动性。流体流动产生风，大气流动导致物质能量交换。流体是可以压缩的，气体的压缩比远大于液体。但在气流速度很小时，其压缩性不甚显著，因此气象上常把其作为不可压缩流体处理。当两流体存在相对运动时，在这两流体之间存在一种相互作用力，这就是内摩擦力或黏性力[4]。

表征大气的物理量也称为气象要素，包括气压、气温、密度、比湿、风速等。我们用这些气象要素描述大气静止、均匀状态特征，这是气象监测、服务以及我们平时关注的气象指标。当考虑大气动态性和非均质性时，就需要将这些变量作为场变量处理，把它们看作是时间和空间上的连续函数，它们所分布的空间称为物理场，如气压场、风场等。其中气压场、温度场、密度场和湿度场为标量场，其任意一点物理量与方位无关。风场为矢量场，风速具有方向性。

2.3.2　大气运动定律

研究大气运动及变化规律，实质就是研究其场变量时空变化规律。大气质点状态随时间、空间变化而变化，这些变化并非毫无联系，其遵循一定的规律。这些规律包括动量守恒原理（牛顿第二运动定律）、能量守恒原理（热力学第一定律）、质量守恒原理以及状态方程等。将大气中均质的微小气团称为大气微气团，它与大气质点概念等同，为了研究方便及理解，有时采用大气质点术语，有时采用大气微团术语。

2.3.2.1　相对运动方程

依据牛顿第二运动定律，单位质量物体相对于固定坐标系的运行加速度等于其所受作用力之和。据此可得到大气质点、相对运动方程，见式（2.3.1）。

$$\frac{\mathrm{d}\vec{V}}{\mathrm{d}t} = -\frac{1}{\rho}\nabla p - 2\vec{\Omega}\times\vec{V} + \vec{g_a} + \Omega^2\vec{R} + \vec{N} \tag{2.3.1}$$

式（2.3.1）右边第一项为气压梯度力；第二项 $-2\vec{\Omega}\times\vec{V}$ 为科里奥利力；$\Omega^2\vec{R}$ 为惯性离心力；最后一项 $\vec{N}$ 为分子黏性力。

（1）气压梯度力。它是作用于空气微团表面上的压力 p 的合力。它总是与空气微团表面垂直、指向其内部。空气微团所受的压力合力即气压梯度力，它是一种"体积力"。气压梯度力的方向与气压梯度的方向相反，即与等压面（线）垂直、指向气压降低的方向；气压梯度力的大小与气压梯度的大小成正比，与空气密度成反比。

（2）科里奥利力。科里奥利力简称科氏力，用 $\vec{C}$ 表示。$\vec{C} = -2\vec{\Omega}\times\vec{V}$。科氏力垂直于地转角速度矢 $\vec{\Omega}$，即垂直于地轴，位于纬圈平面内；同时，科氏力还垂直于相对运动速度矢 $\vec{V}$，因此，它只改变相对运动的方向，不改变相对速度的大小，故科氏力有时又称为"折向力"或"偏向力"。科氏力的方向可按向量叉乘运算的右手螺旋法则确定。对于北半球的水平运动，科氏力总是指向运动前进方向的右方，南半球的情形则相反，指向运动前进方向的左方。

（3）重力。重力用 $\vec{g}$ 表示，$\vec{g} = \vec{g_a} + \Omega^2\vec{R}$。指空气质点所受重力即重力加速度，为地心引力与惯性离心力的合力。

（4）分子黏性力。分子黏性力用 $\vec{N}$ 表示，是空气质点分子相互作用而产生的内摩擦力。大气是一种低黏流体，除了贴近地面几厘米厚度的薄层，由于空气运动速度垂直梯度很大，除必须考虑分子黏性作用的影响外，一般都可忽略分子黏性力的作用。

大气运动的能量主要来自于太阳，由于地球为球形以及与太阳位置关系，陆面不均，引起气压梯度，从而推动大气运动。

2.3.2.2　连续运动方程

依据质量守恒原理可以建立大气质点运动的连续运动方程，见式（2.3.2）。

$$\frac{\partial\rho}{\partial t} + \nabla\cdot\rho\vec{V} = 0 \tag{2.3.2}$$

2.3.2.3　热力学方程

依据能量守恒原理可以建立大气微团的热力学方程，见式（2.3.3）。

$$c_p\frac{\mathrm{d}T}{\mathrm{d}t} - \frac{RT}{p}\frac{\mathrm{d}p}{\mathrm{d}t} = \frac{\delta Q}{\delta t} \tag{2.3.3}$$

2.3.2.4　状态方程

在通常大气温度和压强条件下，干空气和未饱和的湿空气均十分接近理想气体，可按理想气体，建立大气微团的状态方程，见式（2.3.4）。

$$p = \rho R T \tag{2.3.4}$$

2.3.2.5　水平衡方程

依据水平衡原理可以建立大气微团的水平衡方程，见式（2.3.5）。

$$\frac{\mathrm{d}q}{\mathrm{d}t} = S_w \tag{2.3.5}$$

式中：q 为比湿；S_w 为水汽的源或汇。

2.3.3　大气多尺度性

大气运动形式多种多样，大气中存在多种尺度的天气系统。大气中多尺度相互作用成为近几十年来关注的热点问题。目前多尺度相互作用的研究主要集中在 $E-P$ 通量（Eliassen-Palmflux）、大气能量学等方面。关于大气波动的研究，大多数假设波动是叠加在基本气流之上的，即 $V = \overline{V} + V'$，其中 $\overline{V}$ 为基本气流，V' 为波动。基于该假设，许多学者开展了波作用方程和 $E-P$ 通量的实际应用研究。1961 年，Eliassen 等[8]提出了行星波在垂直切变气流中传播的能量通量矢量，但方程切变气流中的能量不守恒。1976 年，Andrews 等[9]在 β 平面近似下从位涡度方程出发导出了波作用守恒方程。1984 年，黄荣辉[10]又继续改进。这些研究及实践，不但指出基本气流与波动之间存在交互作用，并给出了作用方程或关系，如球面坐标系中 β 平面近似下的波作用方程[11]为

$$\frac{\partial \xi_m}{\partial t} + \nabla \cdot F = S \tag{2.3.6}$$

$$\xi_m = \frac{1}{2} a \cos\phi \, \overline{q'^2_m} \Big/ \frac{\partial \overline{q}}{a \partial \phi} \tag{2.3.7}$$

$$F = (F_{(\phi)}, F_{(p)}) = \left\{ -a\cos\phi \, \overline{u'v'}, \frac{fa\cos\phi}{\overline{\theta_p}} \overline{v'\theta'} \right\} \tag{2.3.8}$$

式中：ξ_m 为波作用量；F 为波作用通量；S 为非绝热加热和摩擦耗散等；a 为地球半径；ϕ 为纬度；$\overline{q}$ 为基本气流的位涡；q' 为扰动位涡；θ' 为位温；$\overline{\theta_p}$ 为虚温；$\overline{u'v'}$ 为纬向波动在南北方向上的动量通量；$\overline{v'\theta'}$ 为纬向波动在南北方向上的热量通量。

波动对基本气流的反馈作用方程：

$$\frac{\partial \overline{u}}{\partial t} - f \overline{v}^* = \frac{1}{\rho_a} \nabla \cdot F \tag{2.3.9}$$

式中：$\overline{v}^*$ 为经向剩余环流分量。

波作用通量和波作用量之间关系式为

$$F = c_g \xi \tag{2.3.10}$$

式（2.3.6）～式（2.3.10）反映了扰动气流对基流的反馈作用。$E-P$ 通量大于零，即辐散，会使得基本西风气流加速；反之，使得基本西风气流减速。

2016 年，Liang[12]提出了多尺度能量和涡度分析法（MS-EVA），2018 年，沈新勇等[11]也将物理量用 Barnes 滤波法滤出三种尺度，并导出了这三种尺度的动能和位能方程。这些说明不同尺度系统之间存在着能量交换，存在着相互作用。大气中多尺度相互作

用对大尺度天气系统和中小尺度对流天气的发生、发展都有非常重要的影响。不同尺度系统相互影响以及不同尺度系统间的能量转换对台风和梅雨锋暴雨的发生、发展以及消亡过程都有重要的影响。其中，多尺度系统相互作用在梅雨锋暴雨过程中最为显著。行星尺度、天气尺度和中小尺度系统的共同作用造成了持续性梅雨锋暴雨过程[11]。

大气边界层热量输送不只是局地湍流输送过程，还存在着非局地湍流输送过程，大气边界层局地湍流传输理论被广泛认可和使用。然而许多研究工作[13-15]指出：在大气边界层内的动量与质量的传输并不仅仅取决于局地性质，而且与边界层结构、大涡的活动有紧密的关系。

湍流通量的非局地多尺度湍流理论计算方法[16]如下：

设 c 为任一气象要素，c 的扩散方程为式（2.3.11）。

$$\frac{\partial c}{\partial t} = \frac{\partial}{\partial z} \int_0^a \overline{w'c'l_\zeta} \, d\zeta \tag{2.3.11}$$

式中：ζ 为形成该通量的湍涡的空间尺度；a 为最大涡的尺度；$\overline{w'c'l_\zeta}$ 为由尺度为 ζ 的涡所形成的通量谱密度，并非是通量的垂直分布廓线。

有限尺度的涡会将非临近空间的空气质点混合起来，因此，在 $\zeta \pm d\zeta/2$ 湍涡形成的通量 $\overline{w'c'l_\zeta} d\zeta$ 在统计意义上显然可以来源于湍流区域（$0 - h$）内的任一高度。从而设：

$$\overline{w'c'l_\zeta} = \int_0^h a(z - \xi, \zeta) \, \overline{w'c'l_\xi} \, d\xi \tag{2.3.12}$$

其中，$\overline{w'c'l_\xi}$ 为在高度 $z = \xi$ 上的局地全谱湍流通量，因此式（2.3.11）可变为

$$\frac{\partial c}{\partial t} = \frac{\partial}{\partial z} \int_0^a \int_0^h a(z - \xi, \zeta) \, \overline{w'c'l_\xi} \, d\xi \, d\zeta \tag{2.3.13}$$

若取

$$\int_0^a a(z - \xi, \zeta) \, d\zeta = \gamma(z - \xi) \tag{2.3.14}$$

则 $\gamma(z - \xi)$ 具有长度的倒数的量纲。将式（2.3.14）代入式（2.3.13），得

$$\frac{\partial c}{\partial t} = \frac{\partial}{\partial z} \int_0^h \gamma(z - \xi) \, \overline{w'c'l_\xi} \, d\xi \tag{2.3.15}$$

式（2.3.14）表明湍流区域内的隔层的非局地湍流通量是通过局地湍流而相互关联的，且满足式（2.3.16）的关系。

$$\overline{w'c'l_z} = \int_0^h \gamma(z - \xi) \, \overline{w'c'l_\xi} \, d\xi \tag{2.3.16}$$

2.4 近地面层湍流

2.4.1 近地面层特性

在近地面层中，湍流输送起决定作用，相对于湍流切应力，科里奥利力和气压梯度力的作用可以忽略不计。其厚度随大气边界层的厚度增加而增加，减少而减少，通常只有几十米。在平坦均匀条件下，湍流可看成是驱动近地面层大气运动的唯一要素，大气传输主

要是铅直方向的传输，包括动量、热量、水汽、能量和物质的传输等。近地面层主要有以下特点：

（1）大气运动尺度较小，科里奥利力随高度变化小可以忽略，风向随高度几乎无变化。

（2）动量、热量、水汽、能量和物质的垂直传输通量随高度的变化与通量数值本身相比很小，各种湍流通量可以近似地认为是常数。在近地面层内，某一高度湍流通量的测量结果可以代表另一高度或地面的通量数值，因此也被称为常通量层。

（3）各个气象要素随高度的变化比大气边界层的中层和上层要显著。受地面摩擦作用影响，风速、温度、湿度等气象要素随高度变化显著，湍流通量远大于大气边界层其他位置，且几乎不随高度变化。

（4）近地面层可以被看成是大气最大的"风洞"，很多在试验室难以研究的流体力学问题（如大 Reynold 数湍流的微结构）可以在近地面层中研究[17]。

2.4.2　莫宁-奥布霍夫相似性理论

莫宁-奥布霍夫（Monin - Obukhow）相似性理论[18]以相似理论和量纲分析方法，论述了切应力和浮力对近地面层湍流输送的影响，建立了近地面层气象要素廓线规律的普适表达式。该理论是大气湍流和大气边界层领域发展的重大里程碑，巨大地推进了湍流理论的研究[19]。

2.4.2.1　莫宁-奥布霍夫相似性理论成立的基本条件

莫宁-奥布霍夫相似性理论成立的基本条件如下：

（1）近地面层内大气运动具有不可压缩性，大气密度变化仅仅是由温度变化引起，而且只体现在引起浮力密度偏差，即满足 Boussinesq 近似。

（2）近地面层大气运动属于湍流运动，分子黏性力、传导和扩散作用可以忽略。

（3）近地面层满足常通量层近似，非定常性、水平非均匀性、辐射热通量散度可以忽略，气压梯度力和地转偏向力被视为外部因子，湍流通量及导出参量与风速、温度、湿度等气象要素廓线有着内在的联系。

2.4.2.2　奥布霍夫长度

莫宁-奥布霍夫认为：在定常、水平均一、无辐射和无相变的近地面层，大气运动的运动学和热力学结构仅决定于大气的湍流状况。将 u^*、$\overline{w'\theta'}$ 以及浮力因子 $g/\overline{\theta}$ 进行组合得到一个具有长度量纲的特征量，即奥布霍夫长度 L，计算见式（2.4.1）：

$$L = -\frac{u_*^3}{k\dfrac{g}{\overline{\theta}}\overline{w'\theta'}} = \frac{u_*^2}{k\dfrac{g}{\overline{\theta}}\theta_*} \tag{2.4.1}$$

式中：k 为 von Karman 常数；g 为重力加速度。

奥布霍夫长度 L 的物理解释是：其绝对值等于这样一个高度，在此高度上空气柱内通过浮力做功得到的湍流动能增加（$L<0$）或者减少（$L>0$），等于在任意高度 z 处单位体积内动力引起的湍流动能变化，反映雷诺应力和浮力做功的相对大小。

当大气稳定时，$\overline{w'\theta'}<0$；当大气为中性时，$\overline{w'\theta'}=0$；当大气不稳定时，$\overline{w'\theta'}>0$，

因此有：

$L>0$：稳定层结，L 越小或 z/L 越大，越稳定；

$L<0$：不稳定层结，$|L|$ 越小或 $|z/L|$ 越大，越不稳定；

$|L|\rightarrow\infty$：中性层结，$|z/L|\rightarrow0$。

特征长度尺度 L，早期称为莫宁-奥布霍夫长度，考虑其历史意义，现称为奥布霍夫长度[19,20]。奥布霍夫长度给出了动力和浮力过程之间的关系，而且与动力副层的高度成比例，但两者并不相等。采用位温表征奥布霍夫长度更加精准。考虑水汽含量在浮力作用中的重要性，湿度大时，往往使用虚温或虚位温。

2.4.3 通量-廓线关系

将莫宁-奥布霍夫相似理论用于近地面层，可得到无量纲后的风速、温度和湿度随高度变化的关系表达式：

$$\frac{kz}{u_*}\frac{\partial\overline{u}}{\partial z}=\varphi_m\left(\frac{z}{L}\right) \tag{2.4.2}$$

$$\frac{kz}{\theta_*}\frac{\partial\overline{\theta}}{\partial z}=\varphi_h\left(\frac{z}{L}\right) \tag{2.4.3}$$

$$\frac{kz}{q_*}\frac{\partial q}{\partial z}=\varphi_q\left(\frac{z}{L}\right) \tag{2.4.4}$$

可令 $\xi=z/L$，并对式（2.4.2）～式（2.4.4）进行积分，从而得到通量-廓线的梯度形式：

$$\overline{u}=\frac{u_*}{k}\left[\ln\frac{z}{z_0}-\psi_m(\xi)\right] \tag{2.4.5}$$

$$\overline{\theta}-\overline{\theta}_0=\frac{\theta_*}{k}\left[\ln\frac{z}{z_{0h}}-\psi_h(\xi)\right] \tag{2.4.6}$$

$$\overline{q}-\overline{q}_0=\frac{q_*}{k}\left[\ln\frac{z}{z_{0q}}-\psi_q(\xi)\right] \tag{2.4.7}$$

式中：z_0 为地表空气动力学参数——地表粗糙度；z_{0h} 为地表热力粗糙度；z_{0q} 为地表水汽粗糙度；ψ_m、ψ_h、ψ_q 分别为风速、温度、湿度廓线关系积分形式的稳定度修正函数。

ψ_m、ψ_h、ψ_q 的表达式分别为

$$\psi_m(\xi)=\int_{\xi_0}^{\xi}[1-\varphi_m(\xi)]\partial\ln\xi \tag{2.4.8}$$

$$\psi_h(\xi)=\int_{\xi_0}^{\xi}[1-\varphi_h(\xi)]\partial\ln\xi \tag{2.4.9}$$

$$\psi_q(\xi)=\int_{\xi_0}^{\xi}[1-\varphi_q(\xi)]\partial\ln\xi \tag{2.4.10}$$

其中，$\xi_0=z_0/L$，对于中心性层结存在如下关系：

$$\varphi_m(0)=\varphi_h(0)=\varphi_q(0)=1 \tag{2.4.11}$$

$$\psi_m(0)=\psi_h(0)=\psi_q(0)=0 \tag{2.4.12}$$

根据奥布霍夫长度和梯度理查孙数 R_i 的定义以及雷诺平均方程，可推导出 z/L 与理

查孙数的对应关系：

$$R_i = \frac{z}{L} \varphi_h \varphi_m^{-2}$$

(2.4.13)

2.5　相似理论与 π 定理

在大气研究中，由于场变量影响因素的复杂性和时空的变化性，往往不能精确刻画大气运动规律、天气过程、地气过程等。不同尺度天气系统、不同区域大气边界层系统之间既具有特殊性又具有共性，可以基于相似理论由研究程度高的系统推演研究程度低的系统，或开展模型与实际系统交互研究。大气运动具有复杂性但又经常出现一些稳定可重现的特征，利用有关变量可研究出一些经验关系，来逼近或拟合这些稳定特征，此类研究采用 π 定理十分有效。在复杂系统中研究建模、特征参数计算分析等，常常会用到相似理论和 π 定理等。它们是简化复杂问题及指导模型实验的基础理论，是复杂系统理论分析验证和新理论研究创新的重要方法。

2.5.1　相似理论

复杂系统往往很难用函数精确表示，它们一般表现为多要素、多结构和多变性。系统变化具有规律性，同时也常常伴有随机性、模糊性和混沌性。系统建模难度较大，相似理论可以为复杂系统建模提供良好思路。系统相似一般指要素相似、结构相似以及变化相似等，依据研究对象的不同，可以采用不同的相似标准构建系统间的相似关系。大气系统、地-气系统、地-气-生物系统等为复杂系统，在这些系统研究中经常用到相似理论。以流体相似为例说明相似理论和其应用过程。

2.5.1.1　流体相似形式

流体相似包括几何相似、运动相似、动力相似三种形式。其中几何相似指流体流动的几何空间相似或模型与原型形似，即两者对应部分的夹角相等，几何线长度对应成比例；运动相似指几何相似的流体上，其对应质点上的流速方向相同、大小成比例；动力相似指运动相似的流体上，其对应质点上所受的同名力平行，大小成比例。几何相似是运动相似的前提，运动相似是动力相似的前提。

模型和原型流动相似需要满足：几何相似、运动相似、动力相似以及初始条件和边界条件相似。

2.5.1.2　相似基本定理

（1）相似第一定理。现象相似时，描述它们的同名相似准数分别相等。对于相似的物理现象，其物理量场也相似。对于不可压缩流体，它们的牛顿数（Ne）、雷诺数（Re）、欧拉数（Eu）和弗劳德数（Fr）应分别相等。

（2）相似第二定理。相似现象的相似准数之间存在着函数关系。决定流体平衡的四种力（黏性力、重力、压力和惯性力）并非都是独立的，其中三个力相似，则第四个力必然相似。

（3）相似第三定理。同类现象相似的充分和必要条件是两现象的单值性条件相似，定型准则数值相等。

2.5.1.3　相似原理应用步骤

（1）分析确定研究对象相似系统或模型构架。

（2）分析推导相似准则，依据相似程度要求，确定关键相似准则。

（3）依据相似准则，设计实验或测试方案。

（4）确定实验或测试变量，包括相似准则中的变量和其他研究变量。

（5）将实验或监测换算到研究对象或原系统。

2.5.2　π 定理

π 定理（白金汉定理）是量纲分析法的一个重要定理。对于某个现象，如果可以用 n 个变量来描述，即 $F(a_1, a_2, \cdots, a_n) = 0$，且其中存在 m 个基本变量，并且基于其可构造 $n-m$ 个无量纲数量，则可用这些无量纲数量描述对应现象，即存在 $G(\pi_1, \pi_2, \cdots, \pi_{n-m}) = 0$。这样解算 F 的问题，就转换为解算 G 的问题。借助 π 定理，减少未知函数变量数目，便于函数构造、参数计算和物理意义分析。π 定理应用主要步骤如下：

（1）分析确定与研究现象相关的全部 n 个变量，即确定 a_1、a_2、$\cdots$、a_n。

（2）找出基本量纲，即确定 m 大小。

（3）从 n 个变量中选出包含全部基本量纲的 m 个基本变量，即确定基本变量 a_1、a_2、$\cdots$、a_m，导出变量 a_{m+1}、a_{m+2}、$\cdots$、a_n。

（4）用基本变量与其他的任一个变量组成无量纲方程，构造 π 表达式。

$$\pi_1 = a_1^{a_{11}} a_2^{a_{12}} \cdots a_m^{a_{1m}} a_{m+1} \tag{2.5.1}$$

类似有

$$\pi_2 = a_1^{a_{21}} a_2^{a_{22}} \cdots a_m^{a_{2m}} a_{m+2} \tag{2.5.2}$$

$$\vdots$$

$$\pi_n = a_1^{a_{n1}} a_2^{a_{n2}} \cdots a_m^{a_{nm}} a_n \tag{2.5.3}$$

（5）依据量纲和谐原理，建立联立指数方程，解算各 π 项的指数，确定无量纲 π 参数。

（6）基于 π 项构建描述现象新函数，见式（2.5.4）。

$$G(\pi_1, \pi_2, \cdots, \pi_{n-m}) = 0 \tag{2.5.4}$$

（7）整理各 π 项，尽量将其转化为常用相似准数或通用的纯数。

（8）构造函数，通过试验确定待定参数。

参 考 文 献

［1］　姜会飞. 农业气象学［M］. 北京：科学出版社，2013：10 - 23.

［2］　郝吉明，马大广. 大气污染控制工程［M］. 北京：高等教育出版社，2004：1 - 2.

［3］　吴健，杨春平，刘建斌. 大气中的光传输理论［M］. 北京：北京邮电大学出版社，2005：43 - 44.

［4］　杨德伟，卓景愉. 气象学基本原理及气候学［M］. 乌鲁木齐：新疆科技卫生出版社，1995：4 - 8，51 - 59.

［5］　李万彪. 大气概论［M］. 北京：北京大学出版社，2009：2 - 8，27 - 28.

［6］　金晓梅，万力，Z. Bob. SU. 遥感与地区地面蒸散量估算方法［M］. 北京：地质出版社，2008：62 - 63.

［7］　贺海晏，简茂球，乔云亭. 动力气象学［M］. 北京：气象出版社，2010：168 - 169.

［8］　Eliassen A，Palm E. On the transfer of energy in stationary mountain waves［J］. Geofys Publ，1961，22（3）：1 - 23.

［9］　Andrews D G，McIntyre M E. Planetary waves in horizontal and vertical shear：The generalized Eliassen - Palm relation and the mean zonal acceleration［J］. J Atmos Sci，1976，33（11）：2031 - 2048.

［10］　黄荣辉. 球面大气中行星波的波作用守恒方程及用波作用通量所表征的定常行星波传播波导［J］. 中国科学：化学. 1984，14（8）：766 - 775.

［11］　沈新勇，沙莎，刘靓珂，等. 大气中多尺度相互作用的研究进展［J］. 暴雨灾害，2018，37（3）：197 - 203.

［12］　Liang X S. Canonical transfer and multiscale energetics for primitive and quasi - geostrophic atmospheres［J］. J. Atmos Sci，2016，73（11）：4439 - 4468.

［13］　Wyngaaard J C，Brost R A. Top - down and bottom - up - diffusion of a scalar in the convective boundary layer［J］. J. Atmos Sci，1984（41）：102 - 112.

［14］　Holtslag A A M，Moeng C H. Eddy diffusivity and counier gradient transport in the convective atmospheric boundary layer［J］. J. Atmos Sci，1991（48）：1690 - 1698.

［15］　Stull R B. Review of non - local mixing in turbulent atmospheres［J］. Transilient turbulence. Boundary - Layer Meteorology，1993（62）：21 - 96.

［16］　朱蓉，徐大海. 大气边界层热量输送的非局地多尺度湍流理论及试验研究［J］. 应用气象学报，2005，16（3）：273 - 282.

［17］　刘式达，梁福明，刘式适，等. 大气湍流［M］. 北京：北京大学出版社，2008：166 - 184.

［18］　Monin A S. Obukhow A M. Basic turbulent mixing laws in the atmospherc surface layer［J］. Trudy Geofiz. Inst. Akad. Nauk S. S. S. R.，1954（24）：163 - 187.

［19］　张宏昇. 大气湍流基础［M］. 北京：北京大学出版社，2014：68 - 81.

［20］　Businger J A，Yaglom A M. Introduction to Obukhow's paper "Turbulence in an atmosphere with a non - uniform temperature"［J］. Boundary - Layer Meteorology，1971，2（1）：3 - 6.

第3章 场 论

场理论技术是研究场的特征及变化规律的理论技术，不妨简称为场论。蒸散发涉及水循环、物质运移、能量转换、多场交互作用、多维时空建模与转换以及自然-生物-人文社会等复杂系统问题。深入研究 ET 并实现突破，不但需要深化现有理论技术，而且需要基于新理论技术创新思维。为此以场论为主线，开展相关理论技术探索，以促进 ET 的创新研究。本章主要阐述广义场、地球物质场、近地交织层以及数字场理论基础等内容。

3.1 广义场

场是空间与时间的综合，重点研究物质时空分布及变化规律。基于研究对象、尺度等不同，人们形成了许多关于场的相对独立的研究领域，如地球物理场、统一场理论、广义场理论、大气场、量子场等。它们从不同角度揭示了场的特征及规律，其实不管我们是否研究，场都客观存在、其联系也早已存在，部分被我们发现，还有许多没有被我们认知。由于认知和技术限制，我们在相当长的时间内还无法完全弄清其特征和规律。场论基于目前各领域场研究的精髓，重点研究场本质特征、共性规律、共性技术，其主要内容包括以下几个方面：

（1）广义场内涵及本质。场指物体在空间中的分布情况。在物理学中，经常要研究某种物理量在空间的分布和变化规律。如电场、磁场、引力场、温度场等，这些物理量虽不同，但都是指物质的某种属性。广义场是指物质在时空中的分布状态，广义场研究的本质是揭示物质属性的时空分布及变化规律。

（2）物理场。场的物理性质可以用一些定义在全空间的量描述，例如电磁场的性质可以用电场强度和磁场强度或用一个三维矢量势 $A(X，t)$ 和一个标量势 $(X，t)$ 描述。这些场量是空间坐标和时间的函数，它们随时间的变化描述场的运动。空间不同点的场量可以看做是互相独立的动力学变量，因此，场是具有连续无穷维自由度的系统。

在物理学领域里，场是一个以时空为变量的物理量。依据场在时空中每一点的值是标量、矢量还是张量可以分为标量场、矢量场和张量场三种。如果空间每一点都对应着物理量的一个确定数值，则称此空间为标量场，如电势场、温度场等。如果都对应着物理量的一个确定方向和大小数值，则称为矢量场，如电场、速度场、重力场。如果都对应着物理量的一个以上方向和大小，则称为张量场，如应力张量场。其中，方向个数为张量阶数。

在每一范畴（标量、矢量、张量）之中，场还可以分为"经典场"和"量子场"两种。量子场论则是在量子物理学基础上建立和发展的场论，即把量子力学原理应用于场，把场看作无穷维自由度的力学系统实现其量子化而建立的理论。量子场论已经被广泛地应用于粒子物理学、统计物理、原子核理论和凝聚态理论等领域。

若物理状态与时间无关，则为静态场，反之，则为动态场或时变场。静态场是相对的，场变化相对于时间变化很小时，可以认为是静态场，瞬时动态场也可认为是静态场。如卫星获取图像，可以认为是穿过静态大气场对地表拍摄，实质大气场在时刻变化着，在时刻干扰着遥感成像，是动态场。

（3）场的性质。场的时空范围相对有限，场的时空边界相对模糊。场虽被认为是延伸至整个空间，但实际上，每一个已知的场在足够远的距离下，都会缩减至无法量测的程度。例如，在牛顿万有引力定律里，重力场的强度是和距离平方成反比的，因此地球的重力场会随着距离加大很快变得不可测。不管是宇宙还是原子、粒子、夸克，它们都是有限与无限的对立统一体。

场占有空间，场含有能量。根据爱因斯坦相对论原理，质量是它所含能量的度量。因此物质时空场也就是能量时空场。场可以是看不见的物质，如电场、磁场；也可是看得见的物质，如云、地壳物质。

场的一个重要属性是它占有一个空间，场的状态是空间和时间的函数，场处处连续准确地说是相对连续。大气中的分子、原子及微粒是以粒子状态分布于大气中，我们可以把大气看作大气场。如果在超大尺度研究交通问题，各种交通工具可看作地球上离散的一个个质点，那么此类交通研究问题就可变成一个场的研究问题。

空间是描述物质存在的场，时间是描述物质运动的场，空间、时间是不可分割的，场又是"时空场"。"时空场"是物质存在状态、运动状态的表现形式，因此场又是"物质场"。质量是它所含能量的度量，场也是"能量场"。

场间存在协同作用性。例如对流换热强度，不仅取决于流速、温差和流体物性，还取决于速度场与热流场的相互配合。从矢量看，这是速度与热流矢量两个场的协同[1]。场协同作用广泛存在于自然界，电磁场与化学势场协同，机械波、电场、流场及温度场协同等。从能量公设的角度看，任何一种复杂现象，都可被视为多个物理场协同作用下的结果。每一物理场都对应着一种形式的能，而各种形式的能都有共同的本质[2]。机械、电、磁、化学、气动、生命等过程、装置以及经济系统，均可与传统的热过程采用统一的处理思想和方法进行分析和优化。各种自然结构是经过长时间演化而成，其结构应该是某种最优或接近最优结构，如果能找到其演化规律，对于各种广义热力学过程均具重要意义[3]。陆面数据同化的核心是通过不断加入观测数据，修正模型轨迹使其更接近陆面真实过程。理论基础是陆面数据（代表的场）之间存在协同作用，可以通过不断改变边界条件修正场分布。如陈鹤等[4]通过数据同化方法来改进土壤水分模拟，研究证明数据同化方法能够有效提高土壤水分的模拟结果。

（4）广义场不同于统一场。统一场和统一场论是物理学范畴，统一场理论原指把电磁场和引力场统一起来的物理学理论，现在已发展为把自然界中已发现的四种相互作用——引力相互作用、弱相互作用、电磁相互作用、强相互作用统一起来的理论。如：牛顿用万有引力把支配宇宙物质运动的规律同支配宏观物体的规律统一起来；麦克斯威把电和磁统一成电磁场理论；爱因斯坦的狭义相对论把牛顿理论同电磁理论联系起来；把时间和空间统一为四维时空，把质量、能量、动量统一成能量动量张量；广义相对论将引力和几何联系起来，人类这些成功促进了统一场研究。1918 年，德国学者赫曼·魏耳（Hermann Klaus Hugo Weyl）提出"规范不变性"的统一场论，即第一个统一场模型，其中引力场和电磁场共同构成了同一个几何——魏耳几何的基本结构，尝试借此解决引力场与电磁场的统一理论问题。之后又出现卡鲁查的五维理论、爱因斯坦和柏格慢的不对称场理论以及卡尔旦等人的扭曲理论等多种理论。这些理论统称为几何统一场论，均未取得成功。1953 年，量子力学的创始人海森堡提出量子统一场理论，也未获得成功。1954 年，杨振宁和米尔斯提出杨-米尔斯场即普遍规范场理论，1957 年，李政道、杨振宁因共同提出弱相互作用中宇称不守恒原理获得诺贝尔奖。基于规范场理论，温博格、格拉肖和萨拉姆提出弱电统一理论，并在 1973 年得到实验所证实，1979 年他们因此获得诺贝尔物理学奖。弱电统一理论成功，再次激起人们对统一场的研究。新统一场理论吸收几何统一场和量子统一场理论的合理思想，从规范场角度研究四种作用的统一，因此也称为规范统一论或大统一场论。目前大统一场论还没有得到证实[5]。科学巨匠们坚信自然界物质运动规律性的简单、和谐与统一，并极力追求反映这种物质运动规律的简单、和谐与统一的理论体系。虽然许多理论没有获得成功，但他们的研究为后来探寻者开启了一道曙光或排除了一条死路。统一场论探索不断碰壁，足见其研究是何等的困难。尽管如此，相信统一场论成功应是大概率事件，毕竟他们反映的都是物质的不同侧面，我们只是不完全知道其存在的本质与前提、转换方式和条件。也许借助新技术，在不远的将来，某些人类天才将会带我们揭开谜底。

（5）广义场研究对象。广义场论应该属于哲学范畴，但又不同于哲学研究方法，它基于物理原理，采用"运动模型"解决实际问题。研究对象为各种各样的场，一切物质均以场的形式存在，并在场的作用和制约下运动。广义场包括：宇宙场、银河系场、太阳系场、地球系场、地球生物圈场、社会场，其中社会场又包括资源场、文化场、意识场、经济场、市场和资本场、价值场等。

广义场不仅是研究和探讨物理学意义上的场，也是研究和讨论其他自然科学、社会学意义上的场。因此它是"综合场"意义上的理论体系。它将物理场、生物场、意识场、社会场、经济场等都纳入研究。

（6）广义场研究理念。ET 研究及应用涉及物理场、生物场以及社会场，是世界性科技难题、是复杂系统问题。统一场问题就已经困扰人类一个多世纪，至今仍没解决。广义场的统一问题就更加复杂，研究难度一定是难上加难。在本著作中提出广义场，并非欲借巨人之力开展统一场探索，而是希望借助科学界统一场研究的精神和思想来研究梳理广义场问题，暂不追求统一，重点研究场及作用。借助场研究的理念、理论、模型开展 ET 及应用研究，促进 ET 研究进步。

涉及场的问题一般比较复杂，常常涉及复杂时空概化和海量数据运算。在 20 世纪，这些是研究的瓶颈，但是我们已经进入 21 世纪，现代信息技术为这些问题的解决提供了有效途径。通过数字计算，电场、磁场在虚拟环境中不再不可见，不均匀分布问题也可模拟，不再可怕。如果没有现代信息技术，研究问题最好避开场问题，如今如果遇到研究物质时空分布及变化问题，最好用广义场思维去尝试新思路，也许可以起到事半功倍的效果。

3.2　地球物质场

地球物质场指由地球物质构成的场，包括地球大气圈、水圈、生物圈以及岩石圈、地幔、地核等。按广义场观点它们均为场。可分别命名为大气场、水场、生物场、岩石场等。场按尺度可分为行星尺度场、大尺度场、中尺度场、小尺度场等。地球物质场具有分级性，各尺度场之间存在相互作用，上级尺度场影响控制下级尺度场，下级尺度场影响干扰上级场。不同性质场间也存在相互作用。

3.2.1　大气场

（1）大气场概念。大气圈是包围地球的气体圈层，即大气场。大气场没有确切的上界，在 2000～16000km 高空仍有稀薄气体和基本粒子。下边界不在地表面，而是深入到地面以下的一定深度，具体深度也没有确切数据。如存在于地表以下土壤空隙、岩石裂隙、水体等中的气体也应属于大气场。原则上讲，岩石裂隙的水向下延伸到多深，大气下边界就可延伸到多深，但一般认为大气分布空间是地表向上 1000km 的空间。大气主要由永久性气体、水汽以及气溶胶粒子组成，在垂直方向具有分层性。大气总质量的 50％集中在 5.5km 以下范围、75％集中在 10km 以下范围、90％集中在 16km 以下范围、99.9％集中在 48km 以下范围。不同研究考虑大气厚度存在很大不同，大气厚度一般可采用 20～100km；地球大气水汽分布研究可采用 20km 的大气厚度；航空研究采用 30km 的大气厚度；大气模拟可采用 50～100km 的大气厚度；航天器、运载器、导弹等研究采用 2500km 的大气厚度[6-8]。

（2）大气场特点。大气研究主要涉及大气层中分子、原子及粒子的分布与运动，以及描述大气的有关物理量及变化。动力气象学将地球大气视作理想气体和连续介质，分子间相互作用可以忽略，大气体积只依赖于温度、气压和分子数。表征大气状态的物理量主要包括：气压（P）、气温（T）、密度（ρ）、比湿（q）、风向、风速等。在任一指定时刻，一个物理量在空间上的连续分布就构成了一个"物理量场"，如气压场、温度场、湿度场、风场等。联系这些物理量场、支配大气运动的基本物理原理包括：动量守恒原理、能量守恒原理、质量守恒原理以及气体状态方程等。

地球大气可视作流体，具有一般流体的性质，但地球大气也有许多不同于一般流体的特征，如人们通常认定的所谓"水往低处流"的"真理"将完全失效，取而代之的是"风沿等压线吹"的事实，这是大气运动与一般流体运动的显著区别。在大气中，重力与浮力失衡所产生的"层结内力"可能会导致空气的铅直对流和水汽凝结，这是成云致雨等天气现象形成的基本条件，也是大气运动的独特现象。

3.2.2　岩石场

（1）岩石场概念与特点。岩石圈是地球上部相对于软流圈而言比较坚硬的岩石圈层，厚 60～120km。沿用大气场称谓可称之为岩石场，包括地壳的全部和上地幔的顶部，由花岗质岩、玄武质岩和超基性岩组成。其下为厚 100km 的软流圈。地壳是地球的最表层，与陆地和海洋对应的地壳分别是大陆地壳和大洋地壳。大陆地壳一般厚度为 33～35km。中国青藏高原是世界上地壳厚度最大的地区之一，平均厚度可以达到 70km。大陆地壳通常分为三层，由三种不同成分的岩石组成：最上面是沉积岩层，向下依次是花岗岩层和玄武岩层。地壳表面为基岩或浮土：基岩是裸露在地表或位于浮土之下的坚硬岩石；浮土是由土壤和岩石碎屑组成的松散覆盖层。浮土厚一般几十米，有的地方可达几公里；浮土是由基岩风化就地形成或由异地风化物搬运沉积形成。浮土在生物、化学、物理作用下，经过一系列的变化形成土壤。大洋地壳的厚度很小，平均仅为 6～8km；大洋地壳最上面是很薄的海底沉积物，向下是玄武岩。大洋地壳在大洋中脊处最薄，厚度接近于零。

岩石圈主要由连续固态物质组成，质点紧密连接形成的固态物质分布于圈层空间内，运动主要表现为宏观运动，比如造山运动、造海运动以及在重力、水、风等作用下的质点的迁移运动。运动遵守动量守恒、质量守恒、热量守恒等定律。质点属性通过类型、密度、温度、重力、化学成分等指标进行描述；岩石圈可以基于场进行研究。

（2）岩石场研究事例。板块学说将地壳分为太平洋板块、欧亚板块、印度洋板块、非洲板块、美洲板块和南极板块。地球内部的应力作用使板块发生运行，通过挤压或沉降形成巨大山脉或海底深渊；地质构造运动引起岩石断裂、褶皱、隆起和凹陷，进而形成高山和峡谷；构造运动和侵蚀作用不断塑造，形成当今地貌总体格局。李四光在 20 世纪 20—40 年代，提出地质力学理论，强调用力学思想和方法（即动力学方法）来分析地球运动现象。强调从整体和系统的角度认识大陆地壳变形规律，在地应力场作用下形成不同的构造体系和构造型式。认为运动的力有：离极力（由重力和离心力组成）、地球自转速度变化产生的挤压力或扩张力、重力、太阳与月球引起的潮汐力。关于"大陆车阀"他提出地球运动必须遵守角动量守恒定律[9]。地球动力学数值模拟从单一物理场模拟发展到求解多场耦合问题。如流体学、温度场、应力应变等问题的耦合计算[10]。

地球化学景观的概念是苏联学者博雷诺夫于 20 世纪 30 年代首先提出的，制定了景观地球化学的研究方法，建立了景观地球化学基础理论。自然地理景观与化学元素迁移规律相联系，构成地球化学景观。自然地理景观是气候、地形、岩石、土壤、水和植被等诸多自然要素的综合体。一般来说，同一地球化学景观，则表明化学元素迁移条件和迁移规律相同或非常相近。地球化学景观化学组成有共同特点、化学地理过程在时间和空间上将各个组成部分连成有机整体的特定区域，地球化学景观是组成自然景观的一个重要方面。1989 年，王功恪等[11]指出，地壳上每一个质点都处在受地应力场制约的地球化学场、磁场、电场、重力场联合场的作用下，元素在地壳中的迁移、富聚、成矿归根结底是受地应力支配的地球化学场作用的结果。研究成矿元素在应力——地球化学场中运动和富集的规律，是地质力学走向新阶段的里程碑。2006 年，朱立新等[12]研究中国东部平原土壤生态地球化学基准值。2015 年，郭志娟等[13]进行地球化学勘查的景观划分。

地球物理学用物理学的原理和方法，对地球的各种物理场分布及其变化进行观测，探索地球本体及近地空间的介质结构、物质组成、形成和演化，研究与其相关的各种自然现象及其变化规律。岩石物理性质是指岩石的磁导率、电导率、弹性、热导率、放射性、地震波传播等特性。由于地下岩石情况不同，岩石的物理性质也随之而变化。运用现代技术，探测记录这些物理特性，进而可以了解地下岩石的性质及其分布规律，达到找矿、分析地质构造、岩性等目的。通过探测大地电磁场，研究地球内部物质和结构变化。

　　地球重力场及其时变反映地表及内部物质的空间分布、运动和变化，同时决定着大地水准面的起伏变化。因此，确定地球重力场的精细结构及其时变不仅是大地测量学、地震学、海洋学、空间科学、国防建设等的需要，同时为全人类寻求资源、保护环境和预测灾害等提供重要信息。地球重力场和地球质点密度、地球内部地幔对流等有着密切关系。大气圈、水圈和浅层地下水等物质的迁移和交换，也会引起重力场变化，通过卫星可以监测地球重力场变化。1992 年，吴建平等[14]利用卫星重力场研究地幔对流应力场与板块运动关系；2002 年，孙文科[15]评述低轨道人造卫星与高精度地球重力场；2009 年，苏晓莉等[16]利用重力卫星研究全球陆地水储量变化；2011 年，段虎荣等[17]利用卫星重力测量数据反演中国西部地壳水平运动速率。2016 年，廖鹤等[18]指出下一代高精度卫星重力测量技术；2018 年，我国研究团队突破卫星重力测量数据处理预分析关键核心技术。板块学说、地质力学、地球化学、地球物理等均将岩石圈视作岩石场，从场角度研究对象的时空分布、变化以及运动规律。

3.2.3　生物场

　　（1）生物场概念及特点。生物圈是指地球上凡是出现并感受到生命活动影响的地区，是地表有机体，包括微生物及其自下而上环境的总称，太空探索至今，只有地球有此圈层，它也是人类诞生和生存的空间。生物圈是地球上最大的生态系统，是地球上所有生态系统的综合整体。它包括地球上有生命存在和由生命过程变化和转变的空气、陆地、岩石圈和水。生物圈主要由生命物质、生物生成性物质和生物惰性物质三部分组成。生命物质又称活质，是生物有机体的总和；生物生成性物质是由生命物质所组成的有机矿物质相互作用的生成物，如煤、石油、泥炭和土壤腐殖质等；生物惰性物质是指大气低层的气体、沉积岩、黏土矿物和水。生物场是一个复杂的、全球性的开放系统，是一个生命物质与非生命物质的自我调节系统。它的形成是生物场与水场、大气场及岩石场长期相互作用的结果，其范围主要为海平面上下垂直约 10km 的区间。科学家发现在地下深处存在庞大的生态系统，生物以"僵尸状态"生存，它们不需阳光而生存。目前生命达到的最深记录为陆地下方 5km，海洋环境中则是海洋表面之下 10.5km。因此原则上讲，生物圈范围包括整个大气圈、水圈以及部分岩石圈，绝大多数生物通常生存在地球陆地表面之上下 100km和海洋表面之下 200m 厚的范围内[19]。

　　如果将生物圈的生物有机体看作质点，该质点具有张量性质的质点，每个质点具有独立的运动、组成和特性。由生物机体组成的空间可看作连续空间，生物有机体构成的空间为张量空间。生物圈的生物生成性物质和生物惰性物质是其他三圈层的部分物质或部分场，因此其本质是生物场与其他三场交集场。生物圈也可看做地球生物分布场，即生物场。

　　（2）生物场存在的基本条件。通常需要获得太阳光照；需要存在可被生物利用的液态水；需要有适宜生命活动的温度条件，细菌可以存活在 $-196\sim65℃$ 较大区间。能够得到生命物质所需的各种营养元素，包括 O_2、CO_2、N、C、K、Ca、Fe、S 等。生物场和其他场之间存在着密切的关系和复杂的耦合关系。

3.2.4　水场

（1）水场观念及特点。由液态、气态和固态水体所覆盖的空间称为水圈，也就是说水圈是水体分布的空间。水圈的上部可达对流层顶，下界至深层地下水的下限。源于地表的流体（大气降水）在地壳可参与深度达 10～15km 或更深的大规模循环[20]。水圈中的各态水体同岩石圈、大气圈和生物圈之间存在着水量和热量交换，由此形成各种不同尺度的水文循环。水在循环过程中，参与各圈层中的各种物理、化学或生物过程，调节各圈层的能量，塑造各种地表形态和生态景观，产生出复杂多变的天气现象，即水在循环参与地球外层圈的物理、化学或生物过程，调节其物质、能量的分布，影响或改变其状态或运动。

水在水场分布呈三态，即液态、气态和固态，如果按水体存在状态划分水场，水场可分为液态、气态和固态三种形式。液态水场包括地表水、地下水、大气中液态水、土壤毛细水等；在地表水、地下水等研究中往往基于径流场研究其分布和运动规律。气态水主要存在于大气圈，和大气其他气体一样可按大气场来研究。冰和雪具有固态物质场的性质，可按固态物质场研究，采用类似岩石场方法研究。水体三态转换实质是三态水场之间的物质能量交换，水运移实质是水分在水场的迁移，以及在水场与其他各场之间的物质和能量交换，这是水场独有的特点之一。

（2）水场研究事例。基于水体流场研究水循环并不新鲜，理论、模型、应用早已存在。连续介质的概念是由瑞士学者 Euler 于 1753 年首先提出的，并首次推导出欧拉平衡微分方程式。如果把液体视为连续介质，则液体中的一切物理量（如加速度、压强）都可以视为空间坐标和时间的连续函数，这样就可以用连续函数的分析方法研究液体的运动规律。长期的生产和科学实验表明，利用连续介质假定所得出的有关液体运动规律的基本理论与客观实际是十分符合的。在地下水研究中，将地下水运动看作水体在一维、二维或三维渗流场的运动，并以此为基础建立承压水运动的微分方程、越流含水层中地下水非稳定运动微分方程、潜水运动基本微分方程等。

3.2.5　地球广义场理论框架

1. 特性

（1）地球广义场由多种物质组成，包括大气、水、生物、岩石等。

（2）可用物理、化学、或生物等属性指标表征物质状态，基于时间、空间维度表征物质属性的时空变化。

（3）多种物质可视为分布于相同时空空间，各物质相对集中的时空区位不同。

（4）物质具有相对连续、绝对离散特性，可视为连续流体，即物质流。

（5）作用力驱动物质运动。作用力来自压力差、重力、离心力、科里奥利力、应力、生物力等。

（6）物质运动规律受动量守恒、质量守恒、能量守恒等支配。

（7）具有尺度效应和分级效应。

2. 作用及效果

（1）物质场交错分布，不同物质场之间、不同尺度场之间存在着相互作用、耦合作用。

（2）多场作用与耦合造就了地球各类物质以及动物、植物等生命体；造就了地表高山峡谷、山川河流、雷鸣闪电、疾风暴雨、千里沃土、草原、森林、良田、水坝、道路及城镇等地球宏观景观；同时造就了分子、原子、电子、质子、中子、光子、夸克、玻色子的微观粒子。

3.3　近地交织层

蒸散发（ET）是刻画陆面生态过程的关键参数，是水循环和现代水资源管理研究的重要分量[21,22]。精准监测区域 ET 十分困难，由于能量不闭合问题、监测实际条件与模型假设不一致问题等导致监测结果失真。为了探索 ET 新模型和提高 ET 监测精度，在实施水利部"948"计划项目《遥感地面校验系统引进及应用技术开发》过程中，针对地、气和植物系统以及蒸散发监测原理进行了较为深入的研究。研究发现有多种因素影响 ET 监测精度，实际监测并不能完全排除这些要素的影响。如果统一考虑植物、大气、土壤及包气带和地下水之间的水分运移，用可测层水分变化参数对蒸散发模型进行修正，则可以有效提高蒸散监测的精度。但如果将大气场、岩石场、生物场、水场全部考虑，又会使模型变得十分复杂，且加入过多未知因素，就目前技术不一定能取得好的效果，因此，为简化分析突出主题，提出近地交织层的概念及理论。

3.3.1　近地交织层概念

1. 定义

近地交织层指地球表面上下一定厚度的空间综合体，是由石圈、生物圈、水圈、大气圈交错分布、交互作用而形成的混合圈层，是由无机界、有机界以及人文界交错分布、交互作用而构成的一个复杂系统，是多场互为交织的复合场。

近地交织层空间范围涉及地球整个表面上下一定范围，上部边界为人类固定建筑到达范围，基本在地面以上 1000m 以内，下界面为人类地下建筑到达范围，基本在地面以下 1000m 以内。因此空间范围大致为近地表±1000m 之间的薄层空间，边界只是相对意义，实际没有严格边界。地球生命所需的几乎全部水资源、几乎所有生物圈生物，大气主要物质、人类几乎所有建筑都分布在此空间，几乎集中了人类所需的全部能源、物质和信息等。

2. 主要特征

（1）该层多物质交错分布。乔木扎根于土壤，直立于地上，穿插于空气中。地下水分布于含水层空隙，又被岩粒所包围。城市建筑耸立地面，其基础同时又深埋地下。气体分布于植物之间、土壤颗粒之间。软硬岩体或平行交接，或交错分布。这些现象体现近地交织层物质交织分布的主体特征，尤其是在交接面，因此称之为交织层。既突出主要特性，又避免与其他专业术语混淆。

（2）近地交织层是由无机界、有机界和人文界交错分布、交互作用而构成的一个复杂系统。原始森林系统、荒漠系统、城市系统、湿地系统大都存在着无机、有机与人文交互作用。

（3）近地交织层是多场交互交织形成的复合区。这种交织不但存在于地下径流场与含水层物质场之间；还存在于大气、植物、土壤之间；存在于楼房、土地、植物、水体之间；各类物质均可看作地球物质的某一特例或属性，各物质场交错分布，表现为穿插关系、互为包含关系、叠加关系、分离关系等；在该区域不同类型场以及不同尺度场之间存在着相互作用。

（4）具有变化特性。静止只是相对而言。随着时间推移，物质分布及变化都在变化，物质间的作用和转换也在变化。

（5）复杂而统一性。虽然物质分布及变化复杂，但又具统一性，其分布、变化、运动和转化遵循相同或相似规律或定律。

（6）具有分级、分层、分区特性。物质组织和分布具有分级、分层、分区特征。

（7）互为边界特性。在此空间存在着多种物质场，它们之间并非孤立，物质可以从一个场到另一个场传输或转换，前者的输出是后者的输入，它们互为边界、限制、或制约。

（8）具有有序性、混沌性和随机性。场的变化具有混沌性，当出现某种扰动后，场会按预定路径变化。

（9）多种力并存。存在梯度力、惯性力、科里奥利力、径向力等多种力的作用。

3.3.2　近地交织场

近地交织层分布场物质，这些场相互交织，彼此相互影响和制约。岩石、大气、水、生物都是场物质，是物质的不同存在形式，因此研究近地交织层问题，可以视作研究近地交织场问题。研究近地表物质时空分布及变化规律，研究不同形式物质之间交错分布及变化规律，研究不同物质场之间交互作用及变化规律。

近地交织场包括标量场、矢量场和张量场。根据研究具体目的，可以采用静态场或动态场研究。近地交织场占据地球近地表一定空间，原则讲没有明显的边界，场变量时空上分布不均匀，存在变化衰减边界，这些边界不一定接近织层空间边界，其中各类场均具能量且可转换。不但可进行能量转换同时也进行物质转换或交换。近地交织场中岩石圈、大气圈、水圈和生物圈在空间上存在交叉，难以截然分开。一种场的时空分布及变化，不仅取决自身特性，还受其他场影响，并对这些影响会作出反应或影响其他场，在同一时空中的场存在相互作用性。

爱因斯坦坚信，自然界物质运动规律性的简单、和谐与统一，并极力追求反映这种物质运动规律的简单、和谐与统一的理论体系。虽然目前我们不能完全证实这种规律，但可以先借助统一场的思想和研究成果，研究不同物质场及相互作用，研究水分在不同场中的分布变化规律以及场间输送规律，为 ET 模型构建提供新思路。

3.3.3　遵循定律

近地交织层包含的物质众多、形态各异、分布不均、变化各异，看似杂乱无章，实则和谐统一，物质分布和变化均遵循能量平衡、质量平衡原理及热力学定律等。对于不同物质或界面，其表现形式可能存在差异。

1. 能量平衡方程

对于作物表面，其能量平衡方程见式（3.3.1）：

$$R_n - H - G - LE - P - R = 0 \tag{3.3.1}$$

式中：R_n 为太阳净辐射通量；H 为感热通量；G 为土壤热通量；LE 为潜热通量；P 为光合作用通量；R 为呼吸作用通量。

对于地气系统，其辐射平衡方程见式（3.3.2）：

$$R_n = (1-\alpha)R_{s\downarrow} + R_{L\downarrow} - R_{L\uparrow} - (1-\varepsilon_0)R_{L\downarrow} \tag{3.3.2}$$

式中：R_n 为地面接收净辐射；α 为地面反照率；$R_{s\downarrow}$ 为向下的短波辐射；$R_{L\downarrow}$ 为向下的长波辐射；$R_{L\uparrow}$ 为向上的长波辐射。

2. 质量平衡方程

对于地表水分平衡，其形式见式（3.3.3）：

$$P = R + D + LE + \Delta S \tag{3.3.3}$$

式中：P 为降水；R 为径流；D 为深层排水；ΔS 为土壤储水变化量。

对于农田水分平衡，其形式见式（3.3.4）：

$$LE = P + I + G + \Delta S \tag{3.3.4}$$

式中：LE 为蒸散量；P 为降水；I 为灌溉水量；G 为地下水补给量；ΔS 为土壤储水变化量。

3.3.4　研究策略与技术

近地交织层包含物质及变化种类众多，如果不分主次，进行全要素、全过程研究，势必会使问题复杂化，难以达到预期效果。需要针对主要问题，选取相关要素和过程，进行模型概化，进而研究其分布与变化、研究不同物质转化与限制。研究主要理论技术包括以下几方面内容。

1. 参照系构建技术

如果为全球问题，则应采用球坐标。如果为局地问题，则应采用局地坐标，或笛卡尔坐标。根据问题不同可选择不同坐标系，如 Z 坐标、P 坐标、θ 坐标等，选择合适坐标系会起到事半功倍的效果。

2. 主要素与环境要素选择

近地交织层研究问题可简化为对若干要素场的研究问题，如果将主要关注对象作为主要素，则其他可作为环境要素，那么研究可进一步归结为主要素分布、变化以及其与环境要素的作用关系问题。因此开展研究或建模前，首先要确定关注的主体和环境，主体影响环境要素，环境要素对主要素存在着制约关系。

3. 物质与能量交换研究

物质运移实质是要素在自身场中的变化，物质交换实质是要素在不同场之间的物质输送。在这些变化和转换中往往伴随着能量的变化，物质变化研究相对较成熟，物质交换相对较弱，模型概化重点确定交换界面，有的也称为边界条件或制约要素。建立交换界面质量、能量等平衡是关键。

4. 变化驱动力研究

近地交织层研究不但研究对象空间分布及变化，还应研究对象变化驱动力。变化驱动力依照力作用的对象、性质、效果、方式等可有多种形式，如外部力、内部力、社会力、自然力、重力、弹力、摩擦力、分子力、电磁力、动力、压力、支持力、向心力、场力、接触力等。研究对象变化驱动力类似于研究景观过程驱动力。景观过程实质是由能量和物质在景观要素之间的流动所引起。通过大量的"流"，一种景观元素对另一种景观元素施加着控制作用。景观差异是流产生的根本原因。流的基本动力有三种，即扩散、内部力和外部力[23]。扩散力广泛存在，但在同性系统中不存在，主要存在于异质系统之间。内部力指对象消耗自身能量而使本体运动的力，如人、动物运动。扩散力原则上也属于内部力。外部力指作用于研究对象上的各种外在力，包括梯度力、惯性力、科里奥利力、径向力等，也包括生物力和社会力。生物力指生物机体作用使生物生长发育的力。社会力指人类改造自然的力，是人类对事物的作用和影响，是生物群体力的特例，由社会生产方式决定；社会力比较难以衡量，不能简单地将一次爆破力作为社会力，而需要建立统一的度量标准。这方面可借鉴 H. T. Odum（1987）的能值理论[24,25]。以能值为基准，可以衡量和比较不同类型、不同级别的能量的真实价值，可以把不同类型、不同级别的能量转换为同一基准的能值，并以此定量研究生态系统结构、功能及变化。

5. 时空建模技术

对近地交织层研究可以基于场或对象研究，与之对应的空间数据模型分别为场模型或对象模型。场模型将地理空间定义为由无数个点组成的连续体[26]，在 GIS 中对应光栅对象。对象模型将地理空间看作一个容器，由容器内一系列彼此分离的对象所组成，对应 GIS 中的矢量对象。但近地交织层的物质并非都有明确边界，也并非都呈连续状态。需要从场到对象或从对象到场转换，场与对象间精确转换是研究技术的难点。近地交织层具有随时间变化的特性，需要从时间维研究物质分布、变化以及与其他物质交换和作用，因此需要建立时空数据模型，或者说建立四维数据模型。此方面国内外都有研究，如 Worboys[27] 提出的时空对象模型、Peuquet[28] 提出的基于事件的时空数据模型、Goodall 等[29] 提出了针对河流对象的时空表达数据模型、尹章才等[30] 提出了一种基于状态、事件的时空数据模型等。

6. 现代信息技术

近地交织层研究涉及四维空间数据建模和分析，离不开现代信息技术支持。需要时空数据库技术，主要包括时空对象数据建模技术、储存技术和拓扑分析技术等。研究大数据处理技术问题，包括大数据储存技术、快速检索技术、智能挖掘技术等。需要支持解决大数据问题的高性能计算机。在超级计算、大数据、智能计算方面我国已经走在了世界前列，为深入开展近地交织层数字化研究和服务奠定了坚实的技术基础。

3.3.5　相关研究

关于近地交织层的研究尤其是局部特征及规律的研究已经出现在许多领域，特别是涉及地质、生态环境、水利、农业、林业等交叉学科领域。瑞典皮尔瑞克·杰森与路易丝·

卡尔伯格所创立的土壤-植被-大气系统热量、物质运移综合模型，是近地交织层在局域地区的一个特例，其研究范围涉及地球局部地域，地表上下几十米空间内物质、能量分布及变化，重点研究该空间内土壤、植物、大气等分布、变化及交互作用等特征与规律，并通过计算模型模拟各物质时空分布及变化，模拟热量、水分、碳、氮等在同类物质或不同类物质间的迁移和转化。它将研究区概化为水平叠加结构，自下而上分别为地下水含水层、包气带层、植物根系层、积雪与积水层、地上植物层、大气层，每一层都受相邻层制约，同时又影响相邻层。通过综合模型模拟森林植物群落下的土壤热量过程、土壤水分过程、植物水分过程、太阳辐射以及它们对土壤水分的影响，地上地下碳氮元素循环过程。对土壤生物和化学过程中的调节性因子、生物与非生物过程、大气和土壤过程等模拟[31]。皮尔瑞克等的研究实质是对不同物质状态及过程的模拟，对不同物质间交互作用、转换及限制的模拟、对特定物质在其他物质中的分布及变化的模拟，可视作是近地交织层研究的一个缩影或实例。

生态气象学、生态地质学、生态水利学、农业生态学、城市生态学、生态交通学、环境生态学等，主要基于生态学原理研究领域问题或进行交叉学科研究，以解决气象、农业、林业、牧业、渔业、矿业、交通、建筑、水利水电、环保等领域问题及生态和谐发展问题。这些可概括为 M-N 问题，M 为由气象、农业、林业、水利、交通、城市等国民经济行业组成的集合，N 为由河流、湖泊、湿地、森林、草地、荒漠等组成的自然生态集合。单 M 要素与 N 集合研究已经全面涉及，多 M 要素与多 N 要素的研究也出现许多。景观生态学研究地理综合体，通常包括 M 中的多个要素及 N 中的多个要素，基本属于多 M 与多 N 问题。近地交织层基本包括了 M 与 N 中的全部要素，研究全部 M 与 N 问题是一大挑战。景观生态学研究对象是近地交织层研究对象的一个子集，因此其许多方法可以借鉴研究近地交织层，尤其是三维景观生态学的有关理论。

3.3.6　结论

（1）近地交织层指地球表面上下一定厚度的空间综合体，是多场相互交织的复杂系统。研究近地交织层物质分布及变化，场的交互作用、物质在不同场间的输送规律与制约条件，对于构建自然生态系统、流域水文系统、生态城市系统等时空模型具有重要意义。

（2）研究水分在近地交织层的时空分布特征和转移输送规律，可为拓展 ET 模型构建、提高 ET 模型精度以及扩展 ET 服务领域提供新思路。

（3）深入研究近地交织层问题，需要借助时空模型数据库、大数据处理技术、人工智能以及 5G 等现代信息技术。

3.4　数字场理论基础

场研究物质的时空分布及变化规律，为了能够利用现代信息技术进行场研究，需要对场进行数字化，构建数字场。在数字虚拟环境研究场，即数字场。数字场重点研究场时空分布、运动及机理、相互作用等数字表征。通过场变量数字化将其离散成时空分布质点，通过分布函数、运动或变动方程计算空间质点属性值，最大限度地接近其真实时空分布状态，这就是数字场研究的本质和开展社会服务的基础。数字场研究涉及数学、计算机等许多基础理论技术，以及气象、地质、生物、水利、农业、林业等许多专业理论技术，限于篇幅，本节重点阐述数字场关键共性基础理论技术，主要包括场变量数字化、运动方程或模型构建、坐标系统选择与构建、时空数据插值等。

3.4.1 场变量数字化

场变量数字化即场变量时空数字表征，是将连续的场变量离散为空间点的属性并进行数字编码或直接将空间离散点的属性进行数字编码，是数字场构建的前提。场变量数字化中，我们往往采用微分思路，将整个场看作由有限微单元组成，这些微单元一般称为微体，如微立方体、微球体、微四面体、微团以及微正方形、微圆、微三角形、微曲边形等，并假设微体内部均值，且具有单位属性性质。当微体体积、面积趋于无穷小时，微体变为质点。因此场变量数字化实质也就是将其离散为具有一定间隔的相互分离的空间质点，或具有一定尺度相互邻接的空间微体。以下介绍场变量数字化主要概念及方法。假设质点为三维直角坐标系中的微团，其状态及典型运动数字表示如下。

3.4.1.1 空间位置

空间任一质点 M 的空间位置可用点的位置或位置矢量表示，点 M 的位置在三维坐标中可表示 $M(x，y，z)$。其位置矢量可表示为式（3.4.1）的形式。

$$\vec{r}=x\vec{i}+y\vec{j}+z\vec{k} \tag{3.4.1}$$

式中：x、y 和 z 为点 M 在直角坐标系中的坐标，$\vec{i}$，$\vec{j}$ 和 $\vec{k}$ 分别为 x、y 和 z 轴方向的单位矢量。

3.4.1.2 时空位置

任一质点其时空位置可表示为空间上点的位置和时间 t 的函数。如 M 点气压属性的时空状态可表示为式（3.4.2）的形式。

$$p=p(x,x,z,t)=p(\vec{r},t) \tag{3.4.2}$$

3.4.1.3 质点空间位置的变化

可用位置矢量的改变量表示，见式（3.4.3）。

$$\delta\vec{r}=\delta x\vec{i}+\delta y\vec{j}+\delta z\vec{k} \tag{3.4.3}$$

3.4.1.4 标量场的梯度

以空气微团气压变化为例，其气压梯度可表示为式（3.4.4）的形式。

$$\nabla p=\frac{\partial p}{\partial x}\vec{i}+\frac{\partial p}{\partial y}\vec{j}+\frac{\partial p}{\partial z}\vec{k} \tag{3.4.4}$$

空气微团气压变化空间微分可表示为式（3.4.5）的形式。

$$\delta p=\frac{\partial p}{\partial x}\delta x+\frac{\partial p}{\partial x}\delta y+\frac{\partial p}{\partial z}\delta z \tag{3.4.5}$$

其中：δ 为空间微分，δp 就是 p 从一点 $M(\vec{r})$ 到另一充分靠近的相邻点 $N(\vec{r}+\delta\vec{r})$ 的改变量。

空气微团气压变化空间微分也可表示为气压梯度与位移矢量的点积，见式（3.4.6）。

$$\delta p=\nabla p\cdot\delta\vec{r} \tag{3.4.6}$$

一般说来，在某指定时刻，任一标量都存在一个类似于式（3.4.4）所定义的梯度场。梯度场是一个矢量场，这个矢量场决定了该物理量的空间分布（变化）特征。在三维空间，一个矢量包含有三个分量，即一个矢量场可由三个标量场决定。所以，关于矢量场的问题原则上可归结为三个标量场的问题。矢量算符表达简单，便于分析。标量算符虽然复杂，但便于计算和数字表示。

3.4.1.5　场变量的时间变化

场变量的时间变化有两种，即"局地变化""随体变化"或"个别变化"，以下是这两种变化的表示。

（1）局地变化率。质点场变量只在空间某个固定点上随时间 t 而变化时，该变化称为该场变量在该地点上的局地变化。按定义，场变量 $F(\vec{r},t)$ 在点 $\vec{r}$ 上的局地变化率（单位时间内的变化量）可定量地表示为式（3.4.7）的形式。

$$\frac{\partial F}{\partial t}=\lim_{\delta t\to 0}\frac{F(\vec{r},t_0+\delta t)-F(\vec{r},t_0)}{\delta t} \tag{3.4.7}$$

它是物理量在同一地点、不同时刻的变化率。

（2）个别变化率。质点从空间一点运动到另一点，其属性 $F(\vec{r},t)$ 随时间 t 的变化称为个别变化率或动点变化率[32]。个别变化率可表示为式（3.4.8）的形式。

$$\frac{\mathrm{d}F}{\mathrm{d}t}=\lim_{\delta t\to 0}\frac{F(\vec{r}_0+\delta\vec{r},t_0+\delta t)-F(\vec{r}_0,t_0)}{\delta t} \tag{3.4.8}$$

（3）平流变化率。将式（3.4.8）变换，可得到式（3.4.9）：

$$\frac{\mathrm{d}F}{\mathrm{d}t}=\lim_{\delta t\to 0}\frac{F(\vec{r}_0+\delta\vec{r},t_0+\delta t)-F(\vec{r}_0+\delta\vec{r},t_0)}{\delta t}+$$
$$\lim_{\delta t\to 0}\frac{F(\vec{r}_0+\delta\vec{r},t_0)-F(\vec{r}_0,t_0)}{\delta t} \tag{3.4.9}$$

当 $\delta t\to 0$，$\delta\vec{r}\to 0$ 时，则式（3.4.9）可表示为式（3.4.10）的形式。

$$\frac{\mathrm{d}F}{\mathrm{d}t}=\frac{\partial F}{\partial t}+\frac{\mathrm{d}\vec{r}}{\mathrm{d}t}\cdot\nabla F \tag{3.4.10}$$

其中

$$\frac{\mathrm{d}\vec{r}}{\mathrm{d}t}=\lim_{\delta t\to 0}\frac{\delta\vec{r}}{\delta t} \tag{3.4.11}$$

式（3.4.11）代表"动点"的位置矢量的时间变化率，即该动点的运动速度。式（3.4.10）右边的第二项为场变量 F 的平流变化率，$\mathrm{d}\vec{r}/\mathrm{d}t$ 为平流速度。式（3.4.10）是联系任一场变量 F 的个别变化率、局地变化率和平流变化率的基本公式。F 的个别变化率等于其局地变化率与平流变化率之和。

将笛卡尔垂直坐标系的 z 轴设为指向上或天顶，这就构成 Z 坐标系。在 Z 坐标中，Z 轴垂直于 x 轴与 y 轴构成的平面。设 u、v、w 分别为沿 x、y、z 轴（单位矢量分别为 $\vec{i}$、$\vec{j}$ 和 $\vec{k}$）方向的分量。则质点速度矢量 $\vec{V}$ 可表示为式（3.4.12）的形式。

$$\vec{V}=\frac{\mathrm{d}\vec{r}}{\mathrm{d}t}=u\vec{i}+v\vec{j}+w\vec{k} \tag{3.4.12}$$

其中

$$\begin{cases} u = \dfrac{\mathrm{d}x}{\mathrm{d}t} \\ v = \dfrac{\mathrm{d}y}{\mathrm{d}t} \\ w = \dfrac{\mathrm{d}z}{\mathrm{d}t} \end{cases} \tag{3.4.13}$$

F 的个别变化率也可表示为式（3.4.14）的形式。

$$\frac{\mathrm{d}F}{\mathrm{d}t} = \frac{\partial F}{\partial t} + u \frac{\partial F}{\partial x} + v \frac{\partial F}{\partial y} + \omega \frac{\partial F}{\partial z} \tag{3.4.14}$$

3.4.1.6 速度场的散度

设微团速度场为 $\vec{V}$，体积为 τ，速度场的散度可表示为式（3.4.15）的形式。

$$\nabla \cdot \vec{V} = \frac{\partial u}{\partial x} + \frac{\partial v}{\partial y} + \frac{\partial w}{\partial z} \tag{3.4.15}$$

速度场的散度与体积 τ 的关系见式（3.4.16）：

$$\frac{1}{\tau} \frac{\mathrm{d}\tau}{\mathrm{d}t} = \nabla \cdot \vec{V} \tag{3.4.16}$$

3.4.1.7 速度场的涡度

速度场的涡度可表示为式（3.4.17）的形式。

$$\nabla \times \vec{V} = \vec{i}\, \xi + \vec{j}\, \eta + \vec{k}\, \zeta \tag{3.4.17}$$

其中：$\nabla \times \vec{V}$ 中间的 "$\times$" 代表向量的矢性积运算；ξ、η 和 ζ 分别为速度场的涡度沿 x、y 和 z 方向的分量。其表达式见式（3.4.18）。

$$\begin{cases} \xi = \dfrac{\partial w}{\partial y} - \dfrac{\partial v}{\partial z} \\ \eta = \dfrac{\partial u}{\partial z} - \dfrac{\partial w}{\partial x} \\ \zeta = \dfrac{\partial v}{\partial x} - \dfrac{\partial u}{\partial y} \end{cases} \tag{3.4.18}$$

3.4.1.8 速度环流

假设质点在水平面内运动，L 为水平面内闭合曲线，质点沿曲线 L 按右手螺旋法则运行，则沿 L 的速度环流定义为式（3.4.19）的形式。$\vec{V}_h$ 为水平面内的速度矢量，V_s 为 $\vec{V}_h$ 在曲线 L 上切线分量。$\mathrm{d}\vec{r}$ 为曲线 L 上的向量圆弧，其方向与 L 方向一致。σ 为 L 包围的面积。

$$C = \oint_L \vec{V}_h \cdot \mathrm{d}\vec{r} = \oint_L V_s \mathrm{d}r \tag{3.4.19}$$

速度环流与涡度关系，以铅直涡度分量 ζ 为例，其与速度环流关系式可表示为式（3.4.20）或式（3.4.21）的形式。

$$\zeta \approx \frac{C}{\sigma} \tag{3.4.20}$$

$$\zeta = \lim_{\sigma \to 0} \frac{\oint_L \vec{V}_h \mathrm{d}\vec{r}}{\sigma} \tag{3.4.21}$$

从式（3.4.20）或式（3.4.21）来看，铅直涡度分量是单位面积上的环流，或者说是水平面围线上当速度环流在面积趋于零的极限。

3.4.1.9　连续方程

假设微团质量为 M，密度为 ρ，微团在运动中的质量守恒，则

$$\frac{\mathrm{d}M}{\mathrm{d}t} = 0 \qquad\qquad (3.4.22)$$

用速度散度可表示为

$$\frac{1}{\rho}\frac{\mathrm{d}\rho}{\mathrm{d}t} + \nabla \cdot \vec{V} = 0 \qquad\qquad (3.4.23)$$

3.4.2　不同坐标系运动方程

场运动及机理、场相互作用等的数字表征需要建立相关过程的函数、方程或模型，这些需要基于一定的坐标系及其转换关系完成。坐标系是描述物质存在的时空位置的参照系，通过定义特定基准及其参数形式来实现。坐标系的种类很多，常用的坐标系有笛卡尔直角坐标系、平面极坐标系、柱面坐标系和球面坐标系等。场变量为时空变量，一般比较复杂，需要用带时间维度的三维空间坐标系统描述，即四维坐标系统描述。建立合适的坐标系或选择合适的坐标系研究场问题，可以有效降低问题的复杂性。如研究全球气候变化，最好选择球坐标系，研究局部大气运动，最好选择局地直角坐标系，这样可以忽略地球曲率，减少自由变量数量，简化模型或方程参数，便于解算。

3.4.2.1　局地直角坐标系

（1）速度。在局地直角坐标中，质点的运动速度矢量表示为

$$\vec{V} = u\,\vec{i} + v\,\vec{j} + w\,\vec{k} \qquad\qquad (3.4.24)$$

u，v，w 分别为 $\vec{i}$、$\vec{j}$ 和 $\vec{k}$ 方向的速度分量，其表达式见式（3.4.13）。

（2）运动方程的分量式。

$$\frac{\mathrm{d}u}{\mathrm{d}t} = -\frac{1}{\rho}\frac{\partial p}{\partial x} + fv - \widetilde{f}\,w + N_x \qquad\qquad (3.4.25)$$

$$\frac{\mathrm{d}v}{\mathrm{d}t} = -\frac{1}{\rho}\frac{\partial p}{\partial y} - fu + N_y \qquad\qquad (3.4.26)$$

$$\frac{\mathrm{d}w}{\mathrm{d}t} = -\frac{1}{\rho}\frac{\partial p}{\partial z} + \widetilde{f}\,u - g + N_z \qquad\qquad (3.4.27)$$

（3）连续方程。

$$\frac{\mathrm{d}\rho}{\mathrm{d}t} + \rho\left(\frac{\partial u}{\partial x} + \frac{\partial v}{\partial y} + \frac{\partial w}{\partial z}\right) = 0 \qquad\qquad (3.4.28)$$

3.4.2.2　球坐标系

地球可近似地视为球形，采用球坐标系描述地球质点状态和运动是最自然也是最精确的，球坐标系如图 3.4.1 所示。

取地心为坐标原点，λ、ϕ 和 r 分别代表任一点 p 的经度、纬度和该点至地心的距离；$\vec{i}$、$\vec{j}$ 和 $\vec{k}$ 分别为沿纬圈指向东、沿经圈指向北和沿径向（p 点相对地心的位置矢量的方向）指向天顶的单位向量，这就构成了球坐标系。记作：球坐标系 $O(\lambda,\ \phi,\ r)$。

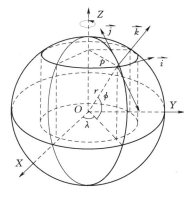

图 3.4.1 球坐标系

（1）速度。在球坐标中，质点的运动速度矢量表示为

$$\vec{V} = u\vec{i} + v\vec{j} + w\vec{k} \tag{3.4.29}$$

u，v，w 分别为 $\vec{i}$、$\vec{j}$ 和 $\vec{k}$ 方向的速度分量，其表达式见式（3.4.30）：

$$\begin{cases} u = \dfrac{\mathrm{d}x}{\mathrm{d}t} = r\cos\phi\,\dfrac{\mathrm{d}\lambda}{\mathrm{d}t} \\[2mm] v = \dfrac{\mathrm{d}y}{\mathrm{d}t} = r\,\dfrac{\mathrm{d}\phi}{\mathrm{d}t} \\[2mm] w = \dfrac{\mathrm{d}z}{\mathrm{d}t} = r\,\dfrac{\mathrm{d}r}{\mathrm{d}t} \end{cases} \tag{3.4.30}$$

（2）运动方程的分量式。

$$\frac{\mathrm{d}u}{\mathrm{d}t} = -\frac{1}{\rho r\cos\phi}\frac{\partial p}{\partial \lambda} + fv - \widetilde{f}w + \frac{uv\tan\phi}{r} - \frac{uw}{r} + N_\lambda \tag{3.4.31}$$

$$\frac{\mathrm{d}v}{\mathrm{d}t} = -\frac{1}{\rho r}\frac{\partial p}{\partial \phi} - fu - \frac{u^2\tan\phi}{r} - \frac{vw}{r} + N_\phi \tag{3.4.32}$$

$$\frac{\mathrm{d}w}{\mathrm{d}t} = -\frac{1}{\rho}\frac{\partial p}{\partial r} + \widetilde{f}u - g + \frac{u^2 + v^2}{r} + N_r \tag{3.4.33}$$

（3）连续方程。

$$\frac{\mathrm{d}\rho}{\mathrm{d}t} + \rho\left(\frac{1}{r\cos\phi}\frac{\partial u}{\partial \lambda} + \frac{1}{r\cos\phi}\frac{\partial v\cos\phi}{\partial \phi} + \frac{1}{r^2}\frac{\partial wr^2}{\partial r}\right) = 0 \tag{3.4.34}$$

3.4.2.3 P 坐标系

（1）在静力平衡条件下，大气压力 p 随高度的变化率为

$$\frac{\partial p}{\partial z} = -\rho g \tag{3.4.35}$$

气压 p 是高度 z 的单调降函数，二者间存在一一对应关系。换言之，p 在 Z 坐标系中可表示为 z 的单值函数。z 在 P 坐标系可表示为 p 的单值函数，即

$$p = (x, y, z, t) \text{ 及 } z = (x, y, p, t) \tag{3.4.36}$$

如果用 p 替换垂直坐标系统的铅直分量 z 作为垂直坐标变量，构成 $O(x,\ y,\ p,\ t)$ 坐标系，该坐标系即为 P 坐标系。

（2）运动方程分量。

$$\left(\frac{\mathrm{d}u}{\mathrm{d}t}\right)_p = -\left(\frac{\partial \phi}{\partial x}\right)_p + fv - \widetilde{f}w + N_x \tag{3.4.37}$$

$$\left(\frac{\mathrm{d}v}{\mathrm{d}t}\right)_p = -\left(\frac{\partial \phi}{\partial y}\right)_p - fu + N_y \tag{3.4.38}$$

$$\left(\frac{\mathrm{d}w}{\mathrm{d}t}\right)_p = \widetilde{f}u + N_p \tag{3.4.39}$$

其中：$\phi = gz$，为重力位势；g 为重力加速度。

（3）连续方程。

P 坐标系连续方程见式（3.4.40）。

$$\left(\frac{\partial u}{\partial x}\right)_p + \left(\frac{\partial v}{\partial y}\right)_p + \frac{\partial w}{\partial p} = 0 \qquad (3.4.40)$$

式中：w 为 P 坐标系中铅直速度，其表达式见式（3.4.41）。

$$w = \left(\frac{\partial p}{\partial t}\right)_z + u\left(\frac{\partial p}{\partial x}\right)_z + v\left(\frac{\partial p}{\partial y}\right)_z + w\frac{\partial p}{\partial z} \qquad (3.4.41)$$

在大尺度中运动中，w 可用式（3.4.42）表示。

$$w \approx -\rho g w \qquad (3.4.42)$$

在 P 坐标系统中，连续方程不含大气密度，方程形式简单，这是 P 坐标系统的优点。

3.4.3　地图投影及坐标系

人们平常习惯基于平面地图进行范围界定、规划设计、工程建设、陆地交通、航海和航空等活动，需要将球面上的位置、范围基于一定数学规则转换到平面地图上以方便利用，但是由于地球是一个赤道略宽扁的不规则的梨形球体，因此其表面是一个不可展平的曲面，运用任何数学方法进行转换都会产生误差，并且不同误差不能被同时消除，其至出现某种误差减小了，其他误差不但不能减小反而增大的不可调和矛盾，为了尽量减少误差，根据不同需要就产生了多种转换方法即投影方法。每种方法都有其适应范围和精度限制。随着空间技术和计算机技术的发展，以及许多应用需求的升级，参心坐标系越来越不能满足发展需要。建立地心坐标系，有利于采用现代空间技术对坐标系进行维护和快速更新，测定高精度大地控制点三维坐标，并提高测图工作效率。为便于工作研究对我国常用地图投影方法进行集中说明。

3.4.3.1　高斯投影坐标

高斯-克吕格（Gauss – Kruger）投影简称"高斯投影"，又名"等角横切椭圆柱投影"，是地球椭球面和平面间正形投影的一种。高斯投影按照投影带中央子午线投影为直线且长度不变和赤道投影为直线的条件，确定函数的形式，从而得到高斯-克吕格投影公式。投影后，除中央子午线和赤道为直线外，其他子午线均为对称于中央子午线的曲线。

高斯投影用一个椭圆柱横切于椭球面上投影带的中央子午线，按上述投影条件，将中央子午线两侧一定经差范围内的椭球面投影于椭圆柱面上。将椭圆柱面沿过南北极的母线剪开展平，即为高斯投影平面。取中央子午线与赤道交点的投影为原点，中央子午线的投影为纵坐标 x 轴，赤道的投影为横坐标 y 轴，构成高斯-克吕格平面直角坐标系。

高斯-克吕格投影在长度和面积上变形很小，中央经线无变形，自中央经线向投影带边缘，变形逐渐增加，变形最大之处在投影带内赤道的两端。主要优点：等角投影，物体角度不变，微小范围内形状相似；长度和面积变形小，可以用简单的公式计算修正；投影后可以按带计算。带间互相换算容易。因此大比例尺地形图常采用此投影，可以满足高精度制图需要，能在图上进行精确的量测计算，使用比较方便。

在我国采用 3°带、6°带，见图 3.4.2。中央子午线与带号关系如下：

6°带 0°开始，自西向东编号，中央子午线的经度计算见式（3.4.43）：

$$L_0 = 6n - 3 \tag{3.4.43}$$

3°带在 6°带基础上形成，中央子午线的经度计算见式（3.4.44）：

$$L = 3n' \tag{3.4.44}$$

式中：n 为 6°带的带号；L_0 为 6°带中央子午线经度；n' 为 3°带的带号；L 为 3°带中央子午线经度。

通用坐标采用 $Y_{通用坐标} = 带号 + 500000 + Y_{自然坐标}$ 换算。如点位于 15°带，该点的带内坐标 $Y_{自然坐标} = 154789.634$ m，则通用坐标 $Y_{通用坐标} = 15654789.634$ m。反向可求带内坐标。

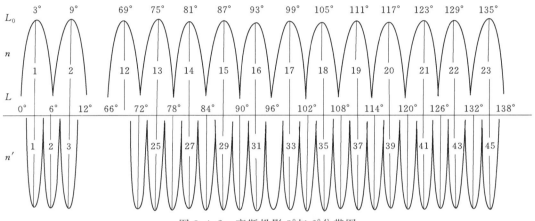

图 3.4.2　高斯投影 3°与 6°分带图

3.4.3.2　UTM 投影坐标

UTM 投影全称为通用横轴墨卡托投影，是一种等角横轴割圆柱投影，椭圆柱割地球于南纬 80°、北纬 84°两条等高圈，投影后两条相割的经线上没有变形，而中央经线上长度比为 0.9996，椭球体通常采用 WGS84 椭球体。特点是投影角度没有变形，中央经线为直线，且为投影的对称轴。UTM 投影分带方式与高斯-克吕格投影相似，只是它从西经 180°起每隔 6°自西向东分带。在 UTM 系统中，北纬 84°和南纬 80°之间的地球表面积按经度 6°划分为南北纵带（投影带）。从 180°经线开始向东将这些投影带编号，从 1 编至 60（北京处于第 50 带）。每个带再划分为纬差 8°的四边形，四边形的横行从南纬 80°开始，用字母 C 至 X 依次标记，每个四边形用数字和字母组合标记。在每个投影带中，位于带中心的经线，赋予横坐标值为 500000m。对于北半球赤道的标记坐标值为 0，对于南半球为 10000000m，往南递减。

高斯-克吕格投影中央经线上的比例系数为 1，UTM 投影中央经线上的比例系数为 0.9996。高斯-克吕格投影与 UTM 投影可以近似采用 $X_{[UTM]} = 0.9996 \cdot X_{[高斯]}$，$Y_{[UTM]} = 0.9996 \cdot Y_{[高斯]}$，进行坐标变换，变换时应注意：如果坐标轴西移了 500000m，转换时必须将 Y 值减去 500000m 乘上比例因子后再加上 500000m。

这种坐标格网系统及其所依据的投影已经广泛用于地形图，作为卫星影像和自然资源数据库的参考格网以及要求精确定位的其他应用。该系统用于美国和 NATO 的军用地图。

UTM 坐标系统具有全球通用性，德国及欧洲都在使用该坐标系统，我国的卫星图像数据也采用该坐标系统。

3.4.3.3　WGS-84 坐标系

WGS-84 坐标系是一种国际上采用的地心坐标系，坐标原点位于地球质心，其地心空间直角坐标系的 Z 轴指向 BIH（国际时间服务机构）1984.0 定义的协议地球极（CTP）方向，X 轴指向 BIH 1980.0 的零子午面和 CTP 赤道的交点，Y 轴与 Z 轴、X 轴垂直构成右手坐标系，此称为 1984 年世界大地坐标系统，这是一个国际协议地球参考系统（ITRS），是目前国际上统一采用的大地坐标系统。

WGS-84 椭球参数采用国际大地测量与地球物理联合会第 17 届大会大地测量常数推荐值，其参数为：

长半轴：$a=6378137\pm2$m。

地心引力常数：$GM=3.986005\times10^{14}$ m^3/s^2 $\pm0.6\times10^8$ m^3/s^2。

正常化二阶带谐系数：$C_{2.0}=-484.16685\times10^{-6}\pm1.3\times10^{-9}$。

地球重力场二阶球谐系数：$J_2=108263\times10^{-8}$。

扁率：$\alpha=1/298.257223563$。

地球自转角速度：$\omega=7.292115\times10^{-5}$ rad/s$\pm0.150\times10^{-11}$ rad/s。

3.4.3.4　BJ54 坐标系

BJ54 坐标系是我国 20 世纪 50 年代为满足测绘工作的急需，从苏联 1942 年普尔科夫坐标系转算过来的。该坐标系采用的参考椭球是克拉索夫斯基椭球，该椭球的参数为：长半轴 $a=6378245$m，短半轴 $b=6356863.0188$m，扁率 $\alpha=1/298.3$。大地原点在苏联的普尔科沃。

BJ54 坐标系的缺点如下：

（1）克拉索夫斯基椭球参数同现代精确的椭球参数的差异较大，其长轴比现代精确椭球的长轴长了大约 108m。

（2）椭球定向不十分明确，椭球的短半轴既不指向国际通用的 CIO（Conventional International Origin），也不指向目前我国使用的地极原点 JYD1968.0。起始大地子午面也不是国际时间局 BIH 所定义的格林尼治平均天文台子午面。

（3）几何大地测量和物理大地测量应用的参考面不统一。

（4）参考椭球面与我国大地水准面呈西高东低的系统性倾斜。

（5）该坐标系统的大地点坐标是经过局部分区平差得到的，因此，全国的天文大地控制点实际上不能形成一个整体。

但在我国建立西安 80 坐标系以前，我国已经完成大量的基于北京 54 坐标系的测绘成果和基于此类测绘产品的专业应用成果，这些产品对社会经济发展具有重要作用。在西安 80 坐标建成后，有相当长一段时间大家还在使用北京 54 坐标。研究北京 54 坐标和西安 80 坐标转换有重要意义[33]。

3.4.3.5　XIAN80 坐标系

西安 80 是为了进行全国天文大地网整体平差而建立的。根据椭球定位的基本原理，在建立西安 80 坐标时有以下先决条件：

（1）大地原点在我国中部，具体地点是陕西省泾阳县永乐镇。

（2）西安80坐标系是参心坐标系，椭球短轴Z轴平行于地球质心指向地极原点方向，大地起始子午面平行于格林尼治平均天文台子午面；X轴在大地起始子午面内与Z轴垂直指向经度0°方向；Y轴与Z轴、X轴构成右手坐标系。

（3）椭球参数采用IAG1975年大会推荐的参数，其几何参数为：

长半轴 $a=6378140\pm5(\mathrm{m})$；

短半轴 $b=6356755.2882(\mathrm{m})$；

扁率 $\alpha=1/298.257222$；

第一偏心率平方 $e^2=0.00669438499959$；

第二偏心率平方 $e'^2=0.00673950181947$。

椭球定位时按我国范围内高程异常值平方和最小为原则求解参数。

（4）多点定位，基于许多天文点观测和已有的椭球参数进行椭球定位。

（5）基准面采用青岛大港验潮站1952—1979年确定的黄海平均海水面（即1985国家高程基准）。

由于BJ54坐标系统的天生缺陷，它不能满足高精度定位以及相关科研与生产发展的需要。于是西安坐标系就应运而生。20世纪70年代，中国完成了全国一二等天文大地网的布测，经过整体平差，采用1975年IUGG第十六届大会推荐的参考椭球参数，建立起1980西安坐标系。1980西安坐标系曾是我国使用的主流坐标系统之一，目前仍有地区在采用，在中国经济建设、国防建设和科学研究中发挥了巨大作用。

3.4.3.6 新BJ54坐标系

新BJ54坐标系将全国天文大地网整体平差的结果，通过1980年国家大地坐标系的定位参数dX、dY、dZ和克拉索夫斯基椭球参数，整体换算到克拉索夫斯基椭球体上，形成一个新的坐标系。有的称为54向80过渡坐标系，有的称1954年北京坐标系（整体平差转换值），但习惯称新1954年北京坐标系。

椭球的几何参数与克拉索夫斯基椭球参数一样，而定位与定向的依据又完全与80坐标系一样。

新BJ54与BJ54两系统同一点坐标不同，主要是由于一个是全国统一平差的结果，另一个是局部平差的结果。该坐标系不是主流坐标系，在局部地区使用。

3.4.3.7 CGCS2000国家大地坐标系

CGCS2000国家大地坐标系是China Geodetic Coordinate System 2000的英文缩写，国家大地坐标系是测制国家基本比例尺地图的基础。根据《中华人民共和国测绘法》规定，中国建立全国统一的大地坐标系统。中国于20世纪50年代和80年代分别建立了BJ54和西安80坐标系，测制了各种比例尺地形图。由于其天生缺陷，已经不能满足我国当前社会经济快速发展、国防建设以及国际合作的需要，迫切需要建立地心坐标系作为国家大地坐标系。采用地心坐标系，有利于采用现代空间技术对坐标系进行维护和快速更新，测定高精度大地控制点三维坐标，并提高测图工作效率。

CGCS 2000国家大地坐标系是全球地心坐标系在我国的具体体现，其原点为包括海洋和大气的整个地球的质量中心。Z轴指向BIH1984.0定义的协议极地方向（BIH国际时间局），X 轴指向 BIH1984.0 定义的零子午面与协议赤道的交点，Y 轴按右手坐标系确定。2000 国家大地坐标系，长半轴 a 与扁率 α 采用 GRS80 椭球值，地心引力常数 GM 和地球自转角速度 ω 采用 ERS 推荐值，其参考椭球参数如下：长半轴 $a=6378137.0\mathrm{m}$；扁率 $\alpha=1/298.257222101$；地心引力常数 $GM=3.986004418\times10^{14}\,\mathrm{m^3/s^2}$；自转角速度 $\omega=7.292115\times10^{-5}\mathrm{rad/s}$；地球动力形状因子 $J_2=1.082629832258\times10^{-3}$。

（1）西安 80 坐标系的局限性主要包括如下方面：

1）二维坐标系统问题。用西安 80 坐标系只能提供点位平面坐标，而且表示两点之间的距离精确度也比用现代手段测得的低 10 倍左右。高精度、三维与低精度、二维之间的矛盾是无法协调的。比如将卫星导航技术获得的高精度的点的三维坐标表示在现有地图上，不仅会造成点位信息的损失，同时也将造成精度上的损失。

2）参考椭球参数问题。随着科学技术的发展，国际上对参考椭球的参数已进行了多次更新和改善。西安 80 坐标系所采用的是 IUG1975 椭球，其长半轴要比国际公认的 WGS84 椭球长半轴的值大 3m 左右，而这可能引起地表长度误差达 10 倍左右。

3）随着经济建设的发展和科技的进步，维持非地心坐标系下的实际点位坐标不变的难度加大，维持非地心坐标系的技术也逐步被新技术所取代。

4）椭球短半轴指向。西安 80 坐标系采用指向 JYD1968.0 极原点，与国际上通用的地面坐标系 ITRS，或与 GPS 定位中采用的 WGS84 等椭球短轴的指向（BIH1984.0）不同。

（2）CGCS2000 与 WGS84 比较。在定义上，CGCS2000 与 WGS84 是一致的，即关于坐标系原点、尺度、定向及定向演变的定义都是相同的。两个坐标系使用的参考椭球也非常相近，具体来说，在 4 个椭球常数 a、α、GM、ω 中，唯有扁率 α 存在微小差异。$\alpha_{\mathrm{WGS84}}=1/298.257223563$，$\alpha_{\mathrm{CGCS2000}}=1/298.257222101$。由于扁率存在微小差异，会导致同一点在两个坐标系中，其大地坐标、正常重力存在差异。2008 年，魏子卿[34] 研究指出，鉴于在坐标系定义和实现上的比较，CGCS2000 和 WGS84（G1150）是相容的，在坐标系的实现精度范围内，CGCS2000 坐标和 WGS84（G1150）坐标是一致的。

天文大地控制网是现行坐标系的具体实现，也是国家大地基准服务于用户最根本、最实际的途径。面对空间技术、信息技术及其应用技术的迅猛发展和广泛普及，在创建数字地球、数字中国的过程中，需要一个以全球参考基准框架为背景的、全国统一的、协调一致的坐标系统来处理国家、区域与海洋以及全球化资源、环境、社会和信息等问题。单纯采用原先的参心、二维、低精度、静态的大地坐标系统和相应的基础设施作为我国的测绘基准，必然会带来越来越多不协调问题，产生众多矛盾。

若仍采用二维、非地心的坐标系，将会制约地理空间信息的精确表达和各种先进的空间技术的广泛应用，无法全面满足当今气象、地震、水利、交通等部门对高精度测绘地理信息服务的要求，而且也不利于与国际上民航、海图的有效衔接。西安 80 坐标系由于其成果受技术条件制约，精度偏低、无法满足新技术的要求。空间技术的发展成熟与广泛应用迫切要求国家提供高精度、地心、动态、实用、统一的大地坐标系作为各项社会经济活动的基础性保障，因此采用地心坐标系已势在必行。

3.4.3.8　坐标系选择与转换

根据研究对象的尺度和特性，选择合适的坐标系是涉及时空研究与工作的首要任务。任何研究与工作很少从零开始，绝大多数是在前人研究与工作的基础上进行深入和扩展。随着社会经济发展和人类技术进步，我们采用的坐标系也有所变化，因此坐标系选择和转换基本成了常规工作。

（1）坐标系选择。坐标系选择主要应遵循以下原则：

1）符合研究对象尺度、特性原则。如果研究对象涉及全球，最好选用全球性坐标系统，如 WGS-84 坐标系统。如果范围仅在国内，基础测绘或信息系统建设，最好选择 CGCS2000 坐标系统。如果临时测绘、补充测绘可选择西安 80 坐标系。

2）符合规范，测绘、水利、农业、林业、地矿、军事等领域，对工作图件和数字产品都有规范要求，根据规范选择坐标系和投影方式。以前我国对于二维基础比例尺图件的要求是：坐标系采用西安 80 坐标系或北京 54 坐标系[35]。投影方式包括：①1：1000000 图件，采用正轴等角割圆锥投影；②1：250000～1：500000 图件，采用高斯-克吕格投影，按 6°分带；③1：5000～1：10000 图件，采用高斯-克吕格投影，按 3°分带；④1：500～1：2000 图件，采用高斯-克吕格投影，按 3°分带，或任一经度作为中央子午线的高斯-克吕格投影；⑤高程基准采用"1985 国家高程基准"或"1956 黄海高程基准"。

3）根据《中华人民共和国测绘法》，中国自 2008 年 7 月 1 日起启用 CGCS 2000 国家大地坐标系。自然资源部（原国土资源部）2017 年部署全国国土资源数据 CGCS 2000 国家大地坐标系转换工作：2018 年 7 月 1 日起全部使用 CGCS 2000 国家大地坐标系统。2018 年水利部加快推进部署河湖管理范围划定，要求划定的河湖管理范围要明确坐标，并统一采用 CGCS 2000 国家大地坐标系。

4）符合精度要求，不同工作要求坐标精度不同，选择能符合研究精度要求的坐标系，甚至可以建立局地坐标系。

（2）坐标系转换。坐标系转换方式很多，根据研究与工作性质选择，按产品用户性质可分为三类，即单独项目、非测绘行业、测绘行业[36-38]。

1）单独项目：产品数量小、转化工作量小，产品用于局部，精度要求一般不太高，也有要求特别高的情景，可采用办公软件、商业 GIS、遥感软件和 GPS 配套软件或自制程序等转换。

2）非测绘行业：产品数量大、转换工作量大，产品主要用于行业内部，也可用于行业外服务，范围较广，精度要求较高。可采用商业 GIS、遥感软件转换、仪器设备配套软件系统等转换。

3）测绘行业：产品数量大、转换工作量大、精度要求高，产品除本行业内部使用外，主要服务于其他行业，应用广泛。主要采用商业 GIS、遥感软件转换和专用转换软件转换。

3.4.4　插值计算

在场数字模拟中经常需要用到相关要素的空间分布数据，如气温、降水等，这些数据大多来自稀疏离散的已知样点、等值线、DEM 等。需要对其进行空间加密插值、离散等操作后，才能用于后续分析研究，这就需要用到空间数据插值技术。空间数据插值是数字场建设中不可或缺的一项工作，且工作量一般十分巨大。空间数据插值并不新鲜，科学家或学者已经开发出了许多算法，如反距离权重法（IDW）、样条函数法（Spline）、普通克里金法（OK）、协克里金法（CK）、薄盘样条法（TPS）、多元回归与残差分析法（AM-MRR）、趋势面法等。下面仅对其中若干算法进行展开说明，其他可参照有关文献。

3.4.4.1　反距离权重法

反距离权重法将插值点与样点之间的距离作为权重因子，距离越近，其权重越大，反之则越小[39]。计算表达式见式（3.4.45）。

$$Z = \left(\sum_{i=1}^{n} \frac{Z_i}{d_i^p} \right) \Big/ \left(\sum_{i=1}^{n} \frac{1}{d_i^p} \right) \tag{3.4.45}$$

式中：Z 为插值点的估算值；Z_i 为第 i 个样点的观测值；d_i 为插值点到第 i 个样点的距离；n 为参与插值的样点总数；p 为用于计算距离权重的幂指数。

3.4.4.2　克里金法

克里金法是 1951 年由南非地质学家 Krige 提出。在 1962 年法国地理学家 Matheron[40,41] 给出了 Kriging 的一般公式[42]，见式（3.4.46）。

$$Z = \sum_{i=1}^{n} \lambda_i Z(x_i) \tag{3.4.46}$$

式中：Z 为插值点的属性值；n 为样点数；λ_i 为参与插值的样点对插值点的权重；X_i 为样点的位置，$Z(x_i)$ 为第 i 样点的属性值。

克里金插值权重系数由方程（3.4.47）和方程（3.4.48）给出。

$$\sum_{i=1}^{n} \lambda_i = 1 \tag{3.4.47}$$

$$\sum_{i=1}^{n} \lambda_i \gamma(x_i, x_j) + \psi = \gamma(x_j, x_0) \, \forall_j \tag{3.4.48}$$

式中：$\gamma(x_i, x_j)$ 为 Z 在采样点 x_i 和 x_j 之间的半方差；$\gamma(x_j, x_0)$ 为 Z 在采样点 x_i 和未知点 x_0 之间的半方差，这些量都是从适宜的变异函数得到；ψ 为极小化处理时的拉格朗日乘数。

克里金是以要素的区域变化为理论依据，用变异函数来表示变量的空间结构特征。其变异函数见式（3.4.49）。

$$\gamma(h) = \frac{1}{2n} \sum_{i=1}^{n} \left[Z(x_i) - Z(x_i + h) \right]^2 \tag{3.4.49}$$

式中：$\lambda(h)$ 为变量 Z 以 h 为距离间隔的半方差；h 为步长；n 为被 h 分割试验数据的数目。

3.4.4.3　样条函数法

样条函数法是在空间插值时准确地通过实测样点拟合出连续光滑的表面[43]。采用式（3.4.50）计算插值点值。

$$Z = \sum_{i=1}^{n} \lambda_i R(\gamma_i) + T(x, y) \tag{3.4.50}$$

式中：Z 为预测值；n 为参与插值的样点数；λ_i 为一系列线性方程解所确定的系数；γ_i 为插值点到第 i 点的距离。

$R(\gamma_i)$ 计算见式 （3.4.51）；$T(x，y)$ 的计算见式 （3.4.52）。

$$R(\gamma_i)=\frac{\frac{\gamma^2}{4}\left(\ln\frac{\gamma}{2\pi}+c-1\right)+\tau^2\left(k_0\frac{\gamma}{\tau}+c+\ln\frac{\gamma}{2\pi}\right)}{2\pi} \tag{3.4.51}$$

$$T(x，y)=a_1+a_2x+a_3y \tag{3.4.52}$$

式中：τ 为权重系数；γ 为已知点与采样点之间的距离；k_0 为改正后的贝塞尔函数；c 为常数；a_1、a_2 和 a_3 为线性方程的系数。

3.4.4.4　趋势面法

趋势面法是用多元回归的方法对要素在空间上的分布特征进行分析，然后拟合成一个曲面来逼近要素的空间分布。用数学方法将观测值划分为两部分，即趋势部分和偏差部分[44]，见式 （3.4.53）。趋势部分反映区域的总体变化，受大范围的系统因素控制；偏差部分反映局部范围的变化，受局部因素和随机因素的控制。

$$Z(x，y)=\tau(x，y)+\varepsilon \tag{3.4.53}$$

式中：x、y 为计算点位置坐标；Z 为要素属性值；τ 为趋势值；ε 为剩余值。

插值过程大致分三步：首先，根据样点坐标和属性值，建立回归方程，求解回归方程系数，计算趋势值和剩余值；其次，调整回归方程，再次求解方程系数，计算趋势值和剩余值，反复进行此过程，直到剩余值满足要求，完成回归方程构建；最后，再利用构建的回归方程进行预测。

插值算法的好坏取决于插值精度、辅助数据特点、处理效率等，谁好谁差不好说，每种算法都有其使用条件，条件满足了，效果一般较好。许多学者对插值算法进行过比较、改进，有的还设计出新算法。2010 年，姜晓剑等[45]进行了反距离权重法、协克里金法、薄盘样条法比较，认为 TPS 可作为我国大量逐日基本气象要素的最优空间插值方法。2011 年，郭婧等[46]进行了气象数据空间插值方法的改进，认为多元回归与残差分析法不但插值精度高，而且能充分体现甘肃复杂多变的地形特点。2006 年，杨勤科等[47]研究使用 ANUDEM 软件，该软件是利用等高线、高程点和河流等数据插值建立 DEM 的专业软件，具有自动诊断数据错误、客观地确定适用于插值的基础数据精度的分辨率等特点，用其建立的 DEM 能正确反映地面水文地貌特征。2015 年，杨海坤等[48]开展水文等值线图线性插值自动化实现技术研究，提出结合形态学距离变化确定距离、曲线逼近最陡坡方向、黄金分割对线性外延结果限制等，取得良好效果。

参　考　文　献

［1］　过增元. 对流换热的物理机制及其控制：速度场与热流场的协同 ［J］. 科学通报，2000，45（19）：2118 - 2122.

［2］　韩光泽，华贲，魏耀东. 传递过程强化的新途径：场协同 ［J］. 自然杂志，2002，24（5）：273 - 277.

［3］　周圣兵，陈林根，孙丰瑞. 构形理论：广义热力学优化的新方向之一 ［J］. 热科学与技术，2004，3（4）：283 - 292.

［4］　陈鹤，杨大文，刘钰，等. 数据同化方法在改进土壤水分模拟中的研究 ［J］. 农业工程学报，2016，32（2）：99 - 104.

［5］　李秀果．统一场论的过去和现在［J］．自然辩证法通讯，1980（5）：17－26．

［6］　张捍卫，冒蔚，李彬华，等．在大气折射延迟模型中避免采用大气分布模型的论证［J］．测绘科学，2007，32（1）：14－17．

［7］　张小达，张鹏，李小龙．《标准大气与参考大气模型应用指南》介绍［J］．航天标准化，2010（3）：8－10．

［8］　吕达仁，陈泽宇，郭霞，等．临近空间大气环境研究现状［J］．力学进展，2009，39（6）：674－682．

［9］　赵文津．大陆漂移，板块构造，地质力学［J］．地球学报，2009，30（6）：717－731．

［10］　郑洪伟，李廷栋，高锐，等．数值模拟在地球动力学中的研究进展［J］．地球物理学进展，2006，21（2）：360－369．

［11］　王功恪，梁承超．地质力学的地球化学表征：地球化学动力学的几个基本问题［C］．新疆工学院科研论文选编，1989（2）：69－77．

［12］　朱立新，马生明，王之峰．中国东部平原土壤生态地球化学基准值［J］．中国地质，2006，33（6）：1400－1405．

［13］　郭志娟，孔牧，张华，等．适合地球化学勘查的景观划分研究［J］．物探与化探，2015，39（1）：12－15．

［14］　吴建平，刘元龙．卫星重力场、地幔对流应力场与板块运动关系的探讨［J］．地球物理学报，1992，35（5）：604－612．

［15］　孙文科．低轨道人造卫星（CHAMP、GRACE、GOCE）与高精度地球重力场：卫星重力大地测量的最新发展及其对地球科学的重大影响［J］．大地测量与地球动力学，2002，22（1）：92－100．

［16］　苏晓莉，平劲松，黄倩，等．重力卫星检测到的全球陆地水储量变化［J］．中国科学院上海天文台年刊，2009（30）：14－21．

［17］　段虎荣，张永志，徐海军，等．卫星重力测量数据反演中国西部地壳水平运动速率［J］．地震研究，2011，34（3）：344－349．

［18］　廖鹤，祝竺，赵艳彬，等．下一代高精度卫星重力测量技术研究［J］．上海航天，2016，33（6）：102－108．

［19］　李博，杨持林，林鹏．生态学［M］．北京：高等教育出版社，2000：258－307．

［20］　李院生，卢焕章，陈晓枫，等．流体作用在地球动力学演化过程中的意义［J］．地球科学进展，1997，12（2）：138－143．

［21］　张发耀，王福民，周斌，等．基于 SEBAL 模型的浙江省区域蒸散发量估算研究［J］．人民长江，2013，44（17）：40－44．

［22］　程帅，张兴宇，李华朋，等．遥感估算蒸散发应用于灌溉水资源管理研究进展［J］．核农学报，2015，29（10）：2040－2047．

［23］　余新晓，牛健植，关文彬，等．景观生态学［M］．北京：高等教育出版社，2006：112－114．

［24］　Odum, H T. Living with Complexity. In：Crafoord Prize in the Biosciences，1987，Craoford Lectures，Royal Swedish Academy of Sciences，Stockholm．1987：19－85．

［25］　蓝盛芳，钦佩，陆宏芳．生态经济系统能值分析［M］．北京：化学工业出版社，2002：1－44．

［26］　崔珂瑾，程昌秀．空间数据模型研究综述［J］．地理信息世界，2013，20（3）：31－38．

［27］　Worboys M F. A unified model of spatial and temporal information［J］. The computer Journal，1994，37（1）：26－34．

［28］　Peuquet D J. It's about time：A conceptual framework for the representation of temporal dynamics in geographic information system［C］. Annals of the Association of Amercian Geographers，1994，84（3）：441－461．

［29］　Goodall J L，Maidment D R. A spatiotemporal data model for river basin－scale hydrologic systems

[J]. International Journal of Geographical Information Science，2009，23（2）：233 - 247.

[30] 尹章才，李霖 . GIS 中的时空数据模型研究 [J]. 测绘科学，2005，30（3）：12 - 14.

[31] 皮尔瑞克·杰森，路易丝·卡尔伯格 . 土壤-植被-大气系统热量、物质运移综合模型理论与实践 [M]. 北京：科学出版社，2010：1 - 174.

[32] 贺海晏，简茂球，乔云亭 . 动力气象学 [M]. 北京：气象出版社，2010：6 - 55.

[33] 柳光魁，赵永强，张守忱，等 . 北京 54 和西安 80 坐标系转换方法及精度分析：基于大连市 C 级 GPS 网成果 [J]. 测绘与空间地理信息，2007，30（2）：138 - 142.

[34] 魏子卿 . 2000 中国大地坐标系及其与 WGS84 的比较 [J]. 大地测量与地球动力学，2008，28（5）：1 - 5.

[35] 党亚民，成英燕，孙毅，等 . 图件更新北京 54 和西安 80 坐标系转换方法研究 [J]. 测绘科学，2006，31（3）：20 - 23.

[36] 郭春喜，马林波，张骥，等 . 西安 80 坐标系与 WGS - 84 坐标系转换模型的确定 [J]. 东北测绘，2002，25（4）：34 - 36.

[37] 况金著，夏神州 . 通过椭球变换建立区域坐标系的高斯投影算法 [J]. 地矿测绘，2011，27（4）：11 - 14.

[38] 覃辉 . 不同大地坐标系中的高斯平面坐标变换 [J]. 测绘科学与工程，2004，24（2）：15 - 20.

[39] 李新，程国栋，卢玲 . 空间内插方法比较 [J]. 地球科学进展，2000，15（3）：260 - 265.

[40] Matheron G. Principles of geostatistics [J]. Economic Geology，1963，58：1246 - 1266.

[41] 李军龙，张剑，张丛，等 . 气象要素空间插值方法的比较分析 [J]. 草业科学，2006，23（8）：6 - 11.

[42] Oliver M A，Webster R. Kriging：a method of interpolation for geographical information systems [J]. International Journal of Geographic Information Systems，1990，4（3）：313 - 332.

[43] Franre R. Smooth interpolation of scattered path by local thin plate [J]. Comp math with appls Great Britain，1982，8（4）：237 - 281.

[44] 刘艳菊，郝振纯 . 相关空间插值方法及 MatrixVB 在水文插值中的应用 [J]. 水利科技与经济，2007，13（1）：46 - 57.

[45] 姜晓剑，刘小军，黄芬，等 . 逐日气象要素空间插值方法的比较 [J]. 应用生态学报，2010，21（3）：624 - 630.

[46] 郭婧，柳小妮，任正超 . 基于 GIS 模块的气象数据空间插值方法新改进：以甘肃省为例 [J]. 草原与草坪，2011，31（4）：41 - 50.

[47] 杨勤科，Tim R. Mcvicar，李领涛，等 . ANUDEM：专业化数字高程模型插值算法及其特点 [J]. 干旱地区农业研究，2006，24（3）：36 - 41.

[48] 杨海坤，陈德清 . 水文等值线图线性插值自动化实现技术研究 [J]. 人民珠江，2015（4）：70 - 73.

第 4 章 遥　　感

蒸散发研究一直是气象、农业、水利等部门的重要研究内容，近几十年其研究之所以突然火热，是因为卫星遥感技术的快速发展。卫星遥感的发展为 ET 研究及应用开辟了巨大新空间。遥感技术水平及产品质量，直接决定着 ET 产品的精度、质量和应用价值，原则上讲遥感发展决定着 ET 技术的发展。本章以遥感技术为主线，对电磁辐射、地物波谱、大气、水汽、地形等对遥感的影响，以及遥感数据预处理和定量计算等进行研究分析，同时还介绍了国内外民用遥感卫星的发展现状及特点。

4.1　遥感简述

4.1.1　简介

遥感即遥远的感知，来自英语 Remote Sensing。广义遥感泛指一切远距离的探测[1]，包括对电磁场、力场、机械波等的探测。狭义遥感指从远处采集目标电磁波信息，然后分析提取目标特性及变化信息的探测。

遥感技术是一个古老而又焕发着青春活力的技术。1608 年，人类使用热气球进行航拍，开辟遥感的先河。飞机的出现开启航空遥感时代，卫星的出现又将遥感发展推向新高度。随着遥感平台的更新换代，遥感的感知能力、作用、认知度也在迅速扩大。20 世纪60 年代，遥感开始逐渐被普通人所认知。20 世纪末，说起遥感不到 10% 人知晓，今日说起遥感，多数人应该不陌生。

通过 Google Earth，任何人都可以看到美国白宫停车场上的汽车、中国北京的天安门。通过高德导航，外卖小哥可以将餐盒送到任何房门。当你还在为丰产狂欢时，期货大鳄已经为你挖好了深坑，早晨醒来，粮价拦腰截断，一年辛劳不但血本无归，还倒欠地租。为什么老天不公，不是老天不公，是你不问天眼遥感。在你还没有收割时，大鳄借助遥感已经先知中国、美国及俄罗斯等国家的粮食供需状态，丰产粮价下跌已在掌控之中。美国阿尔法狗战胜了全球所有围棋高手，通过学习训练，不断进化，已经出现更加智能的新版阿尔法狗。如果那不是棋盘，是战场，遥感告诉阿尔法狗战场情景，结果谁赢？如果那不是棋盘，是国家的多边对弈，遥感告诉阿尔法狗有关国家的资源、人力、财力，又将如何？如果遥感提供的不仅仅是植被变化，是所有地球移动物体、甚至人的变化，遥感给人类带来的就是 $E = mc^2$ 的纠结。遥感是国家战略重器，人类和平之盾，不可忽视。

4.1.2　遥感分类

遥感分类方法很多，根据研究和应用目的不同，依据不同的指标对遥感进行分类，下面是几种典型的分类方法。

（1）依据遥感平台将遥感分为地面遥感、航空遥感、航天遥感、航宇遥感四类。地面遥感：传感器设置在地面平台上，如车载、船载、手提、固定或活动的高架平台等。航空遥感：传感器设置在航空器上，如飞机、气球等。航天遥感：传感器设置在环绕地球的航天器上，如人造地球卫星、航天飞机、空间站等。航宇遥感：传感器设置在星际飞船上，指对月系统之外的目标的探测。

为了提高遥感探测效果，将地面遥感、航空遥感、航天遥感整合在一个系统中，形成空天地一体系统。将多个卫星组合为一个系统进行联合观测，如环境小卫星星座。为了对目标持续观测，按任务持续发射多个卫星，形成卫星系列，如资源卫星系列、气象卫星系列。

（2）按传感器探测波段范围将遥感分为紫外遥感、可见光遥感、红外遥感、微波遥感以及多波段遥感、高光谱遥感等。紫外遥感探测波段在 $0.05\sim0.38\mu m$ 之间；可见光在 $0.38\sim0.76\mu m$ 之间；红外遥感在 $0.76\sim1000\mu m$ 之间；微波遥感在 $1mm\sim10m$ 之间。其中红外遥感又可细分为近红外、中红外、远红外、超远红外遥感，探测波段分别在 $0.76\sim3\mu m$、$3\sim6\mu m$、$6\sim15\mu m$、$15\sim1000\mu m$ 之间。按传感器探测波段宽度设置将遥感分为多波段遥感和高光谱遥感。多波段遥感探测波段在可见光～近红外波段内一般设置 $3\sim8$ 个波段。高光谱遥感一般设置 30 至上百波段，如 HJ-1B 卫星、MODIS 传感器等。

（3）按遥感应用领域，从大的研究领域可分为外层空间遥感、大气层遥感、陆地遥感、海洋遥感等；从应用领域可再细分为资源遥感、环境遥感、农业遥感、林业遥感、渔业遥感、地质遥感、气象遥感、水文遥感、城市遥感、工程遥感、灾害监测遥感、军事遥感等。

本专著内容主要涉及资源遥感、环境遥感、农业遥感、林业遥感、地质遥感、气象遥感、水文遥感、城市遥感等。

4.2　遥感系统组成

遥感系统实质是通过传感器获取地物波谱数据，处理加工形成表征地物特征信息的综合复杂系统。可概括为能源、地物、传感器、地面和用户 5 个逻辑系统，见图 4.2.1。图中 E 为某波长能量或能谱，下角代表节点处能量或能谱类型。其中 E_{I1}、E_{I2} 为能源（太阳、大气等）向地物发射的辐射；E_A 为地物表面吸收辐射；E_T 为地表向深层传输辐射；$E_{R1}\sim E_{R5}$ 代表地物反射辐射、地物发射辐射及大气辐射等总和。Par 为地面验证、修正参数；LO_1 为陆表地物实际特征信息；LO_2 为反演或提取的陆表地物特征信息。理想遥感系统，从 $E_{I1}\sim E_{I2}$ 及 $E_{R1}\sim E_{R5}$ 都可用确定函数表示。但是实际很难实现，我们只能近似逼近，得到地物特征信息的精确程度，取决于系统对目标整体的逼近程度。

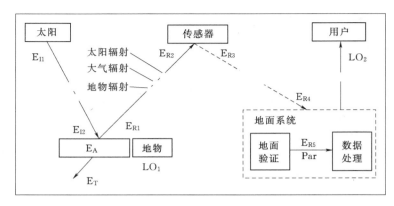

图 4.2.1　遥感系统

（1）能源系统：包括太阳、大气、地物、主动探测装置等。

（2）地物：地面某个微小单元，具有反射、吸收、透射接受的辐射特性，也可发射热辐射。由于不同地物、同一地物不同状态的反射、吸收、透射、发射特性等不同，导致 E_{R1} 不同。不同地物、不同时刻的地物波谱不同，通过这些差异我们可以揭示地物特性、特征、状态。研究纯地物波谱、不同尺度地物波谱，其主要目的就是建立有关地物的波谱特征值、经验知识，为定性判别、定量计算地物特征信息提供依据。结合高光谱遥感实现对地物的精确识别、对地物状态的定量描述是目前遥感重要研究内容和基础研究任务。

（3）传感器：将接受的地物波谱转为数字信息号，转换精度是传感器重要指标。

（4）地面系统：包括地面验证系统和数据处理系统。地面验证系统主要是为数据处理系统提供校正参数和对其产品进行质量定级。地面数据处理系统主要包括两项任务：①接收并记录卫星发送数据；②基于地面验证参数和接收的卫星数据，生产标准遥感数据产品、地物信息专题数据产品，并给出产品质量等级或精度指标。产品精度实质指 LO_2 对 LO_1 逼近的精准程度。

（5）用户：指利用遥感提取的地物特征信息（LO_2）进行实际生产、生活、管理的机构或个人。用户所关心的是地物特征、特性和状态信息以及这些信息的可用性。

4.3　电磁辐射与地物波谱

4.3.1　电磁辐射

4.3.1.1　电磁波及研究简史

1. 电磁波

电磁波是电磁振动的传播。当电磁振荡进入空间时，变化的磁场激发了变化的电场，使电磁振荡在空间传播，形成电磁波；电磁波也称为电磁辐射，电磁波为横波。

2. 研究简史

人类对电磁波的认识起源于对光的深入观察研究。公元前 5 世纪，墨子首次阐述光的特性；公元前 4 世纪，古希腊数学家欧几里得编著《光学》，之后又经过托勒密、罗吉尔·培根、达·芬奇以及 17 世纪开普勒、斯涅尔、笛卡尔、费马等研究，到 17 世纪 20 年代，人类基本弄清了光的几何性质，发现光的直线传播、反射、折射等基本定律，但没有解决光的本性问题，此阶段可称为几何光学时代。

17—19 世纪是经典波粒二象理论发展时期。1637 年，笛卡尔提出光的微粒说，经过牛顿、拉普拉斯、儒斯特等研究，发展成为光的微粒说，它能够很好地解释光的直线传播、反射和折射定律、双折射、偏振现象等；1655 年，格里马第首次提出光类似于波，经过胡克、惠更斯、托马斯·杨、菲涅尔等研究，发展成为光的弹性波动理论。它可以解释光的反射、折射、干涉以及直线传播、偏振等。1860 年，麦克斯韦将光电现象统一起来，提出光就是一定频率范围的电磁波。1887 年，赫兹证实了电磁波的存在，光是一种电磁波，两者具有共同的波的特性。波动理论由弹性"以太"发展成为电磁"以太"波动理论，但寻找"以太"一致是波动理论的难题。此阶段光的微粒说与波动说交叉前行，此起彼伏，这就是光学史上的"微粒说"和"波动说"相争时期。经典波粒二象性，将光看作微粒，认为光具有波动性和粒子性。在经典概念下，粒子和波是两个彼此独立的概念，它们根本不能统一到一个客体上[2,3]。

20 世纪至今为量子波粒二象性时代。1900 年，德国物理学家普朗克研究黑体辐射时，提出能量子概念，对于频率为 f 的电磁辐射，其能量为 $E=hf$。1905 年，爱因斯坦提出光速不变原理和狭义相对论，从根本上抛弃了"以太"的概念，圆满地解释了物体的光学现象。基于普朗克的量子理论，他提出了光量子假设。光不仅在发射和吸收中存在不连续的现象，而且在空间的传播过程中也不连续，这些不连续的能量子被称为光量子（光子），即光本身是由光子组成的。光子的能量与频率的关系为 $E=hf$。基于光量子，他首次提出光具有波动性和粒子性的特点，即光具有波粒二象性。1921 年他因此获得诺贝尔奖。1919 年，A. H. 康普顿针对光子散射实验事实，基于狭义相对论质速公式，给出光子动量公式 $p=h/\lambda$。至此光的波粒二象性理论体系确立，将波粒二象性统一到光子上。结合真空中运动的光子的动量 $p=mc$、能量 $E=mc^2$ 公式，可得到光传输速度与其频率和波长关系[4]，即 $c=f\lambda$。1924 年，德布罗意提出所有的实物粒子都具有波动性，不仅把光的"波粒二象性"推广到一切物质，而且还揭示狭义相对论和量子论在本质上有着深刻联系。光是一种电磁波，具有电磁波的性质。

4.3.1.2　电磁波性质

1. 表征电磁波性质的物理量

电磁波在传播过程中遇到气体、液体、固体介质时会发生一系列现象，如反射、折射、吸收、透射等作用。常采用反射率、吸收率、透射率等描述这些作用的强度，采用辐射能量、辐射通量、辐照度、辐射出射度等指标定量描述电磁辐射特性。其定义如下：

传播速度（V）：电磁波在单位时间传输的距离，单位为 m/s。

电磁波能量（E）：电磁波能量只与其传播频率有关，单位为 J。

电磁波动量（p）：动量是与物体质量和速度相关的物理量。电磁波动量只与其波长有关，动量大小与波长成反比，单位为 kg·m/s。

周期（T）：完成一个周期波动需要的时间，单位为 s。

频率（f）：单位时间内完成周期变化的次数，$f=1/T$，单位为 1/s，即 Hz。

波长（λ）：在波动中，振动相位总是相同的两个相邻质点间的距离，对于横波，通常指相邻两个波峰或波谷之间的距离，单位为 m。

反射率（ρ）：反射能量与总入射能量之百分比，记作 $\rho = (I_r/I) \times 100$，％。其中，$I_r$ 为反射能量，I 为总入射能量。

吸收率（α）：吸收能量与总入射能量之百分比，记作 $\alpha = (I_a/I) \times 100$，％。其中，$I_a$ 为吸收能量。

透射率（T）：透射能量与总入射能量之百分比，记作 $T = (I_T/I) \times 100$，％。其中，I_T 为透射能量。

辐射能量（W）：电磁波辐射的能量，单位为 J。

辐射通量（ϕ）：单位时间内通过某一面积的辐射能量，是辐射能流的单位，记作 $\phi = \mathrm{d}W/\mathrm{d}t$，单位为 W 或 J/s。其中，$t$ 为时间，单位为 s。辐射通量是波长的函数，总辐射通量是各个波段辐射通量之和或辐射通量的积分值。

辐照度（I）：被辐照的物体表面单位面积上的辐射通量，记作 $I = \mathrm{d}\varphi/\mathrm{d}S$，单位为 W/m^2。其中，$S$ 为面积，单位为 m^2。

辐射出射度（M）：温度为 T 的辐射源物体表面单位面积上发出的辐射通量，记作 $M = \mathrm{d}\phi/\mathrm{d}S$，单位为 W/m^2。

2. 电磁波性质

电磁波为横波、物质波，电磁波具有波粒二象性。电磁波的传播也是能量的传播，因此电磁波也被称为电磁辐射。在真空传播的电磁波遵循以下规律：

（1）在真空中传播时，电磁波能量与其传播的频率成正比，见式（4.3.1）。

$$E = hf \tag{4.3.1}$$

（2）在真空中传播时，电磁波动量与其波长成反比，见式（4.3.2）。

$$p = h/\lambda \tag{4.3.2}$$

（3）在真空中传播时，电磁波速度保持不变，并且等于其频率与波长的乘积，见式（4.3.3）。

$$c = f\lambda \tag{4.3.3}$$

式中：c 为光速，$c = 3 \times 10^8$ m/s；E 为能量，J；h 为普朗克常数；f 为电磁波频率；λ 为电磁波波长；p 为动量。

物体辐射具有波粒二象性。任何物体都具有不断地辐射、吸收和反射电磁波的性质，辐射出去的电磁波在各个波段是不同的，都具有一定的谱分布，谱分布和物体本身的属性及温度有关，因此被称为热辐射。通过实验测出多种温度下的热辐射标准能谱。为了寻求这些标准能谱的函数表达，基于黑体辐射试验，维恩提出了适用于短波的粒子模型，瑞利与金斯提出了适用于长波的波模型，但这两个模型都存在一定的局限性。1900 年，普朗克将维恩和瑞利-金斯公式统一起来，基于能量子的假设推导出黑体辐射公式，见式（4.3.4）[5]，此公式揭示了物体辐射的波粒二象性特性。

$$u_T(v) = \frac{8\pi h}{c^3} \frac{v^3}{e^{hv/kT} - 1} \tag{4.3.4}$$

式中：$u_T(v)$ 为黑体辐射的能量频谱密度；v 为电磁波频率；c 为真空中光速；k 为波尔

兹曼常数；h 为普朗克常数；T 为黑体绝对温度。

4.3.1.3 电磁波谱及辐射基本定律

1. 电磁波谱

按频率或者波长排列形成的电磁辐射谱带，被称为电磁波谱。按波长从小到大排列可将电磁波谱划分为 γ 射线、X 射线、紫外波段、可见光、红外线、微波、无线电波等。电磁波区域划分见表 4.3.1[6-10]。在备注中给出了甚长波以上波段名以及 L、S、C 等波长，为便于了解、对比卫星波段设置，还给出了 HJ-1 A/B/C 卫星采用的波段。

表 4.3.1　　　　　　　　　电 磁 波 区 域 划 分 表

波　段		波　长	备　注
无线电波 （>1m）	甚长波以上波段	>10000m	1. 甚长波以上波段指甚长波、特长波、超长波、极长波、至长波等波段。 2. 超短波也称作米波
	长波	1000～10000m	
	中波	100～1000m	
	短波	10～100m	
	超短波	1～10m	
微波 （0.1～1000mm）	分米波	100～1000mm	L：150～300mm S：75～150mm C：37.5～75mm X：25～37.5mm Ku：16.67～25mm K：11.11～16.67mm Ka：7.5～11.11mm V：4～7.5mm HJ-1C 采用 S 波段 SAR
	厘米波	10～100mm	
	毫米波	1～10mm	
	丝米波	0.1～1mm	
红外波 （0.76～1000μm）	超远红外波段	15～1000μm	HJ-1B 红外波段： B5：0.75～1.10μm B6：1.55～1.75μm B7：3.50～3.90μm B8：10.50～12.50μm
	远红外波段	6～15μm	
	中红外波段	3～6μm	
	近红外波段	0.76～3μm	
可见光 （0.38～0.76μm）	红	0.62～0.76μm	HJ-1A/B 可见光波段： B1：0.43～0.52μm B2：0.52～0.60μm B3：0.63～0.69μm B4：0.76～0.90μm 高光谱110～128波段 波谱：0.45～0.95μm
	橙	0.59～0.62μm	
	黄	0.56～0.59μm	
	绿	0.50～0.56μm	
	青	0.47～0.50μm	
	蓝	0.43～0.47μm	
	紫	0.38～0.43μm	
紫外波段		$10^{-3}～3.8×10^{-1}μm$	
X 射线		$10^{-6}～10^{-3}μm$	
γ 射线		$<10^{-6}μm$	

2. 辐射基本定律

任何物质，只要它的温度高于绝对零度，都能以电磁波的形式放射辐射能，同时也接收来自周围的电磁波。

任何物体对辐射的放射能力和接收（吸收）能力都是相同的，这是基尔霍夫（Kirchhoff，1824—1887，德国）定律。发射率就等于吸收率，因此好的吸收体也是好的发射体。

（1）黑体辐射定律。为了表示任何物体的辐射和吸收能力，科学家确定把绝对黑体辐射作为参考标准。如果某一物体对任何波长的辐射都能全部吸收，这种物体被称为绝对黑体。物体的发射率就是物体放射辐射能与黑体辐射能的比值，黑体的辐射能与辐射波长 λ、绝对温度 T 的关系可用普朗克定律表示，见式（4.3.5）。

$$M_\lambda(\lambda, T) = \frac{2\pi hc^2}{\lambda^5}(e^{\frac{hc}{\lambda kT}} - 1)^{-1} \qquad (4.3.5)$$

式中：$M_\lambda(\lambda, T)$ 为黑体的单色辐射出射度，$W \cdot m^{-2} \cdot \mu m^{-1}$；$c$ 为真空中光速；k 为波尔兹曼常数；h 为普朗克常数；λ 为波长；T 为黑体绝对温度。

（2）斯特藩-玻尔兹曼定律。温度高、波长短时，黑体具有高的辐射能力。平常我们感觉到的往往是所有波段的辐射能量的总和。物体总辐射出射度与温度的关系符合斯特藩-玻尔兹曼定律，见式（4.3.6）。

$$M = \sigma T^4 \qquad (4.3.6)$$

式中：M 为物体总辐射出射度；σ 为斯特藩-玻尔兹曼常数。

物体总辐射出射度 M 与绝对温度 T 的 4 次方成正比，温度越高，辐射越强。

（3）维恩位移定律。维恩提出：在一定温度下，绝对黑体的温度与辐射出射度最大值相对应的波长的乘积为一常数，见式（4.3.7）。

$$\lambda_{max} T = b \qquad (4.3.7)$$

式中：λ_{max} 为黑体辐射出射度最大值时对应的波长；b 为维恩常数。

由式（4.3.7）可见，物体温度越高，辐射最强对应的电磁波波长越短。如果物体辐射最大值落在可见光波段上，物体的颜色会被看见。随着温度升高，最大辐射出射度对应的波长逐渐变短，颜色由红外到红色再逐渐变蓝变紫。只要测量出物体的最大辐射波长，根据维恩位移定律就可计算出物体的温度。

4.3.2　太阳辐射

4.3.2.1　太阳结构

太阳是太阳系的中心天体，受太阳影响的范围是直径大约 120 亿 km 的广阔空间。在太阳系空间，布满了从太阳发射的电磁波的全波辐射及粒子流；地球上的能源主要来自太阳，地球绕太阳运动的轨道是一个椭圆，一般认为日地平均距离（日地系统的椭圆轨道半长径）等于 1 个天文单位（1 个天文单位＝149597870km）。电磁辐射传播的时间为499.004782s，因为太阳距离地球很远，由太阳中心看地球赤道的视半径仅 8.79″，所以通常情况下，太阳照射到地面的光线都被看作平行光，即入射的空间方向一致。

太阳是一个炽热的气体球，其结构从内到外依次为核反应区、辐射区、对流区，最外层便是太阳大气了，这一层是太阳最外部的可见层次，它从内到外又可分为光球、色球和日冕三个不同的层。光球层厚约 300km，不透明，光球层吸收了太阳内部的全部辐射

（吸收率 $\alpha = 1$）而自身又发出近似黑体的辐射，光球层的温度自下而上从 7500K 至 4300K。由于遥感研究不需要对太阳分层进行考虑，因而通常认为光球发射的几乎是全部的太阳辐射，太阳的光谱通常就是光球产生的光谱，由太阳辐射出射度计算出来的太阳温度也被认为是光球层的温度。

4.3.2.2 变化的太阳常数

太阳常数是许多领域经常用到的一个与太阳辐射能量有关的物理量，它定义为不受大气影响，在距离太阳一个天文单位的区域内，垂直于太阳辐射方向上，单位面积和单位时间黑体所接收的太阳辐射能量。通常表示为

$$I_\odot = 1.3607 \pm 3 \times 10^3 \ \text{W/m}^2$$

太阳常数是在地球大气顶端接收的太阳能量，所以没有大气的影响。太阳常数值基本稳定，即使有变化也不超过 1%，所以，计算中一般把太阳常数看作常量。把日地距离作为半径，可以计算出这个距离上的太阳辐射球面积，再乘以太阳常数，可以算出太阳的总辐射通量 $E = 3.826 \times 10^{26} \ \text{W}$；由太阳的总辐射通量和太阳线半径可以计算太阳的总辐射出射度 M。

对于太阳常数的研究已经有近百年的历史，随着技术进步，发现"太阳常数"根本就不是常数，因此，目前国际上已不再使用"太阳常数"这一术语，而称之为太阳全辐照度（Total Solar Irradiance，TSI）。TSI 变化区间在 $1338 \sim 1371 \ \text{W/m}^2$，但实际变化区间没有这么大，其中包含了测量技术引起的误差。世界气象组织下设的气象仪器和观测方法委员会（CIMO）于 1981 年在墨西哥召开的第 8 届会议上，同意采用 $(1367 \pm 7) \ \text{W/m}^2$ 为 TSI 的值[11,12]。2005 年，张虹娇等[13] 开展地表温度对太阳常数变化的响应及性质研究，得出陆地比海洋增幅更强，高纬度比低纬度增幅更强。让太阳常数变化分别增加 2.5%、10%、15% 和 25% 发现，气候系统对太阳常数小变化的响应为线性，对较大变化的响应为非线性。2014 年，曹美春等[14] 研究太阳常数变化对冬季全球辐射强度及气候影响，研究结果显示，如将太阳常数减少 $1.54 \ \text{W/m}^2$，全球地表温度有些地区降低，有些地区升高，平均降低约 0.05℃。其中，中亚温度下降 2℃ 以上，澳洲东部温度升高 0.5℃。太阳常数对研究太阳辐射十分重要，对遥感探测和应用十分重要，在研究和使用时应注意太阳全辐射度存在小幅波动问题。

4.3.2.3 太阳辐射波谱

图 4.3.1 描绘了黑体在 5800 K 时的辐射曲线，在大气层外接收到的太阳辐照度曲线，以及太阳辐射穿过大气层后在海平面处接收到的太阳辐照度曲线。

从大气层外太阳辐照度曲线可以看出，太阳辐射的光谱是连续光谱，且辐射特性与绝对黑体辐射特性近似。太阳辐射能量各个波段所占比例不同，近紫外、可见光、近红外和中红外部分大约占太阳总辐射的 84.62%，所以我们对太阳的认识就是从光和热开始的。

太阳辐射从近紫外到中红外这一波段区间能量最集中，而且相对来说最稳定，太阳辐射强度变化最小。在其他波段，如 X 射线、γ 射线、远紫外及微波波段，它们的能量加起来不到 1%，尽管比例很小，可是变化却很大。太阳活动有 11 年的周期，当太阳活动剧烈时，黑子和耀斑爆发，这些小比例波段的辐射强度会有剧烈增长，最大时能量可增长上千倍甚至还更多。遥感探测时，主要利用可见光、红外等稳定辐射；利用微波时多采用主

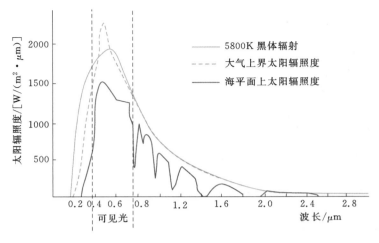

图 4.3.1 太阳辐照度分布曲线

动微波遥感。

由图 4.3.1 可知，海平面处的太阳辐照度曲线与大气上界太阳辐照度曲线有很大不同，其差异主要是由地球大气所引起。由于大气对太阳辐射的选择吸收作用、散射作用，致使到达海平面的太阳辐射产生很大衰减，图中那些衰减最大的区间便是大气分子吸收的最强区间。

大气吸收与散射导致地面接收到的太阳辐射存在时空变化，其多变导致地面接收辐射多变，卫星传感器接收的地表辐射是经大气吸收、散射等后到达传感器的辐射。

4.3.2.4 地面辐照度

太阳以平行光线形式直接投射到地面上，地面辐照度大小随太阳高度角变化而变化，当太阳高度角最大时，辐照度最大。在辐射通量 ϕ 不变时，可采用式（4.3.8）或式（4.3.9）计算斜入射到地面上时的辐照度。

$$I' = I \sin h \tag{4.3.8}$$

$$I' = \frac{I_\odot \sin h}{D^2} \tag{4.3.9}$$

式中：I' 为斜入射到地面上时的辐照度；I 为垂直于太阳入射方向的辐照度；h 为太阳高度角；$I_\odot$ 为太阳常数；D 为日地之间的距离。

由于太阳高度角和太阳天顶角之和为 $90°$，见式（4.3.10），因此也可采用式（4.3.11）计算太阳斜入射到地面上时的辐照度。

$$\theta + h = 90° \tag{4.3.10}$$

$$I' = \frac{I_\odot \cos\theta}{D^2} \tag{4.3.11}$$

式中：θ 为太阳天顶角。

太阳倾斜照射时的辐照度总是比垂直入射时少，由于高度角在一年内随时间、季节及地理纬度不同而不同，因此地面上同一点的太阳辐照度是变化的。在做遥感定量计算时，需要考虑太阳高度角的影响。

4.3.3 地物波谱

遥感传感器接收地表目标的反射信号，不同表面对不同波长电磁波的吸收、反射特性不同，形成地物的反射率随波长变化而变化的特征波谱，称为地物波谱。地物不但反射接收电磁波，地物本身还会发射电磁波，主要是热红外电磁波，不同地物由于内外特性的差异，发射率随波长变化，这构成了发射波谱。

地球既接收太阳辐射，又反射太阳辐射，同时自身还发射辐射。不同地面物体，其波谱特征不同，因此通过探测和解析地物波谱，可以识别地物、标定地物特征、特性及状态。地物波谱研究是遥感研究的重要内容之一，主要包括地面或航空地物波谱的探测、地物波谱库建设、地物识别及标定等内容。太阳辐射主要分布在可见光和红外波段，并且相对稳定。因此多数传感器探测波谱都设置在可见光或红外波段，因为波谱发射源相对稳定、反射波谱主要取决于地物特性。另外该区间波谱辐射能量较高，可以获得较高信噪比的遥感数据。

太阳辐射到达地面后，一部分被地物反射，一部分被地物吸收，剩余部分被透射，遥感主要使用地物反射波谱信息探测地物。

4.3.3.1 地物反射波谱

物体对电磁波谱的反射能力用反射率表示，反射率的值满足 $\rho \leqslant 1$。物体的反射率大小主要取于物体本身的性质和表面状况，同时也与入射电磁波的波长和入射角有很大关系。

地物表面状况不同，反射状况也不相同，自然界地物的反射状况分为三种，即镜面反射、漫反射和实际地物反射。

镜面反射是发生在光滑物体表面的反射。反射时满足反射定律，入射波和反射波在同一平面内，入射角与反射角相等。自然界中真正的镜面很少，非常平静的水面可以近似认为是镜面。

漫反射是发生在粗糙表面上的反射。入射波不论从何方向入射，反射方向都是"四面八方"。对于理想漫反射面，当入射照度 I 一定时，任何角度的反射亮度是一个常数，这种理想反射面叫朗伯面。设平面的总反射率为 ρ，某一方向上的反射因子为 ρ'，则有式（4.3.12）。

$$\rho = \pi \rho' \qquad (4.3.12)$$

其中，ρ' 为常数，与方向角或高度角无关。自然界中真正的朗伯面也很少，新鲜的氧化镁（MgO）、硫酸钡（$BaSO_4$）、碳酸镁（$MgCO_3$）表面，在反射天顶角 $\theta \leqslant 45°$ 时，常被近似看成朗伯面。

实际地物反射多数都处于两种理想状态之间，即介于镜面和朗伯面之间。一般来讲，实际地物在有入射波时各个方向都有反射能量，但大小不同。在入射照度相同时，反射辐射亮度的大小既与入射方位角和天顶角有关，也与反射方向的方位角和天顶角有关。根据入射波和测量反射波位置，还有其他形式的反射率定义[15]。

1. 方向-方向反射率

假设 θ_i、ϕ_i 分别为入射方向的天顶角和方位角，θ_r、ϕ_r 分别为某一反射方向的天顶角和方位角。那么方向反射率 ρ' 可以表示为式（4.3.13）的形式。

$$\rho'(\theta_i,\phi_i,\theta_r,\phi_r)=\frac{\pi L(\theta_r,\phi_r)}{I(\theta_i,\phi_i)} \tag{4.3.13}$$

式中：$\rho'(\theta_i,\phi_i,\theta_r,\phi_r)$ 为方向-方向反射率；$I(\theta_i,\phi_i)$ 为 (θ_i,ϕ_i) 方向入射辐射的照度；$L(\theta_r,\phi_r)$ 为 (θ_r,ϕ_r) 观测方向的反射亮度。

在晴天条件下，太阳光为入射光，利用地物波谱仪测得的反射率就近似为方向-方向反射率。

2. 半球-方向反射率

假设入射能量来自 2π 半球空间，从某一方向测定其反射亮度，反射亮度与入射亮度之比为半球-方向反射率，计算式见式（4.3.14）。在阴天条件下，天空分布散射光，利用地物波谱仪测得某方向的反射亮度，按式（4.3.14）计算的反射率可近似为半球-方向反射率。

$$\rho(\theta_r,\phi_r)=\frac{\pi L(\theta_r,\phi_r)}{I_d}=\frac{\pi L(\theta_r,\phi_r)}{\int_0^{2\pi}\int_0^{\pi/2}I(\theta_i,\phi_i)\cos\theta_i\sin\phi_i\mathrm{d}\theta_i\mathrm{d}\phi_i} \tag{4.3.14}$$

式中：$\rho(\theta_r,\phi_r)$ 为 (θ_r,ϕ_r) 方向的半球-方向反射率；I_d 为 2π 半球空间内到达物体表面的所有辐照度值的总和，相当于全部入射或下行辐射。

3. 方向-半球反射率

假设入射为平行直射光，测定 2π 半球空间的平均反射能。平均反射能与入射能之比为方向-半球反射率，计算式见式（4.3.15）

$$\rho(\theta_i,\phi_i)=\frac{\pi L_u}{I(\theta_i,\phi_i)}=\frac{\int_0^{2\pi}\int_0^{\pi/2}L(\theta_r,\phi_r)\cos\theta_r\sin\phi_r\mathrm{d}\theta_r\mathrm{d}\phi_r}{2\times I(\theta_i,\phi_i)} \tag{4.3.15}$$

式中：$\rho(\theta_i,\phi_i)$ 为方向-半球反射率；L_u 为 2π 半球空间的全部反射或上行辐射。

4. 半球-半球反射率

假设入射来自 2π 半球空间，并测定 2π 半球空间的平均反射能。平均反射能与入射能之比为半球-半球反射率，计算式见式（4.3.16）。

$$\rho=\frac{\pi L_u}{I_d} \tag{4.3.16}$$

式中：ρ 为半球-半球反射率；L_u 为上行辐射；I_d 为下行辐射。

如果不严格，要求入射能量看成在 2π 空间均匀分布，半球-半球反射率实质就是地物反照率。

5. 地物的反射波谱

地物的反射率并非是固定不变，不同波长对地物的反射率不同，不同波长反射率序列构成地物反射波谱。反射波谱主要取决于地物特性、外部条件等，不同地物的反射波谱不同；同种地物不同内部结构的反射波谱也不同；同种地物同样结构，不同外部条件下也可能不同；地物的反射波谱相当于地物指纹，因此研究地物反射率及变化规律十分重要。特定波段反射率计算式见式（4.3.17）。

$$\rho_\lambda=\frac{V_o(\lambda)}{V_s(\lambda)}\times100\% \tag{4.3.17}$$

式中：ρ_λ 为波长为 λ 的反射率；λ 为波长；$V_o(\lambda)$ 为地物波长是 λ 的反射值；$V_s(\lambda)$ 为标准板波长是 λ 的反射值。

将波长从小到大排列，在平面坐标系中，用横坐标表示波长，纵坐标表示对应波长的反射率 ρ_λ，这样形成的曲线就是地物反射率波谱曲线，简称地物反射波谱，它是地物波谱的一种。为了研究或生产，一般需要针对多种地物，根据地物状态以及所处时间和环境测定其一系列波谱。基于管理方便，常常用数据库管理这些地物波谱，这种数据库称为地物波谱库，建设地物波谱库是提高遥感反演 ET 精度的重要内容。

4.3.3.2　地物发射波谱

1. 地表自身热辐射

地球除了反射太阳辐射外，自身还发射热辐射，图 4.3.2 对比了从卫星上测出的地球辐射与相应黑体辐射之间的关系。从图中可以看出，地球的辐射确实接近于 300 K 的黑体辐射。当辐射通过大气射入大气外遥感平台时，由于大气中的水、二氧化碳、臭氧等对辐射的吸收，实际的辐射曲线如图 4.3.2 中的不平滑的折线所示。

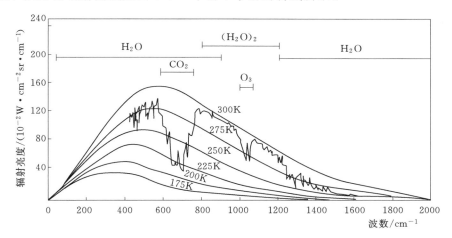

图 4.3.2　从卫星上测出的地球辐射与相应黑体辐射对比

地球上不同物体的辐射由基尔霍夫定律决定，见式（4.3.18）。

$$M = \varepsilon M_0 \qquad (4.3.18)$$

式中：ε 为物体的比辐射率或发射率；M 为黑体辐射出射度；M_0 为实际物体辐射出射度。

地表温度 T 和波长 λ 有关，见式（4.3.19）。

$$M(\lambda, T) = \varepsilon(\lambda, T) M_0(\lambda, T) \qquad (4.3.19)$$

物体自身的热辐射由比辐射率、温度、波长三个因素决定。

公式中的温度指地表面的温度，随着一天内时间的变化和季节的变化而变化，在测量中常用红外辐射计来探测物体表面温度，该温度与气象的地温、农业的土壤温度、植物叶面温度、大气动力学温度等不同。地温指地面与地面以下不同深度处温度的总称，气象一般观测地面温度以及地面以下 5cm、10cm、15cm、20cm、40cm、80cm、160cm、320cm 等深度地温；其中地面温度指地表与近地表大气的平均温度。农业土壤温度指地面以下土壤中的温度，主要指与植物生长发育有关的地面以下浅层内土壤的温度。植物表面温度是植物暴露于大气中，茎、叶的表面温度，该温度接近于植物冠层温度，与植物叶面温度不同，在特定条件下两者接近。在遥感定量反演中，尤其需要注意这些温度的不同，并进行合适的转化或替换。

在温度一定的情况下，物体的比辐射率随波长变化而变化。按波长对比辐射率排列，就形成地物比辐射率（发射率）波谱特性曲线，这是另一种地物波谱，其形态特征可以反映地面物体本身的特性，包括物体本身的组成和温度、表面粗糙度等物理特性。因此借助发射率曲线也可识别地面物体和标定地物特性。

2. 太阳辐射和地球辐射的分段特性

太阳辐射接近于温度为 6000K 的黑体辐射，用维恩位移定律，得到它最大辐射对应的波长 $\lambda_{max日} = 0.48\mu m$（蓝色光）。一般来说，太阳的电磁波辐射主要集中在波长较短的部分，从紫外、可见光到红外区段，即 $0.3 \sim 2.5\mu m$，在这一波段区间，地球的辐射主要是反射太阳的辐射。

地球辐射接近于温度为 300K 的黑体辐射，最大辐射对应的波长 $\lambda_{max地} = 9.66\mu m$，与 $\lambda_{max日}$ 相差较远。地球自身发出的辐射主要集中在波长较长的部分，即 $6\mu m$ 以上的热红外区段。在 $3 \sim 6\mu m$ 这一中红外波段，地球对太阳辐照的反射和地表物体自身的热辐射均不能忽略。

太阳辐射与地球大气辐射之间也存在分段性。太阳和地球大气辐射能量集中的光谱段是不同的，地球大气温度约为 255K，所以太阳辐射远大于地球大气辐射。地球大气辐射对应 $\lambda_{max} = 11\mu m$。地球和地球大气温度太低，辐射波长集中在远红外，因此它们不能发出可见光，只有用仪器才可以测到，见图 4.3.3。

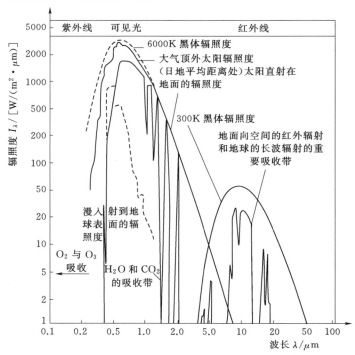

图 4.3.3　太阳和地球辐射分布

太阳辐射中，$0.4\sim0.7\mu m$ 的可见光辐射眼睛可以感受到，这个区域的能量占太阳能量的 44%；小于 $0.4\mu m$ 的紫外线辐射占太阳辐射的 7%；大于 $0.7\mu m$ 的是红外辐射，人眼看不到，这部分能量占 49%。

卫星可观测地球、云和大气反射的可见光和发射的红外辐射，前者与物体反射率有关，后者则与物体温度有关，卫星可见光图像可用于分析地表、云、大气特性，而卫星红外图像可用于分析不同温度物体特性。可见光图像只能在白天获得，红外图像在夜间也可获得。

3. 辐射平衡

从全球长期平均温度来看，地气系统的温度多年基本不变，所以全球吸收和辐射基本平衡。若把地球和大气作为一个整体，它是运行于宇宙空间的一个星体。它既吸收太阳辐射能量，同时又向外辐射能量，这两个过程从长期来看，基本处于平衡状态。从年平均辐射能量来看，地气系统本质上没有得到或失去能量，地球年平均温度基本保持不变，因此地气系统在较长时间内维持平衡状态，见图 4.3.4[16]。图中的数字已作归一化，即把入射的太阳辐射作为 100 个单位。

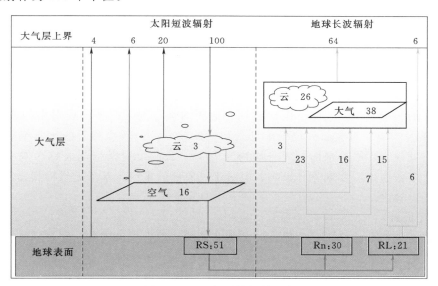

图 4.3.4　地气系统辐射平衡

图左边部分是太阳短波辐射平衡。地气系统接收太阳短波辐射 100 个单位，其中 19 个单位被平流层臭氧、对流层水汽和气溶胶以及云所吸收，30 个单位被空气分子、云及地面散射或反射回太空，只有 51 个单位被地球表面吸收。

图右边部分是地球长波辐射平衡。在被地面吸收的 51 个单位的太阳辐射中，21 个单位以长波辐射的形式进入大气，其中 15 个单位被大气（主要是水汽和二氧化碳）吸收，6 个单位则直接进入太空；30 个单位则经过湍流和对流作用，以感热和潜热的形式传输至大气。

大气层上界，接收 100 个单位的太阳辐射，其中反射短波辐射 30 个单位，发射长波辐射 70 个单位，大气层总体能量平衡。

4.4　遥感影像畸变分析

通过遥感主要是希望获得被观测物体的真实波谱特性或几何特性，但是由于大气、地形以及卫星、传感器等因素，会造成获取的地物波谱特性或几何特性偏离其真实状态，这称为遥感影像畸变。遥感影像畸变不可能完全排除，但是通过深入分析研究其机理，可以尽量减少或有效修复畸变，使其更加接近于物体的真实状态特征，为遥感数据的后续使用提供良好前提。

4.4.1　大气对辐射影响

在太阳辐射到达地面过程中要经过地球周围的大气层，而太阳辐射经过地面目标反射后，又要再次经过大气层才能被传感器接收；地物热辐射同样要经过大气层才能被传感器接收。大气层中的气体和微粒对传感器接收电磁辐射的强度和组成会产生影响，大气是引起遥感影像畸变的主要因素之一。

4.4.1.1　对辐射传播影响

电磁辐射在大气中传播会发生反射、折射、吸收、散射及透射等现象。这些将引起地物反射与辐射的变异。

1. 大气反射

电磁波传播过程中的反射现象主要发生在云层顶部，反射率取决于云量，且各波段都受不同程度的影响，反射削弱了电磁波到达地表的强度。云的平均反射率为 60%；雪面的反射率可达 95%，且大部分位于可见光和紫外波段；虽然水和云的化学组成相同，但水面的反射就很小，平静水面一天平均约为 10%。云的反射是引起遥感影像质量下降的重要原因，多数应用需要剔除其影响。但对于气象部门来说，基于遥感检测云特征是气象遥感的重要内容之一。

2. 大气折射

电磁波在大气中传播，其传播方向会改变，即会发生折射现象。大气密度越大，折射率越大；离地面高度越大，空气越稀薄，折射率越小。折射现象导致电磁波在大气中传播的轨迹是一条曲线，到达地面后，地面接收的电磁波方向与实际上太阳辐射的方向相比偏离了一个角度，这个角度称为折射值。折射值随太阳天顶角增大而增大。早晨看到的太阳圆面比中午时看到的太阳圆面大，有时太阳还没升至地平线上，地面上已可以见到它，这都是大气折射的结果，在精确计算日出日落角时需要进行大气折射修正，正是这个原因。

3. 大气吸收

大气吸收指投射到介质上面的辐射能中的一部分被转变为物质本身的内能或其他形式的能量。辐射在通过吸收介质向前传输时，能量就会不断被削弱，介质则由于吸收了辐射能而加热，温度升高。

大气对电磁波的吸收作用严重地影响了遥感传感器对电磁辐射的探测。当太阳辐射穿过大气层时，由于大气分子的吸收导致这些波段的太阳辐射强度衰减。大气不但具有吸收作用，而且针对不同波段具有不同的吸收强度，即具有选择性吸收的特性。吸收作用越强的波段，辐射强度衰减就越大，甚至某些波段的电磁波完全不能通过大气。因此在太阳辐射到达地面时，形成了电磁波的某些吸收带。水的吸收带主要在 $2.5\sim3.0\mu m$、$5\sim7\mu m$、$0.94\mu m$、$1.13\mu m$、$1.38\mu m$、$1.86\mu m$、$3.24\mu m$ 以及 $24\mu m$ 位置；二氧化碳的吸收带主要在 $2.8\mu m$ 和 $4.3\mu m$ 位置；臭氧的吸收带主要在 $0.2\sim0.32\mu m$、$0.6\mu m$ 以及 $9.6\mu m$ 位置；氧气的吸收带主要在小于 $0.2\mu m$、$0.6\mu m$ 和 $0.76\mu m$ 位置。一氧化二氮和甲烷虽然在大气中含量不高，也具有吸收作用。大气中的其他微粒也有吸收作用产生，但不起主导作用。

太阳辐射和地球辐射的实际曲线与黑体辐射曲线相比存有很大差别，主要原因是：大气选择性吸收电磁波能量。传感器探测波段一般设置在大气透过率较高的区间，目的是尽量减小大气吸收的影响。

4. 大气散射

电磁辐射在遇到大气中的气体分子、原子以及悬浮粒子时，会使一部分入射波能量改变方向射向四面八方，而入射方向的辐射能被削弱，这就是散射现象。

散射并非仅一次。太阳平行辐射照射到空气分子上，一部分辐射能被分子散射，这种分子对太阳直接辐射的散射过程称为一次散射；这些被散射出去的辐射能被其他分子再一次散射，这种过程称为多次散射，多次散射不断重复，强度越来越弱，直到最后可忽略不计为止。

太阳辐射经过大气到达地面时，由于散射作用，太阳的直接辐射比大气上界有一定程度的减弱，但同时却使整个大气层变得明亮（天空散射辐射）。这些光是空气分子和大气气溶胶颗粒散射太阳辐射的结果。在入射光照射地面时，由于散射使入射到地面时除了原有太阳直接辐射的部分外，还增加了散射导致的漫入射成分，使反射的辐射成分有所改变；进入传感器的辐射，除反射辐射外还增加了散射辐射成分。散射作用增加了信号中的噪声成分，造成遥感图像质量下降。进入传感器的辐射由三部分组成：主要部分 I_S，是地物直接反射的太阳辐射；次要部分或信号噪声部分包括 I_D 和 I_O，其中 I_D 是漫入射辐射入地面，又反射到大气中，再进入传感器的部分；I_O 是大气的散射没有到达地面就直接进入传感器的部分。I_D 与 I_O 之和为 $1\sim N$ 次漫入射辐射、大气散射入射的总和。

大气的散射现象发生时的物理规律与大气中的分子或其他微粒的直径及辐射波的波长密切相关。散射包括三种作用，具体内容如下。

（1）瑞利散射。这种散射由大气中的原子和分子（如氮、二氧化碳、臭氧和氧分子等）引起。散射发生条件是这些粒子的直径要比波长小很多，这种散射叫瑞利散射。该散射的特点是散射强度与波长的四次方（λ^4）成反比，见式（4.4.1）。

$$I\propto\frac{1}{\lambda^4} \tag{4.4.1}$$

其波长越长，散射越弱，波长越短，散射越强。在可见光波段影响最明显，蓝光散射强度为 $40\%\sim80\%$，近红外散射强度为 $5\%\sim10\%$，远红外和微波波段，因为波长较长，瑞利散射很少，几乎可以忽略。晴朗的天空呈蓝色，是由于蓝光具有强的瑞利散射作用造成。

（2）米氏散射。大气中的微粒，如烟、尘埃、小水滴及气溶胶等引起的散射是米氏散射。这些粒子直径较大，与辐射的波长相当，这种散射的特点是散射强度受气象影响大。一般而言，米氏散射的散射强度与波长的二次方（λ^2）成反比，见式（4.4.2）。

$$I \propto \frac{1}{\lambda^2} \tag{4.4.2}$$

并且散射光的向前方向比向后方向的散射强度更强，方向性比较明显。例如，云、雾的粒子大小与红外线（$0.75 \sim 15 \mu m$）的波长接近，所以云、雾对红外线的散射主要是米氏散射。

（3）无选择性散射。无选择性散射发生在大气中粒子的直径比波长大得多时，这种散射的特点是散射强度与波长无关，或者说对各波段辐射无选择性地散射，任何波长的散射强度相同。因为直径的对比是相对的，故具体问题要具体分析。例如，云、雾中水滴粒子直径虽然与红外线波长接近，但比可见光波长就大很多，因而对可见光中各个波长的光就变成无选择散射，散射强度相同，所以云、雾全呈白色。

综上所述，散射强度遵循的规律与波长密切相关。因此，在大气状况相同时，同时会出现各种类型的散射。对于大气分子、原子引起的瑞利散射主要发生在可见光和近红外波段。波长超过 $1 \mu m$ 后，瑞利散射的影响大大减弱，而米氏散射的影响逐渐超过瑞利散射。大气中的云层、小雨滴等由于直径较长，对不同波长产生不同的散射作用。对于可见光而言只有无选择性散射发生，云层越厚无选择散射就越强。对于微波而言，粒子的直径比微波波长小很多，则属于瑞利散射的类型，散射强度与波长四次方成反比，波长越长，散射强度越小。因此微波探测具有最小散射、最大透射的特点，即"穿云透雾"能力。借此可以获得全天候遥感影像，实现全天候对地观测。

4.4.1.2　大气窗口

太阳辐射经过大气传输后，除了吸收作用还有反射和散射作用。折射虽然改变太阳辐射方向，但不改变辐射强度。当不考虑云层时，大气的反射作用也很小。综合以上几种作用，它们的共同作用衰减了辐射在传输中的辐射强度，而剩余部分即为透过的部分。透过率越高，剩余的辐照度就越高。通常把电磁波通过大气层时较少被反射、吸收或散射的透过率较高的波段称为大气窗口，大气窗口的波谱段主要有：

$0.3 \sim 1.3 \mu m$，即紫外、可见光、近红外波段。这一波段是摄影成像的最佳波段，也是许多卫星传感器扫描成像的常用波段，比如，Landsat 卫星的 TM 的 1～4 波段，SPOT 卫星的 HRV 波段等。

$1.5 \sim 1.8 \mu m$、$2.0 \sim 3.5 \mu m$，即近、中红外波段，在白天日照条件好的时候扫描成像常用这些波段，比如 TM 的 5、7 波段等。

$3.5 \sim 5.5 \mu m$，即中红外波段，物体的热辐射较强。这一区间除了地面物体反射太阳辐射外，还包括地面物体自身的发射辐射。比如，NOAA 卫星的 AVHRR 传感器用 $3.55 \sim 3.93 \mu m$ 探测海面温度，获得昼夜云图。

$8 \sim 14 \mu m$，即远红外波段。主要来自物体热辐射能量，适于夜间成像，测量探测目标地物的温度。

$0.8 \sim 2.5 cm$，即微波波段。由于微波穿云透雾能力强，这一区间可以全天候工作，遥感方式一般采用主动遥感。如侧视雷达影像、Radarsat 卫星雷达影像等，其常用的波段为 0.8cm、3cm、5cm、10cm，有时也可将该窗口扩展为 0.05～300cm 波段。

4.4.1.3　比尔定律

太阳的电磁辐射经过大气的各种衰减，到达地面后比例很小，由地面再反射回大气的比例就更小。一种对大气影响的粗略估计：对于可见光和近红外云层或其他粒子反射作用使辐射衰减约 30%，散射作用约 22%，吸收作用约 17%，这样透过大气到达地面的能量仅占入射总能量的 31%。另一种估计认为：到达地面时约剩下总能量的 45%，反射回大气仅有 8%。由于大气的多变性，各种衰减作用随地物位置、时间而存在很大差异，在进行定量反演时，需要根据具体情况进行适当的修正，以达到精度要求。

计算某一方向传输的辐射能经过一段路径 Δs（m）后的衰减情况，可采用比尔定律[17]。比尔（Beer，1825—1863，德国）定律给出了入射辐射能 E_{in}（W/m^2）与出射辐射能 E_{out}（W/m^2）的关系，即当辐射在一均匀大气中，经过有限路径 Δs 传输后，辐射能的变化可按式（4.4.3）计算。

$$E_{out} = E_{in} e^{-(\beta_a + \beta_s)\Delta s} \tag{4.4.3}$$

其中，β_a 和 β_s 分别是大气吸收系数和散射系数，单位为 m^{-1}，它与大气中的吸收和散射气体成分的密度有关。对于有限路径，在微小虚拟 Δs 路径上大气吸收辐射（ΔE_a）或散射辐射（ΔE_s）与吸收系数或散射系数的关系见式（4.4.4）和式（4.4.5）。

$$\Delta E_a = \beta_a E_{in} \Delta s \tag{4.4.4}$$

$$\Delta E_s = \beta_s E_{in} \Delta s \tag{4.4.5}$$

如果辐射能的改变仅仅是因为吸收，那么可以求出这段有限路径大气层的吸收率，见式（4.4.6）。

$$\alpha = \frac{E_{in} - E_{out}}{E_{in}} = 1 - e^{-\beta_a \Delta s} \tag{4.4.6}$$

由此可见，一个气层的吸收率与吸收距离的长短不是成正比，而是指数关系。当然，因为 $\beta_a \Delta s$ 与吸收物质的量有关系，因此，吸收率也不与吸收物质的多少成正比。

比尔定律是辐射传输的基本定律，得到了广泛应用，但其应用条件很苛刻，要求入射光为平行光、单色光，且垂直于照射面；吸收物质为均匀非散射体；吸收质点之间无相互作用，但实际大气辐射传输很难满足其条件，因此基于比尔定律计算大气辐射传输精度往往受到限制，在实际应用中需要对其修正。

4.4.1.4　云影响

云会引起许多遥感影像畸变，并且这些变化局域性强，规律性差并且难以去除。云是悬浮在大气中的小水滴、过冷水滴、冰晶或它们的混合物。地球上平均有 30%～50% 地区覆盖云。云雾是常见的一种重要的自然天气现象，云和雾的存在使大气能见度降低，使光学器材特别是基于遥感平台获取的图像模糊不清，分辨率下降[18]。

构成云的水滴、冰晶等统称为云滴。云滴半径分布范围很大，最易产生云雾的凝结核为 $0.1\mu m$，水滴在下降过程的最大临界半径为 $500\mu m$，$0.1～500\mu m$ 可作为云滴半径主要分布区。许多气象条件可以促成云形成，当辐射波遇到云时，会发生不同程度的反射、折射、散射、透射等。云一般反射为 50%～55%，云引起图像畸变可分为四个方面：

（1）透射光衰减。通过云传感器获得的辐射大致包括大气反射光、云反射光和地物反射光三部分。传感器接收到的地物反射光是太阳光经云折射（透射）到达地物，由地物反射再穿过云到达传感器。由于云作用，地物反射光已经大为衰减，图像信噪比降低，质量下降。如果云层较厚，可导致地物反射信息基本全部损失，传感器基本接收不到来自地物的信息，这种影响对于可见光到红外光的遥感，目前基本没法有效排除。只有云层较薄时，可通过合适技术有效修复。

（2）成像光线偏移。地物反射光穿越云发生散射，光线偏离原来方向，其中的一部分不能成像，另一部分虽能成像，但成像偏离原来位置，使图像边缘模糊，并导致图像对比度降低。

（3）厚云在地表产生阴影，导致阴影区像元接收辐射通量降低。由于云厚薄多变、形态多变，导致阴影多变，给阴影修正带来困难。

（4）云产生随机性强，持续时间相对较短，计算模拟具体云块较为困难，许多指标为统计指标，其普适性受到限制。

4.4.2　几何畸变

遥感影像中目标物的相对位置相对真实景物发生偏移的现象称为遥感影像几何畸变，几何畸变主要由内部误差和外部误差引起：内部误差由来自传感器自身的性能、结构等引起；外部误差主要由地形起伏、地球曲率、地球旋转、大气折射等引起。

4.4.2.1　内部因素

（1）传感器成像几何形态。对于中心投影，除中心点不变形外，其他各点均存在变形，越靠边缘变形越大。对于倾斜投影，从近星下点到远星下点，变形逐渐增大。

（2）传感器外方位元素变化。传感器外方位元素指决定遥感平台姿态的 6 个自由度，包括三轴方向（X，Y，Z）及姿态角（ψ，ω，κ），其中任何一个发生变化都会引起遥感影像变形。

4.4.2.2　外部因素

（1）地形起伏的影响。地形起伏会产生局部像点的位移，使原来本应是地面点的信号被同一位置上某高点的信号代替。

（2）地球表面曲率的影响。地球表面是曲面，这不但可引起像点位置发生平移，还会导致像元对应的地面宽度发生变化。像元距离星下点越远，像元位置发生偏移就越大，像元尺寸变形就越大。因此扫描幅宽越大，地球表面曲率的影响就越大。

（3）地球自转的影响。对于瞬时光学成像方式没有影响，对于扫面成像则会造成图像平移错动。如当卫星自北向南运动，此时地球自西向东自转，在相对运行作用下，会使星下的位置相对于地球不自转时，逐渐向西偏离。

（4）大气折射的影响。大气会对辐射传播产生折射，折射后的辐射传播路径不再是直线，而是一条曲线，从而导致传感器接收的像点发生偏移。

4.4.3　地形起伏对辐射的影响

在地形起伏区，由于地形影响导致光线入射角在局部地点发生改变，造成辐射能量在地面上的再分配。另外由于周围地形的遮蔽和反射作用，导致局部区域接收太阳辐射的增加或减少。以下通过几个典型场景来分析地形起伏对局域接收辐射能量的影响。

4.4.3.1　晴空无云情景

（1）晴空无云平坦地区。地面接收总辐射计算见式（4.4.7）。

$$R_{total} = R_{dirh} + R_{difh} \tag{4.4.7}$$

式中：R_{total} 为晴空接收的太阳总辐射；R_{dirh} 为平坦地区太阳直射辐射；R_{difh} 为平坦地区太阳散射辐射。

（2）地形起伏区阳面。

1）地形起伏区倾斜阳面接收的太阳直射辐射可用式（4.4.8）[19] 计算。

$$R_{dirs} = \frac{R_{dirh}(1-a)}{c} \left(\sin Z - \frac{\partial f}{\partial x} \sin\alpha \cos Z - \frac{\partial f}{\partial y} \cos\alpha \cos Z \right) \tag{4.4.8}$$

式中：R_{dirs} 为倾斜阳面接收的太阳直射辐射；a 为反照率；Z 为太阳高度角；α 为太阳方向角；$\frac{\partial f}{\partial x}$ 为曲面在 X 方向的变化率；$\frac{\partial f}{\partial y}$ 为曲面在 Y 方向的变化率；c 为系数。

系数 c 计算见式（4.4.9）。

$$c = \sqrt{1 + \left(\frac{\partial f}{\partial x}\right)^2 + \left(\frac{\partial f}{\partial y}\right)^2} \tag{4.4.9}$$

太阳方向角 α 计算见式（4.4.10）。

$$\alpha = \arccos\left(\frac{\sin\delta - \sin\varphi \sin Z}{\cos\varphi \cos Z} \right) \tag{4.4.10}$$

式中：δ 为太阳赤纬；φ 为地理纬度。

从中可以看出，倾斜阳面接收的太阳直射辐射与太阳直射强度、高度角、赤纬以及计算点地理纬度、地形曲率、反照率等有关。

2）在起伏地区，除了最高点外，其他点接收的均匀散射要低于平坦地区，因为部分天空被遮蔽，其接收散射辐射计算见式（4.4.11）。

$$R_{difs} = R_{difh}\nu \tag{4.4.11}$$

式中：R_{difs} 为地形起伏地区接收的散射辐射；ν 为天空可见率。

3）在起伏地区任一点，不仅接收太阳的直射辐射和散射辐射，还接收来自周围地形的反射辐射 R_{ref}，其计算见式（4.4.12）。

$$R_{ref} = (R_{dirh} + R_{difh})(1-\nu)\alpha \tag{4.4.12}$$

式中：R_{ref} 为来自周围地形的反射辐射；α 为反照率。

4）在起伏地区接收总辐射可用式（4.4.13）计算。

$$R_{totals} = R_{dirs} + R_{difs} + R_{ref} \tag{4.4.13}$$

式中：$R_{toatals}$ 为晴空倾斜阳面接收的太阳总辐射。

（3）晴空地形起伏区阴面。晴空阴面接收的太阳总辐射可用式（4.4.14）计算，即不接收太阳直射辐射。

$$R'_{totals} = R_{difs} + R_{ref} \tag{4.4.14}$$

4.4.3.2　阴天情景

（1）平坦地区。天空中云对地球表面太阳的直接辐射和散射影响很大，特别是云成因多变、形态多变、高度多变并且变化随机性强，要准确预测云在某点、某时状态很困难。因此常常通过统计方法取得修正系数，并以此对接收辐射进行修正，以降低云的影响，云会导致地面接收辐射变化。阴天平坦地区接收太阳辐射计算可采用式（4.4.15）。

$$R_{\text{th阴}} = (R_{\text{dirh}} + R_{\text{difh}}) \left[\frac{n}{N} + \left(1 - \frac{n}{N}\right)\tau_c \right] \tag{4.4.15}$$

式中：$R_{\text{th阴}}$ 为阴天平坦地区接收太阳总辐射；$\frac{n}{N}$ 为日照比；τ_c 为云透射率。

（2）地形起伏区阳面。阴天起伏地区阳面接收的太阳总辐射 $R_{\text{ts阴}}$ 除与云层透射率和日照比有关外，还需要考虑天空可见率降低而引起的辐射衰减以及地面和云对散射辐射的多次反射而造成的辐射增加的影响。阴天起伏地区阳面接收的太阳辐射计算可采用式（4.4.16）。

$$R_{\text{ts阴}} = (R_{\text{dirs}} + R_{\text{difs}}) \left[\frac{n}{N} + \left(1 - \frac{n}{N}\right)\xi \right] + R_{\text{ref}} \tag{4.4.16}$$

式中：$R_{\text{ts阴}}$ 为阴天起伏地区阳面接收的太阳总辐射。

$$\xi = \tau_c \nu \left(\frac{R_{\text{tsns}}}{R_{\text{tss}}}\right) \tag{4.4.17}$$

式中：ξ 为阴天影响系数；R_{tsns} 为无遮蔽晴空太阳辐射；R_{tss} 为地形遮蔽条件下晴空太阳辐射。

（3）地形起伏区阴面。地面总辐射计算见式（4.4.18）。

$$R'_{\text{ts阴}} = R_{\text{difs}} \left[\frac{n}{N} + \left(1 - \frac{n}{N}\right)\xi \right] + R_{\text{ref}} \tag{4.4.18}$$

式中：$R'_{\text{ts阴}}$ 为阴天起伏地区阴面接收的太阳总辐射。

4.5　遥感数据预处理

4.5.1　辐射定标

主要是对由于外界因素、数据获取和传输系统产生的系统的、随机的辐射失真或畸变进行校正。辐射定标是辐射校正的重要内容。

辐射定标是将传感器记录的电压或数字值转换为绝对辐射亮度的过程，这个辐射亮度与传感器图像构成特性无关。辐射定标分为相对辐射定标和绝对辐射定标。对于一个线性传感器，绝对辐射定标是通过传感器的数字值（DN）乘以一个比值来进行，该比值通过入瞳处精确已知的均一辐射亮度场确定。而相对辐射定标则将一个波段内所有探测器的输出归一化为一个给定的输出值[20]。

国际地球观测卫星委员会（CEOS）的定标和真实性检验工作组（WGCV）将遥感定标定义为：定量地确定系统对已知的、可控制的信号输入响应的过程。遥感系统需要定标的主要内容是确定其对电磁波辐射的响应和以下变量的函数关系：

（1）波长/波段（光谱响应）。

（2）输入信号的强度（辐射响应）。

（3）在不同瞬时场角/全景的位置差异（空间响应或一致性）。

（4）不同的积分时间以及镜头和光圈的设置。

（5）噪声信号，例如杂散光和其他光谱波段泄漏的光。

传感器在送入太空之前，必须对其进行辐射特性精确测量，即发射前定标。在太空中，定标结果会随着传感器周围太空环境的变化而改变，例如真空环境太空能量粒子的轰击、透光片透射系数和光谱响应的变化、电子系统的缓慢老化。在轨绝对定标通常可为热红外通道提供常规的定标方法，以获取准确的温度信息。但是由于卫星供电、重量及可用空间等的限制，大多数运行的卫星上，用来成像的太阳光谱通道并不具备星上定标能力。即使一些在轨卫星具有简单的星上定标系统，它们的灵敏度也会随着时间的改变而改变。也就是说定标系统也在退化，同样的定标参数结果会出现差异，运行的传感器需要通过外场定标来确定定标系数。外场定标一般指利用地表天然或人工场地进行传感器发射后定标的方法。

外场定标大致有两种典型方法。一种方法是利用飞机搭载已经定标的辐射计，在相同的光照和观测方向条件下测量卫星观测到目标的光谱辐射亮度，这种方法需要对空间和光谱均一的地面目标进行星机同步辐射测量，称为辐射度定标方法；而反射率定标方法要求精确测量地面目标的光谱反射率、光谱消光厚度和其他气象变量。虽然辐射度和反射率这两种定标方法是最为直接的定标方法，可以降低大气影响带来的误差，但相对昂贵、复杂，并且不能定标历史数据。另一种方法是利用已知大气和地面目标特性，将观测的辐射亮度与辐射传输计算的结果对比，建立校正系数，对图像进行校正。两种方法都要求地面目标或者靶区面积足够大、波谱特性足够均一。

外场定标假设前提是靶区各像素点特性一致，通过测量靶区部分区域、点的光谱辐射亮度、反射率以及有关大气参数，建立靶区与图像对应区辐射或反射率对应关系。如果将靶区对应图像的像素点单元看作地面像素点，则靶区实质是一个地面像素点的有序集合。暂且命名为地面 A 集合。对应的图像点集也是一个有序集，可命名为集合 B。设 $Y1$、$Y2$ 为集合 A 的子集，$Y1$、$Y2$ 可以相交或不相交，或包含关系。$X1$、$X2$ 为集合 B 的子集，且分别与 $Y1$、$Y2$ 一一对应。地面测量测定 $Y1$ 特性，卫星观测 $Y2$ 特性，并在 B 集合（图像上）记录为 $X2$。假定 $Y1$ 光谱特性与 $Y2$ 光谱特性完全一致，测定 $Y1$ 辐射亮度，即 $Y2$ 辐射亮度，通过星地对比，建立由 $X2$ 到 $Y2$ 的校正系数，并将此系数应用于其他地点和时间的卫星图像辐射校正。从中可以看出，集合 A 各点一致是关键，地面测量和卫星观测，一般获取是集合 A 的子集，保证任何情况下 $Y1$、$Y2$ 一致的特性，只有 A 各点光谱一样，也就是说靶区要均一，实际上完全均一不可能，只能达到相对均一，因此要求靶区足够均一，同时要求靶区光谱足够稳定，这样才可通过外场连续标定，有效修正由于时间原因导致的辐射偏差。对于通过辐射计算进行定标来说，由于观测点与计算点对应，均一性可以稍微降低，但几何校正精度、大气场特征参数测量又要求较高，特别是后者，并不能完全精准。绕来绕去说了这么多，本质上是要明白一点，通过场外定标系数标定的辐射值也只是实际地物反射或辐射的近似。建立局地遥感图像定标系数和建立局地反演参数综合修正参数，能够有效提高反演精度。这和遥感技术的宗旨有点背离（最好不到现场就能看清），但这和应用不冲突，具体应用往往发生在局地，不管道路途径，精准是首要的。

4.5.2　几何校正

由于地物、大气、传感器、采集时间等因素，导致图像地物点和实际地物点不一致，即几何变形，这就需要将其恢复为原地物对应点，即几何校正，这是保证结果真实性的首要任务。引起几何变形一般可分为两类：系统性和非系统性。系统性一般由传感器因素造成，具有规律性、可预测性，可以通过传感器模型来校正。卫星地面站接收数据后，一般要进行此项工作。系统性几何变形校正涉及卫星性能、传感器性能，相对保密，校正在地面站完成；用户所使用的标准数据一般不需要进行此项工作。非系统性几何变形是不规律的，它可以是传感器平台本身的高度、姿态等不稳定造成，也可是地球曲率、空气折射、地形变化等引起，几何校正主要完成此类校正，即对这些非系统性几何变形进行恢复。

几何校正是利用地面控制点和几何校正数学模型来校正非系统性几何变形，同时将图像投影到投影平面上使其符合地图投影的过程。遥感图像几何校正方法主要包括五类：利用图像自带地理定位文件校正、利用参照图像校正、利用参照图形校正、利用控制点校正以及自动校正。

利用图像自带地理定位文件校正，对于重访周期短、空间分辨率低的卫星数据，如 AVHRR、MODIS、SeaWiFS 等选择地面控制点较难，可以利用卫星自带的地理定位文件进行几何校正。但多数卫星数据没有自带地理定位文件，这就需要采用其他方法校正。

利用参照图像校正与利用参照图形校正原理基本一致，前者使用光栅图像校正，后者使用矢量图形校正。都是通过采集参照图形图像与待校正图像对应点坐标，然后通过坐标转换模型完成校正。

利用控制点校正和利用参照图像校正原理一致，只是前者参照点不是来自图像，而是来自用户坐标点文件或录入坐标点。

自动校正关键是自动产生控制点，控制点的有效匹配和精确对准决定着较正结果的精度。

遥感图像几何校正模块一般集成在遥感专业软件内，目前基本上所有的遥感软件、GIS 系统均有此功能。根据遥感数据特性和基础资料，选择合适软件和方式可完成校正。高空间分辨率图像校正最好先利用测量控制点计算校正地物点坐标，然后再利用地物点坐标对图像进行校正。

校正误差计算，不同软件可能有不同的计算方式。一般采用均方根误差表示，见式 (4.5.1)。

$$RMSF = \sqrt{(x'-x)^2 + (y'-y)^2} \qquad (4.5.1)$$

式中：x' 为校正后点 X 轴坐标；x 为控制点 X 轴坐标；y' 为校正后点 Y 轴坐标；y 为控制点 Y 轴坐标。

4.5.3　大气校正

由于地球大气吸收、散射作用，地物接收的太阳波谱不是大气顶太阳波谱，是经大气吸收散射后的波谱，同时还混有大气向下辐射波谱。同样由于大气作用，传感器接收的辐射也不是地物直接反射或辐射的波谱，而是经大气吸收、散射后的波谱，同时还混有大气向上辐射波谱。大气是动态变化的场，其温度、气压、密度、比湿等都在变化，对太阳波谱、地物辐射波谱不但表现出选择性，而且还表现在选择的变化性。如果不进行大气校正，即使太阳辐射不变、地物不变，仅由于大气作用，接收到的地物反射、辐射波谱也可能不一样。对于定性识别，借助人工、或机助一般可以减少这些干扰。但对于定量反演的地物特性指标，这种差异不能忽略。要提高 ET 反演精度，大气校正是必须的处理步骤。

大气校正的目的是消除大气和光照等因素对地物反射、辐射的影响，从而获取地物反射率、辐射率、地表温度等真实物理参数，其中主要包括消除大气中水蒸气、氧气、二氧化碳、甲烷和臭氧等对地物反射的影响，消除大气分子和气溶胶散射的影响。纠正主要由两部分组成：大气参数估计以及地表反射率、辐射率、地表温度等反演。因此有时也将此过程称作地表真实反射率、辐射率、地表温度等反演。

大气校正的方法有很多，这些校正方法按照校正后的结果可以分为两种：绝对大气校正和相对大气校正。绝对大气校正方法是将遥感图像的 DN 值转换为地表反射率、地表辐射率、地表温度等；相对大气校正方法校正后得到的图像，相同的 DN 值表示相同的地物反射率，其结果不考虑地物的真实反射率。常见的绝对大气校正方法有：基于辐射传输模型的 MORTRAN 模型、LOWTRAN 模型、ATCOR 模型和 6S 模型等；基于简化辐射传输模型的黑暗像元法；基于统计模型的反射率反演。相对大气校正常见的方法有：基于统计不变目标法、直方图匹配法等。

黑暗像元法是一种古老、简单的经典大气校正方法。它的基本原理是：在假设待校正的遥感图像上存在黑暗像元，地表朗伯面反射和大气性质均一，并忽略大气多次散射辐照作用和邻近像元漫反射作用的前提下，反射率很小（近似 0）的黑暗像元由于大气的影响，使得这些像元的反射率相对增加，可认为这部分增加的反射率是由于大气影响产生的。这样，将其他像元值减去这些黑暗像元值，就能够减少大气（主要是大气散射）对整幅图像的影响，达到大气校正的目的。

使用黑暗像元方法进行大气校正，主要是寻找黑暗像元。这些像元主要对应图像的阴影区、深水体区、浓密植被区、黑土壤区等。方法的优点是简单快捷，缺点是可能人为导致黑暗像元区部分点反射率出现零值问题。

ENVI FLASH 大气校正基于 MODTRAN4＋辐射传输模型。MODTRAN 模型由大气校正算法研究的领先者 Spectral Sciences，Inc 和美国空军试验室（Air Force Research Laboratory）共同研发。ITT VIS 公司负责集成和 GUI 设计[21]。其主要有以下特点：

（1）支持传感器种类多，包括多光谱的 ASTER、AVHRR、GeoEye－1、IKONOS、IRS、Landsat、MODIS、SeaWIFS、SPOT、QuickBird 、RapidEye、WordView 等。高光谱 HyMAP 、AVIRIS、CASI、HYDICE、HYPERION、AISA 等，可以自定义波谱响应函数支持更多的传感器。

（2）通过图像像素光谱上的特征来估计大气特征，不依赖遥感成像时同步测量的大气参数数据。

（3）可以有效地去除水蒸气、气溶胶散射效应，同时是基于像素级的校正，还可校正目标像元和邻近像元交叉辐射的邻近效应。

（4）对于人为拟制而导致波谱噪声进行光谱平滑处理。

（5）产品种类多，除真实地表反射率外，还可以得到整幅图像内的能见度、卷云与薄云等的分类图像，以及水汽含量数据等。

4.5.4　图像镶嵌、裁减及增强

图像镶嵌、裁减与增强处理同辐射校正、几何校正及大气校正处理不同，它们不是用于修正像元畸变；镶嵌与裁减处理主要是为制作覆盖特定区域图像而进行的图像拼接和裁减。增强处理是人为增加像元辐射畸变，达到容易辨识和信息提取等的目的。

4.5.4.1　镶嵌处理

镶嵌处理主要指将若干相邻图像拼接成一幅较大图像，并保持整幅图像的色调和景物位置协调一致。对于拼接边常采用切割线或羽化方式，如果对整图色调要求比较严格，还可以通过颜色校正使各子图像保持一致。

4.5.4.2　图像裁减

为了除去研究区之外图像或制作标准分幅图像，需要对覆盖研究区的图像进行裁减。裁减可以使用规则边界、不规则边界以及掩膜方式等。

4.5.4.3　增强处理

图像增强处理主要是为提高图像的目视效果，为提高人工判读、样本选择、机器识别效果而对图像进行的数值变换。用于图像增强的算法很多，一般可分为空间域增强、辐射增强、光谱增强、傅里叶变换、波段组合等，参见表 4.5.1。

表 4.5.1　　　　　　　　　　　　　图像增强类型及典型算法

增强类型	原　理	典　型　算　法
空间域增强	通过直接改变图像中的单个像元的灰度值来增强图像。通过增强处理突出图像上的某些特征，如突出边缘、线状地物，去除图像噪声等	高通滤波、低通滤波、方向滤波、Roberts滤波、拉普拉斯算子、高斯高通滤波、高斯低通滤波、中值滤波等
纹理分析	纹理分析是获得纹理的定量或定性描述的图像处理过程。纹理是表征图像的一个重要特征，纹理分析在计算机的视觉、模式识别、遥感图像分类等中得到广泛应用	统计方法、结构方法、模型方法以及数学变换方法等
辐射增强	通过改变图像像元灰度值来改变图像对比度，从而改善图像视觉效果的方法	线性变换、非线性变换、直方图拉伸、直方图匹配等
光谱增强	基于多个波段（两个以上）的数据，对图像进行变换处理，达到图像增强目的	波段比、主成分分析、独立成分分析、色彩空间变换、色彩拉伸、缨帽变换、光谱指数等
傅里叶变换	把图像从空间域转化到频率域，在频率域中对图像进行滤波处理，减小或消除周期性噪声，然后再将图像由频率域转换为空间域，达到增强图像的目的	快速 FFT 变换、反向 FFT 变换等
波段组合	通过选用三个不同波长图像组成 RGB 分量，合成 RGB 彩色图像	自然色彩图像、标准假彩色图像、模拟真彩色图像等
图像融合	将低空间分辨率的多光谱图像或高光谱图像与高空间分辨率的单波段图像重采样，生成一副高分辨率的多光谱图像的处理技术	HSV 变换、Brovey 变换、主成分变换、Color normalized 变换、Gram-Schmidt 变换等

4.6　植被指数及覆盖度计算

4.6.1　植被指数

植被指数是两个或多个波段的地物反射率进行组合运算，以增强反映植被某些特征或细节。植被指数模型有很多，多数是学者根据局地应用创建，推广应用往往需要本地化。植被指数计算一般要求基于多光谱或者高光谱反射率数据计算，下面是一些典型的植被指数。

4.6.1.1　归一化植被指数

归一化植被指数（$NDVI$），其计算公式见式（4.6.1）。

$$NDVI = \frac{\rho_{NIR} - \rho_{RED}}{\rho_{NIR} + \rho_{RED}} \tag{4.6.1}$$

式中：$NDVI$ 为归一化植被指数，范围在 $-1 \sim 1$ 之间，一般绿色植被区的 $NDVI$ 在 $0.2 \sim 0.8$ 之间；ρ_{NIR} 为近红外波段的反射率；ρ_{RED} 为红光波段的反射率。

4.6.1.2　增强植被指数

增强植被指数（EVI），其计算公式见式（4.6.2）。

$$EVI = 2.5 \times \left(\frac{\rho_{NIR} - \rho_{RED}}{\rho_{NIR} + 6\rho_{RED} - 7.5\rho_{BLUE} + 1} \right) \tag{4.6.2}$$

式中：EVI 为增强植被指数，范围在 $-1 \sim 1$ 之间，一般绿色植被区的 EVI 在 $0.2 \sim 0.8$ 之间；ρ_{BLUE} 为蓝光波段的反射率。

4.6.1.3　红边指数 3

红边指数 3（$VOG3$）可用于研究植物气候变化、精细农业和植被生产力等研究。其计算公式见式（4.6.3）。

$$VOG3 = \frac{\rho_{734} - \rho_{747}}{\rho_{715} + \rho_{720}} \tag{4.6.3}$$

式中：$VOG3$ 为红边指数 3，范围在 $0 \sim 20$ 之间，一般绿色植被区的 $VOG3$ 在 $4 \sim 8$ 之间；ρ_{734} 为波长 734nm 波段的反射率；ρ_{747} 为波长 747nm 波段的反射率；ρ_{715} 为波长 715nm 波段的反射率；ρ_{720} 为波长 720nm 波段的反射率。

4.6.1.4　类胡萝卜素反射指数 1

类胡萝卜素反射指数 1（$CRI1$），对叶片中的类胡萝卜素非常敏感，高的 $CRI1$ 表示类胡萝卜素含量相比叶绿素含量多。其计算公式见式（4.6.4）。

$$CRI1 = \frac{1}{\rho_{510}} - \frac{1}{\rho_{550}} \tag{4.6.4}$$

式中：$CRI1$ 为类胡萝卜素反射指数 1，范围在 $0 \sim 15$ 之间，一般绿色植被区的 $CRI1$ 在 $1 \sim 12$ 之间；ρ_{510} 为波长 510nm 波段的反射率；ρ_{550} 为波长 550nm 波段的反射率。

4.6.1.5　归一化水指数

归一化水指数（$NDWI$），对冠层水分含量的变化比较敏感，常用于冠层胁迫性分析。其计算公式见式（4.6.5）。

$$NDWI = \frac{\rho_{857} - \rho_{1241}}{\rho_{857} + \rho_{1241}} \qquad (4.6.5)$$

式中：$NDWI$ 为归一化水指数，范围在 $-1 \sim 1$ 之间，一般绿色植被区的 $NDWI$ 在 $-0.1 \sim 0.4$ 之间；ρ_{857} 为波长 857nm 波段的反射率；ρ_{1241} 为波长 1241nm 波段的反射率。

4.6.2　植被覆盖度

植被覆盖度的计算方法主要包括回归模型法、混合像元分解法、机器学习法等。

4.6.2.1　回归模型法

回归模型法需要先对影响植被覆盖度（FVC）的要素进行筛选和回归分析，解算回归系数，确定回归方程，然后利用像元因子和模型计算像元 FVC。影响因子包括波段辐射信息、波段组合信息以及其他辅助信息等。2003 年，顾祝军等[22]基于 ETM＋图像估算植被覆盖度，建立回归模型见式（4.6.6）。

$$FVC = -1.3438NDVI^3 + 0.9774NDVI^2 + 0.9988NDVI + 0.1507 \qquad (4.6.6)$$

式中：FVC 为覆盖度；$NDVI$ 为归一化植被指数。

反演结果与实测值比较，在中等植被区精度较高，在植被稀疏区相对较低，在植被密集区适中。回归模型精度取决于样本选择代表性，不同地区回归模型存在差异，计算精度也存在差异。

4.6.2.2　混合像元分解法

混合像元分解法假设每个组分对传感器所观测到的信息都有贡献，建立混合像元分解模型估算植被覆盖度，混合像元分解模型分为线性和非线性两种。通过求解各组分在混合像元中的比例，其中植被组分所占的比例即为植被覆盖度。

像元二分模型是线性混合像元分解模型中最简单的模型，其假定像元只由植被与非植被覆盖地表两部分组成。像元光谱是这两个组分的线性合成，植被覆盖地表所占的百分比即为该像元的植被覆盖度[23]，计算模式见式（4.6.7）。

$$FVC = \frac{NDVI - NDVI_{soil}}{NDVI_{veg} - NDVI_{soil}} \qquad (4.6.7)$$

式中：FVC 为植被覆盖度；$NDVI_{veg}$ 为植被区像元最大归一化植被指数；$NDVI_{soil}$ 为无植被区像元最小归一化植被指数。

对于中低分辨率图像，找到与像元尺度相当、植被全覆盖的分布区比较困难，这就可能因为像元混合导致最大植被指数、最小植被指数对应的植被覆盖度出现误差，给计算的覆盖度带来较大误差。为了减少这种误差，可以采用高分辨率图像统计植被完全覆盖区的 $NDVI_{veg}$ 以及无植被覆盖区的 $NDVI_{soil}$，用高分辨率图像的 $NDVI_{veg}$ 和 $NDVI_{soil}$ 代替中低分辨率图像的对应值，然后计算植被覆盖度；采用这种方法可以明显提高覆盖度计算的准确度[24]。

4.6.2.3　机器学习法

随着人工智能技术的发展，机器学习方法也在越来越多地被应用于植被覆盖度遥感估算。机器学习主要包括神经网络、决策树、支持向量机等。估算过程大致分为三步，即选择样本、训练模型、估算 FVC。关键在于训练样本选择，样本纯度不够或代表性差，训练出的模型自然难以准确。2010 年，陈涛等[25]基于北京一号小卫星数据，采用 BP 神经网络法对密云水库流域内的植被覆盖度进行反演。方法采用三层 BP 结构，第一层神经元传递函数选用 Tansig 函数，第二层采用 Purelin 函数。先对 BP 网训练，当验证合格后，利用其进行植被覆盖度反演。反演结果与实测值相关性很高，达到 0.961。将 BP 反演结果与传统回归分析法和 NDVI 像元二分法的结果相比较，在山区 BP 方法精度高于传统方法。

4.7　国内外民用遥感卫星

4.7.1　国内民用遥感卫星

目前中国遥感卫星主要包括气象卫星系列、国土资源卫星系列、海洋卫星系列、环境与灾害监测预报小卫星星座、高分系列卫星以及其他小卫星和微卫星等。中国仅用不到 20 年时间，实现从无到有、从有到体系化的两级跨越发展。

1999 年 10 月 14 日，中巴地球资源卫星 01 星（CBERS - 01）成功发射，这是一个中国遥感界乃至全国都值得铭记的时刻，这是一个程碑，从此，中国开启了卫星遥感新时代，结束了中国一直依赖进口遥感数据的时代，这不亚于铁人王进喜结束中国贫油时代的意义。新理论技术的突破或引进，往往会带来社会经济的巨大变革，其对社会经济的巨大推动力也往往无法估量，这就是科技是生产力的本质。

遥感技术作为战略性技术，得到世界主要国家的高度重视。随着主流国家不断的研究推进，目前世界资源卫星格局已经发生重大改变。从最初的只有 LandSat 和 SPOT 两大系列发展到今天以美国、法国为代表，中国、俄罗斯、印度、日本、巴西、加拿大等许多国家都拥有自己资源卫星的新格局。我国民用资源遥感卫星数据也由最初只有中巴地球卫星数据发展到现在的拥有中巴资源卫星、环境减灾卫星、测绘卫星、高分卫星等多系列卫星数据。传感器的研制从最初仅有光学的多光谱、低分辨率发展到目前的高空间分辨率、高时间分辨、高辐射分辨率、宽视场多角度、雷达等多种传感器共存的新格局，形成了传感器种类较为齐全的综合对地观测体系。资源遥感卫星数据的应用也随着资源卫星数据的空间、时间、辐射、波谱分辨率不断提高而不断向纵深发展。用户不断提高的应用需求又促进资源卫星遥感不断向更高水平发展，中国卫星遥感技术已形成了良性发展的新格局。中国民用遥感卫星主要载荷参数详见附录 A。

目前中国资源环境及高分卫星已经达到的主要技术指标如下：

（1）光谱范围：覆盖紫外、可见光、近红外、短波红外、热红外、微波等。其中紫外 $0.16 \sim 0.40 \mu m$，可见光、近红外 $0.43 \sim 0.95 \mu m$，短波红外 $1.55 \sim 3.90 \mu m$，热红外 $10.4 \sim 12.50 \mu m$。

（2）光谱分辨率：多光谱，高光谱 $0.45 \sim 0.95 \mu m$（110～128 波段）

（3）时间分辨率：几十秒到几十天，主要包括 20 秒、15 分钟、2～8 天、26 天等数据产品。

（4）空间分辨率：0.72m 到几十千米，主要包括 0.72m、1.0m、2m、2.36m、4m、5m、10m、16m、19.5m、30m、50m、150m、258m、400m 以及 500m 到几十千米的气象卫星数据等多系列不同空间分辨率遥感数据。

按照我国"十三五"规划，后续资源卫星技术指标将更高，数据种类将更齐全。中国的遥感技术进步已经为国家发展提供了强大技术支持和发展动力。但这绝不是终点，应该说好戏还在后面。以此为基础的应用开发和技术系统，将会得到越来越好的数据保障和技术支持。这是水利部"948"计划项目《遥感地面校验系统引进及应用技术开发》实施的前提基础，也是不遗余力投入精力开展系统理论研究和关键应用技术攻关的基础。开展 ET 监测及应用，中国已经和世界发达国家站在了同一起跑线。中国的 ET 技术，在不远的将来一定会跻身世界前列。

4.7.2 国外民用遥感卫星

国外发达国家遥感卫星研究起步较早，许多卫星遥感技术目前仍领先于世界。国外民用遥感卫星主要有美国的 Landsat 系统、法国的 SPOT 系统、欧洲航天局 ESA 的 ERS 系统、俄罗斯的 Resurs - DK 系统等。高分辨率遥感卫星有：美国的 GeoEye 卫星、WorldView - 1/2 卫星、QuickBird 卫星，最高空间分辨率为 0.41m；印度的 Cartosat - 2 卫星，最高空间分辨率为 0.8m，以色列 EROS - B 卫星，最高空间分辨率为 0.7m，详见附录 B。

遥感卫星在国民经济、社会发展和国家安全等方面发挥着重要作用。遥感数据已经成为国家的基础性和战略性资源。随着经济全球化以及资源与环境问题加剧，发达国家和发展中国家都更加重视发展遥感技术。目前卫星拥有格局已经发生较大改变，原先主要有美国、俄罗斯、欧洲等发达国家拥有，现在许多发展中国家也在大力发展自己的遥感卫星，尤其是高分遥感卫星。多数国家和地区采用合作研发、外包发射等方式拥有了自己的卫星。许多发展中国家已经发射了遥感卫星或高分遥感卫星，如印度、沙特、泰国、马来西亚、哈萨克斯坦、越南等，遥感技术在国外正在进入一个新的蓬勃发展时期。

参 考 文 献

［1］ 梅安新，彭望璟，秦其明．等．遥感导论［M］．北京：高等教育出版社，2001：1-34．

［2］ 杨盛翔．爱因斯坦的光子论及其意义［J］．科技风，2016（16）：198．

［3］ 范中和，甄志中．波粒二象性研究新进展［J］．西安联合大学学报，2002，17（4）：60-63．

［4］ 黄志洵．波粒二象理论与波速问题探讨［J］．中国传媒大学学报（自然科学版），2014，21（5）：1-16．

［5］ 李东亮．黑体辐射中的波粒二象性［J］．科技风，2018（31）：233-234．

［6］ 彭望璟，白振平，刘湘南，等．遥感概论［M］．北京：高等教育出版社，2003：26-39．

［7］ 中华人民共和国无线电频率划分规定［S］．中华人民共和国工业与信息化部，2018：26-27．

［8］ 黄廷旭，蒋洪波，陈超，等．基于实测光谱分析的 HJ-1B 数据浅层雪深反演［J］．光谱学与光谱分析，2011，31（10）：2784-2788．

［9］ 杨婷，张慧，王桥，等．基于 HJ-1A 卫星超光谱数据的太湖叶绿素 a 浓度及悬浮物浓度反演

［J］. 环境科学，2011，32（11）：3207 - 3214.

［10］刘佳音，温双燕，张弘毅，等. 用于 HJ - 1C 卫星 ScanSAR 的等效 RD 几何校正方法 ［J］. 雷达学报，2014，3（3）：361 - 367.

［11］王炳忠，申彦波. 太阳常数的研究沿革和进展（上）［J］. 太阳能，2016（4）：15 - 16，71.

［12］王炳忠，申彦波. 太阳常数的研究沿革和进展（下）［J］. 太阳能，2016（4）：8 - 10，7.

［13］张虹娇，朱伟军. 地表温度对太阳常数变化响应的数值试验研究 ［J］. 南京气象学院学报，2005，28（5）：626 - 631.

［14］曹美春，林朝晖，张贺. 太阳常数变化对冬季全球辐射强迫及气候影响的数值模拟研究 ［J］. 气象科技进展，2014，4（4）：38 - 43.

［15］刘良云. 植被定量遥感原理与应用 ［M］. 北京：科学出版社，2014：24 - 25.

［16］魏文涛，张璞，肖继东. 卫星遥感应用 ［M］. 北京：气象出版社，2013：38 - 39.

［17］李万虎. 大气概论 ［M］. 北京：北京大学出版社，2009：17 - 20.

［18］王敏，周树道，刘志华，等. 遥感图像薄云薄雾的去除处理方法 ［J］. 实验室研究与探索，2011，30（2）：34 - 37.

［19］周启鸣，刘学军. 数字地形分析 ［M］. 北京：科学出版社，2006：235 - 243.

［20］梁顺林. 定量遥感 ［M］. 北京：科学出版社，2009：130 - 141.

［21］邓书斌. ENVI 遥感图像处理方法 ［M］. 北京：科学出版社，2010：289 - 322.

［22］顾祝军，曾志远，史学正，等. 基于 ETM＋图像的植被覆盖度遥感估算模型 ［J］. 生态环境，2008，17（2）：771 - 776.

［23］贾坤，姚云军，魏香琴，等. 植被覆盖度遥感估算研究进展 ［J］. 地球科学进展，2013，28（7）：774 - 782.

［24］牛宝茹，刘俊蓉，王政伟. 干旱半干旱地区植被覆盖度遥感信息提取研究 ［J］. 武汉大学学报（信息科学版），2005，30（1）：27 - 30.

［25］陈涛，牛瑞卿，李平湘，等. 基于人工神经网络的植被覆盖遥感反演方法研究 ［J］. 遥感技术与应用，2010，25（1）：24 - 30.

第 2 篇

遥 感 ET 反 演

本篇研究分析了遥感 ET 反演模型特点、趋势，以及能量平衡模型和互补关系模型的关键算法。简要叙述基于商用遥感软件和专业遥感 ET 反演软件进行 ET 计算的要点，重点阐述了基于 Bandmath 反演 ET 的过程，以突出遥感 ET 反演的核心任务和关键技术。

第 5 章　遥感 ET 反演模型

本章分析了目前遥感 ET 反演模型的特点、存在的问题及发展趋势，并对能量平衡模型和互补关系模型进行了重点研究。这两种模型的普适性较好，应用较为广泛，在具体应用中均可取得较好的精度和稳定性，并具有良好的发展前景。

5.1　遥感 ET 反演模型分析

5.1.1　遥感 ET 反演模型概述

ET 监测是气象、水利、农业、生态环境等领域的重要内容。基于点的 ET 监测已经不能满足现代经济社会发展与生态环境保护的需要，区域 ET 监测越来越受到重视，精确监测区域 ET 是世界热点和难点问题。

区域蒸散发的估计方法主要包括基于地面观测、基于模型模拟、基于遥感估算等方法。区域 ET 估算的主要问题是产品精度和质量，这是研究的难点和应用的基点，是当前限制 ET 产品广泛应用的瓶颈。蒸散发受地表特性、生物特性以及气象条件等多因素影响，高精度反演区域 ET 具有很大的挑战性，但只要人类需求，科技界就应研究解决。

基于地面观测估算区域 ET，指基于气象站点的监测数据，计算站点 ET，然后依据 ET 与其他要素的相关性，开展区域 ET 估算。该方法一般可以获取所在站点的高精度、高时间分辨率 ET，但是由于制约 ET 变化因素的多变性和复杂性，由站点 ET 扩展到区域 ET 往往会引入较多、较大的人为误差。陆面不均匀性越大，误差就越大。仅基于地面监测进行区域 ET 估算，一般误差较大，并且无法精确获取 ET 的空间分布信息。

基于模型模拟估算区域 ET，指利用水循环模型、生理模型等直接估算区域 ET，或先计算个体 ET，然后汇总形成区域 ET。同地面监测类似，由于缺乏面源信息，其区域 ET 估算精度往往难以保证，同样无法精确获取 ET 的空间分布信息。

基于遥感估算区域 ET，指基于遥感像元信息和其他辅助信息，反演像元 ET，然后汇总形成区域 ET。遥感可以揭示地表形态及区位特征；水、土及生物特性；土壤水热状况等。遥感具有多时相、多光谱，高光谱、大尺度、周期性、经济性、客观性等特点。遥感可以为 ET 估算提供面状信息源，有效提高 ET 精度。利用遥感监测区域 ET 具有快捷、宏观、经济等优势，利用遥感研究大尺度范围的 ET 已经证明是唯一经济可行的方法[1]。近几十年来，基于遥感的区域 ET 估算理论、技术快速发展，应用日趋广泛和深入。

遥感区域 ET 反演模型主要有经验统计模型、地表能量平衡模型、与传统方法结合的遥感模型、植被指数-温度梯度模型、数据同化模型 5 类[2]。

5.1.1.1　经验统计模型

该方法直接建立 ET 与气象、地表特征、植物特征等单要素或多要素的经验关系，然后依此为依据估算区域蒸散发。如数据黑箱或灰箱方法，此方法机理直接，反演参数需求少，速度快。该方法计算的 ET 在局部地区、或局部时段一般可以获取相对较高的精度。如 1983 年，Sequin 等[3]建立的日均蒸散与正午时刻瞬时地表温度、空气温度及日均净辐射之间的经验关系。

5.1.1.2　地表能量平衡模型

利用遥感反演净辐射通量、土壤热通量和显热通量，然后依据地表能量平衡推算出蒸散发量。依据通量交换界面特点，遥感 ET 模型可分为单层和多层模型，目前多层模型中的双层模型应用较为广泛。单层代表模型主要有 SEBAL、SEBS、METRIC 等模型；双层代表模型主要有 TSEB、TSTIM 等。单层和双层的计算原理基本一致，只是在地表概化上不同。前者将忽略地表土壤与植被的水热特性差异，将蒸发面视作平的大叶片，较适合于均匀和植被茂密的下垫面。后者将地表概化为土壤和植被两元素，分别考虑其水热传输。按植被与土壤的关系，又细分为串联模型、平行模型、补丁模型。该模型在非均匀下垫面也可取得较高的 ET 估算精度。

Shuttleworth 和 Wallace[4]假设土壤表面和植被冠层的能量符合叠加原理，土壤和植被这两蒸散发源，既相互独立又相互作用，由此提出计算蒸发蒸腾的双层模型（SW 模型）。该模型基于独立的土壤与植被能量平衡计算 ET，属于双层平行模型。

Norman 等[5]提出 N95 模型。该模型假设土壤通量与冠层通量互相平行，土壤表面与植被冠层分别与上层大气进行独立的能量和水汽交换。该模型适于半干旱植被稀疏区域，模型将各分层通量分别计算，采用系列模型相加原理得到界面总通量。

补丁模型，假定植被呈斑块镶嵌在裸露土地表面，各蒸散发源只与空气进行垂直交换，各蒸散发源之间不进行汽热交换，无相互作用；界面总通量为组分通量的简单相加。

地表能量平衡模型方法采用遥感地表温度代替空气动力温度计算遥感热通量会带来误差，尤其是在干旱半干旱地区与部分植被覆盖区域，将得到过高的感热通量估算值[6,7]，因此又有学者开发了附加阻力模型，以修正稀疏植被遥感 ET 反演带来的误差。

5.1.1.3　与传统方法结合的遥感模型

用遥感反演信息提供估算 ET 方法需要的面状信息，基于明确的物理概念和算法，估算区域 ET。实现由点 ET 到区域 ET 的扩展，代表模型有：Penman - Monteith（P - M）公式、Priestiey - Taylor 以及互补关系模型。刘绍民等[8]开展黄河流域蒸散量估算研究，采用平流干旱模型，由 1981—2000 年月气象资料及同期 8 km 分辨率的 NOAA AVHRR 第一、第二通道的旬反射率资料，对黄河流域近 20 年来的地表蒸散进行了估算。遥感主要反演流域反射率、地表温度等参数分布，其他参数依靠气象资料。基于气象资料和遥感资料对流域 ET 进行了较好估算，特点是基于稀疏气象点数据、空间连续遥感数据和具有清晰物理机理的互补关系模型，将点 ET 扩展到大尺度-超大尺度区域。尽管下垫面存在不均匀性，但 ET 空间分辨率为 8 km，在此分辨率尺度，模型前提条件成立，因此达到了较好的 ET 估算精度。基于遥感数据对传统 ET 估算进行空间尺度扩展，基于连续气象数据对 ET 估算进行时间扩展或插值，实现高时间分辨率、低空间分辨率区域 ET 估算。

5.1.1.4　植被指数−温度梯形模型

基于遥感反演的地表温度、植被指数等指标散点图，构建温度、植被指数的三角形或梯形特征空间，并以此为基础构造地表温度、植被指数、植被覆盖度、土壤湿度之间的线性关系式。通过这些关系式求解蒸发比、Priestley - Taylor 系数、水分亏缺指数（WDI）等，进而计算地表蒸散发量。Barton 和 Jiang 等[9,10]通过对 Ts - NDVI 特征空间线性内插获得 Priestley - Taylor 系数，来简化地表蒸散发计算过程。1981 年，Jackson 等[11]提出了作物水分胁迫指数（CWSI），计算该指数需要叶面温度，但在植被不完全覆盖区，遥感反演出温度为地表像元混合温度，并非其中的叶面温度，此模型在农田植被茂密时段较适合。为克服 CWSI 模型的弱点，Moran 等[12]基于能量平衡模型，引入水分亏缺指数（WDI），提出植被指数—温度梯形模型（VITT 模型），成功将 CWSI 模型扩展到部分植被覆盖区。基于植被指数-地表温度散点图，通过植被全覆盖充分供水、植被全覆盖水分匮缺、完全湿润裸土、完全干燥裸土四顶点构建图像植被指数与温差特征梯形，以此计算 WDI 和蒸散发。虽然 VITT 模型在非均匀下垫面 ET 估算中有优势，但也存在一些问题，如图像植被指数-温度特征梯形的确定，人为性较大。同一地区不同时相遥感图像间由于特征梯形不一致，ET 的绝对量之间将出现系统误差；不同地区之间 ET 也将出现系统误差。即使引入气象监测数据，弱化系统误差，但因气象数据稀少，区域 ET 精度仍很难保证。原则上讲该类模型为 ET 相对模型，模型反演的 ET 为基于图像特征矩形的 ET。大尺度 ET 估算需要订正图像特征梯形。模型基于遥感图像数据和少量气象数据反演 ET，如果能结合所研究区域、时段的特点对模型充分率定，则可在所研究区域、时段取得较好的 ET 反演精度。因为其特征梯形确定的人为性、低自动化性，在大尺度、长序列业务化 ET 应用中将会受到限制。

5.1.1.5　数据同化模型

将过程模型与遥感信息相结合，通过同化遥感反演的地面温度、土壤湿度、反照率等参数来计算蒸散发量。代表研究有：土壤-植被-大气传输模型（SVAT）、通用陆面过程模型（COLM），生物圈-大气圈传输方案（BATS）、基于水文模型的蒸散发同化研究、全球陆面数据同化系统（NLDAS/GLDAS）、中国西部陆面数据同化系统（WCLDAS）等，以下是几个典型事例：

（1）HMS 模型是一个具有物理机制的分布式水文模型系统。该系统的一个重要特征是应用了高分辨率的地形、土壤和土地利用等空间分布数据，它可以模拟流域内各个水文过程以及这些过程之间的交互关系，包括降雨径流、土壤水运动、蒸散发（ET）、坡面流、河道流和地下水流运动，以及地表水、土壤水与地下水之间的迁移转化等。另外它还能与大气模型相耦合，模拟气候变化影响下的水文响应[13]。它包括土壤水文模型（SHM）、陆地水文模型（THM）、地下水水文模型（GHM）和地表地下水交互模型（CGI）四个子模块，其中 SHM 模型利用理查德方程的数值解来模拟土壤水运动过程[14]，模型使用的裸土蒸发和植被冠层的蒸散发量则利用 Perman – Monteith 法计算[15]。模型采用空间分布 ET 数据，提高了水文过程模拟精准。如果将 ET 作为输出，则可利用晴空 ET 通过同化模型、计算缺遥感数据日期的 ET。

（2）2013 年，吴荣军等[16]利用遥感-过程耦合模型 BEPS 以 MODIS 数据和 NCEP/NCAR 再分析日气象资料为基础数据，模拟分析了 2007—2009 年美国区域的地表 ET，同时利用通量观测网 AmeriFlux 的站点观测数据验证该模型在 ET 模拟研究中的可靠性与适应性。结果表明 BEPS 能够较好地模拟研究区的地表 ET。

（3）2014 年，尹剑等[17]在北京市沙和流域，以分布式时变增益水文模型作为模型算子，基于集合卡尔曼滤波同化算法，利用双层遥感模型模拟的蒸散发同化水文模型，结果发现部分水文变量的模拟精度得到改善，水文模拟 ET 精度得到整体提高。遥感反演和水文模拟是目前获得流域 ET 产品的重要方法，其中水文模型可以连续模拟长时间序列的 ET，但受初始条件和模型本身的限制影响，存在误差积累等一系列不确定性问题，从而影响模拟精度。遥感反演虽然受时间离散性的限制，但由于遥感数据可以客观反映地表的不均匀性、且具有较高的空间分辨率等特性，基于遥感数据获取更高精度、更高空间分辨率区域 ET 具有巨大潜力。目前遥感反演结合水文模型进行的基于多源信息的水循环模拟已经成为学界研究的热点，更是今后水循环模型发展的重要方向。

这些模型和试验表明，客观、真实、精准 ET 信息的加入，可以有效提高水文模型模拟精度。ET 是水循环中最难准确监测的要素之一，如果区域 ET 的空间分辨率、时间分辨率得到提高，必将促进对水循环过程的更深刻认识和更精准模拟，这也是 ET 被水利和其他业界热衷研究的原因之一。由于水文模型、气象模型等的复杂性，如果反向研究，即利用模型模拟 ET，就会陷入传统 ET 估算的陷阱，即用水平衡推算蒸散发，将地表水、地下水及降水观测误差转入 ET 中，原因是区域 ET 不可测或无法精确计算，目前只是估算值。因此需要采取单独观测手段观测区域 ET，比如遥感，这样才能实现对水循环要素地表水、地下水、降水、蒸散发，或固态水、液态水、气态水，灌溉水、潜水蒸发、作物蒸腾、裸地蒸发等的全部可监测，使各项误差均保持在合理范围内。采用水文、气象模型同化，涉及的要素太多，ET 精度变化的原因以及物理、生态意义模糊。因此数据同化最好采用基于物理过程、生理过程等类似白箱或灰箱过程的同化耦合模型，这样既能清晰同化意义又能提高同化效果。数据同化方法需要计算的数据量相对较大、多要素间作用关系难以准确把握，其前景较好，但还存在许多问题待解决。

5.1.2　模型特点及存在的问题

5.1.2.1　遥感 ET 模型特点

（1）在模型计算时，都或多或少地引入具有空间分布特征的遥感信息，实现对大尺度、不均匀下垫面的 ET 估算，目前 ET 产品的空间分辨率主要集中在 20～1000m 之间。

随着遥感技术进步，经济社会需求的发展，高空间分辨率 ET 出现已是必然，具体出现时日取决于遥感技术的整体发展和国家的综合实力。

（2）除了经验统计模型、数据同化模型外，其他三种模型都需要基于地表能量平衡估算 ET。地表能量分项具有空间分布特性、遥感可测性、地面可测性。基于地表能量平衡的模型其物理机理、生理机理清晰，反演参数与结果具有相对易测性。虽然反演的 ET 及反演所用参数为近地表空间场变量，较为复杂，但由于其遵循物质能量基本定律，模型构建具有相似性；数据库技术、大数据、云计算、超级计算、5G、6G 等技术的突破，为场变量数字化和多场综合模拟提供了必要技术条件；遥感、导航等现代技术进步，将促进三～四维地球科学发展，可以为模型提供更加丰富、更加精准的时空参数。基于地表能量平衡的模型对 ET 时空表达更接近客观实际，其计算的 ET 精度将更高。因此基于能量平衡的模型将具有更广阔的发展前景。

（3）由于遥感数据是传感器采集的地物瞬时信息，基于遥感数据直接反演的 ET 一般为瞬时 ET 或瞬时特征 ET，需要进行时间空间的扩展。由瞬时值扩展到日 ET，这种扩展往往需要地面高频率的 ET 观测序列数据才能获得较好的拓展精度。虽然目前已经出现凝视卫星，但要时间分辨率、空间分辨同时满足高分 ET 计算要求，其技术发展还需要一定时间。即使有高分辨率遥感数据，ET 监测精度也会低于地面定点监测。借助高频率、高精度地面 ET 监测拓展遥感 ET 是主流研究方向。

（4）基于扩展的日 ET，通过插值估算缺遥感数据日期的 ET；然后汇总分析得到月、年等时段区域 ET。由于气象、卫星设计原因，多数卫星的重访周期大于 1 天，不是每天、每时都可获得有效遥感数据，卫星遥感数据只是卫星过境时刻获取的数据。ET 要真正走向实用，时间分辨率至少为日或 24h。基于气象数据进行插值在未来一段时间仍是必然选择。

（5）从经验统计模型到传统方法结合的遥感模型、地表能量平衡模型以及植被指数-温度梯形模型，遥感在 ET 反演模型中扮演的角色越来越重要。这是经济社会发展、生态保护等需要空间分布特征 ET、需要更高精度及更高空间分辨率区域 ET 的写照。

5.1.2.2　遥感 ET 反演模型存在的问题

基于遥感反演区域 ET 已经取得了巨大进步，为经济社会发展和生态保护提供了许多重要信息。但由于陆面过程的复杂性，在利用遥感技术估算区域 ET 的过程中还存在着许多制约因素，影响其更加广泛和深入的应用。这些不足主要包括以下几方面的内容：

（1）遥感模型自身不足，包括模型在不同地区的适应性、平流及局地环境的影响；地表非均匀性的影响；模型假定的前提条件失效问题、物质能量非垂直交换问题等。

（2）模型变量的参数化方案，如模型中的动力学、热力学变量以及非连续物质等的参数化。

（3）模型输入数据，如遥感反演参数的不确定性、像元尺度非遥感参数的获取，遥感信息的时空扩展等问题。

（4）ET 地面验证与质量标定问题、地面验证与遥感 ET 非同步问题、对象不一致问题、地面设备交互验证问题、不同遥感 ET 交互校验问题等。

（5）遥感 ET 精度、质量等与生产实际需要还存在很大差距，目前研究应用主要集中在科研领域和示范区。

5.1.3 模型发展趋势

根据目前遥感 ET 模型研究与应用现状、特点和不足，可以推断下一代遥感 ET 模型的特征应是：

（1）模型采用基于能量平衡的模型，模型为双源或多源模型，对运行环境具有自适应性或者称之为弹性模型，甚至可能还会包括水平物质能量交换成分。

（2）模型参数化依据场变量参数化，并考虑多场变量的耦合作用。

（3）模型支持多源遥感信息的利用，采用遥感数据的空间分辨率、时间分辨率都将更高。

（4）模型需要密集的自动气象观测站的数据支持。

（5）模型为分布模型，ET 反演依托大数据中心完成。

（6）开展分布地面 ET 校验，为遥感 ET 产品提供校验和质量定级。

（7）遥感 ET 精度至少大于 95%，空间分辨率大于 1~5m，时间分辨率大于 4~24h，基础遥感数据保证率大于 95%，ET 产品保证率大于 95%。

5.2 SEBAL 模型

能量平衡模型主要基于遥感反演净辐射量、土壤热通量和显热通量，然后依据地表能量平衡方程计算蒸散发通量。目前使用的主流模型有两类，即单层模型和双层模型。单层模型主要有 SEBAL、SEBS、METRIC 等，双层模型主要有 TSEB、TSTIM 等。以SEBAL 模型为例说明能量平衡模型的原理、采用的参数和流程等。

5.2.1 SEBAL 模型概述

5.2.1.1 SEBAL 原理及应用

SEBAL（Surface Energy Balance Algorithm for Land）模型是由荷兰 Water - Watch公司 W. G. M. Bastinnassen 开发的基于遥感的陆面能量平衡模型，用于估算陆地复杂表面的蒸发蒸腾量（ET），该方法在美国、中国、巴基斯坦、印度、斯里兰卡、巴西等许多国家得到应用。SEBAL 方法提供 R_n 与 G 分布的计算过程，以及基于冷点热点采用循环递归方法计算感热通量 H 分布的过程，先计算 R_n、G、H，然后用余项法求得区域瞬时ET 分布，再通过时间拓展估算区域日 ET。在现有各种遥感反演 ET 的方法中，SEBAL的物理基础相对较好。自 1994 年开发以来，在欧美和中国等实验区得到应用和改进，有些已经初步实现业务化应用。王介民等[18]在"黑河地区地气相互作用野外观测实验"（HEIEF，1990—1993）项目的大量地面观测资料分析的基础上，应用 Landsat TM 资料和 SEBAL 方法，对黑河中游地区地面主要参数包括净辐射、感热、潜热通量、表面反射率、表面粗糙度、表面阻抗等的分布及变化作了仔细研究。邓志民等[19]利用其研究汉江上游流域的蒸散发分布。汉江是中国长江中游的最大支流，研究为拟定流域水资源合理开发利用和南水北调中线工程调水规模以及流域生态保护等方案确定提供参考依据。郭玉川等[20]基于 SEBAL 研究干旱区区域蒸散发估算，利用 SEBAL 模型反演西北地表区域蒸散发。苏伟等[21]基于 SEBAL 模型研究农作物 NPP 反演。

5.2.1.2　SEBAL 模型使用数据

（1）遥感数据，可见光、近红外、远红外数据，如环境 HJ - 1A/B 的 CCD 数据、远红外数据。

（2）气象观测数据，如风速、降水、气温、空气湿度、太阳总辐射等数据。

（3）地面校验点监测数据，如涡度仪、激光闪烁仪等 ET 监测数据。

5.2.1.3　SEBAL 模型工作流程

SEBAL 模型计算 ET 工作流程见图 5.2.1。

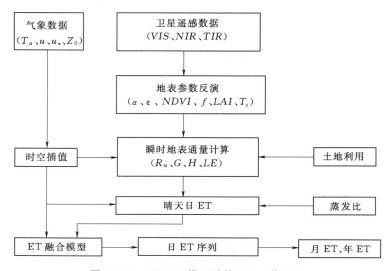

图 5.2.1　SEBAL 模型计算 ET 工作流程

5.2.1.4　SEBAL 能量平衡方程

SEBAL 估算 ET，其能量守恒方程见式（5.2.1）。

$$R_n - G = H + \lambda \cdot ET \tag{5.2.1}$$

式中：R_n 为净辐射通量，W/m^2；G 为地表向下的热通量，W/m^2；H 为感热通量，W/m^2；$\lambda \cdot ET$ 为潜热通量，W/m^2；$R_n - G$ 为地表可利用通量，W/m^2。

5.2.1.5　SEBAL 模型特点

SEBAL 是当前国际上有关遥感监测 ET 各种方法中较好的一种，其主要优点是物理概念较为清楚，可应用到不同的气候条件下。业务运行中，除卫星资料外，需要的气象资料较少，土地利用等资料也是参考性的。至于卫星资料，几乎各种有 VIS/NIR/TIR 探测器的卫星都可以用；高空间分辨率、低时间重访性的卫星资料（如 Landsat TM、EOS ASTER 等）可以和中空间分辨率、中时间重访性的卫星资料（如 NOAA AVHRR、EOS MODIS 等）配套使用，互为补充。计算程序为模块结构，易于分别处理；而且总的运行对计算机硬软件的要求都不太高。

SEBAL 的常规运行对气象资料要求较少，一般只需要相关区域常规气象站的风速、降水、气温、空气湿度、太阳总辐射等资料。如果需要 ET 达到较高精度，则需要配置地面必要的监测设施，以对模型参数和结果进行修正。地面设施主要包括近地层常规气象观测，大气通量观测，地表水、地下水、土壤温湿度观测等。

模型需要确定冷点和热点，在具体地区和时段可能不易确定。对密集植被平坦地区适应较好，在植被稀疏区，估算的区域 ET 误差较大；对晴天的瞬时 ET 估算校准，但完全晴天的图像不多，序列高精 ET 反演受到限制。

5.2.2　SEBAL 能量平衡分项计算

SEBAL 能量平衡分项计算[22-24]如下。

5.2.2.1　净辐射通量计算

地表净辐射通量计算见式 (5.2.2)。

$$R_n = (1-\alpha)R_{S\downarrow} + R_{L\downarrow} - R_{L\uparrow} - (1-\varepsilon_0)R_{L\downarrow} \tag{5.2.2}$$

式中：R_n 为净辐射通量；α 为地表反照率；$R_{S\downarrow}$ 为向下短波辐射通量；$R_{L\downarrow}$ 为向下长波辐射通量；$R_{L\uparrow}$ 为向上长波辐射通量；ε_0 为地表比辐射率。

地表净辐射通量主要参数计算如下。

1. 地表比辐射率计算

地表比辐射率可基于 NDVI 估算，见式 (5.2.3)[25]。

$$\varepsilon_0 = 1.009 + 0.047\ln(NDVI) \tag{5.2.3}$$

式中：$NDVI$ 为归一化植被指数，公式适合 $NDVI > 0$ 情景，当 $NDVI \leqslant 0$ 时，$\varepsilon_0 = 0$。

2. 地表反照率计算

地表反照率计算包括 3 个步骤，其过程如下：

(1) 大气顶谱反射率：

$$\rho_\lambda = \pi L_\lambda / (E_{\text{sun},\lambda}\cos\theta d_r) \tag{5.2.4}$$

式中：ρ_λ 为大气顶谱反射率；L_λ 为观测的谱辐射值；$E_{\text{sun},\lambda}$ 为太阳谱辐射值；θ 为太阳天顶角；d_r 为日地相对距离。

(2) 大气顶反照率计算：

$$\alpha_{\text{TOP}} = \sum \omega_\lambda \rho_\lambda \tag{5.2.5}$$

式中：α_{TOP} 为大气顶反照率；ω_λ 为各波段权重系数。

(3) 地表反照率计算：

$$\alpha = (\alpha_{\text{TOP}} - \alpha_{\text{path}})/\tau_{sw}^2 \tag{5.2.6}$$

式中：α_{path} 为大气路径反照率（为 0.025～0.04）；τ_{sw} 为大气透过率。

3. 地表向上长波辐射计算

(1) 地表向上长波辐射计算见式 (5.2.7)。

$$R_{L\uparrow} = \varepsilon_0 \sigma T_s^4 \tag{5.2.7}$$

式中：σ 为 Stefan - Boiltzmann 常数；T_s 为地表温度。

(2) 地表温度计算

根据订正的卫星 TIR 波段辐射值（L_c）和 Plank 方程计算，见式 (5.2.8)。

$$T_s = K_2 / \ln(\varepsilon_{NB} K_1 / L_c + 1) \tag{5.2.8}$$

式中：T_s 为地表温度；K_1、K_2 为常数；ε_{NB} 为窄波段比辐射率；L_c 为 TIR 波段辐射值。

4. 向下长波辐射

大气向下的长波辐射，即大气逆辐射，可采用式（5.2.9）计算。

$$R_{L\downarrow} = 1.08 \times (-\ln\tau_{sw})^{0.265} \sigma T_a^4 \tag{5.2.9}$$

式中：T_a 为大气温度。

5.2.2.2　土壤热通量计算

土壤热通量 G 是个相对较小的量，可按式（5.2.10）计算[26,27]。

$$G = \begin{cases} (0.1 - 0.042 \times 2.5 NDVI)R_n, & \text{植被} \\ 0.1R, & \text{裸土} \end{cases} \tag{5.2.10}$$

对于不同地表，G 与 R_n 的关系式可能不同，需要参考有关文献或通过实验拟合确定。

5.2.2.3　感热通量计算

（1）SEBAL 感热通量计算流程，见图 5.2.2。

（2）SEBAL 感热通量计算流程说明如下：

1）SEBAL 假设地表以上大气存在一个掺混层（Blending Layer，可取 100~200m），在此高度上，各像元点风速相等（如 u_{200}），即不再受下垫面粗糙度的影响。这样就可以根据各像元点的地面粗糙度求得中性稳定度下的 u_* 和 r_a 作为一级近似。

2）为了通过地表温度求得地表与空气的温差 dT，SEBAL 要求在计算区域的卫星图像上确定两个极端点（锚点）。一个点为"冷点"，指影像中水分供应充足区、植被较密集区的像元，在冷点，$\lambda ET \cong R_n - G$，$dT \cong 0$；另一个点为"热点"，指影像中没有植被覆盖、干燥的裸地或盐碱地等区域的像元，在热点，$\lambda ET \cong 0$，$H \cong R_n - G$，$dT \cong (R_n - G)\dfrac{r_a}{\rho C_p}$。基于这两锚点就可计算影像中所有像元的 dT 值。

3）在感热通量 H 的计算式中，H、dT、r_h 均为未知量且相互关联，需要采用递归算法求解。计算不同大气稳定度下的相似函数（Ψ_m 和 Ψ_h），再求 u_* 和 r_a，循环递归，直至 H 达到稳定值。

（3）莫宁-奥布霍夫相似稳定度订正函数。

按图 5.2.2 流程计算感热通量，需要用到莫宁-奥布霍夫相似大气稳定函数 Ψ，其定义见式（5.2.11）。

$$\psi_i(y) = \int_0^y [1 - \psi_i(x)] \frac{\mathrm{d}x}{x} \tag{5.2.11}$$

式中：y 为与高度 z 有关的变量；i 与动量和感热传导对应，分别等于 m 或 h。

$$y = -(z - d)/L \tag{5.2.12}$$

$$\psi_m(y) = \frac{a + by^{m+1/3}}{a + y^m} \tag{5.2.13}$$

$$\psi_h(y) = \frac{c + dy^n}{a + y^n} \tag{5.2.14}$$

式（5.2.13）、式（5.2.14）由 Brutsaert（1999）建立[28]。根据 Högström

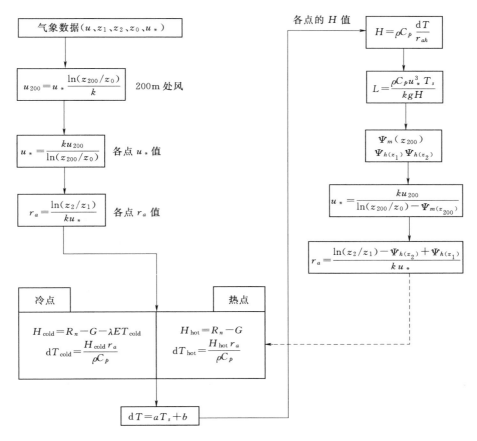

图 5.2.2　SEBAL 感热通量计算流程

z_{200}—掺混层高度，可取 100～200m；z_0—粗糙层高度，m；z_2、z_1—上下两个观测高度，m；
u_*—摩擦速度，m/s；u_{200}—z_{200} 高度处风速，m/s；k—常数，取 0.41；r_a—空气动力
阻尼；r_h—感热通量为 H 时空气动力阻尼，感热通量为迭代变量；dT—高度
z_2、z_1 温差，K；a、b—线性方程系数；T_s—地表温度，K；R_n—遥感
反演净辐射通量，W/m²；G—遥感反演土壤热通量，W/m²；L—莫
霍面长度，m；Ψ_m—动量输送大气稳定函数；Ψ_h—热量、水汽输
送大气稳定度函数

（1998）[29] 以及 Kader 和 Yaglom（1990）[30] 所公开发表的数据，Brutsaert（1999）确定的
式 (5.2.13)、式 (5.2.14) 中的常数项分别为：$a=0.33$，$b=0.41$，$m=1.0$，$c=0.33$，
$d=0.057$，$n=0.78$。

　　将式 (5.2.13)、式 (5.2.14) 代入到式 (5.2.11) 的积分公式中，可以得到自由-对
流状态下所要求的 MOS 稳定度函数：

$$\psi_m(y)=\ln(a+y)-3by^{1/3}+\frac{ba^{1/3}}{2}\ln\left[\frac{(1+x)^2}{1-x+x^2}\right]$$

$$+3^{1/2}ba^{1/3}\tan^{-1}\left(\frac{2x-1}{3^{1/2}}\right)+\varphi_0 \qquad (5.2.15)$$

当 $y \leqslant b^{-3}$ 时，

$$\psi_m(y) = \psi_m(b^{-3}) \tag{5.2.16}$$

当 $y > b^{-3}$ 时，

$$\psi_h(y) = \frac{1-d}{n} \ln\left(\frac{c+y^n}{c}\right) \tag{5.2.17}$$

其中，x 定义见式（5.2.18）；φ_0 为积分常数，定义见式（5.2.19）。

$$x = \left(\frac{y}{a}\right)^{1/3} \tag{5.2.18}$$

$$\varphi_0 = -\ln a + 3^{1/2} b a^{1/3} \pi/6 \tag{5.2.19}$$

式（5.2.16）、式（5.2.17）为非稳定条件下 Businger - Dyer 函数的扩展。对于稳定状态，可以采用由 Beljaars 和 Holtslag（1991）[31] 提出并由 Van den Hurk 和 Holtslag（1995）[32] 进行验证的表达式：

$$\psi_m(y_s) = -\left[a_s y_s + b_s\left(y_s - \frac{c_s}{d_s}\right)\exp(-d_s y_s) + \frac{b_s c_s}{d_s}\right] \tag{5.2.20}$$

$$\psi_h(y_s) = -\left[\left(1 + \frac{2a_s}{3}y_s\right)^{1.5} + b_s\left(y_s - \frac{c_s}{d_s}\right)\exp(-d_s y_s) + \left(\frac{b_s c_s}{d_s} - 1\right)\right] \tag{5.2.21}$$

其中，$y_s = (z-d)/L$，$a_s = 1$，$b_s = 0.667$，$c_s = 5$，$d_s = 1$。

（4）空气动力学粗糙度高度确定。按图 5.2.2 流程计算感热通量，需要计算下垫面的空气动力学粗糙度，其对近地表湍流特性会产生明显影响，需要选用合适的方法确定空气动力学粗糙度。下面是几种常用方法：

1）通过风速廓线计算，该方法理论依据充分，但由于影响下垫面粗糙度的因素较多、较为复杂且具有动态变化性，往往会因假设条件偏差、监测要素误差或环境变化，使计算出的粗糙度存在一定误差。

2）通过植被高度、土地利用类型、地物起伏变化给出经验值。对于基础资料缺乏的地区，可以采用该方法近似确定空气动力学粗糙度。

3）根据植被指数、叶面指数、植被覆盖度等经验公式计算粗糙度高度。

4）Hasager 和 Jensen（1999）提出基于空气动态特征和实际土地利用特征确定粗糙度的方法。

5）1991 年，Chen 等提出一种用单一高度湍流通量观测资料确定粗糙度方法。

6）Menenti 和 Richie（1994）提出通过航空雷达测量数据得到的植被高度信息来确定粗糙度，可以提高粗糙度的准确性。

7）考虑空气动态和下垫面动态的粗糙度算法更具前景，但目前这些仍处在探索阶段。

5.3　互补关系模型

5.3.1　互补关系模型概述

5.3.1.1　原理

1963 年 Buchet[33] 提出：在长达 1～10 km 大而均匀的表面，外界能量不变，当水分充分时，表面上的蒸散为润湿环境蒸散 ET_w。若土壤水分减少，则实际蒸散 ET_a 也将减少，原先用于蒸散的能量过剩，则：

$$ET_w - ET_a = q \tag{5.3.1}$$

当蒸散减少时，若无平流存在，能量保持不变，实际蒸散 ET_a 的减少将使该地区的温湿度等发生变化，因而剩余能量将增加潜在蒸散 ET_p，其增量应与剩余能量相等。即

$$ET_p = ET_w + q \tag{5.3.2}$$

两式联立得到

$$ET_p + ET_a = 2ET_w \tag{5.3.3}$$

也就是说实际蒸散与潜在蒸散存在互补关系。基于互补相关原理形成的区域蒸散发计算模型主要有：AA 模型（平流干旱模型）、CRAE 模型（Complementary Relationship Areal Evapotranspiration 模型）、GG 模型（Granger and Gray 模型）等。平流干旱模型是依据互补原理，用 Penman 公式计算潜在蒸散，用 Priestley - Taylor 公式计算润湿表面蒸散，从而得到计算实际蒸散发的模型[34]。

$$ET_a = 2a \frac{\Delta}{\Delta + \gamma}(R_n - G) - \left[\frac{\Delta}{\Delta + \gamma}(R_n - G) + \frac{\gamma}{\Delta + \gamma}E_A \right] \tag{5.3.4}$$

式中：ET_a 为实际蒸散通量；a 为常数；Δ 为温度饱和水汽压曲线斜率；γ 为干湿表常数；R_n 为地表净辐射通量；G 为土壤热通量；E_A 为干燥力通量。

5.3.1.2　互补关系模型使用数据

（1）遥感数据，可见光、近红外、远红外数据，如环境 HJ1 - A/B 的 CCD 数据、远红外数据等。

（2）气象观测数据，如风速、降水、气温、空气湿度、太阳总辐射等资料。

（3）地面校验点监测数据，如涡度仪、激光闪烁仪 ET 等监测数据。

5.3.1.3　互补关系模型特点及应用

（1）该模型不需要径流和土壤湿度资料，只需常规气象资料，就可估算区域 ET，因此便于大范围推广使用。许多学者利用该模型或改进模型估算区域蒸散量。2011 年，赵玲玲等[35]应用改进的 Priestley - Taylor 公式计算乌江鸭池河流域蒸散发，估算精度得到提高。2014 年李修仓等[36]研究珠江流域实际蒸散发的时空分布。

（2）平流干旱模型在蒸散发量的估算精度方面较为理想[37]。刘绍民等[38]利用 1981—2000 年期间的气象、水文资料，对平流干旱模型、CRAE 模型和 Granger 模型这三个基于互补原理的区域蒸散模型进行比较研究，得出：三模型估算的黄河流域年蒸散量与水量平衡方法计算的值变化趋势一致，其中平流干旱模型误差最小、水量闭合误差空间分布比较合理，计算效果比较理想。朱非林等[39]对基于互补相关原理的实际蒸散发模型估算能力进行分析，认为直接采用模型原参数估算误差较大，调整参数后，AA 模型、GG 模型、CRAE 模型估算精度均有大幅度提高，GG 模型、AA 模型相对较好。这既说明互补模型的良好特性，又暴露区域蒸散遥感反演模型的共同弱点，即普适性不强，通常需要本地化率定。

（3）不但适于大尺度区域 ET 估算，也适于小尺度区域 ET 估算。田块尺度或亚地块尺度高精度 ET 是目前研究的热点，互补模型具有良好的发展前景。AA 模型在 100 m 空

间尺度上估算 30 min 间隔的地表蒸散同样具有很好精度。赵春江等[40]基于互补相关模型和 IKONOS 数据估算农田蒸散，取得较高的 ET 估算精度。

（4）模型假设存在大而均一的无平流陆面，实际上，这很难满足，需要加入平流修正，这会带来一定的误差并制约其普适性。干旱平流模型在一般干湿状况下，对实际蒸散发的估算效果较好，但在干旱环境下一般偏低，在润湿环境下一般偏高。模拟与实测数据虽然均显示实际蒸散与潜在蒸散间存在着负相关关系，但难以满足完全对称的互补关系。有学者将对称 AA 模型扩展到非对称 AA 模型，并引入非对称性参数 b 来修正对称模型，但 b 的确定又可能带来新问题。韩松俊等[41,42]首次提出了互补原理研究的非线性函数方法，又将传统的线性互补关系发展成基于非线性函数的广义互补原理。互补原理模型已经得到许多改进，将来还将更加完善，其估算精度可能越来越高。

5.3.2　能量平衡分项计算

5.3.2.1　地表净辐射计算

地表净辐射计算公式如下：

$$R_n = (1-\alpha)Q - R_{nl} \tag{5.3.5}$$

式中：R_n 为地表净辐射通量，$\mathrm{W/m^2}$；Q 为到达地表的太阳总辐射通量，$\mathrm{W/m^2}$；R_{nl} 为净长波辐射通量，$\mathrm{W/m^2}$；α 为地表反照率。

1. 净长波辐射计算[43]

（1）净长波辐射计算公式如下：

$$R_{nl} = \varepsilon\sigma\left[T_0^4 - T^4(1.035 - 0.295e^{-0.166w_\infty})\right] \times (1 - 0.54e^{0.02Z^2}n) \times 0.965e^{0.18Z} \tag{5.3.6}$$

式中：R_{nl} 为长波辐射，$\mathrm{W/m^2}$；ε 为地表比辐射率；σ 为斯蒂芬-玻尔兹曼常数；T_0 为地表温度，K；T 为气温，K；w_∞ 为水汽含量，$\mathrm{g/cm^3}$；Z 为海拔高度，m；n 为总云量（以小数表示）。

（2）水汽压计算见式（5.3.7）。

$$W_\infty = (0.1054 + 0.1513e_d)e^{0.06Z} \tag{5.3.7}$$

式中：e_d 为实际水汽压，hPa。

2. 反射率计算

反射率计算公式如下：

$$r = 0.545r_1 + 0.320r_2 + 0.035 \tag{5.3.8}$$

式中：r 为反射率；r_1、r_2 为 AVHRR 通道 1 和通道 2 的反射率。

3. 到达地表的日太阳总辐射计算

（1）到达地表的日太阳总辐射计算公式如下：

$$Q = Q_0(a + bS) \tag{5.3.9}$$

式中：Q 为到达地表的日太阳总辐射；Q_0 为大气顶天文辐射；a，b 为经验系数；S 为日照百分率。

（2）大气顶天文辐射计算公式如下：

$$Q_0 = \frac{I_0}{\pi R^2}(\omega_0 \sin\varphi \sin\delta + \cos\varphi \cos\delta \sin\omega_0) \qquad (5.3.10)$$

式中：Q_0 为大气顶天文辐射；ω_0 为日出日落时角；φ 为地理纬度；δ 为太阳赤纬。

（3）日出日落角计算如下：

$$\omega_0 = \arcsin\sqrt{\frac{\sin\left(45° + \frac{\varphi - \delta + \delta'}{2}\right)\sin\left(45° - \frac{\varphi - \delta - \delta'}{2}\right)}{\cos\varphi \cos\delta}} \qquad (5.3.11)$$

式中：δ' 为太阳在地平线处的曲折率；I_0 为太阳常数；R 为日地距离。

（4）日地距离计算如下[44]：

$$1/R^2 = 1.000109 + 0.0334941\cos\theta + 0.001472\sin\theta + 0.000768\cos2\theta + 0.000079\sin2\theta \qquad (5.3.12)$$

$$\theta = \frac{2\pi(d_n - 1)}{365} \qquad (5.3.13)$$

（5）太阳赤纬计算如下：

$$\delta = 0.006894 - 0.399512\cos\theta + 0.072075\sin\theta - 0.006799\cos2\theta + \\ 0.000896\sin2\theta - 0.002689\cos3\theta + 0.001516\sin3\theta \qquad (5.3.14)$$

5.3.2.2 土壤热通量计算

土壤热通量计算如下：

$$G = 0.07\frac{10^6}{24 \times 60 \times 60}(T_{i+1} - T_{i-1}) \qquad (5.3.15)$$

式中：G 为土壤热通量，W/m^2；T_{i+1}、T_{i-1} 分别为后一个月与前一个月的平均气温，℃。

5.3.2.3 干燥力计算

干燥力用饱和水汽压差和 2m 高度处风速 u_2 来估算[8,36]。

$$E_A = 0.26 \times 2.4702 \times \frac{10^6}{24 \times 60 \times 60}(e_s - e_d)(1 + cu_2) \qquad (5.3.16)$$

其中 c 为风速修正系数，取值如下：

$$c = \begin{cases} 0.54, & T_{max} - T_{min} \leq 12℃ \text{ 或 } T_{min} \leq 5℃ \\ 0.07(T_{max} - T_{min}) - 0.625, & T_{min} > 5℃ \text{ 或 } 12℃ < T_{max} - T_{min} \leq 16℃ \\ 0.89, & T_{min} > 5℃ \text{ 或 } 16℃ < T_{max} - T_{min} \end{cases}$$

式中：E_A 为干燥力，W/m^2；e_s 为饱和水汽压；e_d 为实际水汽压；u_2 为 2m 高度处风速；T_{max} 为月平均最高气温；T_{min} 为月平均最低气温。

5.4 瞬时 ET 时间拓展

基于卫星遥感数据计算出的 ET 一般为瞬时 ET，需要对其进行时间拓展才能得到日 ET。气象研究表明，蒸发比在一天当中基本保持不变[45,46]。瞬时 ET 到日 ET 拓展可基于蒸发比恒定来拓展。

5.4.1　蒸发比确定

目前主要有两种方法:

蒸散发比可采用式 (5.4.1) 计算。

$$EF=\frac{R_n-G-H}{R_n-G}=\frac{\lambda ET}{R_n-G}=EF_d=\frac{\lambda ET_d}{R_{nd}-G_d}=\frac{\lambda ET_d}{R_{nd}} \tag{5.4.1}$$

式中: EF 为瞬时蒸发比; EF_d 为日平均蒸发比; λET_d 为日蒸散发通量; R_{nd} 为日净辐射量; G_d 为日土壤热通量。

土壤热通量昼夜相差相对较小,在计算日蒸散发量时可以忽略日土壤热通量。

5.4.2　日 ET 计算

当蒸发比确定后,依据蒸发比计算日 ET,公式如下:

$$ET_d=\frac{EF\cdot R_{nd}}{\lambda} \tag{5.4.2}$$

式中: λ 为汽化潜热。

5.4.3　年 ET、月 ET 计算

由于遥感数据时间分辨率低,不能保证每日都有数据。需要依据气象数据对没有数据日期的蒸散发进行插值。得到每日 ET 后,通过求和计算不同时段 ET,具体如下:

$$ET_m=\sum_{i=1}^{N}ET_d^i \tag{5.4.3}$$

式中: ET_m 为月平均 ET; ET_d^i 为第 i 日的 ET; i 为对应日的序号; N 为对应月的最大天数。

$$ET_y=\sum_{i=1}^{12}ET_m^i \tag{5.4.4}$$

式中: ET_y 为年平均 ET; ET_m^i 为第 i 月的平均 ET; i 为对应月的序号。

参　考　文　献

[1]　张晓涛,康绍忠,王鹏新,等.估算区域蒸发蒸腾量的遥感模型对比分析 [J].农业工程学报,2006,22 (7): 6-11.

[2]　张荣华,杜君平,孙睿.区域蒸散发遥感估算方法及验证综述 [J].地球科学进展,2012,27 (12): 1295-1307.

[3]　Seguin B, Itier B. Using midday surface temperature to estimate daily evaporation from satellite thermal IR data [J]. International Journal of Remote Sensing, 1983, 4 (2): 371-383.

[4]　Shuttleworth W J, Wallace J S. Evaporation from sparse crops: an energy combination theory [J], Q. J. R. Meteorol Soc, 1985, 111 (469): 839-855.

[5]　Norman J M, Kustas W P, Humes K S. Source approach for estimating soil and vegetation energy fluxes in observations of directional radiometric surface temperature [J], Agricultural and Forest Meteorology, 1995, 77 (3-4): 263-293.

［6］　Lhomme J P，Chehbouni A，Monteny B. Sensible heat flux – radiometric surface temperature rela-
　　　tionship over sparse vegetation Parameterizing B – 1［J］. Boundary – Layer Meteorology，2000
　　　（97）：431 –457.

［7］　Sun Jielun，Mahrt L. Determination of surface fluxes from the surface radiative temperature［J］.
　　　Journal of the Atmospheric Sciences，1995，52（8）：1096 – 1106.

［8］　刘绍民，孙睿，孙中平，等．黄河流域蒸散量估算研究［A］. 刘润堂，刘建明，郭孟卓，等．利
　　　用遥感监测 ET 技术研究与应用［C］. 北京：中国农业科学技术出版社，2003：18 – 27.

［9］　Barton I J. A parameterization of the evaporation from nonsaturaled surfaces［J］. Journal of Applied
　　　Meteorology，1979（18）：43 – 37.

［10］　Jiang L，Islam S. A methodology for estimation of surface evapotranspiration over large areas using
　　　remote sensing observations［J］. Geophysical Research Letters，1999，26（17）：2773 – 2776.

［11］　Jackson H D，Idso S B，Reginato R J，et al. Canopy temperature as a crop water stress indicator
　　　［J］. Water Resource Research，1981，17（4）：1133 – 1138.

［12］　Moran M S，Clarke T R，Inoue Y，et al. Estimating crop water deficit using the relation between
　　　surface – air temperature and spectral vegetation index［J］，Remote Sensing of Environment，1994，
　　　49（3）：246 – 263.

［13］　余钟波．流域分布式水文学原理及应用［M］. 北京：科学出版社，2008：15 – 27.

［14］　Capehart W J，Carlson T N. Estimating near – surface soil moisture availability using a meteorologi-
　　　cally driven soil water profile model. Journal of Hydrology，1994，160（114）：1 – 20.

［15］　Monteith J L. Evaporation and surface temperature［J］. Q. J. R. Meteorol. Soc.，1981，107（451）：
　　　1 – 28.

［16］　吴荣军，葛琴，詹习武，等．基于遥感–过程耦合模型的地表蒸散量应用研究［J］. 生态环境学
　　　报，2013，22（6）：1001 – 1008.

［17］　尹剑，占车生，顾洪亮，等．基于水文模型的蒸散发数据同化实验研究［J］. 地球科学进展，
　　　2014，29（9）：1075 – 1084.

［18］　Wang J，Bastiaanssen W G M，Ma Y，et al. Aggregation of land surface parameters in the oasis – desert
　　　ststems of north – west China. Hydrol. Process，1998（12）：2133 – 2147.

［19］　邓志民，张翔，罗蔚．基于 MODIS 的 SEBAL 模型在流域蒸散发反演中的应用［J］. 水电能源科
　　　学，2012，30（12）：6 – 9.

［20］　郭玉川，董新光．SEBAL 模型在干旱区区域蒸散发估算中的应用［J］. 遥感信息，2007（3）：
　　　75 –78.

［21］　苏伟，刘睿，孙中平，等．基于 SEBAL 模型的农作物 NPP 反演［J］. 农业机械学报，2014，45
　　　（11）：272 – 279.

［22］　Bastiaanssen W G M，Menenti M，Feddes R A，et al. A remote sensing surface energy balance algo-
　　　rithm for land（SEBAL）1. Formulation［J］. Hydrol，1998，212 – 213：198 – 212.

［23］　Bastiaanssen W G M，Pelgrum H，Wang J，et al. A remote sensing surface energy balance algo-
　　　rithm for land（SEBAL）2. Validation［J］. Hydrol，1998，212 – 213：213 – 229.

［24］　王介民．流域尺度 ET（蒸发蒸腾量）的遥感反演［A］. 刘润堂，刘建明，郭孟卓，等．利用遥
　　　感监测 ET 技术研究与应用［C］. 北京：中国农业科学技术出版社，2003：8 – 17.

［25］　李宝富，陈亚宁，李卫红，等．基于遥感和 SEBAL 模型的塔里木河干流区蒸散发估算［J］. 地理
　　　学报，2011，66（9）：1230 – 1238.

［26］　姜立鹏，覃志豪，谢雯．MODIS 数据地表温度反演分裂窗算法的 IDL 实现［J］. 测绘与空间地理
　　　信息，2006，29（3）：114 – 117.

［27］　张发耀，王福民，周斌，等．基于 SEBAL 模型的浙江省区域蒸散发量估算研究［J］. 人民长江，

2013，44（17）：40－44.

[28]　Brutsaert WA spects of bulk atmospheric boundary layer similarity under free－convective conditions [J]，Rev. Gephy. ，1999，37（4）：439－451.

[29]　Högström U. Non－dimensional wind and temperature profiles in the atmospheric surface layer：A re－evaluation. Boundary－layer Meteorol. ，1998（42）（1－2）：55－78.

[30]　Kader B A，Yaglom A M. Mean fields and fluctuation moments in unstably stratifield turbulent boundary layers [J]. J. Fluid Mech. ，1990，212：637－662.

[31]　Beljaars A C M，Holtslag A A M. Flux parameterization over land surfaces for atmospheric models [J]，J. Appl. Meteorol. ，1991，30：327－341.

[32]　Van den Hurk B J J M，Holtslag A A M. On the bulk parameterization of surface fluxes for various conditions and parameter ranges，Boundary－layer Meteorol. 1997，82（1）：199－233.

[33]　Buchet R J. Evapotranspiration reele at potentielle，signification climatique. Publ. ，General assembly Berkeley，Gentbrugge，Belgium，Int. Ass. Sci. Hydrol. ，1963，62：134－142.

[34]　Brutsaert W and Stricker H. An advection－aridity approach to estimate actual regional evapotranspiration [J]. Water Resources Research，1979，15（2）：443－450.

[35]　赵玲玲，王中根，夏军，等 . Priestley－Taylor 公式的改进及其在互补蒸散模型中的应用 [J]. 地理科学进展，2011，30（7）：805－810.

[36]　李修仓，姜彤，温姗姗，等 . 珠江流域实际蒸散发的时空变化及影响要素分析 [J]. 热带气象学报，2014，30（3）：483－494.

[37]　Xu C Y，Singh V P. Evaluation of three complementary relationship evapotranspiration models by water balance approach to estimate actual regional evapotranspiration in different climatic regions [J]. Journal of Hydrology，2005，308（1－4）：105－121.

[38]　刘绍民，孙睿，孙中平，等 . 基于互补相关原理的区域蒸散量估算模型比较 [J]. 地理学报，2004，59（3）：331－340.

[39]　朱非林，王卫光，孙一萌，等 . 基于互补相关原理的实际蒸散发模型估算能力评价 [J]. 水电能源科学，2013，31（6）：33－36.

[40]　赵春江，杨贵军，薛绪掌，等 . 基于互补相关模型和 IKONOS 数据的农田蒸散时空特征分析 [J]. 农业工程学报，2013，29（8）：115－124.

[41]　韩松俊，张宝忠. 基于 Penman 方法和互补原理的蒸散发研究历程与展望 [J]. 水利学报，2018，49（9）：1158－1168.

[42]　Han S，Hu H，Tian F. A nonlinear function approach for the normalize complementary relationship evaporation model [J]. Hydrological Processes，2012，26（26）：3973－3981.

[43]　孙治安，翁笃鸣. 我国有效辐射的气候计算及其分布特征（下）：地面有效辐射的经验计算及其时空分布 [J]. 南京气象学院学报，1986（4）：335－347.

[44]　左大康，周允华，朱志辉，等 . 地球表层辐射研究 [M]，北京：科学出版社，1991：232－252.

[45]　Cargo R D. Conservation and variability of the evaporative fraction during the daytime [J]. Journal of Hydrology，1996，180（1－4）：173－194.

[46]　曾丽红，宋开山，张柏，等 . 基于 SEBAL 模型的扎龙湿地蒸散量反演 [J]. 中国农业气象，2008，29（4）：420－426.

第6章 遥感 ET 反演过程

遥感 ET 反演过程是一个相对复杂的、综合的遥感数据处理过程。由于遥感影像的数据量通常比较大，因此遥感 ET 反演一般需要基于商业遥感软件或专业软件进行。本章简要阐述商用遥感软件和专业遥感 ET 反演软件，重点阐述遥感 ET 反演流程以及基于 BandMath 工具的中间参数和 ET 反演过程，同时还介绍了"948"项目研究新开发的 ETCM 专业遥感 ET 反演模块及其成果。

6.1 遥感软件及数据处理工具

6.1.1 遥感软件

目前主流遥感商业处理软件主要有 ENVI、PCI、ERDAS 等，国内软件主要有 Titan Image、PIE 等。

6.1.1.1 ENVI（The Environment for Visualizing Images）

（1）概况。ENVI 是美国 ITT Visual Information Solutions 公司的旗舰产品，它是由遥感领域的科学家采用交互式数据语言 IDL 开发的一套功能齐全的遥感图像处理软件；它是处理、分析、显示多光谱数据、高光谱数据和雷达数据的高级工具。ENVI 已经广泛应用于农业、林业、水利、气象、国土、环境保护、石油矿产勘探、测绘勘察、海洋、医学、国防、地球科学研究、公用设施建设管理、遥感工程和规划设计等领域[1-3]。

（2）主要功能及工具。

1）具有齐全的遥感影像处理功能。主要包括：数据输入/输出、常规处理、几何校正、大气校正及定标、多光谱分析、高光谱分析、雷达分析、地形地貌分析、矢量分析、神经网络分析、区域分析、GPS 连接、正射影像图生成、三维图像生成、制图、丰富的可供二次开发调用的函数库等功能。对于处理的图像波段数没有限制，可以处理多种卫星数据。

2）具有强大的多光谱影像处理功能。能够进行图像增强、图像计算与统计、图像变换及滤波、图像镶嵌、图像融合等处理。

3）提供矢量工具。可以进行数字化、栅格和矢量叠合等操作。

4）提供雷达分析工具。可以快速处理雷达 SAR 数据、提取 CEOS 信息并浏览 RADARSAT 和 ERS-1 数据。

5）提供地形分析工具。可以进行三维地形可视分析及动画飞行等操作。

6）提供 ENVI 可扩展模块。主要包括：大气校正模块、立体像对高程提取模块、面向对象空间特征提取模块、正射纠正扩展模块、高级雷达处理模块、NITF 图像处理扩展模块。

7）便捷高效的二次开发功能。可进行多种形式的二次开发，用户可以基于 IDL 语言和 ENVI 二次开发工具对 ENVI 进行功能扩展，也可开发独立的遥感图像处理系统或集成系统[4]。自 ENVI5.1 版本后，用户还可以基于 ENVITask 进行二次开发，可以更方便地完成多种图像业务化处理、批处理等操作[5]。

6.1.1.2　PCI GEOMATICA

（1）PCI GEOMATICA 是加拿大 PCI 公司的旗舰产品，是其主要产品 PCI EASI/PACE（PCI SPANS、PAMAPS）、ACE、ORTHOENGINE 的集成产品；它不仅可用于卫星和航空遥感图像处理，还可应用于地球物理、医学、雷达、光学等图像的处理，应用领域广泛，主要包括：农业、林业、水利、气象、国土、环境保护、石油矿产勘探、测绘、海洋、医学、国防、道路交通、城市规划、自然灾害动态监测、公用设施建设管理、科学研究、遥感工程等领域[6,7]。

（2）主要功能模块。包括核心模块、光学模块、ATCOR2 大气校正模块、ATCOR3 大气校正模块、雷达模块、高光谱模块、高光谱图像压缩模块、高光谱大气校正模块、全景锐化模块、智能数字化模块、桌面产品引擎、空间分析模块、制图工具、航片模型、卫片模型、高分辨率卫片模型、自动 DEM 提取、三维立体测图、三维飞行浏览、网络地图服务等。

（3）二次开发。用户可基于 PCI 提供的 C/C++ SDK 底层接口，利用 PCI 自带的 EASI 脚本语言进行二次开发；也可基于 ProSDK，采用 C++、Java 及 Python 等语言对 GEOMATICA 软件组件以应用程序的方式进行应用扩展。

6.1.1.3　ERDAS IMAGINE

（1）ERDAS IMAGINE 是美国 ERDAS 公司开发的遥感图像处理系统。系统为用户提供了内容丰富、功能强大的图像处理工具，适合于不同层次用户的模型开发以及高度的 RS/GIS 集成开发。主要应用领域包括：科研、气象、农业、林业、水利、医学、军事、电信、海洋、测绘、城市或区域规划设计等[8-10]。

（2）功能。主要包括：图像数据的输入输出、图像增强、图像校正、数据融合、数据变换、信息提取、空间分析、专家分类、数字摄影测量与三维信息提取、雷达数据处理、三维数据显示分析等功能。ERDAS IMAGINE 扩展模块主要包括：Vetor 模块、基本 Radar 模块、Radar Mapping Suite 模块、Virtual GIS 模块、C Developer's Tookit 模块、LPS（数字摄影测量软件包）模块、Subpixel Classifier 模块、ATCOR 模块、Stereo Analysis 模块、ArcGIS Image Analysis 模块和 ArcGIS Stereo Analysis 扩展模块等。

（3）二次开发。用户可以基于空间建模语言（SML）和模型生成器（MODEL Maker）快速完成专业模型设计，还可基于 C Toolkit 开发完整的高级应用。

6.1.1.4　ER Mapper

（1）ER Mapper 由澳大利亚 EARTH RESOURCE MAPPING 开发。ER Mapper 除具有基本图像处理功能外，其独特的软件设计思想完全不同于早期的传统图像处理系统，算法概念贯穿于整个图像处理过程，更适于大型工程图像处理作业；它通过先进的动态链接技术，实现了遥感、GIS、数据库全面集成。在农业资源监测、水资源监测、土地利用监测、地质矿产勘探、石油天然气勘探、灾害防治、地震数据增强、通信、三维可视等领域得到广泛应用[11-13]。

（2）功能。全模块设计，除了具有空间滤波、影像增强、波段运算、几何变换、几何纠正、影像配准、影像镶嵌、影像分类等基本遥感图像处理功能外，还具有许多高级处理功能，如航片的正射校正、等高线生成、强大的镶嵌与数据融合能力、镶嵌图像的色彩平衡、地理配准、数据的栅格化、雷达图像处理、三维可视化及贯穿飞行等。

（3）支持多层次二次开发。允许用户在三个层次上进行二次开发。公式合成方式、批处理方式、程序方式。其中程序方式指：用 C 或 FORTRAN 语法编写程序，编译并融于 ER Mapper 系统中，成为系统的一部分。用户可以像操作已有模块一样操作新开发模块。

（4）特点。它不再是简单地把各个处理功能堆积起来，而是将一系列的处理过程，如数据输入、波段选择、滤波、直方图变换、公式合成等有效地组织起来形成一个处理过程；用户可以按自己的设想方案，将若干处理功能组成一个流程，并可将流程以算法方式储存，以备再次利用。

6.1.1.5　Titan Image

（1）Titan Image 是北京东方泰坦科技股份有限公司研发的新一代优秀国产遥感图像处理软件平台，是"国家 863 商用遥感数据处理专题"的重大科技成果结晶。目前 Titan Image 已经达到了国际知名遥感图像处理软件的同等技术水平，它具有架构先进、全中文交互式操作界面、具有强大的数据支持能力、丰富的遥感图像处理功能、多任务处理功能、二次开发简单方便等特点。主要应用领域包括：测绘、国土、规划、农业、林业、水利、环境保护、气象、海洋、石油、交通、地震、国防、教育等[14]。

（2）主要功能模块。包括：集成环境、影像工具箱、几何配准、影像镶嵌、影像对象分类、雷达数据处理、高光谱数据处理、三维可视化、流程化定制九大模块。

（3）二次开发。用户可以基于二次开发包，采用 VS C++、Borland C/C++、C++ Builder 等从底层进行二次开发，也可基于开发框架 GeoWorks，采用搭建方式快速完成专业应用开发。

6.1.1.6　PIE 遥感图像处理软件

（1）PIE（Pixel Information Expert）是北京航天宏图信息技术股份有限公司自主研发的一款遥感图像处理软件。PIE 提供了面向多源、多载荷（光学、微波、高光谱、LiDAR）的遥感图像处理、辅助解译和信息提取功能，是一套高度自动化、简单易用的遥感工程化应用平台。PIE 已经用于气象、海洋、水利、农业、林业、国土、灾害防治、环境保护等多个领域[15]。

（2）功能。具有强大的数据支持能力、灵活可定制的图像渲染方法、高效高精度的遥感图像处理功能、强大的判读解译能力、可视化空间建模工具、基于模板的专题图生成功能、集群式并行处理功能等。

（3）二次开发。PIE SDK 提供多种形式的 API，具有便捷的向导式二次开发功能。支持 C++、C♯、Python、Lua 等语言的二次开发，可快捷封装 Matlab、IDL、FroTran 等语言编写的算法，方便用户开发业务系统。

6.1.2   遥感数据处理工具

为了便捷高效地进行遥感数据处理，商用遥感软件一般都提供了丰富的遥感数据计算或分析程序包，即处理工具。这些处理工具按适用范围和目的可分为通用和专用工具两类：通用工具，如波段运算工具、空间建模工具等；专用工具，如几何校正模块、大气校正模块、分类模块等。

6.1.2.1   通用工具

以 ENVI 的波段运算工具为例说明其应用过程。遥感图像处理往往需要基于波段对图像的像素数值进行数学运算，即波段运算。图 6.1.1 是对图像 A 的两个波段进行混合波段运算，得到结果图像 B 的流程图。其中 b1、b2 为输入图像 A 的两个波段数据，计算公式为 b3＝(b2－b1)/(b2＋b1)，计算结果存入 b3 波段，b3 波段构成图像 B。

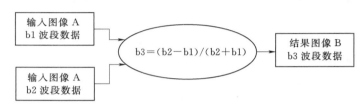

图 6.1.1   波段运算流程

ENVI 提供 Band Math 工具进行波段计算。对于复杂或多步骤的波段运算也可利用 IDL 编程实现。其他遥感软件也提供了类似功能，在 PCI 中可利用 PCI Modele、在 ER-DAS IMAGINE 中可利用 Spatial Modeler 构建模型完成波段计算。

6.1.2.2   专用工具

专用工具不同于通用工具，其计算公式或模型相对固定，计算中主要需要修改模型参数。另一个特点是针对相对固定图像处理任务，如几何校正、大气校正、傅里叶变化等。表 6.1.1 是 ENVI 典型遥感图像处理工具及功能，其他遥感软件提供了类似工具。这些工具往往集成了当前优秀算法，因此在计算精度、速度等方面都比较优秀。借助这些可以快速完成图像处理，不需要用户单独进行算法设计或模型设计。

表 6.1.1   ENVI 典型图像处理工具及功能

处理工具	功 能 简 述
影像几何校正	支持 38 种投影类型；支持图像到图像、地图到图像、控制点到图像等多种校正方式；支持多种分辨率采样输出、多种边界处理等
影像无缝镶嵌	可以基于像元或地理位置镶嵌；支持颜色校正、羽化/调和；提供高级的自动生成接边线和手动编辑接边线功能；可以控制图层显示顺序；支持重新计算有效轮廓线、选择重采样方法和输出范围等
影像融合	将低分辨率的多光谱影像与高分辨率的单波段影像重采样，生成一幅高分辨率的多光谱影像，结果影像既有较高的空间分辨率，又有多光谱特征
影像空间分析	支持波段比；主成分分析及 MNF 分析；RGB 到 HSV、HSL 和 Munsell HSV 彩色空间变换及其反变换；HIS 增强及饱和度拉伸；NDVI 植被指数及缨帽变换等

处理工具	功 能 简 述
图像分类	支持监督分类和非监督分类；前者如 K - means 和 Isodata 等，后者如最小距离、最大似然、波谱角、二进制编码、神经网络等
高光谱分析	提供高光谱和多光谱分析工具，可以基于自带或用户波谱库识别未知波谱组分，基于线性波谱分离工具和匹配滤波技术进行亚像元分解
矢量工具	支持屏幕数字化；光栅与矢量叠合分析；矢量编辑；光栅转矢量等
高程分析	根据数字高程模型分析坡度、坡向等，可提取山顶、山脊、山谷等地貌特征，可模拟太阳高度角创建山坡阴影图像
三维显示	支持三维贴膜和三维数据显示、飞行浏览
雷达数据分析	可以处理雷达 SAR 数据，提取 CEOS 信息并浏览 RADARSAT 和 ERS - 1 数据
大气校正模块	提供 FLAASh 专门对波谱数据进行快速大气校正分析。FLAASH 可以处理许多卫星数据和航空数据，是目前精度最高的大气校正模型。MODTRAN4＋辐射传输模型，是基于像素级的校正。
ENVI - RX 异常探测	能够快速在影像中定位异常发生区域，帮助用户在更小的范围内快速、准确地提取有用信息。它采用 RXD 异常探测算法，该算法能够非常敏感地识别出微弱异常
植被指数计算器	能够根据影像信息自动列出可以计算的植被指数，并可自动完成植被指数计算
专业定标工具	支持对 ASTER、AVHRR、MSS、TM、IKONOS、QuicBird 等遥感数据定标。对于其他遥感数据，ENVI 提供平场域定标、经验线性定标、对数残差定标工具等

6.2　专业遥感 ET 反演软件

遥感 ET 反演过程是一个相对复杂的、综合的遥感数据处理过程。遥感 ET 反演涉及遥感数据、非遥感数据、遥感数据预处理、中间参数反演、ET 反演等多个过程和模型。对于单项研究，可以借助于遥感软件提供的工具分步计算完成。但对于 ET 业务化服务，则需要基于遥感 ET 反演专业软件完成，否则效率难以满足需要。此类软件系统目前有许多，由于采用基础数据、原理等的差异以及局域条件制约，反演的 ET 在时空分辨率和精度等方面存在较大差异，这影响了 ET 的广泛和深入应用。

6.2.1　ETWatch 蒸腾蒸发（ET）遥感监测系统

ETWatch 系统是由中国科学院遥感应用研究所开发，用于区域蒸散遥感监测的业务化运行系统。系统集成了具有不同优势的遥感蒸散模型。ETWatch 利用不同分辨率可见光、近红外、红外和雷达遥感数据，以及气象数据和地形数据等，基于地表能量平衡原理，以 Penman - Monteith 模型为基础，通过建立下垫面表面阻抗模型，利用逐日气象数据与遥感反演参数，获得逐日连续 ET。

ETWatch 的数据流可以分为 4 个部分：①遥感反演关键陆表参数，如地表反照率、地表辐射温度和地表粗糙度；②利用能量平衡余项式模型反演晴好天气的地表通量，并反演下垫面的表面阻抗；③利用平滑后的逐日叶面指数及其他信息计算逐日表面阻抗；④将逐日表面阻抗参数和气象参数输入到 P - M 模型，将逐日空间化的气象数据与间断的遥感观测结合起来，获取逐日连续的蒸散产品[16]。

ETWatch 生产的综合 ET 精度为 90%～96%，被世界银行项目选为单一来源技术，已为水利部海河水利委员会和北京水利水电技术中心定制 ET 遥感监测与分析系统。

6.2.2　地理国情监测云平台

地理国情监测云平台提供生态环境类数据，其中包括基于卫星遥感数据反演的地表蒸腾与蒸散数据产品。其 ET 产品是采用经验公式遥感反演法得到，是基于多卫星遥感数据（Landsat、MODIS）反演得到的多尺度栅格数据。产品空间分辨率为 30m、250m、1km。时间尺度为旬、月、年等。反演 ET 经验公式见式（6.2.1）。

$$ET = R_n \times (0.137 + 0.159 \times NDVI + 0.004 \times T) \tag{6.2.1}$$

式中：ET 为蒸散发；R_n 为地表净辐射；$NDVI$ 为归一化植被指数；T 为气温。

6.2.3　ETCM 计算模块

ETCM 为水利部 "948" 计划项目《遥感地面校验系统引进及应用技术开发》的遥感 ET 计算模块，ETCM 利用不同分辨率可见光、近红外、红外等遥感数据以及气象数据，基于地表能量平衡原理和互补关系模型反演日 ET。模型所用参数较少，反演的日 ET 较稳定，精度较高。模型基于其他遥感软件反演的中间参数，如净辐射、地表温度、土壤热通量等进行 ET 反演。

6.3　遥感 ET 反演流程

6.3.1　总体流程

遥感 ET 反演总体流程包括基础数据采集计算、数据预处理、参数计算、ET 计算四个步骤，见图 6.3.1。

6.3.1.1　基础数据采集计算

主要收集或采集气象、水文等数据，卫星遥感数据，如果条件允许也应收集航空遥感数据，北斗、GPS 等数据，并进行初步分析计算。

6.3.1.2　数据预处理

（1）空间数据插值，主要包括：气象、水文等空间数据插值。

（2）遥感图像预处理，主要包括：数据修复、辐射校正、几何校正、大气校正等。

6.3.1.3　参数计算

基于数据预处理后的中间数据，计算反演 ET 需要的有关参数，主要包括：植被指数、植被覆盖度、反射率、反照率、地表温度、净辐射等。

6.3.1.4　ET 计算

基于参数计算结果，依据遥感 ET 反演模型计算 ET，如果有配套地面校验 ET 数据，利用地面监测校验反演的 ET 数据。通过插值或融合计算，生成高时间分辨率 ET。

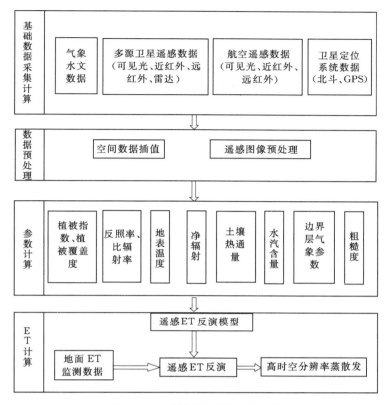

图 6.3.1 遥感 ET 反演总体流程

6.3.2 预处理流程

卫星获取的遥感数据，需要经过辐射定标、几何校正、大气校正等多种预处理，才能形成良好的用于反演 ET 的基础数据。不同遥感软件在进行遥感数据预处理时，其具体操作方法和参数设置方式有所差异，但大体流程相似，以下阐述其主要环节。

6.3.2.1 辐射定标流程

辐射定标流程主要包括辐射定标模型选择、模型参数设置、辐射定标计算及定标图像输出 4 个步骤，见图 6.3.2。

图 6.3.2 辐射定标流程

（1）辐射定标模型选择。选择辐射定标模型，不同遥感影像、同一遥感影像的不同波段辐射定标模型可能不同，在辐射定标时应注意模型选择。

（2）模型参数设置。设置辐射定标模型参数：模型不同，参数数量可能不同；同一波段遥感数据在不同时间，其定标模型参数可能不同；应结合遥感数据波段类型、数据获取时间等选择合适参数。

（3）辐射定标计算。可以利用波段计算工具或空间模型工具，构造计算公式或模型，开展辐射定标计算，如利用 ENVI 的 Band Math 功能进行辐射定标计算。

（4）定标图像输出。输出辐射校正结果图像，可以是辐射亮度、表观反射率图像等。

许多遥感软件针对常见遥感影像已经提供了辐射校正模型，可以直接选择使用。如 ENVI 提供了 QuickBird、WorldView-1、Terra MODIS/ASTER、Landsat 等遥感影像的辐射定标模型。

6.3.2.2　几何校正流程

遥感影像几何校正主要包括 7 个步骤，即显示图像、启动几何校正模块、校正模型设置、采集地面控制点及计算误差、误差判断、图像重采样以及检验校正结果，具体流程见图 6.3.3。

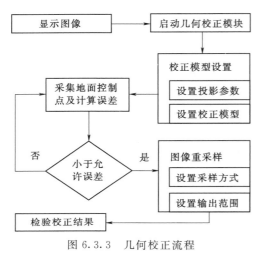

图 6.3.3　几何校正流程

（1）显示图像。在视窗中分别显示待校正图像和基准图像；对于非图像到图像校正方式，不需要显示基准图像。

（2）启动几何校正模块。打开几何校正模块功能，即打开几何校正对话框或菜单。

（3）校正模型设置。在几何校正模型对话框，设置投影参数、校正模型。

（4）采集地面控制点及计算误差。在地面控制点选择窗，通过添加控制点功能，向待校正图像添加控制点。通过控制点浏览功能，查看已经添加控制点情况。如果控制点达到一定数量，还可同时查看校正误差。

（5）误差判断。在地面控制点选择窗，通过控制点浏览功能查看校正点误差和总体误差。当误差不能满足需要时，需要继续添加或修正控制点；当误差满足需要时，结束控制点添加或修正工作，进入下一步图像重采样步骤。

（6）图像重采样。打开图像重采样窗或校正参数设置窗，设置重采样方式，一般包括 Nearest Neighbor、Bilinear Interpolation、Cubic Convolution 三种方式。设置输出范围、输出空间分辨率等。重采样参数设置完成后，执行重采样。

（7）检验校正结果。在视窗打开基准图像和已经校正图像，建立视窗地理连接。抽样检查同名点位置及匹配程度，直观判断校正的总体效果。如果达到要求，则可结束该图像的几何校正工作。

6.3.2.3　大气校正流程

不同大气校正模型工作流程不同，以 ENVI 的 FLAASH 大气校正模型为例说明大气校正关键内容，见图 6.3.4。

FLAASH 大气校正主要包括数据准备、

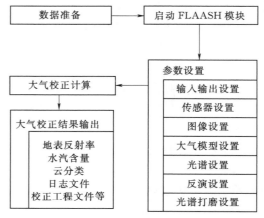

图 6.3.4　FLAASH 大气校正流程

启动 FLAASH 模块、参数设置、大气校正计算、大气校正结果输出等步骤。

（1）数据准备。FLAASH 大气校正需要准备的数据包括：①辐射图像数据，如经过定标后的辐射亮度数据，对于卫星图像波段范围为 400～2500nm。如果需要进行水汽反演，光谱分辨率≤15nm，且至少包含波长为 1050～1210nm、770～870nm 及 870～1020nm 这 3 个波段中的一个波段数据。②辅助信息，中心波长数据、波谱响应函数等。

（2）启动 FLAASH 模块。打开 FLAASH 模块，即打开 FLAASH 参数设置及运行对话框。

（3）参数设置。在 FLAASH 参数设置对话框中设置有关参数。大致包括 7 类参数。

1）输入输出设置。设置校正用辐射亮度文件、中心波长、比例系数等以及结果输出目录。

2）传感器设置。设置获取图像数据所使用的传感器类型及飞行高度。

3）图像设置。设置图像中心经纬度、覆盖区平均海拔、像素尺寸、成像日期和时间等。

4）大气模型设置。ENVI 提供标准 MODTRAN 六种大气模型，即亚极地冬季、中纬度冬季、美国标准大气模型、亚极地夏季热带、中纬度夏季以及热带。

5）光谱设置。包括高光谱设置和多光谱设置。当传感器类型为高光谱传感器时，需要进行高光谱设置，高光谱设置主要是设置用于水汽含量和气溶胶反演的波段。当传感器为多光谱传感器时，需要进行多光谱设置，多光谱设置主要对水汽反演、上行通道、下行通道、反射比率、云通道等参数进行设置。

6）反演设置。主要对水汽反演、气溶胶模型、气溶胶反演、初始能见度等参数进行设置。

7）光谱打磨设置。针对高光谱大气校正，FLAASH 提供光谱打磨功能，使波谱曲线更接近于真实地物的波谱曲线；此项设置包括光谱打磨和光谱不打磨两种选择。

（4）大气校正计算。参数设置好后，选择执行运算功能，完成大气校正运算。

（5）大气校正结果输出。FLAASH 大气校正可产生的结果文件包括：地表反射率、水汽含量、云分类、日志文件、校正工程文件等。

6.4 基于 BandMath 的典型参数反演

基于遥感数据进行 ET 反演过程可分解为基于遥感的中间参数反演、空间数据插值或转换以及最终 ET 计算等子过程。遥感 ET 反演涉及参数、步骤较多，因此仅以植被覆盖度反演、地表比辐射率反演、地表温度反演 3 个典型过程为例说明参数反演的一般步骤。

6.4.1 植被覆盖度反演

植被覆盖度反演主要包括模型构建和反演运算两个过程。在进行植被覆盖反演之前需要首先建立植被覆盖度反演模型，然后依据模型进行覆盖度反演。

6.4.1.1 模型构建

基于归一化植被指数 $NDVI$ 可反演植被覆盖度，见式（6.4.1）。

$$P_v = \begin{cases} 1 & NDVI > 0.7 \\ \left(\dfrac{NDVI - NDVI_s}{NDVI_v - NDVI_s} \right)^2 & 0.05 \leqslant NDVI \leqslant 0.7 \\ 0 & NDVI < 0.05 \end{cases} \quad (6.4.1)$$

式中：P_v 为植被覆盖度；$NDVI$ 为归一化植被指数；$NDVI_v$ 为植被茂密区 $NDVI$ 值，可取 0.70；$NDVI_s$ 为裸地区 $NDVI$ 值，可取 0.05。

由于在局部地区 $NDVI_v$ 和 $NDVI_s$ 为常数，式（6.4.1）可简化为式（6.4.2）。

$$P_v = \begin{cases} 1 & NDVI > 0.7 \\ \dfrac{(NDVI - 0.05)^2}{0.4225} & 0.05 \leqslant NDVI \leqslant 0.7 \\ 0 & NDVI < 0.05 \end{cases} \quad (6.4.2)$$

6.4.1.2 反演运算

反演运算是基于反演模型，利用基础数据计算植被覆盖度的过程，其中包括 5 个子过程，即基础数据准备、编写波段计算表达式、表达式波段设置、输出设置、执行运算，见图 6.4.1。

图 6.4.1 植被覆盖度反演运算 BandMath 流程

（1）基础数据准备。根据模型要求，调入相应的遥感图像数据，覆盖度计算需要调入 $NDVI$ 波段数据。

（2）编写波段计算表达式。依据植被覆盖度模型编写一个或多个计算表达式。

$$b2 : ((b1 - 0.05) \wedge 2) / 0.4225 \quad (6.4.3)$$

式中：$b2$ 为 P_v 的波段标识别。

（3）表达式波段设置：$b1 = NDVI$

（4）设置输出目录及文件。给出波段计算结果数据保存目录及文件。

（5）执行运算。基于模型、波段设置、输出设置等计算植被覆盖度，并保存到相应文件。

6.4.2 地表比辐射率反演

热红外波段地表比辐射率反演与植被覆盖度反演具有类似过程。比辐射率反演模型见式（6.4.4）。

$$\varepsilon = 0.9625 + 0.0614 P_v - 0.0416 P_v^2 \quad (6.4.4)$$

波段计算表达式及波段设置为：

$$b2:0.9625+0.0614*b1-0.0416*b1 \wedge 2 \tag{6.4.5}$$

式中：$b2$ 为 ε 波段标识。

波段设置 $b1=P_v$。

利用波段运算工具和计算表达式（6.4.5），可得到地表比辐射率。

6.4.3　地表温度反演

地表温度反演稍微复杂一些，模型涉及多个参数和多个计算式，总体过程与植被覆盖度反演类似。

（1）模型构建。对于 HJ-1B 数据，地表温度采用单通道地表温度反演算法[17-19]反演，地表温度表达式见式（6.4.6）。

$$T_s=\{a\times(1-C-D)+[b\times(1-C-D)+C+D]\times T_{\text{sensor}}-D \cdot T_a\}/C \tag{6.4.6}$$

式中：T_s 为地表温度，K；a，b 为系数，分别为 -68.3301 和 0.464012；T_a 为大气平均作用温度，K；T_{sensor} 为传感器亮温，K；C、D 为中间变量。

其中：T_a 计算见式（6.4.7），C 计算见式（6.4.8），D 计算见式（6.4.9）。

$$T_a=20.43072+0.90507T_0 \tag{6.4.7}$$

$$C=\tau \cdot \varepsilon \tag{6.4.8}$$

$$D=(1-\varepsilon) \cdot [1+(1-\varepsilon) \cdot \tau] \tag{6.4.9}$$

式中：T_0 为近地表平均气温，K；τ 为大气透射率；ε 为热红外波段的地表比辐射率。

（2）计算表达式编制及波段设置：

假设 $\tau=0.60$；

①C 计算表达式 $\qquad\qquad b2:0.60*b1 \tag{6.4.10}$

式中：$b2$ 为 C 中间值的波段标识。

波段设置　$b1=\varepsilon$。

②D 计算表达式 $\qquad\qquad b2:(1-b1)*(1+(1-b1)*0.60) \tag{6.4.11}$

式中：$b2$ 为 D 中间值的波段标识。

波段设置　$b1=\varepsilon$。

③T_a 计算表达式 $\qquad b2:20.43072+0.90507*b1 \tag{6.4.12}$

式中：$b2$ 为 T_a 参数的波段标识。

波段设置　$b1=T_0$。

④T_s 计算表达式

$$b5:(-68.3301*(1-b1-b2)+(0.464012*(1-b1-b2)+b1+b2)*b3-b2*b4)/b1 \tag{6.4.13}$$

式中：$b5$ 为 T_s 的波段标识。

波段设置　$b1=C$；$b2=D$；$b3=T_{\text{sensor}}$；$b4=T_a$。

在波段计算工具中执行表达式（6.4.10）～式（6.4.13），即可得到地表温度数据。

6.5　基于 BandMath 的遥感 ET 反演

基于互补关系模型的遥感 ET 反演，其模型及波段计算表达式如下。

6.5.1 遥感 ET 反演模型

其模型见式（6.5.1）。式（6.5.1）与式（5.3.4）相同，为便于分析重复列出。

$$ET_a = 2a\frac{\Delta}{\Delta+\gamma}(R_n-G)-\left[\frac{\Delta}{\Delta+\gamma}(R_n-G)+\frac{\gamma}{\Delta+\gamma}E_A\right] \tag{6.5.1}$$

式中：ET_a 为实际蒸散发通量；a 为常数；Δ 为温度饱和水汽压曲线斜率；γ 为干湿表常数；R_n 为地表净辐射通量；G 为土壤热通量；E_A 为干燥力通量。

6.5.2 计算表达式编写及波段设置

（1）系数及中间参数

$a=1.26$；$\Delta=2.05$；$\gamma=0.64$；

$$c=\frac{\Delta}{\Delta+\gamma}=0.76 \tag{6.5.2}$$

$$d=\frac{\gamma}{\Delta+\gamma}=0.24 \tag{6.5.3}$$

$$P=2a\frac{\Delta}{\Delta+\gamma}(R_n-G) \tag{6.5.4}$$

$$M=\left[\frac{\Delta}{\Delta+\gamma}(R_n-G)+\frac{\gamma}{\Delta+\gamma}E_A\right] \tag{6.5.5}$$

（2）P 计算表达式 $\qquad b3:2*1.26*0.76*(b1-b2)$ （6.5.6）

其中，$b3$ 为中间参数 P 波段标识。

波段设置：$b1=R_n$；$b2=G$

（3）M 计算表达式 $\qquad b4:0.76*(b1-b2)+0.24*b3)$ （6.5.7）

其中，$b4$ 为中间参数 M 波段标识。

波段设置：$b1=R_n$；$b2=G$；$b3=E_A$

（4）ET 计算表达式 $\qquad b3:b1-b2$ （6.5.8）

其中，$b3$ 为 ET 的波段标识。

波段设置：$b1=P$；$b2=M$。

在波段计算工具中执行表达式（6.5.6）～式（6.5.8），即可得到实际蒸散 ET_a 数据。

6.6 ETCM 模块及其 ET 反演成果

ETCM 模块是基于互补关系模型的专业遥感 ET 反演计算模块。遥感 ET 反演目前有许多模型，且多数较为复杂。这些模型往往涉及多个参数和次级参数，涉及多个过程和子过程。例如 6.4.3 中地表温度反演，就涉及 4 个表达式计算子过程和 6 个参数。实际地表温度反演中因需要进行特别处理和动态参数计算，涉及的参数与过程更多。如果采用波段运算工具一步一步地计算，效率太低。如果进行业务化 ET 产品生产，一般需要研发专业 ET 遥感反演软件，或借助通用遥感软件的批处理功能完成反演，以提高生产效率。下面简要介绍 ETCM 专业模块及其应用。

6.6.1 ETCM 模块

ETCM 模块采用互补关系模型反演 ET，其遥感 ET 反演模型见式（6.5.1）。

6.6.2 ETCM 模块界面及功能

（1）ETCM 模块是采用 IDL 编写的专门进行 ET 遥感反演的计算模块，模块工作界面见图 6.6.1。

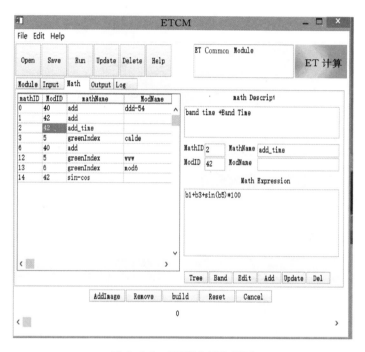

图 6.6.1 ETCM 模块界面

（2）主要功能包括输入模块、计算模块、输出模块等。

输入模块：主要完成模型基础数据设置和加载，相当于 BandMath 的波段设置。

计算模块：基于输入计算 ET。

输出模块：主要完成 ET 计算结果储存设置。

6.6.3 基于 ETCM 进行 ET 反演

基于 ETCM 可以便捷地完成 ET 反演，由于 ETCM 模块已经集成了波段设置和基础参数设置，因此通过打开对应参数文件所在目录，即完成波段计算表达式的波段设置和结果输出设置，不需要再临时编写表达式和进行波段设置。在 ETCM 中打开 ET 反演参数文件，即打开 R_n 地表净辐文件、G 土壤热通量文件、E_A 干燥力文件，然后执行运算，即可快速得到实际 ET 数据。

6.6.4　ETCM 反演典型成果

基于 HJ-1B 和气象数据，反演生成的研究区 ET，见图 6.6.2 及图 6.6.3。

图 6.6.2　2016 年 6 月 1 日研究区 ET 分布　　　图 6.6.3　2016 年 7 月 25 日研究区 ET 分布

参　考　文　献

［1］　邓书斌. ENVI 遥感图像处理方法［M］. 北京：科学出版社，2010：1-5.

［2］　齐乐，岳彩荣. 基于 CART 决策树方法的遥感影像分类［J］. 林业调查规划，2011，36（2）：
　　　　62-66.

［3］　陈超，杨树文，王亮，等. 基于 ENVI+IDL 的水体提取后处理实现研究［J］. 测绘与空间地理信
　　　　息，2011，34（6）：64-66，75.

［4］　汤泉，牛铮. 基于 IDL 与 ENVI 二次开发的遥感系统开发方法［J］. 计算机应用. 2008（28）：
　　　　270-272.

［5］　索建军. ENVI 二次开发中元数据基本操作研究［J］. 通讯世界，2017（309）：163-165.

［6］　孙娅琳，董莉莉. 遥感技术在新疆和田河流域水体调查中的应用［J］. 知识经济，2012（9）：
　　　　116-117.

［7］　秦雁，邓孺孺，何颖清，等. 广东省大中型水库水质遥感监测系统的建立与应用［J］. 遥感技术
　　　　与应用，2011，26（6）：855-862.

［8］　李登科，张京红，戴进. 遥感图像处理系统 ERDAS IMAGINE 及其应用［J］. 陕西气象，2002
　　　　（2）：20-22.

［9］　官云兰，周世健，张明．基于 ERDAS IMAGINE 的城市三维景观构建［J］．江西科学，2007，25
（4）：454－457．

［10］　刘俊杰，贾永红，柯美忠．Erdas Imagine 二次开发与客户化方法研究［J］．地理空间信息，2003，
01（4）：29－30，33．

［11］　常峥，岳颂民，徐翔宇，等．浅谈 ArcGIS 与 ER Mapper 在地形图矢量化及拼接中的应用［J］．
内蒙古林业调查设计，2015，38（2）：109－110．

［12］　侯明辉，魏庆朝．遥感图像处理软件 ER Mapper 在航片镶嵌中的应用［J］．铁路航测，2001
（1）：24－26．

［13］　赵登蓉，赫晓慧．基于 ER Mapper 软件的 QuickBird 卫星影像处理实践［J］．地理空间信息，
2009，7（2）：129－131．

［14］　张超，蒋一军，罗明，等．土地整理遥感监测系统的设计与实现［J］．地理信息世界，2009（2）：
72－77．

［15］　曹欢，和栋材，李小飞．基于 PIE 的大气污染遥感监测系统的设计与实现［J］．地理空间信息，
2015，16（5）：75－79．

［16］　吴炳方，熊隽，闫娜娜，等．基于遥感的区域蒸散量监测方法——ETWatch［J］．水科学进展，
2008，19（5）：671－678．

［17］　赵少华，秦其明，张峰，等．基于环境减灾小卫星（HJ－B）的地表温度单窗反演研究［J］．光
谱学与光谱分析，2011，31（6）：1552－1556．

［18］　李盼盼，李兆富．基于 HJ－1B 卫星数据的南京市地表温度反演研究［J］．遥感技术与应用，
2015，30（4）：653－660．

［19］　李雪，仲仕全．基于 HJ－1B 卫星数据的地表温度反演方法研究［J］．贵州气象，2013（37）：
37－41．

第 3 篇

遥 感 ET 校 验

ET 本身存在测量不准性，遥感 ET 更是如此，需要通过校验对遥感 ET 的真实性进行检验，并借助校验改善遥感 ET 精度。ET 校验需要依托地面校验场或站，按照一定规范流程进行基础数据采集、ET 生成、验证或校验、质量定级、产品储存及分发等工作，需要构建校验体系，本篇重点阐述地面 ET 校验场建设、ET 校验关键技术、水利遥感 ET 业务化系统框架以及 ET 产品等内容。

第 7 章 地 面 校 验 系 统 建 设

ET 地面校验场是 ET 校验系统骨架和硬件基础，基础建设和仪器设备的完备程度决定着校验体系的功能和角色。本章以克拉玛依地面校验场建设为例，简述地面校验场选址、基础设施建设、仪器设备配置等内容。

7.1 地面校验系统设计

7.1.1 设计理念

（1）地面校验系统建设目的。为新疆克拉玛依大农业区遥感 ET 提供校验，提高遥感 ET 精度。为区域高效节水、生态保护及水资源开发利用优化等探索新路。研究开发遥感 ET 地面真实检验与校正新理论技术，为更大规模开展遥感 ET 反演及应用创造条件。

（2）地面校验场功能。主要完成遥感 ET 校验，同时也可对反演过程中的有关参数进行校验，是一个以遥感 ET 校验为主目标的综合校验场。

（3）是未来遥感 ET 校验物联网的一个先导实验节点。为了提高区域遥感 ET 的精度并对 ET 质量定级，未来需要基于物联网建设一系列的地面校验场，试验建设本校验场，旨在探求一种新的校验场建设模式，因此其功能、场址选择、仪器设备配置、监测机制、数据处理方法、校验机制以及网络应用等都将为后续建设提供参照。

（4）总体思路。ET 本身存在测量不准性，区域 ET 精确测定或反演是当代科技界研究的热点和难点，就目前的理论技术很难精准测量或反演区域 ET 分布。为了满足当前生产、科研、环境或生活需要，可以通过模型开发与建模、校正与同化、映射与修正等技术，使结果 ET 保持在合适精度和分辨率，为此，需要建立遥感 ET 校验场。地面 ET 校验场不但可以为遥感 ET 反演有关过程的参数确定、模型开发与率定、结果修正等提供地面真实验证依据，为高精度 ET 反演和产品标定提供依据，还可利用地面场生产的 ET 数据，对地面场影响区内的其他点的遥感 ET 进行校验和质量定级；后者可能是未来地面 ET 校验场或站点的主要任务，因为基于物联网的多点协同校验可以提高区域遥感 ET 的整体精度和质量可信度，为提高 ET 应用价值，需要开展多点协同校验。

（5）设备配置。地面场配置仪器设备主要包括：小孔径激光闪烁仪系统、涡度相关系统、地物波谱监测系统、自动气象站系统、地下水埋深监测系统、灌溉控制系统、网络系统、数据中心等，详见图 7.1.1。

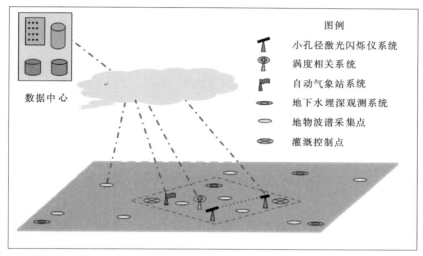

图 7.1.1　遥感 ET 地面校验场示意图

7.1.2　远景规划

地面场或站可以完成对地面场所在区遥感 ET 的校验，由于 ET 模型局限性和 ET 自身时空多变性，校验场对远离点的遥感 ET 的校验能力将有所下降，距离地面场越远，这种能力下降就越大。如果借助互联网和云平台，将地面校验站联络起来，并建立站点间插值影响模型，则可基于地面有限站点构筑的物联监测网，利用遥感信息和影响模型，对较大尺度或全球尺度的遥感 ET 进行精确校验，这如同利用地面测量点进行几何校正一样。远景规划示意图见图 7.1.2。

7.1.2.1　基本条件

要实现此目的需要满足若干基本条件：

（1）适当密度的监测站点，不需要均匀分布，但代表性要强，站点影响范围需适当重叠。

（2）站点设备配置齐全，满足 ET 及相关要素的连续、稳定监测等。

（3）基于 5G 以上网络通信支持。

（4）大数据、超级计算、云平台等的协同使用。

（5）建立产品的标准生产、检验、销售及服务机制。

（6）持续的市场需求，这是服务目的和动力。

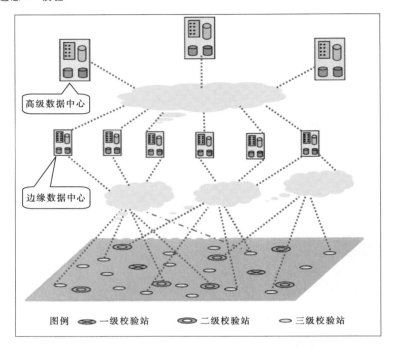

图 7.1.2　地面校验系统远景规划示意图

7.1.2.2　运行机制

　　各级校验负责生产连续、高精度 ET 数据序列和相关参数序列，并对影响范围内的遥感 ET 及参数进行校验；高级校验站负责对低级校验站的精度和质量进行修正。ET 和相关参数序列计算主要在边缘节点完成。校验站数据通过局域公共云平台上传至边缘计算中心。边缘计算中心负责局域 ET 及相关参数数据储存管理和校验服务，同时也可直接进行遥感 ET 反演和其他服务。高级数据中心通过更大尺度公共云平台获取 ET 数据，负责所辖更大区域尺度 ET 数据储存管理、ET 校验以及其他数据服务。通过各级校验站、各级计算中心以及各级公共云平台有机结合，完成不同尺度连续、高精度 ET 生产和校验，为社会提供高质量、高精度的标准 ET 产品。

7.2　地物波谱库建设

　　地物的光谱特征研究是现代遥感技术研究的重要组成部分，它既是传感器波段选择和设计的重要依据，又是遥感数据分析解译的基础。为了开展遥感 ET 地面校验研究，项目设立专题开展了地物波谱库建设工作。

7.2.1　波谱库建设意义

　　遥感影像中每个像元的亮度值代表的是该像元中地物的平均辐射值，它随地物的成分、纹理、状态、表面特征及传感器所使用电磁波段等相异而不同。不同的地物具有不同的波谱曲线形态，同种地物，一般来说，具有相近的波谱形态[1]。地物波谱是遥感科学技术与应用研究的基础之一。地物波谱对于地物分类、目标识别常常具有指纹效应，又是联系遥感基础研究与遥感应用的桥梁。通过汇集典型地物的测量波谱，形成能够涵盖多种典型地面目标的波谱及特征参数地物波谱数据库。支持利用遥感数据通过波谱匹配等技术进行地物识别，一直是遥感数据应用关注的重要研究课题。

做遥感基础研究的，致力于建立传感器接收到的电磁波信号与地表参数之间的关系模型，再用模型和信号反演地表参数，强调的是建模方法和地表参数的反演精度。做遥感应用的，则从了解地表实况的应用需求出发，希望用方便的图像处理方法从遥感图像上得到地表实况信息。那么，如何将遥感基础研究的成果与应用衔接，提高模型和方法的实用性，满足遥感应用对更为准确的地表参数的需求，是定量遥感的问题。波谱库项目用建立知识库的方法，来把模型、遥感图像数据、地表观测数据放在一起，并建立起它们之间的联系，为解决遥感模型和应用衔接的问题探索出一条新路。这样，波谱库一方面可以为开展遥感应用的用户提供模型方法，另一方面可以为遥感基础研究提供基础数据，并推动两方面研究的相互结合，这对遥感科学的总体发展是非常重要的。这是李小文院士对中国典型地物波谱知识库项目重要性的评价[2]。项目将地物波谱数据和配套环境参数的地面测量数据与遥感观测数据、知识库、遥感模型相结合构建地物波谱知识库，用遥感模型描述材料波谱、端元波谱和遥感像元波谱之间的定量关系，解决在地物识别中因地面测量与遥感观测波谱尺度不同而引出的问题[3]。

通过遥感模型反演地表参数相当有难度。遥感 ET 反演模型的问题主要表现在精确模型复杂性和遥感观测数据提供信息的有限性之间的矛盾；由于遥感信号所能提供的信息量相对不足，使遥感反演在数学上是病态反演问题。因而利用遥感模型和观测数据以外的信息，来补充模型反演中信息量的不足，就成为成功反演的关键。

多数地物的表面特性随时间和空间位置变化而有所变化，加之同物异谱、同谱异物现象的存在，在利用地物波谱识别地物和反演参数时就会出现误差，这种误差对定量反演的影响就更大。

测试环境变化如风速，会改变地面反射面特性从而导致测量波谱变化。即使采用标准环境或特定环境采样，但由于卫星获取地面信息时的地物环境为实际地物环境，基本无法保证达到地面标准采样的环境要求，因此波谱库波谱采集环境与图像成像的地物环境原则上讲根本不一致。这就相当于在图像上加了噪声信号，因此需要在地物波谱测量时，同时测量采样点周围环境参数，并建立地物波谱与环境参数之间的联系，在利用波谱进行反演地表参数或识别地物时，尽量考虑波谱环境与图像环境的差异，以提高反演精度和准确性。

虽然存在同物异谱、同谱异物现象，但在局部地区，如在同一景局部区域的中、高分辨率图像上，不同色调、图斑基本代表不同表面。假如同为草地，但其长势或高度等往往不同，这就是遥感影像的局地可分性。在遥感应用中建立的解译标志、反演特征在局地范围十分有效，引用范围扩大或时空尺度扩展，标志可能会失效，这说明遥感标志具有局限性。在标准地物波谱库构建时，需要考虑时间、地域差异[4]主要是基于此原因。为了提高遥感定量反演精度，需要建立局地地物波谱库，以及与之匹配的环境参数库、模型库、知识库，即建立局地地物波谱知识库。

数据库技术目前已经得到很大发展，基于数据仓库的挖掘技术为大数据信息挖掘提供了有效手段。地物波谱知识库涉及信息种类多、数量大，随着时间演进，数据量将呈线性或指数增长，后续需要处理的数据量将快速增加。如果在波谱库建设初期阶段，基于数据仓库结构设计数据库，将会给后续处理、大数据挖掘、智能分析等创造良好条件。因此在局地遥感应用和地物波谱库建设时，最好按地物波谱数据仓库建设，条件允许还应加入知识库内容，即地物波谱库最好按地物波谱知识仓库的目标建设。

7.2.2　监测地物的选择

克拉玛依市是中国的石油石化基地，主要开采、加工石油。为了避免重蹈资源型城市"油尽人散，城市衰退"的恶性结局，进入 21 世纪后，克拉玛依开始城市转型，在加强石油石化、工业制造、农副产品加工等发展步伐的同时，还加大开发旅游资源，发展农牧经济，目前已经初具多元城市雏形。农业综合开发区是克拉玛依市农业基地、菜篮子工程、城市绿化苗圃基地。在农业区培育种植小麦、玉米、旱稻、豆类等谷物作物，种植西红柿、辣子、茄子、白菜、豆角、山药、西葫芦、南瓜等蔬菜，种植苜蓿、青储等饲料，种植油葵、打瓜、西瓜等经济作物，培育榆树、杨树、苹果、海棠等幼苗，在道路两侧种植防护林，主要种植杨树、榆树、沙枣等，在农业区内空闲地及周边分布有梭梭、柽柳等荒漠植被。基于该区特殊的植被状况，选择研究区内植被分布面积较大，生长习性具有代表性的种群或作物，以及水体、裸地等作为典型地物，全区共选出 37 种典型地物。地物波谱库建设，主要采集这些地物的波谱以及相应的环境参数，选取的典型地物见表 7.2.1。

表 7.2.1　地物波谱监测地物名称表

地物类型	分类编码	名称	地物类型	分类编码	名称
农作物	1	玉米	乔木	3	沙枣树
	1	青贮		3	白榆树
	1	稻谷		3	大叶白蜡树
	1	苜蓿		3	大叶榆树
	1	瓜尔豆		3	红叶海棠
	1	打瓜		3	槐树
	1	西瓜		3	黄金树
	1	葵花		3	黄榆树
	1	油葵		3	苹果树
	1	甜菜		3	杏苗
	1	西葫芦		3	紫叶稠李
蔬菜	2	白菜	灌木	4	柽柳
	2	萝卜		4	梭梭林
	2	茄子		4	盐节木
	2	西红柿		4	沙棘
	2	辣椒	草本	5	芦苇
乔木	3	杨树	水体	6	卤水
	3	胡杨	裸地	7	裸地
	3	榆树			

7.2.3　监测点的布置

为了获取地物及环境的总体特性，同时给卫星遥感反演地表参数提供准同步真实验证，将地物波谱采样点分布于全研究区，而非局部地区。共计设置采样点 70 个。每种地物一般分配 1～3 个采样点。重要地物再增加 2～4 个样点，详见图 7.2.1。

7.2.4　监测仪器选择

地物波谱监测采用野外便携式地物波谱仪进行，为了同时监测地物波谱采集时的环境参数，还配置了环境参数采集设备，主要包括手持气象站，太阳辐射测量仪器，土壤水分、温度及盐分测试仪等。

地物波谱仪型号为 AvaField‑3 便携式高光谱地物波谱仪（野外光谱辐射仪），见图 7.2.2。它是荷兰 Avantes 公司的最新产品，波长范围为 300～2500nm，适用于从遥感测量、农作物监测、森林研究到海洋学研究、矿物勘探等各领域应用。AvaField‑3 具有性价比高、测量速度快、准确性高、操作简单、携带方便等特点，并配有功能强大的软件包。除了用于反射率测量，还可用作辐射度、光度和 CIE 色度测量等。

图 7.2.1　地物波谱采样点分布图　　　　图 7.2.2　AvaField‑3 便携式高光谱地物波谱仪

7.2.4.1　特点

（1）紫外区和近红外区灵敏度高。

（2）内置消二级衍射镀膜及滤光片。

（3）动态校正暗电流（热噪声）。

（4）高信噪比，高可靠性，高重复性。

（5）实时显示反射率曲线。

（6）外接光纤使用，灵活方便。

（7）主机防尘防水，结实耐用，附件齐全。

7.2.4.2　技术规格

（1）探测器：2048×14 像素面阵 CCD 探测器和 256 像素 InGaAs 探测器（2 级 TE 制冷）。

（2）光谱范围：300～2500nm。

（3）数据采集速度：采样速度 100 次/秒。

（4）光谱平均：高达 10 万次。

（5）波长精度：±0.5nm@300～1100nm，±1nm@1100～2500nm。

（6）波长重复性：优于±0.3nm@±10℃温度变化。

（7）光谱采样间隔：0.6nm@300～1100nm，6nm@1100～2500nm。

（8）光谱分辨率：1.4nm@300～1100nm，15nm@1100～2500nm。

（9）外形尺寸/重量：360×300×140mm，6.8kg。

（10）工作及保存温度：0～40℃（工作状态），−15～55℃（储存状态）。

（11）湿度范围：干燥至不结露状态。

（12）数据传输方式：WIFI 无线传输，支持智能手机和平板电脑等操作。

（13）SD 卡存储选项：支持长时间光谱数据保存。

7.2.5　监测制度设计

为了保证监测质量和促进监测成果应用，设置了详尽的监测制度，主要包括监测事件、采样编号、地物波谱采样程序、环境参数采样程序、结果表格填报方式、检查、电子表格制造等内容。监测制度主要内容如下：

（1）采样事件北京时间 12—16 时。

（2）每日对 20 个左右的样点进行采集。

（3）将全区样点分为 3 组，循环采集，基本每 3 天一个周期。

（4）每点采集地物波谱和环境参数，地物波谱曲线 10 条，环境参数包括空气温度、风速、气压、地面温度、太阳辐射等 28 个环境参数。

（5）每点采集流程。依次开展设备准备、填报日期时间、地物编号、环境参数采集、地物波谱采集及保存、设备收起等工作；对于高度较高的植被，比如玉米或乔木，地物波谱采集时使用辅助长杆。

（6）循环第（5）项内容，完成当日地物波谱采集和记录。

（7）纸质表格到电子表格转换及结果检查。

（8）第三方检查，安排专职人员，对地物波谱资料进行复查。

（9）数据入库。将每日采集的波谱及环境参数及时入库；实际采集了从 2015 年 9 月到 2016 年 10 月全区 70 个点的地物波谱数据和对应环境参数。

7.2.6　数据库结构设计

数据库设计采用传统的结构分析方法，研究波谱数据库系统的总体设计、结构化系统分析，采用自上而下、划分模块、逐步求精的系统分析方法设计。基于结构系统分析形成的概念结构，确定数据文件的逻辑结构、执行语言及控制结构等[5]。在波谱库设计时，还参照了其他学者有关波谱库设计理念，如田庆久等[4]的典型地物标准波谱数据库系统设计有关理念。

　　为了便于以后数据挖掘分析，地物波谱数据与地物波谱环境参数分表储存，地物波谱采用分段长表储存。地物波谱库环境参数表的数据结构见表 7.2.2，地物波谱库反射率表的数据结构见表 7.2.3。

表 7.2.2　　　　　　　　　　地物波谱库环境参数表数据结构

列名	数据类型	字段说明	列名	数据类型	字段说明
ldsID	int	序号	ldsCloudage	float	云量
ldsDateTime	datetime	日期	ldsVisibility	varchar（10）	能见度级别
ldsDotID	int	点号	ldsWeatherS	varchar（10）	天气状况
ldsName	varchar（25）	样点名称	ldsWindSpeed	float	风速
ldsGroundCover	varchar（25）	地物名称	ldsAirFlow	float	风量
ldsFieldSID	varchar（25）	波谱野外编号	ldsTem	float	气温
ldsSpectralUNS	nchar（50）	波谱统一编号	ldsRH	float	湿度
ldsGrowthPeriod	varchar（10）	生育期	ldsIlluminance	float	照度
ldsGrowthState	varchar（10）	生长状况	ldsPressure	float	气压
ldsObjectH	float	地物高	ldsProbesH	float	探头测高
ldsObjectW	float	地物宽	ldsVisTime	float	VIS 时间
ldsUpperTem	float	冠顶温度	ldsNirTime	float	NIR 时间
ldsUnderTem	float	冠下地温	ldsVisSample	int	VIS 平均数
ldsShadeTem	float	冠下阴影地温	ldsNirSample	int	NIR 平均数
ldsBareTem	float	裸地温度	ldsSample	int	采样数
ldsSoilTem	float	土壤温度	ldsPhoto1	int	正视照片
ldsSoilRH	varchar（10）	土壤湿度	ldsPhoto2	int	俯视照片
ldsSoilPH	float	土壤 pH 值	ldsNotes2	varchar（50）	备注

表 7.2.3　　　　　　　　　　地物波谱库反射率表数据结构

列名	数据类型	字段说明	列名	数据类型	字段说明
ldsIdx	int	索引号	b1	float	波段 1 号
ldsID	int	波谱序号	b2	float	波段 2 号
ldsSamID	varchar（20）	样点名称	⋮	⋮	⋮
ldsCode	varchar（50）	波谱曲线统一编号	b243	float	波段 243 号
b0	float	波段 0 号			

7.2.7　管理软件设计

　　（1）采用 C♯语言编写地物波谱数据管理软件，软件主要功能包括数据导入、地物波谱曲线显示、地物波谱数据显示、照片显示、参数计算等。地物波谱数据管理主界面见图 7.2.3。

（2）典型地物波谱见附录 C 的附图 C.1～附图 C.12。苜蓿不同生长期实测地物波谱见附录 D 的附图 D.1～附图 D.18。

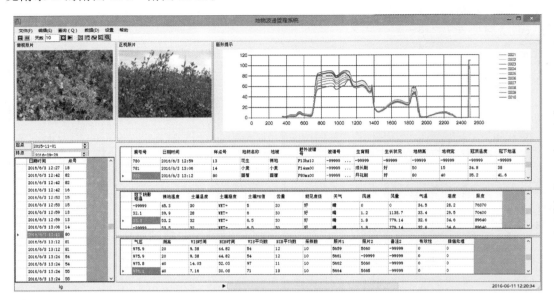

图 7.2.3　地物波谱数据管理主界面

7.3　遥感 ET 校验场建设

7.3.1　场址选择原则

7.3.1.1　观测场环境选择原则

观测场环境选择原则主要依据气象站的站点环境选择原则，同时考虑项目研究实际需要和实际建站条件而制定[6,7]。

（1）观测场周围的环境应符合《中华人民共和国气象法》和国务院颁布的有关气象观测环境保护法规的要求。

（2）观测场环境代表性原则，选择干旱半干旱地区绿洲灌区代表性地块。面积足够大，满足小孔径激光闪烁仪建站需要，35～70hm²，周围全部或部分被防护林包围，内有田间道路，以满足监测场代表性和仪器监测条件。

（3）观测场周围平坦，避免建造在公路、铁路、工矿、烟囱、高大建筑物附近，防护林的影子应不会投射到日照辐射观测仪上。

（4）避免建在风浪内，观测场距防护林的距离大于主要树种高度的 3 倍。

（5）场区的水文条件和水文地质条件相对简单、清晰。

（6）场区作物为低秆作物，且生长发育大部分时段全覆盖地面，以满足监测目标代表性和仪器监测条件。

7.3.1.2　观测场选择原则

（1）观测场和周围环境土壤、植被类型以及生态、水文过程相似。

（2）观测场四周一般设置约 1.2m 高的稀疏围栏，围栏所用材料不易反光太强，颜色尽量与周围环境接近。

（3）观测场内植被高度与周围接近。

（4）观测场内设置 0.3～0.5m 宽的植被踩踏路。

（5）电缆采用地埋方式，基础上覆土，场内基本保持原环境状态。

（6）观测场防雷符合《气象台（站）防雷技术规范》（QX4-2000）的要求。

（7）小孔径激光闪烁仪的路径垂直场区主风向。

（8）各观测站之间保持足够距离，避免相互干扰。

（9）太阳能板放置在东南位置。

（10）各监测子系统 ET 监测高度保持在同一高度。

（11）辐射监测仪器放置在东南方向。

7.3.2　遥感 ET 校验概述

依照观测场环境及观测场选择原则，对整个农业区地块进行了筛选，最终将遥感 ET 地面场选址在克拉玛依市农业区苜蓿试验田 5-3 地块，详见图 7.3.1。

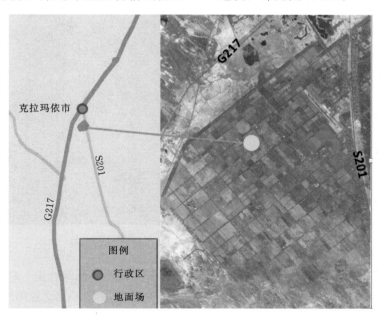

图 7.3.1　遥感场区位置图

苜蓿试验田 5-3 地块面积为 63.63hm²，地块四周为防护林，主要树种为杨树，杨树平均高度 10～15m，地块中间为一条宽 3m 的土路。观测场建在地块中间，土路东南一侧。地块周围附近有地下水埋深观测井，项目在观测场附近增加一眼地下水埋深连续监测井，观测场距离周围林带 300～400m。

　　地块 5 - 3 种植苜蓿，一年收割 3～4 茬，成熟苜蓿高度一般为 0.7～0.9m，主要生长时段全覆盖地面。

　　灌溉采用滴灌或喷灌，每次灌水可控。2014—2015 年采用滴灌方式灌溉，2016—2017 年改用喷灌方式灌溉。从 5 月开始灌溉，大约 20 天灌溉 1 次，无冬灌。整个地块采用轮灌方式，每次灌水定额 750～1500m³/hm²，灌溉定额 4500～6000m³/hm²。农田灌水导致地下水位抬升，8 月以后地块地下水位呈下降趋势。

　　观测场分为四个子观测场，包括气象站、涡度仪、激光闪烁仪发射端与接收。每个子场地面积 9～25m²，各子场区在地下埋置扩体墩基础，在扩体墩基础之上安装直径为 10cm 的空心金属直杆（立柱），主要监测设备安装在直杆上，这样既保持设备稳定同时又减少了占地面积，减小对环境的破坏，使监测环境尽量保持原始状态。激光闪烁仪发射端到接收端电缆埋设在下风区，距离光程水平距离 10m 的地下，以尽量减小电缆沟对观测的影响，详见图 7.3.2。

图 7.3.2　遥感 ET 校验地面场仪器设备布置图

　　建设前进行了场地选址、勘察。对设备布置、基础构件、电缆管沟、标志栏等进行了设计。设备安装后建立了维护规程，在地块入口处设置标志牌，在设备周围设置防护栏。原设计不安装护栏，但介于牲畜干扰，不得不增加护栏，这样对维持监测场区环境与周围农田环境一致性稍有影响。如果条件允许，最好不要设置防护栏。

7.3.3　地下水埋深观测井建设

　　（1）地下水埋深观测井建设。为了观测灌溉对地下水埋深的影响，在地面场内建设了一眼地下水埋深观测井，内置监测仪器。观测井结构见图 7.3.3。

（2）观测井井深 9.5m，穿过两层含水层，即 4.1～5.1m、8.5～9.2m 含水层，没有穿透底部承压含水层，以观测地面场灌溉水对地下水产生的影响。

（3）观测井岩性。从上到下，地层为粉土（耕作层），粉质黏土、粉土、粉质黏土、粉土、粉质黏土。

（4）地面场地下水埋深一般维持在 2.0～2.5m 之间，每年从 5—10 月整体为地下水埋深变浅时段。这是由于灌溉导致了地下水水位的临时上升。随着灌溉停止，又呈下降趋势，并在来年 3 月左右达到最深。

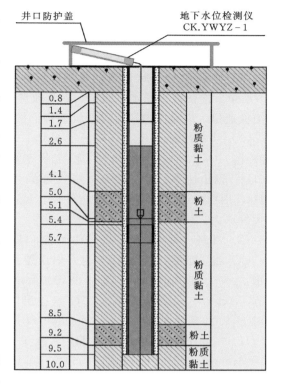

图 7.3.3　地下水位观测井结构图（单位：m）

7.3.4　观测场仪器设备选配

7.3.4.1　小孔径激光闪烁仪

小孔径激光闪烁仪选择德国 SCINTEC 公司的 SLS40 - A[8,9]。监测场布置 SLS40 - A 仪器 1 套，主要完成 120m 光程对应区域空气结构参数、内尺度采集以及感热通量等计算。

（1）SLS40 - A 主要技术参数指标：带自动对准（A）和振动校准（两组检测信号）（40）功能；光源波长：670nm；平均光源功率：1mW；测量路径：50～250m；Cn^2 测量范围：$1×10^{-6}～3×10^{-12}$ m$^{-2/3}$；L_0 折射率波动范围：2～16mm；CT^2 范围：$1×10^{-4}～3K^2/m^{2/3}$；显热通量：$-120～600W/m^2$；风速：0.01～10m/s；供电方式：12V；功耗：14.4/18W；工作温度：$-20～50℃$；发射器体积：700mm×110mm×110mm；接收器体积：620mm×120mm×120mm；发射器重量：3.5kg；接收器重量：4.1kg。

（2）软件。随机配置 SRun 1.27 小孔径闪烁仪操控软件。

7.3.4.2　自动气象站

自动气象站选用北京雨根公司环境监测系统，型号 R1008。监测场布置 R1008 监测系统 1 套，主要完成观测场环境气象参数的连续采集。

（1）主要设备包括：RR - 1016 数据采集器 1 套、AV - 10TH 空气温湿度传感器 2 套、AV - 20P 太阳辐射传感器 1 套、AV - 30WS 风速传感器 1 套、AV - 30WD 风向传感器 1 套、AV - 410BP 大气压力传感器 1 套、AV - 3665R 雨量传感器 1 套、SP20WR 带充电控制器的 20W 太阳能电池板及 12AH 充电电池 1 套、DTU900C 远程传输系统设备 GPRS 模块 1 套等安装附件。

（2）主要采集参数为：气压、太阳辐射、雨量以及空气温度、湿度、风速、风向等。

（3）随机配置 RR _ DataLogger 数据下载软件。

7.3.4.3　开路涡度相关系统

开路涡度相关系统选择美国 AVALON 公司的 AV‐OPEC。监测场布置 AV‐OPEC 1 套。可自动测量并存储地表与大气相互作用时近地面层的瞬时三维风速脉动、温度脉动、水气脉动和 CO_2 脉动值；采用微气象学湍流涡动协方差方法，可自动测量并存储 CO_2 通量、潜热通量及水汽通量、显热通量、空气动量通量等地表与大气之间的物质与能量交换通量，以及摩擦风速等微气象特征量[10‐12]。

（1）基本性能。压力：$70\sim106$kPa；工作温度：$-25\sim50℃$；湿度：$1\%\sim100\%$（无冷凝）；（$25℃$）时：5W（稳定状态和通电时）；功耗：平均 500mA；测量速率：100Hz；输出速率：$5\sim50$Hz，用户可编程；输出带宽：5Hz、10Hz、12.5Hz、20Hz、25Hz，用户可编程；输出信号：SDM、RS‐485、USB，模拟量；辅助输入：空气温度和大气压力。

（2）开路二氧化碳（CO_2）和水汽（H_2O）传感器测量性能。其中 CO_2 传感器测量性能：CO_2 测量精度：1%；CO_2 均方根误差：0.2mg/m^3（0.15μmol/mol）；CO_2 出厂标定范围：$0\sim1000\mu$mol/mol（即 $0\sim1000$ppm）；CO_2 零点温度漂移（最大）：±0.55mg/m^3/℃（$\pm0.3\mu$mol/mol/℃）；CO_2 增益温度漂移（最大）：$\pm0.1\%$（＊读数/℃）；CO_2 相对 H_2O 的灵敏度：$\pm1.1\times10^{-4}$molCO_2/molH_2O。

H_2O 传感器测量性能：H_2O 测量精度：2%；H_2O 均方根误差：0.004g/m^3（0.006mmol/mol）；H_2O 出厂标定范围：$0\sim72$mmol/mol（$37℃$露点）；H_2O 零点温度漂移（最大）：±0.037g/m^3/℃（±0.05 mmol/mol/℃）；H_2O 增益温度漂移（最大）：$\pm0.3\%$（＊读数/℃）；H_2O 相对 CO_2 的灵敏度：±0.1molH_2O/molCO_2。

（3）三维超声风速测量性能：测量输出：U_X，U_Y，U_Z，C（声温）；量程：风速 $0\sim45$m/s，声速 $300\sim370$m/s，风向 $0°\sim359°$；U_X 和 U_Y 的偏移误差：$<\pm8.0$cm/s；U_Z 的偏移误差：$<\pm4.0$cm/s；U_Y 的精密度：1mm/s；U_Z 的精密度：0.5mm/s；超声温度 C 的精密度：$0.025℃$；风速增益误差：$<\pm2\%$读数（水平$\pm5°$内）；U_X 和 U_Y 的测量分辨率：1mm/s RMS；U_Z 的测量分辨率：0.5mm/s RMS；测量路径：垂直 10cm，水平 5.8cm。

（4）CNR4 四分量净辐射仪：辐射传感器类型：Kipp& Zonen CMP3 短波辐射传感器，CGR3/CGR4 长波辐射传感器；光谱波长：短波辐射传感器 $305\sim2800$nm，长波辐射传感器 $4500\sim42000$nm；温度依赖性：短波‐向上$<1\%$，短波‐向下$<4\%$，长波‐向上$<1\%$，长波‐向下$<4\%$；灵敏度：$5\sim20\mu$V/W/m^2；反应时间：<18s；非线性误差：$<1\%$；视角：短波辐射传感器向上 $180°$，短波辐射传感器向下 $170°$，长波辐射传感器向下 $150°$，长波辐射传感器向上 $180°$；方向误差（短波辐射传感器）：向上<10W/m^2，向下<25W/m^2；通风罩功耗：3W（CNF4 通风罩）；工作温度：$-40\sim80℃$。

（5）软件。随机配置软件 LoggerNet 数据下载处理软件。

7.3.4.4　地下水埋深观测仪

地下水埋深监测采用武汉长江科创科技发展有限公司的地下水水位监测仪，型号：CK.YWYZ‐1。监测场布置 CK.YWYZ‐1 仪器 1 套，监测地面场的地下水水位埋深变化。

（1）仪器主要功能：定时采集地下水埋深、水温和电池电量、设备状况等信息。通过 GPRS/CDMA、短消息等公网通信，定时自动上报，储存记录大于 400 天。通信规约支持水文监测数据传输规约、国家地下水监测工程监测数据通信规定等行业标准规约。

（2）主要参数：水位量程：10～20m；水位测量精度：满量程的 0.05％；分辨率可达 1mm；电池寿命大于 2 年。安装位置见图 7.3.3。随机配置数据下载软件。

7.3.5　操作规程

为保障激光闪烁仪、涡度相关系统、自动气象站、地下水埋深观测仪器等良好运行，提高采集数据的质量，针对遥感地面场设备制定了运行维护及数据下载规程[13]，主要包括：定期设备检查，5 天一次设备运行和电线检查；不定期异常环境检查，主要是异常天气和苜蓿收割前后的异常检查；不定期现场数据下载，远程接收或不正常时，到现场下载数据；远程下载，通过无线传输，在水利部新疆维吾尔自治区水利水电勘测设计研究院遥感信息中心下载监测数据；太阳能电池维护；铅酸蓄电池维护；除草作业和苜蓿收割同步，使观测场环境与周围地块一致；填报维护记录。

参 考 文 献

［1］　周可法，孙莉，张楠楠，等．中亚地区高光谱遥感地物蚀变信息识别与提取［M］．北京：地质出版社，2008：1-14.

［2］　王锦地，张立新，柳钦火，等．中国典型地物波谱知识库［M］．北京：科学出版社，2009：1-9.

［3］　苏理宏，李小文，王锦地，等．典型地物波普知识库建库与波谱服务的若干问题［J］．地球科学进展，2003，18（2）：185-190.

［4］　田庆久，王世新，王乐意，等．典型地物标准波谱数据库系统设计［J］．遥感技术与应用，2003，18（4）：185-190.

［5］　汤海鹏，毛克彪，覃志豪，等．遥感分析中小型地物波普数据库系统的设计与实现［J］．测绘与空间地理信息，2004，27（6）：32-35.

［6］　何春禄．气象站观测场选址与建设［J］．现代农业科技，2011，（19）：43-44.

［7］　祁英华，赵伟，赵金忠．无人自动气象站建设中的若干注意事项［J］．农业与技术，2013，33（10）：194.

［8］　徐自为，黄勇彬，刘绍民．大孔径闪烁仪观测方法的研究［J］．地球科学进展，2010，25（11）：1140-1147.

［9］　邓运超，黄彬香．浅谈大孔径闪烁仪的选择和使用［J］．安徽农业科学，2013，41（6）2131-2133.

［10］　卢俐，刘绍民，徐自为，等．不同下垫面大孔径闪烁仪观测数据处理与分析［J］．应用气象学报，2009，20（2）：171-178.

［11］　王建林，温学发，孙晓敏，等．涡动相关系统和小孔径闪烁仪观测的森林显热通量的异同研究［J］．地球科学进展，2000，25（11）：1217-1227.

［12］　杨凡，齐永青，张玉翠，等．大孔径闪烁仪与涡度相关系统对灌溉农田蒸散量的对比观测［J］．中国生态农业学报，2011，19（5）：1067-1071.

［13］　朱顺展．对区域自动气象站的建设与维护的探讨［J］．北京农业，2012（11）：133-134.

第8章 校验体系关键技术

ET 校验需要依照一定规范流程进行基础数据采集、ET 生成、验证或校验、质量定级、产品储存及分发等工作，需要构建校验体系，其核心是地面监测数据处理及校验关键技术。本章主要阐述地面常规监测、涡度相关系统监测、激光闪烁仪监测等数据处理技术，以及 ET 时间尺度扩展、日 ET 多尺度移动平均及插值、蒸散交叉验证等关键技术。

8.1 地面监测数据处理

8.1.1 地面常规监测

8.1.1.1 灌溉监测

为了校准地面场校验设备和分析研究地面场水循环过程，为遥感地面真实校验和节水效果评价提供依据，对地面场苜蓿 2016 年、2017 年两年 5—9 月期间的灌溉用水进行了同步监测。监测结果见表 8.1.1 和表 8.1.2。

表 8.1.1　　　　　　　　　　2016 年地面场苜蓿田间灌水监测

苜蓿茬数	灌水次数	灌水日期（月日—月日）	灌水区位置	灌水量/m³	总面积/hm²	灌溉面积/hm²	平均灌水定额/(m³/hm²)	实际灌水定额/(m³/hm²)
第一茬	第一遍	0502—0508	1，2，3，4，5，6，7，8	99790	63.6	63.4	1569	1575
	第二遍	0520—0528	1，2，3，4，5，6，7，8	49385	63.6	63.3	776	780
第二茬	第一遍	0611—0623	1，2，3，4，5，6，7，8	99790	63.6	63.4	1569	1575
	第二遍	0702—0710	1，2，3，4，5，6，7，8	49385	63.6	47.7	776	1035
第三茬	第一遍	0723—0811	2，3，4，6，7，8	50956	63.6	47.8	801	1065
	第二遍	0817—0821	1，2，3，5，6，7	70631	63.6	47.6	1111	1485
	第三遍	0821—0826	3，4，7，8	35040	63.6	31.2	551	1123
第四茬	第一遍	0904—0910	3，4，7，8	34953	63.6	31.9	550	1095
合计				489930	63.6		7703	

注　第一茬用水量、第四茬用水量为依据农户经验推算用水量。

由于客观原因没有采集到第一茬和第四茬灌水数据，为研究需要，采用插补方法补齐其灌水数据。这些插补数据不作为校验仪器基础数据，仅作为对比参照数据，最终这些数据将通过仪器监测结果计算取得，以证明仪器的适应性和灵敏性。根据灌溉情况，插补数据，第一茬采用第二茬数据，第四茬采用第三茬的第一遍灌水数据。表 8.1.1 显示，第一、第二和第三茬苜蓿生物量积累快，耗水量大。前三茬灌水定额偏高，大致在 2355～

表 8.1.2   **2017 年地面场苜蓿田间灌水监测**

苜蓿茬数	灌水次数	灌水日期（月日—月日）	灌水区位置	灌水量/m³	总面积/hm²	灌溉面积/hm²	平均灌水定额/(m³/hm²)	实际灌水定额/(m³/hm²)
第一茬	第一遍	0502—0508	1、2、3、4、5、6、7、8	99790	63.6	63.4	1569	1575
	第二遍	0520—0528	1、2、3、4、5、6、7、8	49385	63.6	63.3	776	780
第二茬	第一遍	0721—0807	1、2、3、4、5、6、7、8	150456	63.6	63.5	2366	2370
第三茬	第一遍	0812—0904	3、4、7、8	63936	63.6	31.8	1005	2010
第四茬	第一遍	0913—0920	3、4、7、8	34953	63.6	31.9	550	1095
合计				398520	63.6		6266	

注   第一茬用水量、第四茬用水量为依据农户经验推算用水量。

$3674\text{m}^3/\text{hm}^2$ 之间，第四茬耗水量较小，灌水定额只有 $1095\text{m}^3/\text{hm}^2$。试验田平均灌溉定额，2016 年为 $7703\text{m}^3/\text{hm}^2$，2017 年为 $6266\text{m}^3/\text{hm}^2$，均高于苜蓿喷灌要求定额。

8.1.1.2   地下水埋深监测

采用地下水监测仪 CK.YWYZ-1 对遥感地面场地下水水位埋深进行监测，从 2016 年 8 月到 2017 年 6 月地下水月平均埋深变化，如图 8.1.1 所示。从图中可以看出，2016 年 8 月地下水埋深为 2.30m，9 月与 8 月相比略有增加，从 9 月开始到 2017 年 3 月，地下水水位埋深逐渐加大，到 2017 年 3 月达到最大，埋深为 3.23m，这主要是由 9 月后灌溉水量减少，灌溉渗漏水补给地下水量减少，在冬季停止灌溉造成。3—4 月，积雪融化对地下水产生一定补给，地下水水位稍有抬升。4—5 月灌溉渗漏补给地下水量加大，地下水水位快速抬升。6 月后地下水水位抬升缓慢，2017 年 6 月地下水埋深为 2.39m，基本恢复到 2016 年 8 月水平。

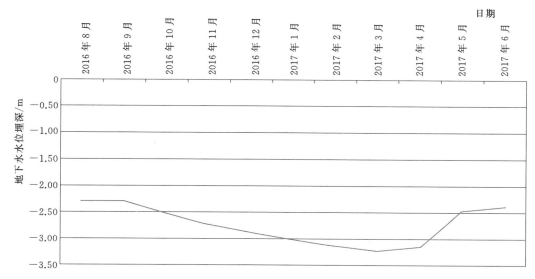

图 8.1.1   地下水水位月平均埋深变化

8.1.1.3　气象监测

遥感地面场距克拉玛依市 20km，用克拉玛依市气象站监测数据说明地面场 2016 年气象特征。2016 年平均气压为 967.30hPa，月均最大气压为 981.65hPa，月均最小气压为 953.60hPa。月平均气温为 8.96℃，最低为−14.96℃，最高为 27.35℃。全年降水量为 219.40mm，月平均降水量为 18.28mm，月最大降水量为 51.70mm。全年水面蒸发量为 2240.33mm，月平均水面蒸发量为 186.69mm，月水面蒸发量最大为 387.68mm，最小为 4.30mm。月平均地面温度为 14.88℃，最大为 33.57℃，最小为−4.06℃，详见表 8.1.3。表中水面蒸发为小型水面蒸发皿蒸发值，4—9 月数据为大型水面蒸发器监测数据经折算转换后得到，转换方法参照有关新疆水面蒸发折算系数研究成果[1-3]。

表 8.1.3　　　　　　　　　　　　2016 年遥感地面场气象参数特征

月份	平均气压 /hPa	平均气温 /℃	最高 气温 /℃	最低 气温 /℃	平均水 汽压 /hPa	降水量 /(mm/d)	水面蒸 发量 /(mm/d)	平均风速 /(m/s)	平均 0cm 地面温度 /℃
1	979.19	−14.58	−11.34	−17.38	1.78	11.00	4.30	1.04	−4.04
2	981.65	−14.96	−10.09	−18.22	1.54	2.90	16.60	1.14	−4.06
3	969.01	4.33	8.47	0.55	5.35	4.50	93.50	2.13	6.83
4	963.36	16.16	21.23	11.83	7.09	23.10	237.86	3.01	20.58
5	961.81	18.16	23.27	13.28	8.00	28.60	289.46	2.63	23.45
6	956.97	26.56	31.82	21.46	12.84	51.70	378.75	2.73	32.62
7	953.60	27.35	33.25	22.62	15.57	33.80	367.86	2.59	33.57
8	958.42	26.37	31.72	21.43	12.11	23.90	387.68	2.33	32.65
9	961.08	22.60	28.25	17.70	9.82	5.70	304.82	2.15	27.75
10	971.71	7.18	10.94	4.10	5.63	10.40	105.90	2.24	10.17
11	975.84	−4.82	−0.91	−7.39	3.27	10.50	44.40	1.94	0.81
12	974.99	−6.83	−4.64	−8.81	3.36	13.30	9.20	1.27	−1.74
年平均	967.30	8.96	13.50	5.10	7.20	18.28	186.69	2.10	14.88

8.1.2　涡度相关系统监测

涡度仪安置在项目所建的遥感地面场上，监测农作物为紫花苜蓿。紫花苜蓿为蔷薇目、豆科、苜蓿属多年生草本植物。

8.1.2.1　涡度相关系统 ET 监测原理

涡度相关方法是澳大利亚科学家 Swinbank 于 1951 年提出，该方法是测定地气湍流交换的微气象学方法之一。它通过快速测定大气的温度、湿度、CO_2 浓度等物理量与垂直风速的协方差来计算湍流通量[4]。该技术经过发展，目前已经成为测定地表与大气之间水汽交换的标准方法，其优点表现为：①通过测定垂直风速和水汽密度的脉动，从气象角度首次实现了 ET 的直接观测；②涡度相关法可以对地表 ET 实施长期的、连续的和非破坏性的定点观测；③可以在超短时间尺度上对 ET 和大气痕量成分进行监测，如 10min、

30min，甚至更短。但涡度相关方法的应用也存在不少限制因素，如一般适应于平坦均匀下垫面，测定的 ET 存在能量不闭合及 ET 值低估现象。对仪器工作的精度和质量要求较高，监测容易受到异常气象因素干扰。数据处理复杂，由于处理方法差异，同类仪器相同监测数据，经不同方法处理后，ET 结果可能不同。尽管如此，相比其他方法来说，涡度相关方法的测量结果和监测设备的稳定性还是有较大的优势。目前全球通量网主要采用该技术进行监测，其主要原理如下。

大气边界层大气的运动具有明显的湍流性质，湍流运动具有混合效应特性，在湍流运动中，脉动运动存在属性传送现象，即脉动运动会将水平层中的部分动能和其他属性量输送到另一层，这种性质会引起边界层大气的物质、能量的混合。这种作用不仅影响湍流的水平运动特性，同时也影响着垂直方向上的动量和属性量的分布。湍流脉动所引起的属性量的输送过程类似于分子不规则运动中的属性量的输送过程，前者传送载体为"湍涡"，后者传送载体为分子。

假设在任一高度 z 上取一水平面，在它上面取一单位面积 A，该高度空气密度为 ρ，垂直运动速度为 w，则单位时间内通过该单位面积的空气质量为 ρw。

可设 S 为单位质量空气所包含的某属性值。则单位时间内通过单位面积向上输送的属性 S 的量值为 $\rho w S$，$\rho w S$ 为该 z 高度平面的属性 S 的通量密度，命名为 Q。由于 z 高度上通量密度分布的非均匀性和随机性，一般用 z 高度上足够大的面积内通量密度的平均值 Q 代表 z 高度通量密度特征值，因此可表示为

$$Q = \overline{\rho w S^A} = \frac{1}{A} \int_A \rho w S \, dA \tag{8.1.1}$$

特定测点通量贡献来自测量点的整个上风向区域。涡动相关法准确测定通量密度的前提条件主要包括：测量点位于常通量层内、源面积足够大、平均垂直风速为零等。

湍流可以看作一系列关于平均值的波动，因此其任意瞬时物理量的值都可表示为平均量与脉动量之和，如果平均量用"$-$"表示，脉动量用"$'$"表示，则 ρ、w、S 可分别表示为：$\rho = \bar{\rho} + \rho'$，$w = \bar{w} + w'$，$S = \bar{S} + S'$，在近地层可假设空气密度恒定，即 $\rho' = 0$，$\rho = \bar{\rho}$，则式（8.1.1）可表示为

$$Q = \rho \, \overline{(\bar{w} + w')(\bar{S} + S')} = \rho \, \overline{w} \overline{S} + \rho \, \overline{w'S'} = Q_1 + Q_2 \tag{8.1.2}$$

式中：Q_1 为平均垂直运动 $\overline{w}$ 引起的 S 的平均属性量值的输送，即平流项；Q_2 为湍流垂直脉动 w' 引起的 S 的属性量值的脉动值的输送，即湍流传送项或垂直传送项。

蒸散研究关心的是动量、热量、水汽、质量等属性量的湍流传送，即 Q_2 问题，为简化，一般记作 Q，见式（8.1.3），该式为湍流输送通用方程形式。

$$Q = \rho \, \overline{w'S'} \tag{8.1.3}$$

在近地层中风向随高度变化很小或不变，在局地三维坐标系中，可取 x 轴与水平运动方向一致，则垂直方向的水平运动动量、热量、水汽等的湍流输送通量密度可分别表示为

$$\tau = \rho \, \overline{w'u'} \tag{8.1.4}$$

$$H = \rho c_p \, \overline{w'\theta'} \tag{8.1.5}$$

$$LE = \rho L_v \, \overline{w'q'} \tag{8.1.6}$$

式中：τ 为动量通量；H 为感热通量；LE 为潜热通量；ρ 为空气水汽密度；c_p 为空气定压比热；L_v 为水的汽化潜热；u' 为水平纵向风速脉动值，m/s；w' 为垂直风速的脉动值，m/s；θ' 为温度的脉动值，K；q' 为比湿的脉动值，g/g。

涡动相关系统利用超声波风速仪测定三维风速脉动，利用 LI7500（开路）测定 H_2O、CO_2 浓度脉动。通过式（8.1.4）～式（8.1.6）计算垂直方向湍流运动的动量、感热通量和潜热通量。

8.1.2.2　涡度相关系统 ET 数据处理

涡度相关系统所采集的数据是连续的，根据研究目的，需要计算不同时间尺度的通量，如时通量、日通量等。因此首先需要对监测数据进行分时间段划分，不同的时间划分会得到不完全相同的结果，时间一般平均取 10～60min，最常用的是 30min。

利用涡度相关方法进行地气湍流交换的测定，需要具备一定的条件。理想的观测条件难以完全达到，如存在准平稳湍流，要求下垫面地形平坦、地势开阔、地表覆盖均匀；近地层存在常通量层；影响通量的各尺度的涡旋都被测到；测量到的通量代表仪器所在的下垫面；仪器架构不能对风速构成遮挡，仪器水平安置等。另外大气层结条件、大气湍流强弱、仪器和电子噪声等都会影响数据的采集和计算结果，因此需要对监测的原始数据和通量数据进行各种校正。如果不进行必要的校正，得到的通量可能有较大的误差。以密云观测站一年的涡动相关仪观测数据分析为例，结果表明：野点值剔除、坐标旋转以及超声虚温修正对地表感热、潜热通量的观测结果影响较小，变化在 ±1% 之内。但坐标旋转对动量通量影响较大，坐标旋转前后 MAPD 超过 40%。空气密度脉动引起的误差对潜热通量及 CO_2 通量的观测结果影响较大，需要对潜热和 CO_2 通量进行空气密度效应校正。三维风速、CO_2、H_2O 和空气温度的功率谱在惯性副区基本满足 $-2/3$ 次方定律，协谱基本满足 $-4/3$ 次方定律[5]。

主要校正方法如下：

（1）仪器的标定，包括确定仪器系数、仪器性能漂移校正等。按照仪器所要求的时间和方法进行标定，一般需要定期对仪器进行校正。

（2）异常数据的剔除和插补，主要包括极限值法和标准差法等。针对不同时间尺度数据，采用不同的异常数据剔除和插补方法。比如 1 秒短时间原始数据，采用 3 倍标准差异常数剔除，平均值插补。长时间数据缺失，采用邻近域动态插值。对于日尺度数据，建立日尺度标准差，采用 3 倍日尺度标准差剔除数据，建立日尺度趋势函数，然后利用日尺度函数插补数据。

（3）空气密度变化校正，也叫 WPL 校正。WPL 校正由 Webb - Pearman - Leuning（1980）首先提出并给出了计算方法。一般情景下，空气密度被作为常数对待，对感热通量影响不大；对 CO_2、H_2O 等微量痕量气体的交换，密度变化对结果很敏感。如红外仪器现在测量的是空气 CO_2 的绝对浓度而不是相对浓度，同样的绝对浓度在不同的温度下其相对浓度不一致，空气温度的微小变化引起的密度变化，对于像 CO_2 量级的物质来说，其变化不可忽略，需要进行空气密度校正。

（4）坐标旋转校正。坐标旋转是单纯的数学方法，目的是通过改变坐标系统方向，使垂直向上的风速尽可能小或为零，最大限度地满足涡度相关方法垂向平均速度为零的假设。同时使 X、Y、Z 三个方向保持原垂直关系。

8.1.3 大孔径闪烁仪监测

闪烁法通量观测为遥感像素尺度地面真实验证提供了有效方法，这是长期理论研究与现代技术的结晶。通过遥感技术获取蒸散发信息已经成为目前和未来区域蒸散发信息的主要获取手段。巨大而不断深入的应用需求促进 ET 产品质量的不断提高，生产更高精度的 ET 产品、对 ET 产品进行质量分级标定，已经成为制约 ET 产品应用和市场化的瓶颈。基于闪烁法通量观测，由于其高时间分辨率性、像素尺度观测性以及理论与实际高度符合性等而成为遥感地面真实验证和地气交换研究的重要手段，并日益得到重视。

8.1.3.1 监测特点

大孔径闪烁仪通量监测主要有以下特点：

（1）测量大空间尺度湍流交换，可以得到 500～10000m 光径上源区的感热通量、动量通量、潜热通量的平均值。如测量距离 500～5000m（BLS450、BLS900）、1000～10000m（BLS2000）[6]。相对于涡度相关系统具有更好的空间代表性，提高观测能量的闭合率。

（2）获得与遥感影像像元尺度相当的地面真实验证信息[7-8]，避免由点到面进行尺度扩展带来的误差。

（3）大孔径闪烁仪、涡度相关仪等观测系统可以对蒸散发量进行实时直接观测，其观测结果精度较高，并可作为遥感估算蒸散发值与地面实际观测值匹配的校正数据[9]。闪烁仪基于较小尺度（湍流惯性区或更小）的运动特征，其观测的平均时间很短，加上区域平均特性，适合于监测地表通量的短期变化，与涡度相关仪相比，能得到更加稳定的通量值。闪烁仪出现为准瞬时遥感反演 ET 地面真实验证提供了基础。

（4）监测数据与实际匹配较好，在国内外均取得较好的监测和应用效果。北京师范大学等单位针对农田、森林和城市等各种均匀或非均匀下垫面开展了大孔径闪烁仪观测试验，通过涡动相关仪同步观测比较，得到了较好的观测值[10]。

（5）监测空气折射指数的结构参数（C_n^2），结合空气温度、湿度、大气压、净辐射、土壤热通量等要素测量，根据能量平衡方程，计算感热通量和潜热通量。

（6）可连续获取非均匀下垫面上大尺度地表水热通量，实现传统地面观测通量的尺度扩展与遥感监测地面验证，为卫星遥感监测的地表通量提供像元级别的对比数据，弥补波文比—能量平衡方法和涡度相关方法等的弱点。

（7）设备具有自动化程度高，自动定时对准、自动振动修正、自动数据质量检查、自动电力维持、防雨雪、防雷电等特性，适于长期连续区域通量监测，为遥感 ET 反演准同步验证、气象研究、水循环研究等提供连续同步监测数据。

（8）应用领域广。在地表能量平衡、遥感反演数据地面验证、植物蒸腾耗水、农林气象监测、水文和水资源管理、湍流交换、大气扩散、光传播、军事应用等领域中得到良好应用。

8.1.3.2 监测参数及 ET 计算

大孔径闪烁仪由发射仪和接收仪两部分组成，两者的光学孔径一般相同。在外场放在同一直线上，并相隔一定距离，一般大于 $500\mathrm{m}$，见图 8.1.2[6]。发射仪发出一定波长和直径的波束，接收仪接收其发射的电磁波。电磁波在由发射仪到接收仪的传播过程中，由于大气温度、湿度和气压波动会引起空气折射系数的波动，并导致波束的无规则折射和吸收，从而影响接收仪接收到的电磁波强度，依据接收的电磁波强度变化，计算空气折射指数的结构参数[11]，见式（8.1.7）。

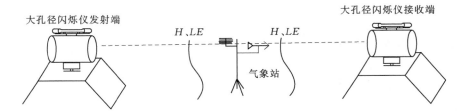

图 8.1.2 大孔径闪烁仪安装位置示意图

$$C_n^2 = C\sigma_{\ln(I)}^2 D^{7/3} L^{-3} \tag{8.1.7}$$

式中：C_n^2 为空气折射指数的结构参数；C 为常数，当 C_n^2 在 $10^{-17} \sim 10^{-12}$ $\mathrm{m}^{-2/3}$ 范围时，$C =$ 1.12；D 为光学孔径；L 为发射仪与接收仪之间的光径长度（光程）；$\sigma_{\ln(I)}^2$ 为接收的电磁波强度（I）自然对数的方差。

在湍流大气中，温度、湿度和气压的波动都会引起空气折射指数的结构参数变化，C_n^2 与温度、湿度的结构参数 C_T^2、C_q^2 以及二者的相关项 C_{Tq} 有关，C_n^2 还与气压结构参数 C_p^2 有关。由于 C_p^2 影响很小，通常被忽略。因此存在关系式（8.1.8）。

$$C_n^2 = \frac{A_T^2}{T^2} C_T^2 + \frac{A_T A_q}{T_q} C_{Tq} + \frac{A_q^2}{q^2} C_q^2 \tag{8.1.8}$$

式中：A_T 为 C_T^2 对 C_n^2 的相对贡献系数；A_q 为 C_q^2 对 C_n^2 的相对贡献系数；T 为大气温度；q 为大气湿度。

在可见光和近红外范围内，温度的波动对 C_n^2 影响较大，A_T 可能比 A_q 大 2～3 个数量级。Wesely[12] 指出，假如温度和湿度的脉动相关，并利用波文比系数的定义，则可由空气折射指数的结构参数 C_n^2 计算空气温度结构参数 C_T^2，计算见式（8.1.9）。

$$C_T^2 = C_n^2 \left(\frac{T^2}{-0.78 \times 10^{-6} P} \right)^2 \left(1 + \frac{0.03}{\beta} \right)^{-2} \tag{8.1.9}$$

式中：T 为空气温度；P 为气压；β 为波文比。

根据莫宁-奥布霍夫近地层大气相似理论，温度结构参数和摩擦温度存在如下关系[13]：

$$\frac{C_T^2 (z-d)^{2/3}}{T_*^2} = f_t \left(\frac{z-d}{L} \right) \tag{8.1.10}$$

式中：z 为观测高度；d 为零平面位移高度；L 为莫宁-奥布霍夫长度；T_* 为摩擦温度；f_t 为仅与大气稳定有关的普适函数，在大气稳定和不稳定条件下分别采用不同的函数形式。

在大气不稳定条件下，可采用如下形式：

$$f_t \left(\frac{z-d}{L} \right) = c_{T1} \left(l - c_{T2} \frac{z-d}{L} \right)^{-2/3} \tag{8.1.11}$$

其中：c_{T1}、c_{T2} 是常数，Wyngaard 等[14]给出 $c_{T1}=4.9$，$c_{T2}=7$；De Bruin 等[15]给出 $c_{T1}=4.9$，$c_{T2}=9$。

在大气稳定条件下，可采用如下形式：

$$f_t\left(\frac{z-d}{L}\right)=5 \tag{8.1.12}$$

求出摩擦温度，根据感热通量与摩擦温度的关系，计算感热通量，见式（8.1.13）。

$$H=\rho C_p u_* T_* \tag{8.1.13}$$

式中：H 为感热通量；ρ 为空气密度；C_p 为空气定压比热；u_* 为摩擦速度；T_* 为摩擦温度。

由于莫宁-奥布霍夫长度 L 中含有感热通量和摩擦速度这两项，由式（8.1.9）～式（8.1.13）一般得不到感热通量的解析解，需要采用逐次迭代法计算感热通量。

根据地表能量平衡方程，利用余项法可以得到潜热通量：

$$\lambda E=R_n-G-H \tag{8.1.14}$$

式中：λE 为潜热通量；R_n 为净辐射通量；G 为土壤热通量；H 为感热通量。

在利用 LAS 监测数据计算感热通量和潜热通量时，需要用到许多半经验公式，这些公式形式多样，多数参数不唯一。在具体应用时需要依据仪器类型、型号、当地气候特点、测定目标特性等选择合适的公式和参数。对于精度要求较高的监测，最好进行专门的率定，这样才能达到理想的监测效果。

LAS 仪器只能监测空气折射的指数结构参数，计算感热通量、潜热通量需要配套监测大气温度、气压、净辐射等相关参数，为此需要配套安装气象监测设备或涡动相关系统等。

8.1.4　小孔径激光闪烁仪监测

8.1.4.1　监测特点

小孔径激光闪烁仪（SLS）具有大孔径闪烁仪类似的优点和应用场景，并具有以下特点。

测量范围为 $50\sim250\mathrm{m}$，可以在较小尺度上监测均匀、不均匀下垫面的通量变化，满足较高空间分辨率遥感影像的像元尺度的地面真实验证需求，满足田间用水管理对高精度、高空间分辨率 ET 的需要。研究区多数田块尺度小于 1000m，大多在 500m 以下，小孔径激光闪烁仪可以提供 $50\sim100\mathrm{m}$ 尺度的农田通量观测验证，为提高遥感 ET 反演空间分辨率和精度提供依据。

小孔径激光闪烁仪可以同时测定空气折射指数的结构参数与内尺度，结合气象、土壤热通量及净辐射通量观测，可计算感热通量和潜热通量。

小孔径激光闪烁仪尽管有许多优点，但也存在不足。当路径上内尺度 l_0 较大时，测量的结果并不准确；当光程接近 250m 时，容易达到饱和。

8.1.4.2　监测参数及 ET 计算

小孔径激光闪烁仪和大孔径闪烁仪的 ET 监测原理相似[16]。它也由发射仪和接收仪两部分组成，其发射仪和接收仪的光学孔径相同。在外场放在同一直线上，并相隔一定距离，一般在 100m 左右，见图 8.1.3。SAS 采用波长为 $0.67\mu m$ 的激光，孔径 2.5mm。发射仪发出一定波长的激光，接收仪接收其发射的激光。激光在由发射仪到接收仪的传播过程中，由于源区大气温度、湿度和气压波动会引起大气折射系数的波动，并导致激光束的无规则折射和吸收，从而影响接收仪接收到的激光强度，依据接收到的激光强度变化，计算大气折射指数的结构参数。SLS 可以同时测定 C_n^2 和 l_0，依据设备测定的 C_n^2、l_0 以及其他相关参数，计算监测区的大气通量。

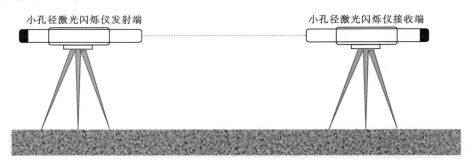

图 8.1.3　小孔径激光闪烁仪安装位置示意图

通量计算主要包括如下步骤：

（1）依据闪烁光强测量得到的 C_n^2 和 l_0 计算感热通量。

（2）温度结构参数 C_T^2 计算。根据式（8.1.15）计算 C_T^2：

$$C_T^2 = C_n^2 T^4 (ap)^{-2} \qquad (8.1.15)$$

式中：C_T^2 为温度结构参数；T 为大气温度，K；p 为空气大气压，hPa；a 为常数，当激光波长为 670nm 时，$a = 7.89 \times 10^{-5} K/hPa$。

（3）动能耗散率 ε 计算。依据式（8.1.16）计算动能耗散率：

$$\varepsilon = \nu^3 (7.4/l_0)^4 \qquad (8.1.16)$$

其中，ν 为空气动能黏滞性，单位为 m^2/s，计算公式如下：

$$\nu = [1.718 + 0.0049(T - 273.15)]\rho^{-1} \times 10^{-5} \qquad (8.1.17)$$

式中：ρ 为空气密度，kg/m^3。

（4）摩擦速度与摩擦温度计算。莫宁-奥布霍夫长度 L 采用式（8.1.18）计算。

$$L = \frac{Tu_*^2}{kgT_*} \qquad (8.1.18)$$

式中：k 为冯·卡门（Von Karman）常数，$k = 0.4$；g 为重力加速度，$g = 9.81 m/s^2$；u_* 为摩擦速度，m/s；T_* 为摩擦温度，K；T 为空气温度，K。

在不稳定条件下，摩擦速度与摩擦温度采用式（8.1.18）～式（8.1.20）联合计算。

$$C_T^2 (kz)^{2/3} T_*^{-2} = 4\beta_1 \left[1 - 7\frac{z}{L} + 75\left(\frac{z}{L}\right)^2\right]^{-1/3} \qquad (8.1.19)$$

$$\varepsilon kz u_*^{-3} = \left(1 - 3\frac{z}{L}\right)^{-1} - \frac{z}{L} \qquad (8.1.20)$$

式中：z 为光程高度，m；β_1 为奥布霍夫-科尔辛（Obukhov - Corrsin）常数，$\beta_1 = 0.86$。

在稳定条件下，摩擦速度与摩擦温度采用式（8.1.18）、式（8.1.21）、式（8.1.22）联合计算。

$$C_T^2 (kz)^{2/3} T_*^{-2} = 4\beta_1 \left[1 + 7\frac{z}{L} + 20\left(\frac{z}{L}\right)^2 \right]^{1/3} \tag{8.1.21}$$

$$\varepsilon kz u_*^{-3} = \left[1 + 4\frac{z}{L} + 16\left(\frac{z}{L}\right)^2 \right]^{1/2} \tag{8.1.22}$$

（5）感热通量计算。求出摩擦温度，根据感热通量与摩擦速度、摩擦温度关系，计算感热通量，见式（8.1.23）。

$$H = -\rho C_p u_* T_* \tag{8.1.23}$$

式中：H 为感热通量；ρ 为空气密度；C_p 为空气定压比热；u_* 为摩擦速度；T_* 为摩擦温度。

式（8.1.23）与式（8.1.13）相同，为方便阅读重复给出。

（6）潜热通量（ET）计算。根据地表能量平衡方程，利用余项法可以得到潜热通量：

$$\lambda E = R_n - G - H \tag{8.1.24}$$

式中：λE 为潜热通量；R_n 为净辐射通量；G 为土壤热通量；H 为感热通量。

式（8.1.24）与式（8.1.14）相同，为方便阅读重复给出。

在利用 SLS 监测数据计算感热通量和潜热通量时，需要用到许多半经验公式，这些公式形式多样，多数参数不唯一。在具体应用时需要依据仪器类型、型号、当地气候特点、测定目标特性等选择合适的公式和参数。对于精度要求较高的监测，最好进行专门的率定，这样才能达到理想的监测效果。

SLS 仪器可以同时监测大气折射的结构参数 C_n^2 和 l_0，计算感热通量、潜热通量需要配套监测大气温度、气压、净辐射等相关数据，为此需要配套安装气象监测设备。为了对比监测效果和插补修正，最好配套安装涡度相关系统等。

8.1.4.3　闪烁仪观测通量的不确定性

闪烁仪观测通量的不确定性主要表现在以下三方面：

1. 理论方面

（1）波传播方程求解，计算中的局地各向同性假设与弱散射假设。

（2）Kolmogorov 谱在耗散区和含能区的修正问题。

（3）莫宁–奥布霍夫相似理论的有关假设及函数优选。

（4）临时闪烁饱和问题，由于气象条件变化或人工干扰，导致正常监测条件下出现闪烁饱和现象，引发数据无效或精度降低。

2. 实用中计算参数的确定及源区分析

（1）代表性的地表粗糙度 z_0、摩擦速度 u_*。

（2）有效高度的确定。

（3）复杂地形条件的 Footprint 分析。

3. 其他

（1）光径上气溶胶的影响。

（2）闪烁仪监测结果的验证。

8.2　ET 时间尺度拓展与插值

8.2.1　ET 时间尺度拓展与插值技术分析

8.2.1.1　ET 时间尺度拓展分析

直接基于遥感数据反演 ET 只能获取卫星过境时刻的瞬时 ET，而日 ET 却更加有用。因此需要根据瞬时 ET 获得其日 ET，即进行 ET 时间尺度拓展。时间尺度拓展是遥感反演蒸散发研究所面临的难题之一，也是决定此类模型反演精度的关键所在[17]。

国内外学者对 ET 时间尺度拓展方法进行了许多研究，并开发了许多方法。如利用遥感瞬时观测值和地面实测值，在一定假设条件下对潜热通量、感热通量、太阳净辐射通量和土壤热通量进行拟合来确定日 ET。该方法最早由 Jackson 等[18]提出，并为后人广泛采用。Venturini 等[19]发现利用卫星过境瞬时的蒸发比估算日蒸散量与实测值间的差异较小。基于冠层阻力日变化不大，赵华等[20]利用冠层阻力进行时间尺度拓展获得了较好效果。Allen 等[21]基于作物系数在日内变化较小的假设，对瞬时 ET 的时间尺度进行了研究。刘国水等[22]研究指出基于作物系数的时间尺度拓展方法从小时到日 ET 时间尺度拓展相对较好。Li 等[23]得出由于蒸发比日内变幅较小，故可利用日内蒸发比代替日平均蒸发比的结论。

目前有代表的时间尺度拓展方法包括：经验模型法、正弦关系法、蒸发比法、参考蒸发比法、表面阻抗法、天文辐射比法和数据同化法等[24]；这些方法已经有专门论文或专著论述。

事实上由于气象条件、下垫面等的不同和变化，日内不同时刻的 ET 具有波动性和不确定性。用固定比值系数，不论是蒸发比法、参考蒸发比法、正弦关系法等都会产生较大误差。这种误差在大到特大空间尺度研究领域，由于正负误差的相互抵消作用，对区域日 ET 拓展精度影响相对较小；但对于局部地区、中小尺度领域以及农业实时 ET 服务领域等，较大的日 ET 误差将极大地限制 ET 产品的应用，需要重视和解决。

8.2.1.2　ET 插值技术分析

无论是地面 ET 监测还是遥感 ET 反演，基本都存在数据缺失问题，并且缺失原因和缺失严重程度具有多变性，许多还具有随机性和混沌性。针对不同缺失原因和情况，选择合适方法对缺失数据进行插值修复，是获得时空连续 ET 的一项重要内容。

导致监测数据缺失的因素有很多。对于地面监测仪器系统，它们主要来自以下方面：传感器的损坏、电子器件的老化等来自于仪器本身的问题；维护和标定导致的临时中断；降水、大风、冬季供电不足等自然环境因素的限制；生产作业、公共管理等对场区的人为干扰。2001 年，Falge 等[25]研究估计，通常一年中有 17%～50% 的观测数据缺测或被剔除。虽然现代科学技术及仪器设备已经得到很大发展和改进，但地面监测系统的数据缺失问题依然较为严重。

遥感数据缺失也是常见现象。受云和其他天气因素的影响，遥感在非晴好天气时通常无法获得可用的可见光和热红外数据，所获得的陆面参数实际上是不连续的；由于浓云影响和传感器原因，会导致图像局部数据无效。进行遥感 ET 反演时，需要用到多源遥感和非遥感数据，这些数据空间分辨率往往不一致，需要通过插值或抽稀使其空间分辨率相匹配[26]。由于这些客观因素存在，遥感 ET 反演数据以及其他参数在空间上经常存在缺失现象，为得到在空间上连续的 ET 数据，需要对数据进行空间插值处理。

ET 数据以及其他参数在时空上的缺失，将影响更大尺度的汇总分析以及陆面过程的精确模拟。根据插值作用域，可将插值分为空间插值、时间插值和时空插值。时空插值在遥感 ET 反演中几乎是不可避免的任务，时空插值有时也称作时空数据重构。

空间插值方法是根据已有的观测样本来估算未采样区域的数据值。主要包括泰森多边形法（Thiessen）、反距离加权法（IDW）、梯度距离反比法（GIDS）、样条函数法（Spline）、趋势面法（Trend）、面积插值法（Area - based）、普通克里金法（OK）、协同克里金法（CK）等。对于空间插值方法的插值精度进行评价较为困难，除了普通克里金法可以对误差进行逐点的理论估算外，其他方法都无法对误差进行理论估算。国内外学者通常采用交叉验证方法（Cross - Validation）来验证空间插值精度。

针对涡度相关系统数据缺失问题，许多学者进行了研究，然而到目前为止，并没有一种插补方法被广泛接受[27]。插补方法很大程度上取决于研究者的选择，针对蒸散发量，通常所采用的插补方法包括：平均昼夜变化方法（MDV）、查表方法（LUT）、非线性回归方法（NIR）、动态线性回归方法（DLR）和人工神经网络方法（ANN）等，不同插值方法有各自的优缺点。平均昼夜变化方法不需要气象数据，但当环境明显改变时，插补的结果往往不能代表实际情况。非线性回归方法、查表方法、动态线性回归方法和人工神经网络方法都需要相关的气象数据，能够反映气象因子的变化对蒸散量的影响，但同时受到气象数据的制约[28]。

对于大孔径闪烁仪的数据缺失，也可采用类似于涡度仪的方法插值。2010 年，白洁等[29]开展大孔径闪烁仪观测数据处理研究，将显通量数据缺失分为短时间数据缺失和长时间数据缺失。基于密云站、馆陶站 2008 年 1 月、7 月观测数据，对比研究了自由对流方法、非线性回归方法、动态线性回归方法、HANTS 方法等的插值效果。对于短时间数据缺失，稳定状态下，采用零值插补较合适；不稳定状态下，采用非线性回归方法较好。对于长时间数据缺失，采用动态线性回归方法较为合适。对潜热通量数据缺失也进行了不同插值方法的对比研究，稳定状态下长时间周期性数据缺失，采用 HANTS 方法插值较好；对于冬季日尺度 LAS 观测的潜热通量缺失数据，利用 SLS 与 EC 观测的日蒸散量之间的相关关系来计算比较合适。对于缺失数据插值，最好基于缺失数据多少以及大气条件选择合适方法。目前还没有找到较好的普适方法，小孔径激光闪烁仪与大孔径闪烁仪观测原理类似，可以采用与大孔径闪烁仪类似的方法进行缺失数据的插值。

8.2.2　日 ET 多尺度移动平均及插值

外场 ET 监测由于气象、仪器设备和人为因素等的影响，获取的日 ET 序列往往存在漏缺数据或断点。日 ET 插值几乎是 ET 观测数据处理的必须过程，其插值精度直接影响 ET 最终产品的质量与使用价值[30,31]。

日 ET 序列属于时间序列，具有时间序列的一般特性，具有较大的波动性，直接建模插值误差较大。多尺度移动平均可以突出序列内在的不同周期的陆表物理或生理过程的特征，同时抑制要素的随机性[32,33]。时间序列具有广泛的应用，其插值又基本是不可避免的环节，因此形成许多插值方法。这些方法的基本过程是先基于数据序列建立近似函数，然后利用近似函数进行插值[34-38]。基于移动平均日 ET 序列进行日 ET 插值可以得到较高的插值精度，其特点是基于数据序列和局域数据相似性的直接插值，基本保持原序列的趋势性信息，最大限度地保留序列的波动信息。为此研究提出了基于移动平均日 ET 序列的短步长对称反距离权重插值和局域参照修正插值两种新插值方法。下面以水利部"948"项目遥感地面场的涡度相关系统的紫花苜蓿蒸散发监测生成的日 ET 序列数据为例，研究分析多尺度移动平均日 ET 反映的苜蓿特征和作用机理，并分析评价短步长对称反距离权重插值方法和局域参照修正插值方法的插值效果。

8.2.2.1　日 ET 多尺度移动平均分析

　　基于 2016 年涡度相关系统监测生成的日 ET 数据，绘制 1 月 1 日—11 月 10 日苜蓿日均 ET 变化图，见图 8.2.1 （a）。从图中可以看出，年内日 ET 变化较大，ET 变化范围在 −1.39～6.45mm/d 之间，平均为 2.43mm/d。苜蓿冬眠期蒸散以裸地和积雪蒸发为主，ET 值较低，相对波动较大。苜蓿生长期在 3 月中旬到 10 月下旬之间，ET 变化范围在 −0.51～6.45mm/d 之间，平均为 3.10mm/d。日 ET 值较大，变化幅度也较大。2016 年苜蓿收割三茬，从图 8.2.1 （a）中几乎无法区分其分布区间。低值点和高值点是由于异常气象过程、近地表层涡动特性以及人为灌溉与收割过程等干扰造成。根据日均 ET 构造趋势线，生长期 ET 随时间增加呈类似上凸抛物线变化趋势。每日 ET 值在曲线上下摆动剧烈，趋势线和日 ET 相关性较低，用趋势线无法准确预测日 ET，日 ET 表现出很强的随机性。

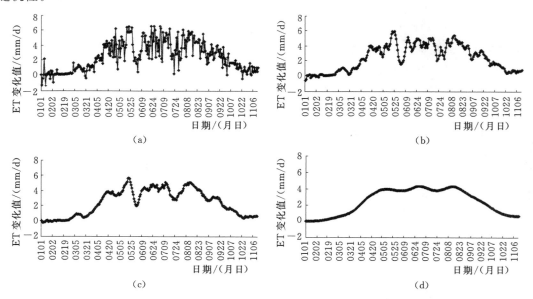

图 8.2.1　2016 年苜蓿日 ET 分布图
（a）实测日 ET；（b）5 日平均日 ET；（c）10 日平均日 ET；（d）20 日平均日 ET

随机要素的存在不会改变随机变量的主体趋势。特定时间尺度的移动平均，可以抑制波动周期较小要素的波动性，同时保留波动周期较大要素的波动性，从而表现为可突出要素相应波动尺度的主体过程。为此，采用 5 日、10 日、20 日不同时间尺度对日 ET 进行移动平均，结果分别见图 8.2.1（b）、图 8.2.1（c）和图 8.2.1（d），以此研究分析苜蓿的 ET 特征。

从图 8.2.1（b）已经可以较明显地看出三茬苜蓿的分布时间区间。在两茬苜蓿之间是收割期，最低点基本是收割期中间点。每茬苜蓿通常依次经历返青、分枝、现蕾、初花、盛花、成熟等生长期。由于人工收割原因，苜蓿没有生长到成熟期，而且花期的生长保留时间也不同。每茬苜蓿日 ET 有着类似趋势，表现为 ET 缓慢增加、ET 快速增加交替进行，并逐级抬升 ET，最后 ET 到达相对高值区域，然后因收割快速下降。收割导致 ET 快速下降而后又快速上升，这是苜蓿收割后裸地蒸发与植物蒸腾交换的结果。三个波谷对应三个收割期，第一茬表现为双峰，第二茬为三峰，第三茬为双峰。5 日平均 ET 数据系列基本反映了多茬苜蓿整个生长期的 ET 特征，灌溉过程和气象过程变化会导致 ET 波动加剧。像灌溉、收割及其他田间作业等，虽然作业过程不是随机的，但由于其实施时间、强度、苜蓿状态以及作业时环境影响等的不确定性，从而会加剧 ET 的随机性。整个生长期日 ET 的变化受苜蓿自然生长与人工收割两个主过程的制约，同时还受异常气象和灌溉等过程等的干扰。

图 8.2.1（c）也能反映三茬苜蓿的变化特点。同样具有三峰和三谷，但生长期 ET 变化细节不如 5 日平均表现得充分，如第三茬由双峰变为单峰，灌溉和降水干扰基本被滤掉。

图 8.2.1（d）虽然也能反映三茬苜蓿的分布时间区间，但每茬生长细节几乎全部被滤掉，各茬均表现为单谷和单峰特征。趋势线和 20 日移动平均线相关性很高，用趋势线可以较为准确地预测 20 日平均日 ET。

不同尺度的移动平均序列可以突出要素不同周期的物理或生理过程特征。针对研究关注的对象，选择合适的时间尺度移动平均序列进行建模和插值，可以较好地模拟要素的趋势性和波动性。对于苜蓿，如果研究降雨、灌溉以及不同生长期的 ET 特征，可选择 3～5 日移动平均序列；如果研究不同茬苜蓿的 ET 特征，可选择 10～20 日移动平均序列；如果研究整个生长期苜蓿的 ET 特征，可选择 20～30 日移动平均序列。

8.2.2.2　短步长对称反距离权重插值方法

由于监测环境的异常变化、仪器设备原因及人为因素等，往往会造成日 ET 序列数据局部缺失，为得到完整的日 ET 序列，需要对缺失点进行插值。陆面蒸散发系统可视作混沌系统，既有非线性动力系统作用又有随机因素作用，因此，在目前要建立精确模型，精确监测日 ET 几乎不可能。但混沌系统也有其自身的特点：内在稳定性和可预见性。在重构相空间里，某点与其邻近点有空间相关性。以天气预报为对象的时间，如果与系统固有时间发展的时间相比，时间极短的话，则很明可以预测，不管是什么混沌系统；如果线性近似为可利用的范围，则预测便是可能的。采用混沌理论模型预测电力负荷，精度要高于其他预测方法。这些模型在气象因素波动较小的时段表现出很高的预测稳定性和较高的预测精度[39,40]。这些结论说明，在相对较短时间、局域时段混沌系统变量具有很强的相关性和可预测性。由于农业作业过程的周期性和相对稳定性，以及气候变化的相对稳定性，日 ET 在时间维上的局域空间内具有很强的相关性，可以采用适当步长在日 ET 数据序列上通过插值推演邻域 ET，并达到较好精度。

为了客观地评价插值精度，采用涡度仪监测生成的 5 日移动平均数据序列作为参照序列，对苜蓿生长期各日进行插值得到插值序列，将插值序列和原数据序列进行比较，统计不同误差概率，说明插值的有效性和精度情况，插值采用短步长对称反距离权重插值方法，见图 8.2.2。该方法来自反距离权重 IDW 算法，具体如下。

设参照年的日 ET 序列为 x_1，x_2，$\cdots$，x_N，N 为自然数，对应一年中某日的天数，每年的 1 月 1 日为 1，然后随天数依次增加。x_N 为在第 N 天的日 ET 值。苜蓿生长期为一年中的某个时间段，从 x_{k1} 到 x_{k2}，其中 k_1，k_2 大于等于 1，且小于等于年总天数。反距离权重 IDW 算法公式为[41]：

$$x = \sum_{i=1}^{n} \frac{x_i}{(d_i)^p} \Big/ \sum_{i=1}^{n} \frac{1}{(d_i)^p} \qquad (8.2.1)$$

式中：x 为插值点的插值计算值；x_i 为第 i 个样本点观测值；d_i 为插值点与第 i 个样本点之间的欧氏距离；n 为参与插值计算的样点数；p 为幂指数，一般取 1~3。

依照 IDW 算法构造短步长对称反距离权重插值方法如下：

$$x_k = \sum_{i=k\pm1}^{k\pm n} \frac{\delta(k-i)x_i}{[ABS(k-i)]^p} \Big/ \sum_{i=k\pm1}^{k\pm n} \frac{\delta(k-i)}{[ABS(k-i)]^p} \qquad (8.2.2)$$

式中：x_k 为 k 插值点的插值计算值；x_i 为第 i 个样本点观测值；k，i 为数据序列中第 k、第 i 位置序号；$k-i$ 为序号之差；$ABS(k-i)$ 为序号之差的绝对值；n 为参与插值计算的单侧样点数，两侧共计参与计算点数为 $2n$；p 为幂指数，一般取 1~3。

当 $ABS(k-i)=1$ 时，$\delta(k-i)=0.5$，当 $ABS(k-i)\neq1$ 时，$\delta(k-i)=1$。

方法要求参与插值点在参照数据序列中分布于待插值点两侧，且数量相等。通过 n 可以控制参与插值点的个数，$2n+1$ 称为步长。为满足时间混沌序列局部相关条件，n 不能过大以符合局域相关条件，因此该方法适用于连续断点较少的区段插值。事实上，当 $p\geqslant2$ 时，远程点的作用会很快衰减到接近于零，n 过大只会增加计算量，对插值结果影响不大。采用待插值点前后数据插值，在时间序列数据中，一般插值点前数据点将影响待插值点的特征，待插值点的特征又会影响后续点，或者说插值点后的点包含插值点的特征。

因此当已知插值点前后数据时，最好采用前后点参与的插值方法。但当模型用于预测时，没有后续点，这时只能采用最邻近的前部点进行插值。由于式（8.2.2）中 n 较小，且参照点对称分布于插值点两侧，因此称为短步长对称反距离权重插值。采用 5 日和 7 日两种步长对参照数据序列进行插值，结果见图 8.2.2（a）和图 8.2.2（b）。

5 日步长插值精度大于 90% 的点占 79%，7 日步长插值精度大于 90% 的点占 74%。插值序列与参照序列具有很好的吻合性，相关系数均达到 0.99，前者平均误差 1.52%，后者平均误差 8.37%。两种步长插值精度均较高，7 日稍低于 5 日，这是由于 5 日步长更加体现参照数据为 5 日移动平均数据的特征，见表 8.2.1。利用短步长对称反距离权重插

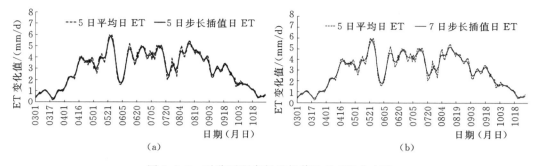

图 8.2.2　对称反距离权重插值法日 ET 分布图
（a）步长为 5 日；（b）步长为 7 日

值可以对同尺度数据序列缺漏点进行插值，并取得较高的插值精度。

表 8.2.1　　　　　　　　　短步长对称反距离权重插值法精度统计

插值类型	分　级	样数/点	比例/%
5 日步长插值	<85	23	10
	85～90	28	12
	90～95	69	29
	95	119	50
7 日步长插值	<85	28	12
	85～90	33	14
	90～95	72	30
	95	106	44

8.2.2.3　局域参照修正插值方法

对于连续缺失数据较多区段的 ET 序列插值，采用权重插值往往误差较大。可采用局域参照修正插值方法插值，以提高插值精度。该方法假设存在一个参照序列，其变化趋势与待插值点序列相似，如不同苜蓿分枝期到花期 ET 序列，利用待插值序列中邻近待插值点的已知点，通过特定算法将参照序列中待插值点对应点修正到待插值序列中，从而实现插值。修正公式见式（8.2.3）。

$$x' = x - \frac{[(x_1 - x_{01}) \times |x_1| + (x_2 - x_{02}) \times |x_2|]}{|x_1| + |x_2|}$$ （8.2.3）

式中：x' 为修正后待插值点的 ET 值；x 为参照序列中待插值点对应的 ET 值；x_{01}，x_{02} 为待插值序列中待插值点两侧已知点的 ET 值；x_1，x_2 为待插值序列中已知点在参考序列中的对应 ET 值。

局域参照修正插值是根据时间进行插值，起始时间影响插值点的相对位置，也影响插值精度，苜蓿全年生长期分为多茬，在使用模型数据进行相邻年度数据插值时，需要考虑苜蓿生长的起始点。为此可通过平移参照数据序列，使不同年度的生长期关键点对齐，比如返青日、收割日等对齐。

为了检验整体修正效果，选用 5 日 ET 和 7 日 ET 作为参照序列，3 日 ET 作为待插值序列进行插值，分析不同尺度平均 ET 到较小尺度平均 ET 的插值情况。7 日 ET 到 3 日 ET 的插值精度小于 5 日 ET 的插值精度，见表 8.2.2 的 ET5 - ET3 列与 ET7 - ET3 列，前者精度大于 80% 的占 85%，后者为 76%。基于较大尺度进行较小尺度插值时，尺度越接近精度越高。两种插值结果的精度均较高，精度大于 80% 的点所占比例大于 75%。采用局域参照修正插值方法对日平均 ET 序列进行插值，可以取得较高的精度。

选用 5 日 ET 和 3 日 ET 作为参照序列，日 ET 作为待插值序列进行插值，分析不同尺度平均 ET 到日 ET 的插值情况。5 日 ET 到日 ET 的插值精度与 3 日 ET 的插值精度接近，见表 8.2.2 的 ET3 - ET1 列与 ET5 - ET1 列，前者精度大于 80% 的占 36%，后者为 38%。插值精度均较低，精度大于 80% 的点所占比例低于 40%。插值精度较低的主要原因是因为日 ET 存在较大的随机性，由平均 ET 反演日 ET 存在很大随机性，如果不借助其他要素，很难实现精确插值。因此在研究使用 ET 时，最好采用一定尺度的平均 ET。

表 8.2.2　　　　　　　　　　　局域参照修正插值对比表

精度 /%	ET5 - ET3		ET7 - ET3		ET3 - ET1		ET5 - ET1	
	数量	比例/%	数量	比例/%	数量	比例/%	数量	比例/%
>95	116	39.9	81	27.8	26	8.9	31	10.7
90~95	69	23.7	79	27.1	30	10.3	27	9.3
85~90	46	15.8	38	13.1	29	10.0	27	9.3
80~85	17	5.8	23	7.9	20	6.9	25	8.6
<80	43	14.8	70	24.1	186	63.9	181	62.2

8.2.2.4　结论

（1）不同尺度的移动平均序列可以突出要素不同周期的物理或生理过程特征。尺度越大，突出 ET 变化的周期就越长，反映出的细节就越模糊。通过多尺度移动平均分析可以优选研究对象的特征数据序列，研究中采用人工方法，后续最好研究自动优选方法。

（2）采用短步长对称反距离权重插值方法，可以提高日 ET 的插值精度。模拟日 ET 插值精度整体达到 85% 以上。

（3）局域参照修正插值方法适用于单点、连续多点的插值及由大尺度到小尺度的插值。参照序列与待插值序列局域变化趋势的一致程度对插值结果精度影响较大，选择合适参照序列以及精度匹配参照序列与待插值序列是关键。

（4）日 ET 插值基本是遥感 ET 反演产品生产的必须过程，其精度直接影响产品的质量。基于移动平均序列进行插值，其特点是基于数据序列和局域数据相似性直接插值，这在以前不易实现，但我们已经进入高速计算、大数据、人工智能时代，绕开构建近似函数，直接基于对象特征数据集进行插值，可能起到事半功倍的效果。研究提出的方法仅是这种策略的一种尝试，其在遥感反演 ET 插值中应有重要应用，对此需要后续进一步研究验证。

8.3　ET 校验技术

8.3.1　蒸散发交叉验证问题及方略

8.3.1.1　蒸散发交叉验证问题剖析

　　遥感技术、物联网技术、大数据技术等为区域蒸散发天地一体监测、快速数据协同处理、深度数据挖掘等创造了良好条件。但是由于地气系统属于混纯系统，在规律性运动过程中还表现出很强的随机性，导致不同蒸散发监测成果之间可能存在较大的差异，这给数据协同挖掘分析和应用带来了许多不利因素，统一 ET 产品精度、稳定性等质量指标，是目前蒸散发监测与应用领域需要克服和解决的关键问题之一。

　　地面蒸散发监测不但是蒸散发监测理论形成的基础，而且还是遥感反演蒸散发理论形成和校验的基础。目前地面蒸散发监测主要包括蒸渗仪、水面蒸发、树干渗流、叶面腾发监测等传统常规监测；波文比、涡度相关系统、闪烁仪等微气象监测；以及基于遥感的蒸散发监测。不同系统进行蒸散发监测的原理不同，监测对象的时空尺度不同，导致用不同方法对同一对象监测，而监测结果却存在不同。即使同类系统监测，由于监测作业技术水平和数据处理方法不同，得到的蒸散发结果也可能存在差异。2005 年，卢俐等[8] 指出，在几公里到几十公里尺度上，特别在非均匀下垫面和地形起伏情况下，有代表性的区域湍流通量观测及有关分析研究，仍然非常困难。为了得到非均匀下垫面一个较大尺度上的平均感热和潜热通量，需要多套相关设备组成观测系统网，其实现显然存在诸多困难。大孔径闪烁仪可以进行较大尺度的通量观测。涡度相关系统在理想条件下，精度较高，但是实际观测的陆表常常难以满足其理论假设要求，在利用涡度相关数据时，有必要做一些校正。美国通量网（AmeriFlux）和欧洲通量网（EuroFlux）对涡动相关仪观测数据的处理方法已经形成一些指导性文件；同时，FLUSNET 强调各通量站建立数据质量保证计划。涡动相关系统可用于基于分辨率较高的卫星影像（TM、ASTER）估算水热通量的验证。MODIS 像元尺度的水热通量的验证，需要利用大孔径闪烁仪[5]。

　　黑河流域生态-水文过程综合遥感观测联合试验，采用涡动相关系统、大孔径闪烁仪系统、自动气象站系统以及航空遥感设备等，对黑河流域开展综合立体观测。其中下游绿洲生态耗水尺度转换遥感试验，开展了生态耗水的多尺度综合观测试验，验证和标定从单株到冠层、群落、区域的蒸散发尺度转换方法。为利用遥感估算蒸散发模型、陆面过程模型或生态耗水经验模型等开展生态耗水的尺度转换，提供了多尺度的标定和验证数据[42]。不同蒸散发监测仪器设备具有各自的优缺点，蒸渗仪直观观测，但观测范围小于涡度相关方法和波文比方法。涡度相关方法可以直接独立测量湍流通量，但存在能量闭合问题、源区有限问题以及异常天气下观测失真问题。波文比法不用求湍流交换系数，根据两个高度的气象要素梯度观测值计算蒸散，但对观测场地和气象条件要求较高，要求传感器足够精确，有时观测误差较大等。大孔径闪烁可以对较大尺度均匀、非均匀下垫面的通量进行观测，但属间接观测，需要借助涡度相关系统或气象观测数据计算潜在蒸散发。大气水平衡方法可以在区域和全球尺度进行通量估算，但精度低。2011 年，雷慧闽等[43] 基于涡度相关系统和大孔径闪烁仪系统，对山东省位山灌区农田的显热通量测定，结果显示 LAS 与 EC 系统的显热通量之间存在着较好的相关性，LAS 的测量结果略大于 EC 测量值。虽然区域水热通量的遥感反演还存在很大的不确定性，但大量的研究表明遥感在区域地表水热通量模拟中的作用无可替代。

遥感模型直接反演得到的蒸散发一般都是瞬时值，由于实际可获得遥感数据的断续性，仅基于遥感难以获得特定区域时间连续的蒸散发序列信息。陆面过程模型能提供连续地表水热过程模拟[44]，因而遥感数据与陆面过程的同化也是一个很有前途的发展方向[45]。区域蒸散发观测具有明显的尺度依赖性，区域蒸散发过程的精确观测存在相当大的难度。

近 20 年，先进的蒸散发观测手段不断出现，如叶面尺度上的植物蒸散率分析技术、个体尺度上的树干液流技术、田间尺度上的波文比和涡度相关技术以及景观尺度上的闪烁仪技术等。由于绿洲生态系统空间异质性强，使不同空间尺度蒸散发模拟结果的转换难度增加，对于田块、灌区、绿洲等不同空间尺度蒸散发模拟结果的互为验证和分析是未来研究中需要进一步探索和加强的重要环节[45]。

通量观测站的空间代表性研究可以为通量观测数据质量控制及通量观测尺度扩展等方面提供理论基础。随着大气稳定度、观测高度和下垫面粗糙度等的变化，通量贡献区范围和各点贡献也将产生变化[46]。中国陆地生态系统通量观测研究网络（ChinaFlux）于 2001 年正式创建，经过 10 余年的发展，在通量观测技术、生态系统碳-氮-水交换过程及其环境控制机理、碳水通量模型模拟和区域碳收支评估等研究领域取得了阶段性跨越发展，目前观测站点已经扩展到 45 个。ChinaFlux 观测技术系统强调多种物质-环境要素-生态过程以及生态系统碳-氮-水通量与循环过程的协同观测[47]。

随着遥感技术的快速发展，人类能获取的遥感数据种类与数量不断提高，为定性、定量提取遥感信息和开展应用奠定了坚实基础，但目前许多应用和产品生产还主要是基于单一的遥感数据源来完成。在信息的种类、精度以及时空属性等方面有较大的缺陷，从而制约了遥感数据的深入和广泛应用，因此多源数据的协同反演应运而生，并且逐渐成为一种趋势。Townshend 和 Justice[48]（2002）指出，在不远的将来，充分利用多源遥感数据之间的优势来建立长时间序列数据集，从而生成长时间序列的环境遥感产品将会成为一种普遍的手段。多源数据协同应用存在巨大优势，但也存在许多关键问题需要解决。如卫星的定位精度不一样，不同数据的几何位置存在差异；传感器的辐射性能存在差异，不同数据的辐射度一致性差；不同传感器设计时，由于技术工艺和目的不同导致相似的光谱谱段设置存在差异；可见光、近红外波段受大气的影响，而且现阶段没有完全可靠的大气校正能力等[49]。解决这些问题并非易事，需要开展一系列技术攻关和工程建设。

上述这些研究以及其他相关研究表明，十分精确地监测区域蒸散发存在很大难度，目前监测技术与方法均存在一定的局限性，监测精度及代表性存在一定的差异性，监测结果既依赖于监测方法和设备，又依赖于水文气象状态以及监测对象的性质与尺度，不同监测方法之间、不同设备之间、不同对象之间、不同时空尺度之间等的监测结果转换与交叉验证研究，既有现实需要又有长远意义。

8.3.1.2 蒸散发交叉验证方略

蒸散发交叉验证本质是实现不同来源蒸散发数据的交互验证或转换，具体来说就是将具有某种特性的蒸散发或相关参数转换为具有其他特性的蒸散发或相关参数，这些特性可以是 ET 产品的精度、分辨率及时空尺度等。针对地面观测 ET、遥感反演 ET 等不同来源的蒸散发对象，应采用不同的交叉校验方略。

1. 地面观测 ET 交叉校验

地面 ET 观测常用方法主要包括蒸渗仪法、涡度相关法、闪烁仪法、波文比法等。其观测原理、监测参数、观测 ET 尺度与代表性等一般存在较大差异。但 ET 总体计算方式基本相同，通过观测系统观测若干参数，基于监测原理构建监测函数集合，利用监测参数与函数计算 ET，其总体计算见式 (8.3.1)。

$$ET^i = F^i(A^i) \tag{8.3.1}$$

式中：ET^i 为第 i 观测系统观测的 ET，如涡度相关系统观测的 ET；i 为监测系统编号；F^i 为第 i 观测系统的 ET 计算函数集合，即 f_1^i，f_2^i，f_3^i，…，f_k^i 集合，k 为函数编号；A^i 为第 i 观测系统观测参数集合，如 a_1^i，a_2^i，a_3^i，…，a_n^i，n 为观测参数编号。

地面观测 ET 交互校验就是将待校验观测系统观测的 ET 转化为参考系统观测的 ET，即 ET^j 转换为 ET^i，可记作 $ET^i = G(ET^j)$，或者将待校验观测系统的观测参数转换为参考系统观测参数，即 A^j 转换为 A^i，记作 $A^i = H(A^j)$，然后基于参考系统 ET 计算函数，计算 ET 视作待校验系统 ET 到参考系统的 ET。通过交互校验实现 ET 尺度由待校验系统到参考系统转换。

不同 ET 观测系统，其观测参数集存在较大差异。这种差异不但表现为观测参数时空尺度差异、精度差异，还往往存在参数类型和数量差异。基于观测参数的校验一般较难实现，但是如果对多个观测系统参数进行并行观测，则可以克服参数校验缺陷，提高多系统观测的稳定性和质量。建立基于共同参数集的并行观测系统将有助于提高 ET 监测精度和稳定性。

不同 ET 观测系统，观测 ET 尽管存在差异，但都是对同一对象进行的 ET 观测，差异主要表现为观测区位、时空尺度、精度等方面的差异。如果建立了观测对象的物理或生理 ET 过程，那么基于这些过程就可将不同观测系统的 ET 转换为相同观测区位、时空尺度、精度的 ET，从而实现不同系统之间的高精度交叉校验。

2. 遥感 ET 交叉校验

遥感 ET 反演需要多源遥感数据，一般需要可见光、近红外、远红外等遥感数据以及部分气象观测数据等，遥感数据可来自同一卫星或不同卫星，气象观测数据可来自同一观测站或不同观测站。遥感 ET 之间的交叉校验本质属于多源数据协同应用问题，交叉验证可以在 ET 产品级上进行，也可在反演 ET 所用参数级上进行，这取决于数据条件、技术条件以及应用目的。这就涉及开展交叉验证的时机和方略问题。

多源遥感数据协同应用主要涉及几何精校正技术、光谱归一化技术、交叉辐射定标技术、大气校正技术等，对遥感各级产品均有影响。在"863"重大项目《星机地综合定量遥感系统与应用示范》中，项目专家组将遥感产品从数据到产品进行了严格的分级，主要包括遥感数据产品、定量遥感基础产品、定量遥感共性产品、定量遥感专题产品、定量遥感应用产品。按此遥感产品划分，ET 产品应为定量遥感共性产品，是制作专题遥感产品和应用遥感产品的"原料"或参数。ET 交互校验一般涉及二、三级产品，即定量遥感基础产品、定量遥感共性产品，具体来说主要涉及反演 ET 所用参数的校验和 ET 产品的校验。

定量遥感基础产品指卫星组网、虚拟星座、星地组网等的多传感器遥感数据产品经过标准化、归一化处理形成的多源遥感数据标准产品，需要进行的处理包括几何精校正、辐射归一化等。其中辐射归一化涉及多项关键技术，如光谱转换技术、交叉辐射定标技术、大气校正技术等。光谱转换技术主要是以某一传感器为参照，构建其他传感器波段发射率或辐射亮度到参考传感器相应波段数值的转换关系，模拟在不同观测几何和大气状况下，不同传感器的表观反射率或者辐射亮度，构建它们的数值向参考传感器的转换方式。取得高精度转换的前提条件是充分掌握传感器的光谱响应函数、传输方程参数以及观测条件。前两者由于保密问题或商业需要，一般很难取得，除非有关国家或厂商公开。后者存在不确定性，也就是说很难用有限的参数集准确反演几乎是无限变化的客观条件。因此光谱转换真正实现并且达到较高精度难度较大。如果卫星及传感器将来通用化、标准化了，就如汽车零件，这种转换难度才有可能降低。由于传感器生产工艺的差异，不同传感器相似波段的辐射亮度有一定差异，交叉辐射定标是利用基准传感器（具有较为精确、稳定度高的传感器）将待标定传感器的辐射值进行转换的一种方式。实现高精度交叉辐射定标的前提条件主要包括：观测时间、角度、地点等观测条件近似一致，大气影响基本被完全消除，建模参照点与非参照点交叉定标关系一致，传感器光谱响应函数稳定。这些条件几乎很难同时达到理想状态，因此交叉辐射定标也存在精度问题，低级遥感产品的高精度交叉校验不易实现。

如果交叉校验在三级产品上进行，比如植被指数，其相对稳定，基于不同传感器观测的光谱值均可反演对应时刻的植被指数，根据植被指数日变化规律，将不同时刻植被指数转换为同一时刻的植被指数，也可将来自不同观测角度、幅度的光谱值反演的植被指数转换为标准观测角度、标准幅度植被指数，不妨将此称为标准植被指数。交叉校验在标准植被指数产品级别上进行，用参考传感器形成的植被指数校验待标定传感器形成的植被指数。这样只需重点研究地物植被指数变化的生理模型和不同传感器反演植被指数模型，提高这两类模型的精度，即可提高待定传感器反演植被指数的精度。同样思路可用在遥感 ET 交叉校验上，重点研究 ET 日变化规律和不同系统、不同方法反演的瞬时 ET，将不同时刻瞬时 ET 先经尺度拓展形成日 ET 或校验到同一瞬时时刻，然后再进行不同来源 ET 的交叉校验，可以有效提高 ET 校验的精度，同时发挥不同遥感反演 ET 方法的优势。

3. 地面观测 ET 与遥感 ET 的交叉校验

地面系统观测 ET 的特点是高时间分辨率、点状观测、代表小空间尺度。遥感反演 ET 的特点是高空间分辨率、面状观测、大空间尺度。通过地面观测 ET 与遥感 ET 的交叉校验实现地面观测 ET 在空间上的拓展，遥感 ET 在时间上的拓展，从而得到高时间分辨率、高空间分辨率的遥感 ET 产品。地面观测系统与遥感 ET 在 ET 计算方面存在较大差异，基于 ET 参数交叉校验难度很大，最好基于 ET 进行交叉校验。由于瞬时 ET 变化随机性较大，而日 ET、多日平均 ET 变化则相对较稳定，因此可将地面观测 ET、遥感

ET 均先转化为日 ET 或多日平均 ET，然后进行交叉校验，从而有效提高日 ET、多日平均 ET 产品的精度。

8.3.2　SLS 与 EC 蒸散发交叉验证

8.3.2.1　SLS 与 EC 日 ET 相关性对比分析

以 2016 年 1—8 月 SLS 和 EC 对遥感地面场紫花苜蓿蒸散发（ET）监测数据为例，以日为单位统计计算 EC 和 SLS 所获取的每日 24 小时的时尺度 ET 数据之间的相关系数，结合克拉玛依 2016 年同期气象观测数据，分析研究 EC 和 SLS 日 ET 的相关性与影响因素以及相关性分类。

1. 不同月份 EC 和 SLS 日 ET 相关性对比分析

以月为单位，统计计算 2016 年 1—8 月 EC 和 SLS 的月均日 ET 相关系数，结果见表 8.3.1。1 月份 ET_{SLS} 和 ET_{EC} 的相关性很低。2 月、3 月相关性较高，平均为 0.78。4—8 月相关性较高，平均为 0.86，其中 7 月相关系数较低，这主要是由于 2016 年 7 月出现的降雨或降温天气较多所致。

表 8.3.1　　　　　　　　　　2016 年 1—8 月 EC 与 SLS 日 ET 相关系数

月份	1	2	3	4	5	6	7	8
相关系数	0.08	0.79	0.77	0.86	0.88	0.80	0.70	0.86

2. 不同气象条件 EC 和 SLS 日 ET 相关性对比分析

选择典型气象条件下的每日时 ET 数据，绘制日 ET 分布图，见图 8.3.1。2016 年 7 月 3 日、16 日、18 日、29 日的日 ET 变化如图 8.3.1（a）～（d）所示，这 4 日对应的降雨分别为 3.5mm/d、0.0mm/d、13.1mm/d 和 0.4mm/d，对应的相关系数分别为 0.57、

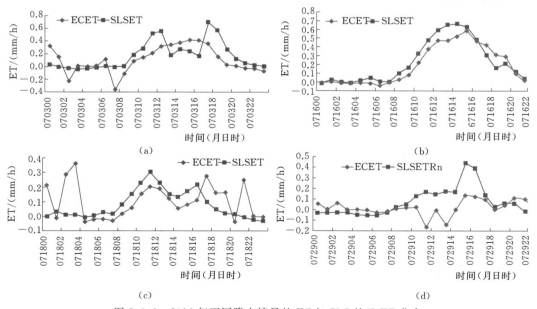

图 8.3.1　2016 年不同降水情景的 EC 与 SLS 的日 ET 分布

0.95、0.22、0.23。晴天 EC 与 SLS 日 ET 相关系数较高，如 16 日，降水导致 EC 与 SLS 的日 ET 相关性出现一定程度的降低，如 3 日、18 日和 29 日。相关性降低的程度与降水量大小不成正比，如 3 日与 29 日，降水对 EC 与 SLS 日 ET 的影响，不仅取决于降水量的大小，还与降水过程有关。

2016 年 1 月 27 日、2 月 1 日、2 月 29 日、4 月 6 日的日 ET 变化如图 8.3.2（a）～（d）所示，这 4 日对应的 E601 水面蒸发分别为 0.11mm/d、0.21mm/d、0.69mm/d 和 3.2mm/d，对应的相关系数分别为 0.36、0.53、0.85、0.97。当 E601 水面蒸发小于 0.2mm/d 时，EC 与 SLS 观测的 ET 相关性较差，一般小于 0.6，如图 8.3.2（a）～（b）；大于 0.2mm/d 时相关系数较大，如图 8.3.2（c）～（d）所示。

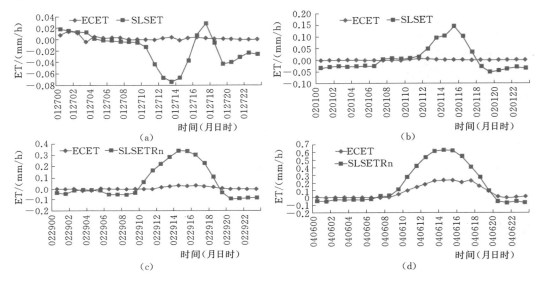

图 8.3.2　2016 年不同水面蒸发情景的 EC 与 SLS 的日 ET 分布

2016 年 7 月 28 日、7 月 29 日、8 月 1 日、8 月 18 日的日 ET 变化如图 8.3.3（a）～（d）所示，这 4 日对应的日平均气温差分别为 1.5℃、−5.5℃、−7.9℃ 和 0.0℃，对应的相关系数分别为 0.97、0.23、−0.04、0.98。当降温超过 0.5℃ 时，EC 与 SLS 观测的 ET 相关性较差，降温越大，相关性就越差，如图 8.3.3（b）、图 8.3.3（c）所示。升温过程 EC 与 SLS 观测的日 ET 相关性较高，如图 8.3.3（a）、图 8.3.3（d）所示。

2016 年 2 月 17 日、2 月 19 日、3 月 19 日、3 月 21 日的日 ET 变化如图 8.3.4（a）～（d）所示，这 4 日对应的日平均水汽压分别为 1.2hPa、1.6hPa、7.5hPa 和 7.8hPa，对应的相关系数分别为 0.84、0.52、0.93、0.73。大气水汽压过低过高均会引起相关性降低，这种影响经常与降水、水面蒸发、气温变化同步，不易区分。在日均水汽压小于 1hPa 或大于 18hPa 时，EC 和 SLS 日 ET 相关性明显降低，在 2.5～10hPa 之间，相关性一般较高，如图 8.3.4（c）～（d），水汽压偏低，不一定相关系数就小，如图 8.3.4（a）～（b），相关系数大小还与其他因素有关。

上述分析显示，气象条件对 EC 和 SLS 的日 ET 的相关性影响较大，在相似 ET 源区和稳定的仪器状态下，日平均气温差、日均降水、日均水面蒸发、日均水汽压等均对 EC

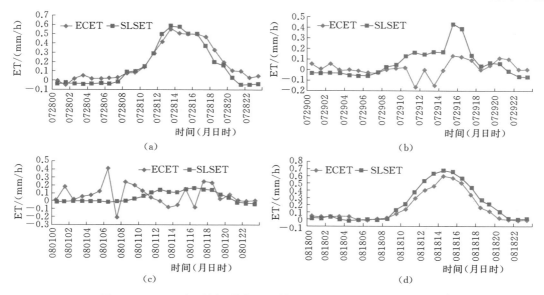

图 8.3.3　2016 年不同日均气温差情景的 EC 与 SLS 的日 ET 分布

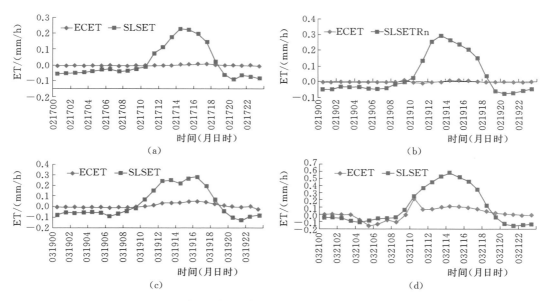

图 8.3.4　2016 年不同日均水汽压情景的 EC 与 SLS 的日 ET 分布

和 SLS 的日 ET 的相关性有较大影响。日平均气温降温大于 0.5℃、日均降水大于 0.2mm/d、日均水面蒸发小于 0.2mm/d 以及日均水汽压小于 1hPa 或大于 18hPa 时，会引起 EC 和 SLS 的日 ET 的相关性明显降低，日均水汽压在 2.5～10hPa 之间时相关性较高。仪器工作状态偶然变化以及人为因素也可能导致 EC 和 SLS 的日 ET 的相关性明显降低，但一般这些因素引起的概率较低。

8.3.2.2　EC 和 SLS 日 ET 相关性分类研究

影响 EC 和 SLS 日 ET 相关性的因素主要包括气象因素、仪器异常变化、人为因素，前者为大概率事件，后两者发生概率较小，因此，主要研究气象因素对 EC 和 SLS 日 ET 相关性的影响。依据 EC 和 SLS 的日 ET 相关系数，将其相关性分为两类，即低相关性（R_1）和高相关性（R_2）。低相关类的相关系数小于等于 0.6，高相关类的相关系数大于 0.6。

依据单个分类指标或多个分类指标对 EC 和 SLS 日 ET 相关性进行分类，通过分类的正确率和错误率来评价分类方法的优劣。正确样数对于不同类型，其对应的样点类型不同；对于低相关类，正确样点数为相关系数小于等于 0.6 的样点总和；对于高相关类，正确样点数为相关系数大于 0.6 的样点总和；对于整体相关类，正确样点为低相关类正确样点数与高相关类正确样点数的总和。正确率为对应类正确样点数占该类总样点数的百分比。错误率为 100 与正确率之差。

基于日均水面蒸发与 EC 和 SLS 的日 ET 相关系数，经过统计分析建立日均水面蒸发与 EC 和 SLS 日 ET 相关系数概率分布函数。依据概率分布函数计算小于对应日均水面蒸发的累计概率，将概率小于等于 0.4 的分为低相关类，将概率大于 0.4 的分为高相关类，统计低相关类、高相关类和整体相关类的正确率与错误率，结果见表 8.3.2 的方法 1。

采用类似方法，依据日均降水、日均气温差两单项指标对 EC 和 SLS 的日 ET 相关系数进行分类，并统计各类的正确率与错误率，结果见表 8.3.2 的方法 2 和方法 3。

表 8.3.2　　　　　　　　单指标与多指标 EC 与 SLS 监测 ET 相关性分类统计表

方法	分类指标	类型	相关系数大于0.6样数/个	类型总样数/个	正确样数/个	正确率/%	错误率/%
1	日均水面蒸发	低相关 R_1	33	53	20	38	62
		高相关 R_2	122	143	122	85	15
		整体相关 R	155	196	142	72	28
2	日均降水	低相关 R_1	26	45	19	42	58
		高相关 R_2	129	151	129	85	15
		整体相关 R	155	196	148	76	24
3	日均气温差	低相关 R_1	15	28	13	46	54
		高相关 R_2	140	168	140	83	17
		整体相关 R	155	196	153	78	22
4	日均水面蒸发、日均降水、日均气温差	低相关 R_1	60	96	36	38	62
		高相关 R_2	95	100	95	95	5
		整体相关 R	155	196	131	67	33
5	日均水面蒸发、日均降水、日均气温差、日均水汽压	低相关 R_1	14	35	21	60	40
		高相关 R_2	141	161	141	88	12
		整体相关 R	155	196	162	83	17

采用日均水面蒸发、日均降水、日均气温差三个指标联合分类，先依据日均水面蒸发、日均降水、日均气温差三个单指标进行分类，即三指标分类，分别计算日累计概率，

记作 $p_{降水}$、$p_{水面蒸发}$、$p_{气温差}$，选择三者最小值作为综合概率。将综合概率小于等于 0.2 的样点作为低相关类样点，将大于 0.2 的作为高相关类样点。统计低相关类、高相关类和整体相关类的正确率与错误率，结果见表 8.3.2 方法 4 和图 8.3.5（a）。

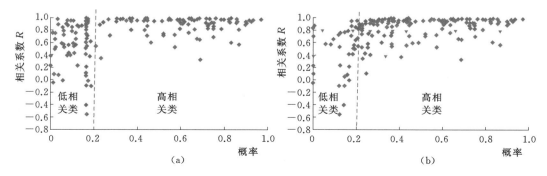

图 8.3.5　多指标联合 ET_{EC} 与 ET_{SLS} 相关分类图

（a）三指标分类图；（b）四指标分类图

为了对方法 4 的低相关类进行细分，再引入水汽压和水面蒸发两单项指标的综合概率对方法 4 的低相关类进一步分类，也就是对方法 4 的低相关类进行二级分类，高相关类保持不变，这称为四指标分类。将二级分类的综合概率记作二级综合概率，将方法 4 的综合概率记作一级综合概率。二级分类阀值也采用 0.2，即将样点二级综合概率小于等于 0.2 的样点作为低相关类样点，大于 0.2 的作为高相关类样点。经过二级分类后，低相关类对应二级综合概率小于 0.2 的点，高相关类对应二级综合概率大于 0.2 的点和一级综合概率大于 0.2 的点，统计结果见表 8.3.2 的方法 5 和图 8.3.5（b）。

多指标联合分类方法明显优于单指标分类方法。方法 4 的高相关类正确率达到 95%，但低相关类正确率仅有 38%。方法 5 各类指标均较好，高相关类正确率达到 88%，低相关类正确率已达 60%，整体正确率达到 83%。说明采用日均水面蒸发、日均降水、日均气温差、日均水汽压可以有效地对 EC 与 SLS 日 ET 相关性进行分类。

8.3.2.3　SLS 与 EC 日 ET 交叉验证方法

采用 EC 和 SLS 观测 ET 各有优劣，采用 EC 与 SLS 双系统对研究进行观测，可以取得良好的观测效果。由于气象要素变化、设备性能问题以及人为因素，往往会导致观测数据缺失。需要根据同系统或其他系统相关的观测数据对断缺数据进行插值，以达到获取连续、高精度观测数据的目的。EC 观测 ET 数据由于存在能量不闭合、源区小等问题，导致观测结果一般低于实际 ET；SLS 观测源区较大、观测数据精度较高，获取的 ET 基本和实际 ET 一致，但由于仪器抗干扰能力相对较弱，观测数据缺失现象比 EC 严重。SLS 系统与 EC 系统对相同气象变化产生的反应不同，这是观测数据存在差异的原因之一。为了利用 SLS 与 EC 双系统获取研究区尽可能连续的、高精度的 ET 观测数据，需要利用 EC 数据对 SLS 数据进行修正，利用 SLS 数据校验 EC 数据，使其与实际 ET 一致。因此开展 SLS 与 EC 蒸散交叉验证研究十分必要。

在"948"项目遥感地面场，我们采用 EC、SLS、自动气象站多系统同步监测。由于设备原因，SLS 只采集到 2015 年、2016 年部分月份数据，EC 采集数据比较完备，包括

2016 年 1—12 月、2017 年 1—12 月数据。为此需要采用 SLS 与 EC 交叉校验技术以获取连续日 ET。基于 2016 年 1—8 月 SLS 与 EC 的 ET 观测数据，建立交叉验证模型，将 EC 观测的 ET 校正成 SLS 观测的 ET，通过对比 SLS 观测 ET 和 EC 校正 ET 评价交叉验证精度和模型的适应性。利用交叉验证模型将 2017 年 EC 观测数据校正到 SLS 观测的 ET，以此获得 2017 年 SLS 观测的 ET。由于 SLS 观测的 ET 与实际基本接近，用 SLS 观测 ET 代替实际 ET 进行苜蓿 ET 评价分析。研究中采用两种方法建模，即利用 EC 与 SLS 观测的日 ET 直接建模、利用 EC 与 SLS 观测的日 ET 分类建模。

1. 利用 EC 与 SLS 观测的日 ET 直接建模

基于 2016 年 1—8 月 EC 与 SLS 的日 ET 数据，建立由 EC 观测 ET 到 SLS 观测 ET 的转换模型，见式（8.3.2）。利用模型预测 2016 年 1—8 月 SLS 的日 ET，记作 ET'_{SLS}，将此预测 ET 与 SLS 实际观测 ET_{SLS} 对比统计，分析评价模型精度。

$$ET'_{SLS} = aET_{EC} + b \tag{8.3.2}$$

式中：ET'_{SLS} 为预测 SLS 观测的日 ET；ET_{EC} 为 EC 观测的日 ET；a、b 为转换系数，在本地面场，$a = 1.098$，$b = 0.873$。

2. 利用 EC 与 SLS 观测的日 ET 分类建模

基于 2016 年 1—8 月 EC 与 SLS 的日 ET 数据，先依据气象条件计算该期间 EC 与 SLS 观测 ET 的相关系数，将相关系数大于 0.6 记作高相关类，将相关系数小于等于 0.6 的记作低相关类，针对高相关类和低相关类分别建模，见式（8.3.3）与式（8.3.4）。利用高相关类与低相关类模型分别预测 2016 年 1—8 月对应的日 ET，分别记作 ET^h_{SLS} 和 ET^l_{SLS}，将此预测 ET 与 SLS 实际观测 ET_{SLS} 对比统计，分析评价模型精度。

$$ET^h_{SLS} = aET_{EC} + b \tag{8.3.3}$$

式中：ET^h_{SLS} 为高相关类预测 SLS 观测的日 ET；ET_{EC} 为 EC 观测的日 ET；a、b 为转换系数，在本地面场，$a = 1.291$，$b = 0.291$。

$$ET^l_{SLS} = aET_{EC} + b \tag{8.3.4}$$

式中：ET^l_{SLS} 为低相关类预测 SLS 观测的日 ET；ET_{EC} 为 EC 观测的日 ET；a、b 为转换系数，在本地面场，$a = 1.107$，$b = 0.67$。

3. 模型评价

将上述两种方法建模与预测的结果同 SLS 实际观测获得的日 ET 对比，统计不同误差区间比例，并制作 9 级正确样点累计概率分布，结果见表 8.3.3。

表 8.3.3　　　　　　　　　　直接建模与分类建模误差统计

分级	误差区间 /%	分类建模正确样点累计概率/%			直接建模正确样点累计概率 /%
		高相关类	低相关类	整体	
1	<5	23	17	20	24
2	5～10	51	31	41	39
3	10～15	69	48	59	59
4	15～20	85	66	76	68

分级	误差区间 /%	分类建模正确样点累计概率/%			直接建模正确样点累计概率 /%
		高相关类	低相关类	整体	
5	20~25	89	74	82	76
6	25~30	94	76	85	79
7	30~35	96	77	87	84
8	35~40	97	83	90	87
9	>40	100	100	100	100

从表 8.3.3 可见,在误差区间大于 15% 后,分类建模正确样点累计概率明显大于直接建模正确样点累计概率,误差在 20% 以下的样点分类建模正确样点累计概率占 76%,直接建模正确样点累计概率为 68%,精度提高约 8%。误差 25% 以下的样点分类建模正确样点累计概率占 82%,直接建模正确样点累计概率为 76%,精度提高约 6%。在误差区间小于 15% 时,分类与直接建模正确样点累计概率接近且或高或低。分类建模可以有效提高模型整体校验精度。

4. 交叉验证

由于 SLS 设备故障,SLS 仅采集到 2015 年 8—12 月的有效数据以及 2016 年 1—8 月的有效数据,2017 年没有采集到有效数据。2016 年 9—11 月 SLS 的日 ET 数据、2017 年 SLS 的日 ET 数据采用 EC 到 SLS 的交叉验证数据,2015 年 8—12 月 EC 数据采用 SLS 到 EC 的校验数据。由于 SLS 观测的 ET 与苜蓿实际蒸散值基本接近,因此将 SLS 的 ET 作为地面场紫花苜蓿的实际 ET。2016 年、2017 年地面场紫花苜蓿的日 ET 数据见附录 G 和附录 H。

8.3.3　基于水面蒸发和植被覆盖度估算蒸散发

水面蒸发数据是气象、水利常规监测指标,在水利、农业、林业、牧业、气象、建设等多领域得到广泛应用。水面蒸发大小取决于观测区的日照度、风速等气象条件,是观测区蒸发能力的一种表现形式。陆面蒸散发既与观测区蒸发力有关,还与蒸散发界面性质和植被覆盖度有关。对于苜蓿,蒸散发受蒸发力、土壤水分、植被覆盖度等制约。一般情况下,农田土壤水分变化不大,特别是对于需水较为苛刻的苜蓿,为使苜蓿保持良好的生产状况,土壤水分一般会保持在合理水平,为此可以利用水面蒸发和植被覆盖度两个主要因素来估算苜蓿 ET。利用 2016 年 1—8 月苜蓿监测的 ET 数据、同步气象监测数据以及现场植被覆盖度观测数据,建立基于水面蒸发和植被覆盖度的苜蓿 ET 估算经验模型,并以此模型估算 2014 年、2015 年苜蓿 ET。用 2015 年 7—12 月 SLS 监测 ET 评价估算精度。由于气象站监测提供主要为 $\phi 20$ 蒸发皿观测资料,需要将其转换为 E601 蒸发皿观测数据,此方面研究已经有许多文献,在具体转换中引用其结论或经验公式[1-3]。

8.3.3.1　模型构建思路

由于在苜蓿非生长期,即每年的 1 月、2 月、11 月、12 月苜蓿地蒸散发较小,EC 和 SLS 监测的 ET 相对误差较大;且这期间为新疆的冬季,仪器工作常受太阳能不足影响,采集数据质量较差，因此在此期间用水面蒸发推算 ET 误差较大。苜蓿生长期为 3—10 月，苜蓿 ET 与水面蒸发和植被覆盖度关系密切，为了对苜蓿生长期 ET 进行较好的估算，对苜蓿生长期和非生长期分别建模，利用模型预测 2016 年苜蓿 ET，然后用 2016 年 SLS 观测的 5 日移动平均 ET 与预测 ET 对比，评价模型精度。模型精度到达要求后，利用模型估算 2014 年、2015 年遥感地面场苜蓿地 ET 值。

8.3.3.2　模型构建

基于 2016 年 SLS 的 5 日移动平均 ET 和基于地面观测苜蓿生长状况，计算的苜蓿覆盖度以及同期气象站观测的 E601 水面蒸发，分段构建 ET 双要素估算模型；依据水面蒸发大小分段构建 ET 单要素经验估算模型。具体如下：

（1）0～0.1mm/d：

$$y = -13.47x + 0.888 \tag{8.3.5}$$

（2）0.1～0.2mm/d：

$$y = 1.992x + 0.431 \tag{8.3.6}$$

（3）0.2～0.6mm/d：

$$y = 0.600x + 0.529 \tag{8.3.7}$$

（4）0.6～4mm/d：

$$y = (0.281x + 2.826)fv + \frac{(1 - f_v)(0.422x + 0.968)}{2e^{(1.0 - x/2)}} \tag{8.3.8}$$

（5）大于 4mm/d：

$$y = (0.281x + 2.826)fv + (1 - f_v)(0.422x + 0.968) \tag{8.3.9}$$

式中：y 为估算 ET，mm/d；x 为水面蒸发，mm/d；f_v 为植被覆盖度，小数形式。

8.3.3.3　模型精度评价

利用模型序列函数式（8.3.5）～式（8.3.9）和 2016 年每日水面蒸发和植被覆盖度数据，估算 2016 年各日的苜蓿地 ET 值。将该值与 SLS 实际观测值对比，统计分析估算精度。模型精度评价分析见表 8.3.4。从表中可以看出，各级相对误差出现的概率全年均介于

表 8.3.4　2016 年基于水面蒸发和植被覆盖度估算苜蓿 ET 模型精度统计

相对误差		全年		生长期		非生长期	
范围/%	级别	样数/个	概率/%	样数/个	概率/%	样数/个	概率/%
≤5	0	70	19	49	23	21	14
≤10	1	52	33	41	42	11	21
≤15	2	46	46	35	58	11	28
≤20	3	42	57	33	73	9	34
≤25	4	24	64	13	80	11	42
≤30	5	18	69	12	85	6	46
≤35	6	16	73	12	91	4	48
≤40	7	12	77	4	93	8	54
>40	8	86	100	16	100	70	100

生长期和非生长期之间，生长期精度大于非生长期。误差小于 20%，生长期正确样点占比为 73%，非生长期为 34%。说明生长期模型是有效的，可以用于估算苜蓿 ET。

8.3.3.4　模型应用

利用构建的模型估算 2014 年和 2015 年苜蓿地 ET 值。由于苜蓿为多年生植物，2014 年、2015 年分别为苜蓿的第 3、第 4 年生长年，植被覆盖度不同年份大致相当，采用 2016 年覆盖度序列数据代替 2014 年与 2015 年实测覆盖度。水面蒸发数据来自克拉玛依市气象站观测。利用建立的模型估算 2014 年、2015 年地面场苜蓿地 ET 值，结果分别见附录 E 和附录 F。

8.3.3.5　结论

（1）基于水面蒸发和植被覆盖度可以有效估算苜蓿地 ET 值，特别是生长期 ET，精度到达 80%。

（2）非生长期估算精度较低，主要是 ET 值绝对值较小，相对监测误差较大，模型率定困难。通过提高监测数据精度，进一步精细模型，可以提高估算精度。

（3）模型没有考虑土壤水分差异引起苜蓿生长和土壤蒸散发的变化，苜蓿为高价值经济作物，人工苜蓿地水分基本保持在合理水平，对于土壤水分差异大的苜蓿地，需要考虑土壤水分变化的影响。

（4）模型建立思路可以推广到其他作物，对于缺乏地面监测设施，又需要作物 ET 值的区域，可以采用此思路建立模型，直接利用气象数据和植被覆盖度数据估算 ET 值。

参　考　文　献

［1］　任芝花，黎明琴，张纬敏. 小型蒸发器对 E-601B 蒸发器的折算系数 [J]. 应用气象学报，2002，13（4）：508-512.

［2］　夏依木拉提·艾依达尔艾力，黄梅. 天山西部地区 E-601 型蒸发器与 20cm 口径蒸发皿观测资料对比分析 [J]. 水文，2011，31（4）：76-80.

［3］　周金龙，董新光，陈文娟. 天山北坡平原区水面蒸发的实验研究 [J]. 新疆农业大学学报，2002，25（2）：59-62.

［4］　李思恩，康绍忠，朱治林，等. 应用涡动相关技术监测地表蒸发蒸腾量的研究进展 [J]. 中国农业科学，2008，41（9）：2720-2726.

［5］　徐自为，刘绍民，宫丽娟，等. 涡动相关仪观测数据的处理与质量评价研究 [J]. 地球科学进展，2008，23（4）：357-370.

［6］　徐自为，黄勇彬，刘绍民. 大孔径闪烁仪观测方法的研究 [J]. 地球科学进展，2010，25（11）：1139-1146.

［7］　戴东，邱淑会，张诚，等. 大口径闪烁仪监测系统在黄河泾河流域的应用 [J]. 水利水文自动化，2008（4）：38-41.

［8］　卢俐，刘绍民，孙敏章，等. 大孔径闪烁仪研究区域地表通量的进展 [J]. 地球科学进展，2005，20（9）：932-938.

［9］　杨凡，齐永青，张玉翠，等. 大孔径闪烁仪与涡度相关系统对灌溉农田蒸散量的对比观测 [J]. 中国生态农业学报，2011，19（5）：1067-1071.

［10］　卢俐，刘绍民，徐自为，等. 不同下垫面大孔径闪烁仪观测数据处理与分析 [J]. 应用气象学报，

2009，20 (2)：171 – 178.

[11] Chehbouni A，Watts C，Lagouarde J P，et al. Estimation of heat and momentum fluxes over complex terrain using a large aperture scintillometer [J]. Agricultural and Forest Meteorology，2000，105 (1/3)：215 – 226.

[12] Wesely M L. The combined effect of temperature and humidity fluctuations on refractive index [J]. Journal of Applied Meteorology，1976，15 (1)：43 – 49.

[13] 赫小翠，张强，岳平，等. 黄土高原大孔径闪烁仪观测特征量 T。的研究 [J]. 高原气象，2013，32 (3)：665 – 672.

[14] Wyngaard J C，Lzumi Y，Collins Jr S A. Behavior of the refractive – index – structure parameter near the ground [J]. Journal of Optical Society of America，1971，61 (12)：1646 – 1650.

[15] De Bruin H A R，Kohsiek W，Van Den Hurk B J J M. A verification of some method to determine the fluxes of momentum，sensible heat，and water vapor using standard deviation and structure parameter of scalar meteorical quantities [J]. Boundary – Layer Meteorology，1993，63 (3)：231 – 257.

[16] 黄妙芬. 地表通量研究进展 [J]. 干旱区地理 (汉文版)，2003，26 (2)：159 – 165.

[17] Kalma J D，Mcvicar T R，Mccabe M F. Estimating land surface evaporation：a review of methods using remotely sensed surface temperature data [J]. Surveys in Geophysics，2008，29 (4 – 5)：421 – 469.

[18] Jackson R D，Reginato R J，Idso S B. Wheat canopy temperature：A practical tool for evaluating water requirements [J]. Water Resources Research，1997，13 (3)：651 – 656.

[19] Venturini V，Islam S，Rodriguez L. Estimation of evaporative fraction and evapotranspiration from MODIS products using a complementary based model [J]. Remote Sensing of Environment，2008，112 (1)：132 – 141.

[20] 赵华，申双和，华荣强，等. Penman – Monteith 模型中水稻冠层阻力的模拟 [J]. 中国农业气象，2015，36 (1)：17 – 23.

[21] Allen R G，Tasumi M，Trezza R. Satellite – based energy balance for mapping evapotranspiration with internalized calibration (METRIC) – model [J]. Journal of Irrigation and Drainage Engineering，2007，133 (4)：380 – 394.

[22] 刘国水，刘钰，许迪. 基于涡动相关仪的蒸散量时间尺度扩展方法比较分析 [J]. 农业工程学报，2011，27 (6)：7 – 12.

[23] Li Sien，Kang Shaozhong，Li Fusheng，et al. Vineyard evaporative fraction based on eddy covariance in an arid desert region of Northwest China [J]. Agriculture water management，2008，95 (8)：937 – 948.

[24] 夏浩铭，李爱农，赵伟，等. 遥感反演蒸散发时间尺度拓展方法研究进展 [J]. 农业工程学报，2015，31 (24)：162 – 173.

[25] Falge E，Baldocchi D，Olson R，et al. Gap filling strategies for defensible annual sums of net ecosystem exchange [J]. Agricultural and Forest Meteorology，2001，107 (1)：43 – 69.

[26] 吴炳方，熊隽，闫娜娜，等. 基于遥感的区域蒸散量监测方法：ETWatch [J]. 水科学进展，2008，19 (5)：671 – 678.

[27] Alavi N，Warland J S，Berg A A. Filling gaps in evapotranspiration measurements for water budget studies：Evaluation of a Kalman filtering approach [J]. Agricultural and Forest Meteorology，2006，141 (1)：57 – 66.

[28] 徐自为，刘绍民，徐同仁，等. 涡动相关仪观测蒸散量的插补方法比较 [J]. 地球科学进展，2009，24 (4)：373 – 382.

[29] 白洁，刘绍民，丁晓萍，等. 大孔径闪烁仪观测数据的处理方法研究 [J]. 地球科学进展，2010，

25（11）：1148-1165.

［30］ 林诗杰，黎建辉，何洪林，等.一种基于支持向量回归的蒸散发数据缺失插补方法研究［J］.科研信息化技术与应用，2013，4（3）：68-75.

［31］ 索建军.日蒸散多尺度移动平均及插值研究［J］.人民长江，2018，49（8）：35-39，61.

［32］ 詹艳艳，徐荣聪，陈晓云.基于插值边缘算子的时间序列模式表示［J］.模式识别与人工智能，2007，20（3）：421-426.

［33］ 李新运，王圆圆，徐瑶玉.基于混沌时间序列的 CPI 短期预测分析［J］.经济与管理评论，2015（2）：33-38.

［34］ 姜琴，周天宏.常见的插值方法及其应用［J］.汉江师范学院学报，2006，26（3）：6-8.

［35］ 杜洋.基于牛顿插值和神经网络的时间序列预测研究［J］.石油化工高等学校学报，2007，20（3）：20-23.

［36］ 张冬青，韩玉兵，宁宣熙，等.基于小波域隐马尔可夫模型的时间序列分析：平滑、插值和预测［J］.中国管理科学，2008，16（2）：122-128.

［37］ 武艳强，黄立人.时间序列处理的新插值方法［J］.大地测量与地球动力学，2004，24（4）：43-47.

［38］ 金义富，朱庆生，邢永康.序列缺失数据的灰插值推理方法［J］.控制与决策，2006，21（2）：236-240.

［39］ 魏东，彭格，魏林.混沌特性与气象因素在负荷分类预测中的应用［J］.国网技术学院学报，2014，17（4）：9-13.

［40］ 孙雅明，张智晟.相空间重构和混沌神经网络融合的短期负荷预测研究［J］.中国电机工程学报，2004，24（1）：44-48.

［41］ 李正泉，吴尧祥.顾及方向遮蔽性的反距离权重插值法［J］.测绘学报，2015，44（1）：91-98.

［42］ 李新，刘绍民，马明国，等.黑河流域生态—水文过程综合遥感观测联合试验总体设计［J］.地球科学进展，2012，27（5）：481-497.

［43］ 雷慧闽，杨大文，刘钰.灌区不同空间尺度显热通量测定方法的对比分析［J］.水利学报，2011，42（2）：136-142.

［44］ 刘钰，彭致功.区域蒸散发监测与估算方法研究综述［J］.中国水利水电科学研究院学报，2009，7（2）：256-264.

［45］ 赵文智，吉喜斌，刘鹄.蒸散发观测研究进展及绿洲蒸散研究展望［J］.干旱区研究，2011，28（3）：463-470.

［46］ 米娜，于贵瑞，温学发，等.中国通量观测网络（ChinaFLUX）通量观测空间代表性初步研究［J］.中国科学：地球科学，2006，36（增刊 1）：22-33.

［47］ 于贵瑞，张雷明，孙晓敏.中国陆地生态系统通量观测研究网络（ChinaFLUX）的主要进展及发展展望［J］.地球科学进展，2014，33（7）：903-917.

［48］ Townshend R G，Justice C O.Towards operational monitoring of terrestrial systems by moderate-resolution remote sensing［J］.Remote Sensing of Environment，2002，83（1-2）：351-359.

［49］ 仲波，柳钦火，单小军，等.多源光学遥感数据归一化处理技术与方法［M］.北京：科学出版社，2015：20-34.

第9章 水利遥感 ET 业务化系统

无论是进行遥感 ET 反演，还是进行 ET 校验，都会遇到大数据处理问题，需要建立业务化系统，开展规模化遥感 ET 反演和校验，为社会提供规范标准、高质量的水利新产品——遥感 ET 产品。本章重点分析水利遥感 ET 业务建设条件、业务化系统框架及遥感 ET 产品等内容。

9.1 建设条件分析

建设 ET 业务化系统技术和应用条件已经基本具备，目前是万事俱备只欠东风。

9.1.1 技术条件分析

9.1.1.1 遥感技术

（1）卫星遥感。目前中国遥感卫星主要包括气象、国土资源、环境、高分等系列卫星。传感器主要包括多光谱与高光谱传感器；高空间、高时间及高辐射分辨率传感器；宽视场多角度及雷达传感器等，基本形成卫星及传感器种类较为配套齐全的综合对地观测体系。就目前中国遥感已经实现的技术指标来看，中国已经具备研建高分遥感 ET 卫星的能力和技术。国产遥感卫星技术的快速发展，为 ET 业务化建设提供了经济、稳定的数据保障和持续发展保障。

（2）航空遥感。现代航空遥感在灾害应急响应监测、高精度地表测量、矿产资源探测、卫星遥感真实验证等领域发挥着重要作用。在"863"计划等国家科技计划的支持下，我国坚持自主创新，在高精度轻小型航空遥感、无人机遥感、高效能航空 SAR 遥感等领域，自主研发了先进、实用的可见光、红外、激光、合成孔径雷达等航空遥感传感器，打破了国外的技术垄断和技术壁垒，研制投入使用多系列航空遥感系统，如高精度轻小型航空遥感系统、高效能航空 SAR 遥感应用系统等。在突破了无人机多载荷同时装载、载荷通用适配、大容量存储、安全飞控、精密导航定位、遥测遥控和数据实时传输链路等关键技术的基础上，我国建立了高性能无人机遥感载荷综合验证系统，在国际上首次实现了高空间分辨率高光谱相机、大视场宽覆盖多光谱成像仪、干涉和极化合成孔径雷达同平台装载数据获取，可实现不少于 150kg 各类载荷的快速装配，完成不短于 10h 的巡航作业飞行[1]。

（3）地面遥感。车载遥感发展也很快，研制成车载激光扫描测距成像制图系统、车载遥感卫星接收系统、车载式机动车排气遥感监测系统、车载天然气管道泄漏遥感探测系统等。

目前我国已经建立空天地一体遥感技术体系和工业制造技术体系，具备根据行业需要，建立空天地一体立体对地观测专业遥感系统的能力。

9.1.1.2　地理信息系统

地理信息系统是一个具有空间数据采集、存储、检索、分析和可视化的数据库管理系统。空间分析是 GIS 的核心，主要包括空间查询、缓冲区分析、叠加分析、路径分析、空间插值分析和统计分析。利用 GIS 可以方便地处理用户的数据，也可以在 GIS 基础上，利用二次开发函数，开发自己专用的地理信息软件。目前世界上商用的 GIS 软件有很多，规模和用途各异，国外著名的 GIS 软件有 ArcGIS、MapInf 等；国内著名的 GIS 软件有武汉中地数码研制的 MapGIS、北京超图公司研制的 SuperMap 等。

GIS 一般都支持 WindowsNT、Unix 和 Linux 操作系统，支持大型机、小型机、工作站、PC 机等。ArcGIS 体系结构为第三代与第四代之间的 GS 技术；MapGIS 采用第四代 GIS 技术；MapInf 和 SuperMap 为第三代 GIS 技术。ArcGIS、MapInf、MapGIS、SuperMap 均支持 Oracle、SQL Server、DB2、Informix 等大型商用数据库。MapInf、MapGIS、SuperMap 还支持 DM2、Sybase 数据库。ArcGIS、MapInf、MapGIS、SuperMap 均支持点、线、面、注记数据类型，另外 MapGIS、SuperMap 还支持圆弧、圆、椭圆、曲线等复合对象[2]。

三维 GIS 为空间三维数据显示、分析提供了便捷工具。20 世纪 80 年代，美国推出了 Google Earth、Skyline、World Wind、VirtualEarth、ArcGIS Explorer 等三维 GIS。经过几十年研究开发，我国也推出了 EV-Globe、GeoGlobe、VRMap、IMAGIS、ConverseEarth 等三维 GIS 软件。三维 GIS 在城市规划、综合应急、军事仿真、虚拟现实、智能交通、环保、水资源管理等领域具有巨大应用前景，目前我国已经出现许多基于三维 GIS 的应用系统，国产软件占有率接近 50%[3]。

目前国产 GIS 软件日趋成熟，和国外软件相比其主要功能、适于环境、支持数据库、二次开发等已经达到或超过国外同类软件的水平。国产 GIS 可以为基于 ET 的空间分析、分布水文模型建设、虚拟及智慧流域建设等提供有力支持。

9.1.1.3　全球定位系统

全球定位系统可提供全天候实时、高精度三维位置、速度以及精密的时间信息，可对地表空间任一位置准确定位。全球定位系统在精密定位、大地测量、工程测量、速度测量等方面具有广泛的用途。在物联网、虚拟流域、智慧流域等建设中，对获取监测对象、监测设施的静态或动态位置信息十分重要。

更让炎黄子孙自豪、世界惊奇的是，如今中国有了自己的全球定位系统，即北斗系统。北斗系统是中国自主研发、独立运行的全球卫星导航系统，与美国的 GPS 系统、俄罗斯的格洛纳斯系统、欧盟的伽利略系统并称为全球四大卫星导航系统。2018 年 12 月 27 日，中国政府宣布北斗三号基本系统建成，开始提供全球服务，召开发布会，并发布新的北斗系统公开服务性能规范（2.0 版）。北斗系统服务性能：系统服务区为全球，水平定位精度为 10m、测速精度为 0.2m/s、授时精度为 20ns、系统服务可用性优于 95%。北斗服务范围由区域扩展到全球，系统正式迈入全球时代。北斗系统可以为全球用户提供开放、稳定、可靠的定位定向、实时导航、精密测速、精确授时、位置报告、短信服务六大功能。北斗系统打破了国外对卫星导航的垄断，尤其是高精度定位技术服务的垄断，为国家许多信息系统建设提供了可靠支持。北斗导航技术已经在交通运输、海洋渔业、水文监测、气象预报、森林防火、通信、电力调度、救灾减灾等诸多领域发挥了重要作用。

9.1.1.4　数据库技术

数据库是业务化信息系统、智慧信息系统、大数据中心建设的基础；采用良好的数据库软件可以起到事半功倍的效能。商用化的数据库管理系统以关系型数据库为主导产品，技术比较成熟。面向对象的数据库管理系统虽然技术先进，数据库易于开发、维护，但尚缺十分成熟的产品。国内外的主导关系型数据库管理系统有 Oracle、Sybase、INFORMIX、INGRES、SQL Server 等[4]，目前大多数系统采用国外商用数据库。Oracle 是以高级结构化查询语言（SQL）为基础的大型关系数据库，Oracle 数据库广泛应用于大型数据存储服务，属于军方级别保密数据库，支持并发数据查询，存储数据量大，查询速度不会随着数据量增大而变慢，性能好于同类的 SQL Server、MY SQL、DB2 等数据库。SQL Server 数据库适用于中小型企业一般数据量的使用，该数据库存储能力和查询能力较低，数据量过大或者查询条件太复杂等，都会引起工作速度降低等现象，数据保密性能中等。MY SQL 数据库适用于个人及小型企业，由于该软件成本低，使用范围较为广泛，但数据保密性能较差。

随着国家信息化战略的推进，目前也出现多款国产数据库软件，主要有：武汉华工达梦数据库有限公司开发的达梦数据库（DM）、东软集团有限公司的 OpenBASE、北京神舟航天软件技术有限公司的神舟 OSCAR 数据库系统、北京人大金仓信息技术有限公司的金仓数据库管理系统（KingbaseES）、北京国信贝斯软件有限公司的 iBASE 等。国产数据库软件虽然商用化程度远低于国外品牌数据库软件，但在国内也取得了许多成功案例。如：达梦（DM）、金仓数据库管理系统等已经在电力、航空、社保、国土资源、水利等多领域取得了实质应用。

就目前数据库软件技术条件来看，建设 ET 业务化系统在数据库方面相对于十几年前有了很大选择余地，对于大到超大规模系统，可以考虑国际知名商用数据库软件，对于中小规模系统，可以考虑国际或国内软件。随着国家信息技术的整体进步，国产数据库软件优势也在逐渐提高，比如 MapGIS、SuperMap 地理信息软件对国产数据的支持，会在一定程度上促进用户选择国产数据库软件。

9.1.1.5　大数据与高速计算

我们已经进入大数据时代，每天有大量信息飞过，每天要处理大量信息，每天还可能制造大量信息。即使人已经休息了，但机器还在不停地生产数据，最终造就了这个越来越大、越来越看不到边的数据海洋。面对茫茫数据大海，有人可以躲开，有人却必须面对。断然躲开者未必是弱者，但是敢于弄潮儿，一定是强者。数据信息已是国家安全和发展的命脉，政府、企业、甚至个人都在筹划建设自己的大数据中心和智库。

我国目前大数据中心建设的主力是中国电信、中国联通和中国移动。我国数据中心数量众多，截至 2017 年年底，我国在用数据中心机架总体规模已达 166 万架，总体数量达到 1844 个。规划在建数据中心机架规模达 107 万架，数量达到 463 个。大型以上数据中心机架达 82.8 万架。2017 年，我国 IDC 全行业总收入达到 650.4 亿元，2012—2017 年复合增长率为 32%。截至 2017 年，我国超大型数据中心上架率为 34.4%，大型数据中心上架率为 54.87%，与 2016 年相比均提高 5% 左右，除北上广深等一线城市，河南、浙江、江西、四川、天津等地区上架率提升到 60% 以上，西部地区多个省份上架率由 15% 提升到 30% 以上[5]。数据中心主要分布于经济发达的地区，新疆乌鲁木齐、克拉玛依也建立了大数据中心。随着中国信息化推进，偏远地区、经济相对落后地区——二三线城市也将兴建大数据中心。各地数据储存、处理能力最终将会与地区发展相适应。业务化信息系统建设的必要条件，原则上讲在我国大部分地区已经具备。事实上，现在大数据建设有点超前，但应该也没错，许多财富精英已经在依托大数据进行分析决策。

大数据和高速计算往往是孪生兄弟，有了大数据，只有同时具备了高速计算分析能力，才能从海量数据中快速提取信息、并及时开展决策和服务。如果不能在霜降前告诉农民霜降来临时间，那等于白说；如果不能根据山区降雨准确预测出山口洪峰流量和到达时间，洪水淹死人的事件就仍将发生；如果不能在灌溉高峰来临前给出优化方案，流域整体节水基本是空谈；如果不能在大灾害来临前给出预警信息，等待的只能是灾后重建。这些难题，需要高速计算、智能分析帮助我们解决。

2014 年，中国国防科技大学研制的"天河二号"超级计算机，浮点运算速度峰值为每秒 5.49 亿亿次，第四次摘得全球运行速度最快的超级计算机桂冠。2017 年，我国并行计算机工程技术研究中心研制的"神威·太湖之光"超级计算机再次夺冠，这是其连续第三次成为冠军，其浮点运算速度峰值为每秒 12.5 亿亿次。国际高性能计算大会是全球高性能计算领域规模最大的权威会议，每半年公布一次全球超级计算机的榜单。2018 年世界最快超级计算机为美国的顶点（Summit）计算机，浮点运算速度峰值为每秒 20 亿亿次。中国的超级计算机多次位居全球超级计算机 500 强前列，这不是偶然，而是实力的体现。

机器可以模拟人类的思维，完成高智力、复杂思维活动。阿尔法狗带来新纪元，美国研制的阿尔法狗对决世界顶尖围棋高手，创造 60 胜 1 平的战绩让人感到恐怖。围棋一直作为机器无法学习的唯一一门人类棋艺，到头来也无法抗拒"机器深度学习"技术出现所带来的碾压式结局。

阿尔法狗的机器学习算法，如果被用于专家系统决策学习。如果开发通用综合决策优化阿尔法狗，许多辅助决策就可让机器完成。如果遥感高分 ET 监测得以实现，水资源管理将进入水循环全要素可测时代。大数据＋人工智能分析，流域水资源优化管理、动态规划管理、"短规划长管理"等就可能变为现实，灾害防治体系的预警功能将大为提高，主动防御将更加科学。我们的超级计算已经走到了世界前列，相信不久的将来，中国智能遥感 ET 技术也将创造辉煌。

9.1.1.6　物联网技术

Ashton 教授 1999 年提出物联网（Internet of Things）概念。物联网是基于互联网、传统电信网等信息承载体，让所有能够被独立寻址的普通物理对象实现互联互通的网络。

如今的物联网概念已经超越了 Ashton 教授所指的范围，物联网已被贴上"中国式"标签。它具有普通对象设备化、自治终端互联化和普适服务智能化 3 个重要特征。在物联网时代，每一件物体均可寻址，每一件物体均可通信，每一件物体均可控制。物联网应用主要涉及 3 个部分，即对外感知、感知信息传输、信息处理与回馈控制。智能技术贯穿于整个物联网之中，是物联网技术的核心技术之一。

在全球，物联网无疑已是科技领域最为热门的话题之一。根据工信部的数据显示，2015 年我国物联网产业规模已达 7500 亿元人民币。五大新气象造就当今物联网业的蓬勃发展格局，即国际窄带物联网标准的诞生、物联网与移动互联网的深度结合、产业互联网与《中国制造 2025》战略的推进、车联网强力助推物联网、物联网开始进入企业为主体的应用时代[6]。

当前中国的物联网研究、应用几乎是遍地开花。如：延寿县试点物联网气象惠农，实现互联网＋现代农业＋智慧气象服务；安徽建成首批 15 个县农业气象物联网示范点；物联网在气象灾害预警中的应用，陕西物联网管理让人影作业更智能；物联网在水利枢纽工程中的应用，基于工业级 4G RTU 物联网智慧水利解决方案，物联网-土壤墒情气象监测与智能节水灌溉系统使用示范工程；无锡建设环境监测物联网应用示范工程；物联网在环境监测和保护中的应用研究，大气环境物联网监测系统可行性研究；林业物联网技术导论，佛山市林科所智慧林业物联网应用系统等。将当前的物联网应用可归为气象＋物联网＋智慧农业时代或气象＋物联网＋环境时代。

物联网技术与理论研究、设备与系统研制、不同行业、不同尺度的应用示范不胜枚举。研究 ET 业务化所需的物联网理论技术、设备与系统、类似行业应用示范美不胜收。基于物联网快速构建 ET 生产系统和应用体系，进而形成规模化应用，原则上讲已经没有技术障碍，气象＋水利＋物联网＋智慧农业或气象＋水利＋物联网＋智慧环境等美景已经为时不远。

9.1.2　应用条件分析

经过近 20 年持续的信息化建设、对地观测计划的实施等、以及近几年的互联网＋任务计划、大数据、人工智能等推进，我国整体信息化水平已经取得跨越式发展，部分领域已经超出发达国家。构建 ET 业务化系统的应用条件已经具备。目前的 ET 产品原则上讲已经不能满足水利和其他基础行业发展的需要，已经处在拖后腿状态。

9.1.2.1　国土、环保与农业

通过"金"字工程为代表的信息化重大工程建设，国土、环境、林业、农业等行业或部门都完成基础网络建设、电子政务、行业基础数据库建设。各行业均根据行业特点和资源优势，进行信息化特色建设。

自然资源部（原国土资源部）在"十二五"时期，国土资源"一张图"数据库基本建成，"一张图"数据库有效支撑了各项业务，保障了各级国土资源管理事业的不断发展。实现了遥感监测数据和土地调查数据年度更新；初步实现了土地和矿产资源开发利用的全程监管和动态跟踪。建立了面向地质灾害、地下水业务的地质环境信息服务平台，应急处理能力显著增强。

环保部门依托环境卫星、无人机航拍、地面车载遥感开展环境监察执法。各地还针对地区特点和环境重大问题，建立不同特点的环境监测体系。如河北省的环境保护综合指挥信息平台；青海省建设了生态环境监测中心，用信息化手段保障三江源。

农业部在"十二五"时期，农业生产信息化取得实质进展。农产品电子商务进入高速

增长阶段，2015 年农产品网络零售交易额超过 1500 亿元，比 2013 年增长两倍以上。建成国家农业数据中心、国家农业科技数据分中心及 32 个省级农业数据中心，开通运行 33 个行业应用系统。

国土资源信息化"十三五"规划主要目标：到 2020 年，全面建成以"国土资源云"为核心的信息技术体系，基本建成基于大数据和"互联网＋"的国土资源管理与服务体系，建成以现代对地观测与信息技术集成为支撑的全覆盖、全天候的国土资源调查监测及监管体系。在确保国土资源网络和信息系统安全的前提下，全面实现国土资源监管、决策与服务的网络化和智能化应用，有效支撑"三深一土"科技创新能力的提升，大幅提高国土资源治理能力及现代化水平[7]。

环保部"十三五"科技发展纲要，对生态环境和水资源保护等研究建设进行部署，主要包括：研究土壤—地下水系统主要污染物迁移扩散规律和预测模型；构建大气、水文、土壤和生物多圈层生态环境综合监测体系；研发天地一体环境监测与预警技术、水与大气环境遥感监测与预警技术、地下水环境监控预警技术、土壤环境管理决策支撑体系和制度；构建高分卫星环境遥感应用技术体系，为建立我国"天空地一体化"环境监测业务化运行系统提供技术基础。推进"京津冀环境综合治理"科技重大工程，围绕国家京津冀协同发展战略的实施，构建水、气、土协同治理，工、农、城资源协同循环，区域环境协同管控的核心技术、产业装备和规范政策体系[8]等。

"十三五"全国农业农村信息发展规划目标：到 2020 年，"互联网＋"现代农业建设取得明显成效，农业农村信息化水平明显提高，信息技术与农业生产、经营、管理、服务全面深度融合。在高标准农田、现代农业示范区等大宗粮食和特色经济作物规模化生产区，构建"天-地-人-机"一体的大田物联网测控体系，加快发展精准农业，加快基于北斗系统的深松监测、自动测产、远程调度等作业的大中型农机物联网的技术推广[9]。

诸如此类事实说明，我国的基础行业已经具备基于网络和基础数据库的办公自动化、政务公开、大众公共服务等的平台和能力；并且已基于行业资源优势，开展行业服务和执法。如果有了高质量的 ET 信息，这些系统将更加高效和智能。

9.1.2.2　水利信息化建设

水利信息化在电子政务、防汛抗旱、水文系统、水土保持监测系统、水资源调度管理等方面取得较大进展。已经建成了连接全国流域机构和各省（自治区、直辖市）的实时水情信息传输计算机广域网；完成 400 多个水利卫星通信站建设；完成全国水情数据库建设。目前水利空间数据库、全国水土保持数据库、全国农田灌溉数据库、发展规划数据库、全国防洪工程数据库和全国蓄滞洪区社会经济信息库等正在启动建设中。

地理信息系统在水利行业已经得到较广泛的应用，主要应用包括基础地理信息管理、水利专题信息展示以及统计分析、系统集成、空间三维 GIS 技术等。七大流域和部分省市已经建成一定精度的三维空间地理信息系统基础平台，为水利建设与管理提供了高水平的信息支持。虚拟现实技术应用逐渐广泛，主要用于构建防洪工程的三维虚拟模型、洪水流动及淹没的三维动态模拟、云层流动及降水过程等动态效果模拟[10]。遥感、北斗导航技术等已经被广泛地应用于水利工程建设中，为国家重大水利工程建设提供了重要支撑，如长江三峡大坝建设、南水北调工程建设等。

2014 年，习近平总书记提出了"节水优先、空间均衡、系统治理、两手发力"的 16 字治水思路，为新时期治水赋予了新内涵、新要求、新任务。水利部《关于深化水利改革的指导意见》提出"加强实用技术推广和高新技术应用，推动信息化与水利现代化深度融合"，"必须依靠科技创新，驱动水利改革发展"。2015 年，曾焱等[11]对水利信息化"十三五"规划关键问题开展了深入研究，并指出：云计算、物联网、移动互联、大数据等新兴信息技术，将促使水利信息化发生新的变革。水利信息化的目的是促进传统水利向现代水利转型，实现数字水利向智慧水利转变，即实现水利信息多元化、资源云化、数据知识化、管理智能化。

自 2015 年起，水利部实施了卫星遥感数据源的统一收集与标准化产品的统一处理，结合水利普查成果构建了全国水利"一张图"，在国家防汛抗旱指挥系统、国家水资源监控能力建设等重大工程中应用，有力地支持了防汛抗旱、水资源管理、水土保持等业务。

2016 年 4 月，水利部审议通过全国水利信息化"十三五"规划，规划要求：紧紧围绕防灾救灾、水资源配置、生态文明建设、水土保持、农村饮水安全、水利工程管理等水利中心工作，提供全方位、高效率、智能化的水利业务应用。积极研究大数据、云计算、物联网、移动互联网等技术应用，最大限度地发挥水利信息资源的效率。

2016 年 10 月 13 日，水利部办公厅发出关于加快推进卫星遥感水利业务应用的通知。通知要求全力保障水利卫星遥感技术应用。

2016 年 12 月 16 日，水利部刘宁副部长主持召开研究进一步推进水利卫星遥感应用工作会议。会议进一步明确水利卫星遥感应用方向，要求水利部有关司局和直属单位切实加强卫星遥感应用需求分析，研究确定应用方向，编制卫星遥感水利应用业务指南，推进水利卫星遥感更广泛应用；构建卫星遥感技术应用交流平台；规范水利卫星遥感应用管理；结合水利"一张图"等管理与应用技术，推动多源数据的有效整合和应用；推动水利监测天地一体化体系建设，切实提高水利监测水平和能力。

水利行业在信息化、遥感应用等方面相比 20 年前，已经取得巨大进步。完成基础网络、地面监测物联网、专业数据库、遥感数据库、电子政务等建设，以及防汛抗旱指挥、重要水环境监测、典型灌区监测、水土保持监测等系统建设。并开展大数据分析、云服务、人工智能等研究探索，未来还将继续加大水利遥感卫星研究与应用步伐。水利系统已具备开展遥感高分 ET 应用研究和业务化应用的基础条件和政策支持。ET 业务化系统是目前还没有规模化建设而未来需要且有能力建设的信息系统。

9.1.2.3　公用服务信息化平台

通过"金"字工程为代表的信息化重大工程建设以及国家信息化战略、互联网＋行动计划等实施，我国的计算机信息基础设施和计算机信息应用取得了巨大发展。目前我国已经建成许多公共信息平台，如遥感集市、手机导航等。ET 应用服务体系基本不需要专门建设，只需生产标准产品，提交现有服务系统发布即可。用户就可通过这些平台检索、提取所要的 ET 信息。

（1）遥感集市。遥感集市是遥感行业首个一站式遥感云服务平台，由中科遥感集团与中国资源卫星应用中心联合发布。为了普及遥感应用和产业协同发展，其构建"数据、软件、设施、开发一体化协同服务"遥感产业生态圈，其通过自营和第三方平台，以及搭建的遥感行业生态体系，进行大数据积累和挖掘分析，整合遥感上、中、下游全行业产业链，与所有遥感人共创遥感云时代[12]。

遥感集市云平台联合全国高分辨率卫星遥感数据分发渠道，以遥感数据服务为核心、以技术和产品增值服务为收益机制，建立集遥感数据、专题信息产品、分析处理软件、数据存储、计算设施、业务应用系统、移动终端一体化、共享式的产业化遥感云服务平台，动态汇聚遥感服务行业的遥感数据采集、数据处理、产品生产、软件研制、应用开发、系统集成、设备制造、技术支持等技术资源，形成产业链服务集成，形成用户按需共享使用、服务商分享收益等的新型遥感云服务商业模式，实现遥感云服务的产业化飞跃。目前其主要功能包括：

1）数据中心：提供现势性、多时相、多位性的全覆盖遥感影像数据及遥感集市上的数据产品在线预览、在线处理和下载服务。

2）信息产品：提供地质、农业、林业、海洋、国土、环保、气象等应用信息产品，可根据用户需求提供专题监测、信息产品生产等定制化服务。

3）云工作台：以"虚拟机＋软件＋数据"服务模式，提供线上数据处理加工、存储以及应用软件在线应用开发服务。

4）应用汇集：提供影像数据、API 接口、专业软件、运行搭载、快速推广、创业孵化等应用汇集全方位支撑。

5）定制服务：提供影像数据、信息产品、API 接口的定制化服务。

6）遥感社区：遥感人的分享、交流天地。包括业界动态、技术交流、公益服务、开源天地、瞭望台等栏目，定期发布最新业界资讯，提供行业技术支持。

7）服务对象范围：公众用户、专业工作者、行业用户、政府单位、遥感技术服务商和个人创业者。

（2）手机导航。手机导航几乎已经成为现代生活的必需品。随着道路发展变得越来越快，交通信息愈发的纷繁复杂；随着我们出行距离越来越远，车辆速度越来越快；随着我们爱好越来越新奇，我们需要一个时刻伴随的"百路通"，这在几十年前可能只是天方夜谭，如今你我都有，它就是手机导航。无论步行、乘车、自驾都可以通过手机导航便捷地到达目的地；并且我们可以根据喜好在多款软件中挑选，如高德导航、腾讯导航、悠悠导航、凯立德导航、百度导航等。手机导航模式将是未来许多专题产品的服务模式，用户不但需要随时、随地知道在哪里，怎么到达目的地，还需要知道沿途和目的地的环境状况。ET 是影响环境状况的重要信息，需要加强 ET 信息生产和服务。未来我们不但需要"百路通"，更需要"百事通"。

9.2　水利 ET 业务化总体架构设计

9.2.1　总体架构设计

高精度遥感 ET 产品存在着巨大的应用需求和市场，应用形式多种多样。高空间分辨率遥感数据开始只用于军方，后来转为民用服务，现在几乎是家喻户晓，连买件衣服都要在高清卫星地图上查一查产地位置。因此现在来描绘高精度遥感 ET 的未来应用，只能是瞎子摸象，但为便于分析说明高精度遥感 ET 的良好前景，并与你分享我们的看法，同时激发更多的人去思考、研究此类问题，我们基于当前的技术和应用基础，设计了 ET 业务化应用总体架构。总体架构分为三层，即 ET 生产层、ET 渠道层、ET 用户层，详见图 9.2.1。

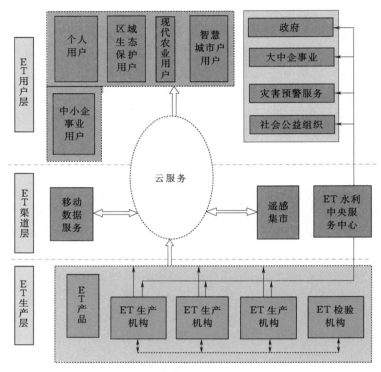

图 9.2.1　ET 业务化应用总体架构

9.2.1.1　ET 生产层

该层完成 ET 生产和检验，形成可直接使用的、不同规格的 ET 产品。

（1）ET 产品。ET 产品是 ET 数据及其属性的统称，主要包括 ET 数据以及时间、空间分辨率、精度、生产工艺、生产商、采用基础数据、数据格式等属性信息。

（2）ET 产品生产。ET 产品由 ET 生产机构生产，其 ET 产品可直接向公共云提供，也可通过虚拟专线提供给 ET 水利中央服务中心，以服务政府、公益组织、环保组织、企事业单位、现代农业、智慧城市以及个体用户等机构或自然人。

（3）ET 生产机构。ET 生产机构为各类规模或级别的遥感信息中心，具体可是区域遥感信息中心、流域信息中心、县水利局信息中心等机构，也可是气象、环保等部门的遥感机构。

（4）ET 检验机构。ET 检验机构即 ET 产品质量等级的第三方认证机构，负责对其能力覆盖范围内 ET 生产单元生产的 ET 产品进行质量鉴定和产品定级，并颁发电子证书。

9.2.1.2　ET 渠道层

ET 渠道层主要完成 ET 产品的采购、集散、储存管理和高效便捷分发任务。主要机构包括 ET 水利中央服务中心、移动数据服务、遥感集市等。

（1）ET 水利中央服务中心。为大型数据中心，采购、储存与管理特定 ET 生产机构提交的定制 ET 产品，并承担向政府、大中型流域机构、大中企事业机构、社会公益组织、环保组织、灾害预警服务机构等部门提供定制 ET 产品服务功能。

（2）移动数据服务。借助移动服务渠道开展 ET 直达终端的服务，对于移动公司相当于网络增值服务。目前的导航服务大多采用此方式，这可能是未来 ET 服务的基本模式。用户可以通过手机快捷地浏览、订购或定制 ET 产品，为其生产、生活提供服务。如基于 ET 指导灌溉，出售水权、监督企业与政府环保措施建设的实施效果等。

（3）遥感集市。是遥感技术及信息的服务综合平台，可以利用此平台开展 ET 产品的商业化服务。该平台目前已经初具规模，用户可以在其上获取遥感的初级产品和加工产品，这是遥感应用的新模式。用户可以将自己的遥感产品和增值产品放到集市上销售，也可以从集市上采集产品及技术用于消费或再开发。

9.2.1.3　ET 用户层

ET 用户层包括各类、各级 ET 用户。大体可分为两类，定制用户和随机用户。

（1）定制用户。包括政府、大中流域、大中企事业单位、社会公益组织、环保组织、灾害预警服务等机构。主要具有如下特点：相对固定的 ET 服务需求，一般通过定制服务获取 ET 产品；ET 使用量大；要求高质量、持续、及时的 ET 产品服务；采用无偿或优惠有偿服务形式；一般采用推送式产品供给模式；通常采用虚拟专线传送数据，同时它们也可从公共云上获取数据。

（2）随机用户。主要包括中小企业、中小流域、智慧城市、个人用户、现代农业、区域生态保护等部门。这些用户主要具有如下特点：ET 应用业务一般不固定，应用形式多样、应用时间多变，总体表现为较大的随机性；要求高质量、及时的 ET 产品服务；依据需要由用户自行选择使用的 ET 产品或 ET 服务类型；一般为有偿服务模式；通常采用主动下载模式，可以从遥感集市或移动数据服务客户端等数据集散中心下载。其中重点用户为个体生产服务领域用户，其总规模和政府、大中型企事业机构相当，应是 ET 应用最有活力的部分[10]。

9.2.2　相关软件选择与开发

遥感 ET 业务化系统通常需要强大、稳定、可靠、易维护、易升级的应用软件系统支持。这些应用软件主要包括通用或商用应用软件以及二次开发应用软件等。不同的 ET 生产机构所采用的应用软件和软件开发模式有所不同，没有严格的界线。充分了解相关系统软件功能以及适宜的开发模式，并针对机构规模和功能定位，选择合适的软件和开发模式，将十分有助于降低机构的建设和运营成本，提高机构的运营效益。

遥感 ET 业务化系统与遥感卫星工程系统密切相关。遥感卫星工程系统由运载火箭系统、卫星及有效载荷系统、发射场系统、测控系统、地面接收系统、处理和数据管理系统、地面应用系统、中继卫星系统等组成。其中地面应用系统指从遥感中心接收遥感数据，然后进行各种处理及应用系统的总称，它与 ET 业务化系统联系最为密切。遥感、GIS 以及数据库等软件是地面应用系统和 ET 业务化系统的主要基础应用软件。地理信息应用系统开发模式主要包括：完全的底层开发、基于现有商业地理信息系统的二次开发、基于 COM 标准的组件式开发以及基于网络的地理信息系统即 WebGIS 开发等[13]。遥感、数据库具有类似的开发模式；为突出主要问题，重点对遥感和 GIS 主流软件二次开发模式进行分析，为应用软件选择和开发提供参考。

9.2.2.1　遥感与 GIS 二次开发特点分析

目前，主流商用遥感软件有 ERDAS、PCI、ENVI 等，主流商用 GIS 软件有 ArcGIS、MapGIS、SuperMap 等。许多遥感软件虽然主要处理遥感数据但也具备 GIS 功能。GIS 软件虽然主要用于处理地理信息有关数据，但许多已经具备完整的遥感数据处理能力。遥感软件和 GIS 软件功能渐趋于统一，这些软件一般均提供二次开发功能。用户可以根据需要，通过二次开发快捷地完成专业应用系统的建设。

ERDAS 提供两类二次开发工具，即空间建模工具和 C Toolkit。空间建模工具是 ERDAS 的一个模块，是一个面向目标的模型语言环境。由空间建模语言（SML）、模型生成器（Model Maker）构成。模型生成器提供了 23 类共 200 多个函数和操作算子，可以操作栅格数据、矢量数据、矩阵、表格及分级数据。用户只需要在窗口中绘出模型的流程图，指定流程的意义和所用参数、矩阵，即可完成模型的设计。C Toolkit 是为 ERDAS IMAGINE 用户提供的一个 C 函数库和相关文本，以方便用户修改软件的版本或者开发一个完整的应用模块，从而扩展软件功能满足其特定项目需要，此工具适于高级用户。建立模型和开发应用需要在 ERDAS IMAGINE 环境下运行。

PCI 的 Software Toolit Object Libraries 由 150 个 C 和 FORTRAN 源程序和库构成，是 PCI 的底层开发工具。基于 PCI 提供的 C/C++SDK 底层接口，使用 PCI 自带的 EASI 脚本语言，可让用户方便地创造、编辑和运行用户定制的所有 SPANS 和 EASI/PACRE 所提供的图形程序。在二次开发包 ProSDK V1.2 中增加对 Microsoft Visual Studio.NET/C++2003、gcc3.3、Python 2.4 以及 Java 1.5 的支持。

PCI Geomatics ProSDK 专业软件开发工具套装为用户提供了用 C++、Java 及 Python 等编程语言对 Geomaticas 软件组件以应用程序的方式进行应用或扩展的能力，ProSDK 同时包含了 PCI Geomatics 所独有的 GDB 技术，从而使得开发人员开发出来的产品可以支持 100 多种空间数据格式。PCI Geomatics ProPack 是不同的嵌入式函数（PPF）的集合，其提供的 PPF 可以和用户定义的 PPF 或其他的 PPF 相关联，从而创建一个完整的、用户自定义的地理空间数据处理流程。PCI 的 ProSDK&ProPack 产品为用户带来遥感功能组合和开发扩展的全新体验。

超图（SuperMap）是中国知名 GIS 软件，目前已经走向国际，进入日本、非洲、印度等。SuperMap Objects 是 ActiveX 组件式 GIS 软件，其可以嵌入到多种开发平台，如 Visual C++、Visual Basic、PowerBuilder、Delphi、Visual Studio、.Net 等。通过调用 SuperMap Objects 组件的基本功能，并结合其他专业模型控件，可以快速地开发 GIS 应用系统[14]。

超图软件基于标准 C++ 开发了共相式 GIS 内核——SuperMap UGC，而 PCI ProSDK 与 SuperMap UGC 采取了同样的思路，用 C++编写核心算法函数，在此基础上也提供了对 Java 及 Python 等编程语言的支持，因此 PCI ProSDK 为超图软件提供了一个在遵循共相式内核前提上，直接添加遥感功能算法的有效方案，可以为超图的组件、桌面和服务端产品增加相关遥感功能的扩展，并同时满足在运算效率和跨平台等上对产品的要求。由于 PCI ProSDK 能够在类库层与 SuperMap 相融合，因此可以将其集成到 SuperMap 的组件、桌面和服务产品中去，让 SuperMap 和 PCI 的开发都使用相同的流行语言．Net 和 Java，一方面整合了 GIS 和遥感的功能，另一方面保留了 GIS 的体系结构和开发模式。基于超图组件，可以进行 GIS 系统、遥感系统、GIS 与遥感混合系统的开发。

ENVI 是由遥感领域的科学家采用 IDL 开发的一套功能强大的、完整的遥感图像处理软件。ArcGIS 是全球广泛使用的 GIS 软件，ENVI、IDL 与 ArcGIS 一体化集成解决方案，实现了遥感与 GIS 一体化集成[15]。ENVI 是用 IDL 开发的优秀遥感系统，在 ENVI 中用户可以利用 IDL 语言和 ENVI 提供的二次开发工具对 ENVI 的功能进行扩展。IDL 是 ENVI 的二次开发语言，原则上讲，用户可以用 IDL 编写自己完整的遥感软件，但这种开发一般不需要，ENVI 已经替我们做了绝大部分工作。ENVI 提供许多函数以及组件供二次开发扩展。这是它和 PCI、ERDAS 的不同之处。

IDL 是一种数据分析和图像化应用程序及编程语言，是第四代语法简单、面向矩阵运算的计算机语言。IDL 支持动态模块加载（DLM）方式的功能扩展，具备调用 Windows 的控件、Java 代码和 DLL 等功能。基于此可以扩展 IDL 功能，基于 IDL 的 ActiveX 技术可以将 IDL 的功能模块嵌入到 VB、VC＋＋、．Net 等常用语言编写的应用程序中，从而实现在这些应用中嵌入 IDL 优越的图形图像处理功能。IDL 的 DataMiner 是 IDL 通过 ODBC 接口进行数据库操作的 IDL 函数集，基于 Date Miner 功能可以方便地对数据库进行操作。IDL 提供多类函数、组件以及智能化编程工具用于系统的功能扩展。

ArcGIS Engine 是一套完全嵌入式的 GIS 组件库和工具库，基于 ArcGIS Engine，利用常用开发语言可以快速建立 GIS 应用系统，通过 IDL 调用 ENVI 自带的丰富函数、组件等，在 GIS 中插入遥感功能，实现 GIS 与 RS 混合开发，快捷地建立遥感 GIS 应用系统。

MapGIS 支持搭建式、插件式、配置式等多种二次开发，提供全组件化 MapGIS 开发工具包和 SDK，支持 VB、VC＋＋、VisualC♯.Net、Delphi、Java、.Net 等第三方工具进行二次开发，支持 API、面向对象、全组件化、分布式服务组件等多层次开发模式。

基于三维 GIS 开发的虚拟现实软件，不但具有展示四维时空数据能力，还具有动力控制模块，驱动三维实体按内在机制变化。目前主要商用三维 GIS 有：国外的 Google Earth、Skyline、World Wind、Virtual Earth、ArcGis Explorer，以及国内的 EV－Globe、GeoGlobe、VRMap、IMAGIS、CityMaker、AlaGIS、NEOMAP VPIatform、InfoEarth TelluroMap、DrawseeEarth、ConverseEarth 等。目前许多自然实体的虚拟基于三维 GIS 开发，主要是展示三维空间数据；具有内动力驱动的三维应用较少。

一般主流 GIS 和遥感软件都支持多层次二次开发，开发模式可以大致归为三类：一是基于自带或常用计算机语言的底层函数开发，此类开发称为底层二次开发。二是基于系统提供的底层函数和组件进行的二次开发，称为组件式、组件式二次开发。三是基于插件、组件，采用搭建式、插件式和配置式的二次开发，称为搭建式、插件式二次开发。

9.2.2.2　组件或插件式开发优点

支持组件式开发几乎成为当今商用软件系统或业务化系统的标配功能。固定系统很难满足快速增长和变化的需求，通过组件式开发或插件式开发，以低成本快速完成专业应用系统构建或升级扩容是目前信息系统开发的特色。如把 GIS 的各大功能模块划分为几个控件，每个控件完成不同的功能，通过可视化软件开发工具按功能将某些控件组织在一起完成要求功能，从而形成个性化的专业 GIS 应用。控件如同一堆各式各样的积木，它们分别可以实现不同的功能，根据需要把有关控件像搭"积木"一样搭建起来，就构成了应用系统。特点是开发速度快、开发成本低、增强 GIS 应用系统的可扩展性、系统整体稳定性高等。

组件式开发环境可选择 Visual C++、C♯、Visual Basic、Visual FoxPro、Borland C++、Delphi、C++Builder 以及 Power Builder 等通用开发环境进行二次开发。不需要 GIS 提供独立的二次开发语言，只需实现 GIS 的基本功能函数，按照 Microsoft 的 ActiveX 控件标准开发接口即可。GIS 应用开发者，只需熟悉基于 Windows 平台的通用集成开发环境以及 GIS 各个控件的属性、方法和事件，就可以完成应用系统的开发和集成。

组件式技术已经成为 GIS 业界标准，用户可以像使用其他 ActiveX 控件一样使用 GIS 控件，使非专业的普通用户也能够开发和集成 GIS 应用系统，推动了 GIS 大众化进程。组件式 GIS 的出现使普通用户能和 GIS 专家一样，能够可视化地管理处理数据。同时也为中间件商、专家学者、专业人员提供了新的发展空间，他们可以利用自己的专业优势，开发高级通用组件、专业组件，为已有系统升级开发提供服务，并获得研究收益和专利收益。

目前，许多 GIS 系统、遥感软件、数据软件、大中型应用系统等都支持基于组件的二次开发。ArcGIS、MapGIS、SuperMap 均支持组件开发，MapGIS 还支持插件二次开发和搭建式二次开发。组件技术为 RS 与 GIS 无缝集成提供了理想的解决方案，即以特定应用为目标，在 GIS 应用系统中扩展遥感影像处理相关功能，并利用 GIS 的强大空间分析功能，实现矢栅一体化的融合分析[16]。

插件式二次开发允许用户方便地将其开发的功能，作为系统的一部分装配到系统中；搭建式二次开发利用搭建平台、功能仓库、动态表单、工作流，通过选择组合来构建功能子模块。

9.2.2.3　软件选择及开发建议

（1）遥感 ET 业务化系统通常需要对海量数据进行处理和挖掘，需要高效、稳定的软件系统支持。从底层开始自行开发并不是明智选择，最佳策略应是：首先选择满足或基本满足目前及近期功能需求的商业软件，然后针对软件不足和功能提高需要，有重点地、分步开展应用开发。

（2）ET 业务化系统建设应选择支持组件、插件技术开发的 GIS 系统、数据库系统、遥感软件系统，以通过组件式开发升级扩展系统功能。人类对 ET 的需求不会止步，就像对可见光近红外遥感一样，空间分辨率已从 150m 发展到了 0.41m，目前仍在继续提高；

ET 产品的精度在社会发展需求的强力推动下将不断提高。在 ET 精度不断提高的过程中，新理论、新传感器、新模型将会不断涌现。ET 业务化系统需要不断升级，需要开发与之配套的有关应用程序。整个 ET 产品制作流程：从地物信息获取、传输、处理分发，到图像预处理、ET 模型构建、ET 产品生产、质量定级以及应用等环节，均可能存在更新升级过程。这些过程涉及的基础软件、专业应用程序或子系统一般均应支持插件或组件式升级。

选择支持组件、插件技术开发的软件系统，在运行维护期间，用户可根据运行情况和需求，提出改进和新增需求，由科研院校进行专用组件或插件的研发，然后投入系统使用。借助专业学者组件开发，丰富组件种类、提高组件专业化性能，不断提升应用系统性能，是未来应用系统维护升级的一条有效途径。

（3）依据开发需求和复杂性，选择合适机构进行开发。应用程序的开发需要软件商、领域专家共同完成。对于基础应用软件、复杂高效的基础应用模块以及相对固定的大型应用系统等，应选择软件商开发。对于相对较高级应用、高级试验性或创新性的应用以及规模相对较小的应用系统等，宜选择领域专家采用插件式开发。依靠这些专家和学者智慧，不断提高 ET 产品精度与质量，满足社会发展需要。同时由于采用插件式升级，可以使他们集中力量研究 ET 产品生产的突出问题，减少研发成本和周期。

9.2.3　ET 生产机构分级及特点

ET 生产机构是 ET 的生产者，是 ET 业务化系统的基础机构。ET 能否大规模应用、能否广泛而深入的应用，取决于 ET 机构能否及时、精准、稳定地提供高质量的 ET 产品。

9.2.3.1　ET 生产机构分级

根据 ET 生产机构业务涉及的范围、服务对象以及软硬件配置，可分为：国家 ET 计算中心、区域 ET 计算中心、ET 计算分中心、ET 计算站四类。

9.2.3.2　ET 生产机构任务及特点

（1）国家 ET 计算中心：完成全国、大区域或大型河流流域的大尺度～超大尺度的 ET 计算，从遥感中心获取遥感数据开展 ET 计算。应用软件特点：一次建设开发长期使用；需要维护升级和长期投入支持；软件处理数据量大，处理速度要求高；产品需要满足大尺度～超大尺度水资源分析与评价需要，实时模拟大尺度～超大尺度区域或流域水文动态过程。

（2）区域 ET 计算中心：完成大区域或中型河流流域的中～大尺度的 ET 计算，从遥感中心获取遥感数据开展 ET 计算。应用软件特点：一次建设开发长期使用；需要维护升级和长期投入支持；软件处理数据量较大，处理速度要求较高；产品需要满足中～大尺度水资源分析与评价需要，实时模拟中～大尺度区域或流域水文动态过程。

（3）ET 计算分中心：完成区域或小型河流流域的中小～中尺度的 ET 计算，从遥感地面数据中心获取遥感数据开展 ET 计算。应用软件特点：一次建设开发长期使用，需要维护升级和长期维护投入支持。软件处理数据量中等，处理速度要求中等。产品满足中小～中尺度水资源分析与评价需要，实时模拟中小～中尺度区域或流域水文动态过程。

（4）ET 计算站：从公用遥感平台上获取遥感数据开展 ET 计算，以项目研究为依托，建立面向小～中小尺度区域或流域 ET 计算的站点。应用软件特点：应用周期和项目周期基本一致，使用周期较短；开发投入少或缺乏应用维护投入；具有一次性特征；软件处理数据量较小，处理速度要求不高；如果项目成果能转入推广，或 ET 产品质量较高，则可继续使用。

9.2.3.3　ET 生产机构工作模式

ET 生产机构工作模式见图 9.2.2，主要包括以下过程：

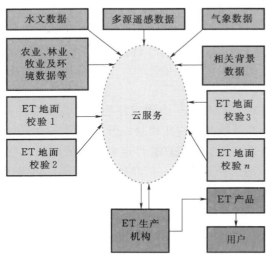

图 9.2.2　ET 生产机构生产模式

（1）ET 生产机构获取 ET 生产基础数据，主要包括多源遥感数据、水文数据、气象数据以及农业、林业、牧业及环境数据等。

（2）基于模型计算 ET。

（3）将 ET 提交地面校验站校验，获得质量认证。

ET 地面校验站包括多个校验站，它们一般联合对 ET 生产机构提交的 ET 数据进行精度检验和质量定级。

（4）对 ET 数据标注属性，形成 ET 产品。

（5）提交用户，将 ET 产品提交分销平台或直接提交用户。

9.2.3.4　不同级 ET 生产机构功能及软件配置

ET 生产机构功能特点及软件配置，见表 9.2.1。

表 9.2.1　　　　　　　　　　　ET 生产机构功能特点及软件配置

项目	国家 ET 计算中心	区域 ET 计算中心	ET 计算分中心	ET 计算站
主要功能	完成全国、大区域或大型河流流域的大尺度～超大尺度 ET 计算、产品质量定级	完成较大区域或中型河流流域的中～大尺度 ET 计算、产品质量定级	完成区域或小型河流流域的中小～中尺度 ET 计算服务	完成特定小区域、或临时建设区小～中小尺度 ET 计算服务
系统特点	数据覆盖范围大、数据量大、需要高速数据处理	数据覆盖范围较大、数据量较大、需要高速数据处理	数据覆盖范围较小、数据量较小、需要较高速的数据处理	数据覆盖范围很小、数据量很小、对数据处理速度要求不高。断续计算服务
遥感及非遥感数据处理软件	采用高级商业遥感软件系统，并针对业务需要对软件进行功能拓展，或者由软件供应商针对业务设计专门遥感系统，或采用底层完全二次开发模式开发	采用商业遥感软件系统，并针对业务需要对软件进行功能拓展，或采用组件式二次开发模式开发	采用商业遥感软件系统，并针对业务需要对软件进行功能拓展，或采用组件式二次开发模式开发	采用商业遥感软件系统，并针对业务需要对软件进行功能拓展，或采用搭建式二次开发模式开发
ET 计算反演软件	采用底层二次开发模式开发专门 ET 计算模型系统	采用组件二次开发模式开发专门 ET 计算模型系统	采用商业 ET 模型系统，或采用组件二次开发模式开发专门 ET 计算模型系统	采用商业 ET 模型系统，或采用搭建或组件二次开发模式开发专门 ET 计算模型系统

项目	国家 ET 计算中心	区域 ET 计算中心	ET 计算分中心	ET 计算站
水文模型	采用国际先进分布式水文模型，或采用底层二次开发模式开发专门分布水文模型	采用商业通用水文模型，结合区域特性进行建模，或采用组件式开发模式开发专门分布水文模型	采用商业通用水文模型，结合区域特性进行建模，或采用组件式开发模式开发专门分布水文模型	采用商业通用水文模型，或采用搭建式开发模式开发专门分布水文模型
虚拟软件	采用底层二次开发模式开发专门虚拟现实系统	采用组件二次开发模式开发专门虚拟现实系统，或采用商业通用虚拟现实系统	采用商业三维 GIS 系统，采用搭建式二次开发模式开发专门虚拟现实系统	采用商业三维 GIS 系统，也可不配置三维软件数据显示系统

9.3　ET 产品

水利是国民经济发展的基础产业。高精 ET 数据既是行业需要，又是社会化服务需要。为了统一产品规格，扩大产品服务价值，弱化产品行业特性，增强产品共性服务特性，需要对 ET 产品精度和形式进行规定。

许多有关遥感产品的规范均涉及产品质量控制内容，如《中华人民共和国国家标准　卫星遥感影像植被指数产品规范》[17]《中华人民共和国水利行业标准　水土保持遥感监测技术规范》[18]《中华人民共和国地质矿产行业标准　卫星遥感图像产品质量控制规范》[19]。遥感产品质量决定遥感产品的使用价值和范围。2012 年，刘斌等[20]对资源三号卫星传感器校正产品定位精度进行验证分析，得出 ZY－3 卫星数据精度能满足 1∶5 万比例尺 DEM 和 DOM 的制作要求，并可用于 1∶2.5 万比例尺地形图的修测。

由于定量遥感产品真实性检验工作的滞后，尤其是真实性检验理论、方法和手段比较缺乏，特别是对非均匀地表特性的尺度转换研究的滞后，使得区域尺度的遥感信息与田间尺度的地表观测信息脱节，从而制约着我国遥感数据及其产品的推广应用[21]。

为了规范 ET 生产，促进 ET 业务化生产和规模化应用，需要编制遥感 ET 产品规范。项目研究，初步建立了卫星遥感 ET 产品规范[22]，希望以此为切入点，在更大范围内、更多行业间开展更深入细致的研究探讨。下面简要介绍其相关内容，主要包括 ET 产品类型、坐标系统、精度检验、精度标注、产品格式以及元数据等。

9.3.1　ET 产品类型

（1）分时 ET 产品。分时 ET 产品即按时间划分的 ET 产品。主要包括 ET 瞬时产品、ET 日产品和 ET 时间平均标准产品等。

1）ET 瞬时产品：基于遥感数据直接反演生成的以像素为单元的 ET 产品。空间分辨率为最低遥感数据空间分辨率，单位：W/m^2。

2）ET 日产品：基于 ET 瞬时产品，通过时间空间扩展得到的以像素为单元的日 ET 产品。空间分辨率为最低遥感数据空间分辨率，单位：mm/d 或 mm/day。

3）ET 时间平均标准产品：基于 ET 日产品，经过累加求和得到的标准时段 ET 平均值产品。如旬、月、季节、半年、年 ET 产品，单位：mm/tenday、mm/month、mm/section、mm/halfyear、mm/year。

（2）分区 ET 产品。对分时 ET 产品按空间分区统计得到分区 ET 产品。

1）空间分区依据专业分区。如流域分区、景观生态分区、农业分区、林业分区等，要求空间分区与参加叠加统计的分时 ET 产品的几何精度误差应在 1 像素内。

2）通过分区与分时 ET 叠加统计得到分区相应时段 ET 的平均值。

3）产品标准命名：采用"分区"＋"分时名"格式命名，如分区 ET 瞬时产品、分区日 ET 产品、分区月 ET 产品、分区年 ET 产品等。

9.3.2　ET 产品坐标系统

（1）ET 产品采用坐标系统：WGS‐84 坐标系统、CGCS2000 大地坐标系统。

（2）提供坐标参数、椭球体名称、投影名称、投影参数。

9.3.3　ET 产品精度检验

为了促进 ET 产品生产和规模化应用，需要对 ET 产品精度进行检验，精度采用正确率表示。基于地面真实检验站点的 ET 和遥感 ET 产品的对应像素的 ET 差异，来计算 ET 产品的精度。

（1）ET 地面真实检验站点。ET 地面真实检验站点为 ET 已知的地面连续像素集的统称，像素数 1－N，像素分布最好接近于正方形。这些像素通过地面仪器和设施，可以准确得到其 ET 平均值。根据检验站点的 ET 数据获取方式和影响范围，分为基本站点、一般站点、插值点三类。

1）基本站点：安装配套仪器设备，可以精确获取观测场 ET，并可对低级站点提供校正。

2）一般站点：安装简单 ET 监测仪器设施，可以单独或借助基本站点获取所在点精确 ET。

3）插值点：根据基本站点、一般站点通过明确机理关系或公开算法通过插值得到 ET。ET 与参考站点的 ET 的相关性应达到 0.85 以上，这样才能满足 ET 产品最低精度要求。

（2）ET 地面真实检验。根据参与 ET 真实检验的站点数量，分为单点和多点；根据参与 ET 真实检验时间序列点数，分为单时刻单时段、多时刻多时段和单序列。

1）单点和多点检验。遥感 ET 产品校验仅依据一个地面真实检验点检验，此类检验为单点检验。如果 ET 产品分别依据多个地面真实检验点检验，此类检验为多点检验。

2）单时刻单时段、多时刻多时段和单序列检验。

①单时刻单时段检验：通过对比参照点 ET 与对应瞬时 ET 或单时间段 ET，计算瞬时 ET 或单时间段 ET 精度。

②多时刻多时段检验：通过对比参照点 ET 与对应多个瞬时 ET 产品，或与对应多个日 ET、月 ET、年 ET 等时段平均 ET 产品对比，计算 ET 产品的多点平均精度。

③单序列 ET 检验：通过对比参照点 ET 与对应序列日 ET、月 ET 或年 ET 产品等，

计算 ET 产品的整体精度。

9.3.4　ET 精度标注

只有对 ET 进行了精度标注，ET 使用性质和可使用价值才能被真正确定，用户可以依据此特性开展相关应用。在对 ET 产品完成精度检验后，需要对其进行精度标注。标注主要包括以下内容：

（1）标注检验方法。

（2）标注参与检验的空间站点数与级别。

（3）标注参与检验的时间序列的类型及点数，单时刻 1 点、单时段 1 点、多时刻 n 点、多时段 n 点、单序列 n 点，n 为参与校验的点数。

（4）综合精度。

9.3.5　ET 产品格式

ET 产品 ET 数据格式采用常用遥感数据格式，如 TIF、ENVI、PCI 及 IMG 灰度图像格式。

ET 产品属性数据采用文本或 XLS 格式，主要包括生产者、精度、坐标、ET 数据采用单位等基本指标。

9.3.6　元数据

元数据是信息正确、高效交换的基础，需要按规定格式提供元数据。

（1）元数据包括：基础数据、ET 计算方法、检验类型、精度、坐标系统等内容。属性数据为元数据子集之一。

（2）元数据格式采用 xlm 格式。

9.3.7　辅助图像

为了方便 ET 使用，最好提供和 ET 配套的可见光、近红外彩色合成影像，影像应具有以下特点：

（1）影像时间与 ET 产品时间一致或接近。

（2）与 ET 产品配准的几何精度误差应小于 1 个像素。

（3）格式采用常用图像格式，如 TIF、ENVI、PCI 及 IMG 图像格式等。

参　考　文　献

［1］　我国航空遥感技术装备取得巨大进步 ［EB/OL］.（2011 - 03 - 16）［2019 - 1 - 12］. http：//www. most. gov. cn/kjbgz/201103/t20110314 _ 85331. htm.

［2］　国内外著名的 GIS 平台对比 ［EB/OL］.［2017 - 07 - 03］. http：//www. docin. com/p - 224179193. html.

［3］　20 个三维 GIS 软件对比 ［EB/OL］.［2017 - 07 - 03］. http：//www. docin. com/p - 1054065018. html.

［4］　几种常用数据库比较 ［EB/OL］.（2010 - 08 - 26）［2017 - 07 - 03］. http：//tech. sina. com. cn/s/s/2010 - 08 - 26/13424591518. shtml.

［5］ 朱琳慧. 2018 年中国数据中心发展现状分析数量和规模双增长［EB/OL］.（2018 - 11 - 24）［2019 -
2 - 12］. https：//www. qianzhan. com/analyst/detail/220/181123 - 92df5afa. html.

［6］ 五大气象引领物联网发展新高潮［EB/OL］.（2016 - 11 - 25）［2019 - 01 - 12］. http：//guba. east-
money. com/news，gs80202033，572433808. html.

［7］ 中华人民共和国国土资源部. 国土资源信息化"十三五"规划［R］. 2016 - 11 - 7：1 - 8.

［8］ 中华人民共和国环境保护部. 国家环境保护"十三五"科技发展规划纲要［R］. 2016 - 11 - 11：14 - 46.

［9］ 中华人民共和国农业部."十三五"全国农业农村信息化发展规划［R］. 2016 - 8 - 29：1 - 9.

［10］ 苑希民. 水利信息化技术应用现状及前景展望［J］. 水利信息化，2010（2）：5 - 8.

［11］ 曾焱，王爱莉，黄藏青. 全国水利信息化发展"十三五"规划关键问题的研究与思考［J］. 水利
信息化，2015（1）：14 - 19.

［12］ 遥感集市［EB/OL］. https：//baike. so. com/doc/9736324 - 10082839. html?，2014 - 9/2019 - 2 - 12.

［13］ 高慧卿，樊兰瑛. GIS 应用系统开发模式探讨［J］. 山西农业科学，2010，38（8）：102 - 105.

［14］ 胡亚，李永树. 基于组件式 GIS - SuperMap Objects 的二次开发［J］. 四川测绘，2004，27（1）：
3 - 5.

［15］ 吕能辉，甘郝新，刘敏. 基于遥感与 GIS 一体化的水利应用简介［J］. 人民珠江，2010（6）：
82 - 84.

［16］ 潘瑜春，王纪华，赵春江，等. 基于 GIS 和 RS 的应用分析系统集成研究［J］. 计算机工程，
2005，31（15）：44 - 46.

［17］ 武汉大学，中国科学院遥感与数字地球研究所，国家卫星气象中心. 中华人民共和国国家标准 卫星
遥感影像植被指数产品规范：GB/T 30115—2013［S］. 中华人民共和国国家质量监督检验检疫总
局，中国国家标准化委员会. 2014：1 - 16.

［18］ 水利部水土保持司. 中华人民共和国水利行业标准 水土保持遥感监测技术规范：SL 592—2012
［S］. 中华人民共和国水利部. 2012：1 - 10.

［19］ 全国地质矿产标准化技术委员会，物探化探分技术委员会. 中华人民共和国地质矿产行业标准
卫星遥感图像产品质量控制规范：DZ/T 0143—94［S］. 中华人民共和国地质矿产部. 1998：
1 - 9.

［20］ 刘斌，孙喜亮，邸凯昌，等. 资源三号卫星传感器校正产品定位精度验证与分析［J］. 国土资源
遥感. 2012，24（4）：36 - 40.

［21］ 张仁华，田静，李召良，等. 定量遥感产品真实性检验的基础与方法［J］. 中国科学：地球科学.
2010，40（2）：211 - 222.

［22］ 索建军. 卫星遥感影像 ET 产品规范研究［J］. 科技视界，2018，230（8）：121 - 123，120.

第4篇

遥 感 ET 应 用

本篇从遥感 ET 应用研究入手，研究分析 ET 在水资源开发利用、水权界定、现代农业、智慧水利等方面的应用成果和需求。结合干旱半干旱区特点以及水利、农业、生态等发展需求，在示范区开展基于 ET 的典型应用示范，为遥感 ET 研究与应用探索新路。

第 10 章　遥 感 ET 应 用 研 究

蒸散发是水循环要素之一，是现代水资源管理不可或缺的关键数据。遥感为区域蒸散发监测打开了巨大空间。虽然 ET 已被用于水利、农业、林业、生态环境等多个领域，但应用规模及水平还十分有限、应用市场还远未打开，ET 技术潜力远不止于此，ET 应用亟待深入开发。应用不足除受遥感 ET 质量及精度制约外，还与应用研究、示范及宣传滞后等有关。遥感 ET 应用研究同遥感 ET 反演同等重要，甚至超过后者。本章从 ET 与水资源、生态水权界定、节水及智慧水利、遥感 ET 产业前景四个方面对遥感 ET 应用进行研究分析。

10.1　ET 与水资源

陆面蒸散发量多数情景下和平常所说的水资源量不等值。其来源包括地表水、地下水，即狭义的水资源，同时也包括降雨未形成径流的水分、土壤水、陆面凝结水等，即广义的水资源。通过同化分离技术，从 ET 中分离出地表水、地下水资源或可控水资源，才能通过 ET "桥梁" 窥探水资源运移的动态过程，深入了解水文循环过程本质，才能使 ET 真正走入生产与生活。为了更加科学、高效地开展水资源规划管理、高效节水、生态保护等，建设基于 ET 的水资源规划管理、高效节水、生态保护等现代水资源监测管理新模式十分必要。

10.1.1　理论依据

基于水热平衡原理和遥感定量信息反演技术，可以反演流域蒸散发，即反演流域总耗水量。遥感数据具有空间连续性和时间连续性的特点，基于遥感信息可以反演流域蒸散发的时空分布信息。对于封闭流域，如果已知流域径流性水资源分布、降水分布，基于 GIS 和遥感的数据同化技术，就可从总蒸散量中分离出可控水资源和不可控水资源。结合传统水资源评价技术，从可控水资源中再分离出地表水资源和地下水资源。这样通过 ET "桥梁"就可以定量、可视化地研究流域各类水资源的蒸散发及其动态过程，深入、精细地研究流域水循环过程，从而全面、系统地掌握流域水文特征及过程。如果加入流域水资源输入输出项，封闭流域就变为开放流域，这样的流域可以是陆面任何一区域。也就是说我们可以把陆面任何一区域看作开放流域，采用上述方法，基于 ET 通过遥感深入、精细地研究其水文过程，为优化区域水资源配置、高效节水和生态保护等提供科学数据。

景观生态区为地理综合异质区，可以把一个景观生态分区视作一个开放流域，基于 ET 研究其生态格局、过程及水文过程。为解决生态水利、农业、城市建设等的深层问题提供理论与数据支撑。

水是生命之源，生物生存的必要条件，同时影响着动植物的分布，尤其在干旱半干旱地区，流域水资源分布格局决定着流域生态格局。生态消耗水资源主要由三部分构成，即构建有机体、新陈代谢用水和生态环境用水。构建有机体消耗的水资源很小且可以忽略，因此景观生态耗水实质可近似为新陈代谢和生态环境耗水的总和。生态消耗的水来自降水、其他区域补给水、深层地下水、高矿度水以及永久冰川融水等。基于遥感反演景观生态区 ET，通过同化分解技术，可获取景观生态消耗的各类水资源数量及动态过程，进而通过景观格局与过程，研究水文过程的外在影响、内在特性及联系，深入、精细地研究生态水文过程。

遥感 ET 与传统水资源范畴并不一致，但与广义水资源基本一致。通过广义水资源建立遥感 ET 与传统水资源之间的联系，进而通过遥感研究水循环。就目前技术多数情景难以精确区分新陈代谢用水和生态环境用水，为此重点研究景观生态的总耗水。基于景观生态研究生态耗水，更有利于成果的认知和应用推广。

10.1.2　耗水需水指标体系

生态耗水概念模糊，指标多，计算方法多、缺乏统一标准，缺乏统一有效的生态耗水需水计算方法。通常所说的水资源和遥感反演 ET 并非同一对象的不同形式。耗水需水计算需要综合考虑蒸散发、降水、地表水、地下水和土壤水等转换关系。2010 年，于海鸣等[1]根据流域生态耗水和需水特点，基于水资源新理念，结合水利、生态、遥感、GIS 等研究领域习惯用语及内涵，开发设计了一套适合流域尺度景观生态耗水、需水分析计算的景观生态耗水需水指标体系。

指标体系包括一系列生态耗水需水指标，主要有广义水资源、狭义水资源、可控水资源、不可控水资源、景观生态蒸散发量、景观生态消耗水资源、景观生态耗水、景观生态消耗不可控水资源、景观生态需水、生态耗水、生态需水、生态消耗地表水、生态需地表水、天然生态耗水、人工生态耗水、天然生态需水、人工生态需水等指标。主要指标计算关系见式 (10.1.1)～式 (10.1.4)。

$$ET = E_{uc} + E_c \quad E_c = R_a + W_{ib} \tag{10.1.1}$$

$$P = E_{uc} + R_a \quad P_m = E_{muc} + R_{ma} \tag{10.1.2}$$

$$P_p = E_{puc} + R_{pa} \quad E_c = E_{c生产} + E_{c生活} + E_{c生态} \tag{10.1.3}$$

$$ET = \sum A_i \cdot ET_i \tag{10.1.4}$$

式中：P 为流域总降水量；P_m 为流域山区降水量；P_p 为流域平原区降水量；R_a 为流域

总水资源量；R_{ma} 为流域山区水资源量；R_{pa} 为平原区水资源量；E_c 为蒸散的可控水资源；E_{uc} 为蒸散的不可控水资源。

　　基于 ET 研究生态耗水、需水是水利、农业、林业、环境等多领域研究的热点，但研究口径存在较大差异。国内许多基于遥感研究生态需水实质仅停留在研究生态蒸散发（ET），ET 和传统水资源的内涵不同，各专业领域间研究结果难以准确对接，数据共享困难、管理支持服务难以协调。还有许多研究仅停留在对生态耗水、需水定额的研究层面，忽略生态耗水、需水的时空不均匀特性，不能提供生态耗水的时空分布信息，估算的生态耗水量与实际偏差较大，这些极大地影响了基于 ET 的管理、监测及 ET 的实际应用。

　　基于 ET 预测的生态需水往往为净生态需水。由于不同区域输水效率存在很大差异，同样的景观生态，其中毛生态需水差别却很大；应注意区分生态需水指的是净生态需水还是毛生态需水。区域节水主要指区域人工灌溉植被节水，不应包含自然生态，否则区域节水就可能会影响生态的实际用水，出现虽然区域节水效率提高了，但区内生态用水却实际被减少的现象。上游灌溉渗漏水，可能是下游的主要水源，历史赋予的用水权，节水如果导致这部分水量减少，实质是变相抢夺了下游用水权。有些研究虽考虑了生态耗水、需水的空间分布特点，但却没有考虑生长期分布变化特点，生态配水往往不能按生态自然需水过程供给，极大地影响了生态的正常发展。基于指标体系开展遥感 ET 监测，可以客观、及时地反映上下游生态耗水的客观变化，为客观评价节水效果和保护利益相关方用水权益提供服务。

　　有些研究仅建立了地表水均衡、地下水均衡关系，但却没有建立 ET 均衡关系，因此真实计算误差可能被掩盖。利用景观生态耗水、需水指标体系计算景观生态耗水与需水，不但可以克服目前生态耗水、需水研究应用中的诸多不足，同时还能有效地解决生态用水与水资源形成区之间存在的空间异位问题、生态用水重复计算和时空异质性等问题，体系应用取得了良好效果。

10.2　生态水权界定

10.2.1　生态水权概述

　　生态水权指基于可持续发展与当前经济技术条件的生态最佳用水权益，包括生态景观类型、区位、功能以及需水类型、数量和需水过程等指标。

　　在现代水资源规划中，"确保生态环境用水"是其重要的要求，也是现代水资源规划区别于传统水资源规划的重要体现。生态水权界定是保障生态用水、监测评价生态保护措施及实施效能的前提；科学合理地划分水权是流域和谐发展的基础。

　　目前，国内外生态耗水、需水预测尚无成熟、系统的理论技术体系，生态需水与实际情况存在较大偏差，现有的水资源管理理念和技术体系难以适应国家应对全球气候变化和国家可持续发展等多项重大需求。需要采用国际先进的基于 ET 的新型水资源规划管理模式，开发设计一套适合我国尤其是干旱半干旱区流域景观生态耗水、需水分析计算的新指标体系，以提高生态耗水、需水计算预测的客观准确性与合理性。干旱区流域生态水权界定技术体系应运而生，其基于景观生态学理论和遥感 ET 理论技术，准确界定生态类型、区位、格局以及生态耗水与需水，可以解决生态用水权模糊、水资源合理配置与生态功能耦合等科学技术瓶颈问题。对于促进社会、经济和生态可持续发展和拓展国产遥感卫星的应用都具有重大意义。

10.2.2　生态水权界定技术体系

干旱区流域生态水权界定技术体系包括 3 类 8 种关键技术方法和 9 个关键技术环节，3 类关键技术方法指：基于遥感的流域景观生态区划技术方法、基于遥感的流域景观生态耗水与需水反演预测技术方法、基于景观生态的水资源优化配置技术方法，其包含的关键技术方法见图 10.2.1。

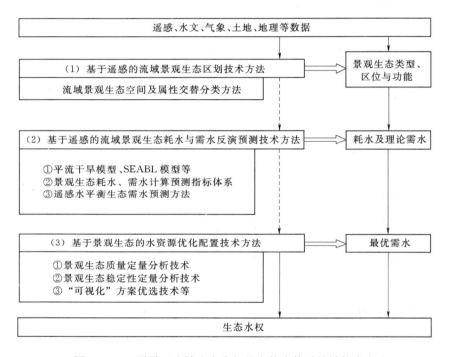

图 10.2.1　干旱区流域生态水权界定技术体系关键技术方法

9 个关键技术环节指：基础数据获取与复合分析、景观生态区划、景观格局动态演变研究、生态耗水现势反演、生态耗水历史过程动态演变研究、生态需水预测、生态质量及稳定性动态定量分析、"可视化"方案优选、协商与信息集成。每个环节完成相对单一内容，各个环节之间相互支持，形成有机整体。技术体系 9 个关键技术环节见图 10.2.2。各关键环节的任务及目的如下：

（1）基础数据获取与复合分析。主要获取研究区历史研究成果、气象监测资料、水文监测资料和遥感资料，并进行野外实际勘察，利用 GIS 进行资料整理归类和初步复合分析，为其他环节准备基础数据。

（2）景观生态区划。基于景观生态学理论和分类方案，对全流域进行景观生态区划，准确界定景观生态类型、对象、区位、功能、特点。

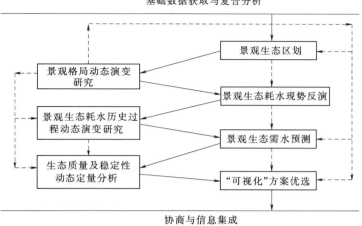

图 10.2.2　干旱区流域生态水权界定技术体系 9 个关键技术环节

（3）景观格局动态演变研究。以景观生态对象为基本单元，评价分析流域景观生态格局动态过程特点及趋势。

（4）景观生态耗水现势反演。基于现状年遥感及相关数据，反演流域 ET 分布，计算分解景观生态消耗的各类水资源。

（5）景观生态耗水历史过程动态演变研究。基于早期遥感及相关数据，反演流域景观生态早期耗水，分析研究其耗水历史过程、动态演变特点及趋势。

（6）景观生态需水预测。基于生态耗水现势反演、生态耗水历史过程动态演变以及景观格局动态演变等研究，利用遥感水平衡生态需水预测方法，结合规划目标和拟定的配水方案预测流域不同方案的景观生态需水。

（7）生态质量及稳定性动态定量分析。利用景观生态质量和景观生态稳定性定量评价指标，定量计算分析流域景观生态质量、稳定性变化历史过程和特点。基于经济社会、生态环境发展目标、生态质量、稳定性动态过程，定量分析水资源配置对流域生态发展的影响。

（8）"可视化"方案优选。基于数字景观可视化技术，研究分析景观生态特征、质量、稳定性等分布特征，定量评价分析不同方案景观生态质量和景观生态稳定性变化，以拟定方案相对于目标方案引起景观生态质量和稳定性变化最小为准则选择最优配水方案。结合景观生态变化动态过程特点，推荐方案，并分析评价推荐方案可能产生的宏观生态影响。

（9）协商与信息集成。通过政府、用户之间协商、确立水权，然后进行报告汇编和成果电子集成。

10.3　节水及智慧水利

10.3.1　高效节水灌溉

针对中国水资源面临的问题及挑战，国家贯彻"节水优先、空间均衡、系统治理、两手发力"的治水思路，以实现水资源的可持续利用。为此，应从农业节水、工业节水、城市节水、综合防污及水资源的科学管理等多方面着手应对水资源问题。2018 年，我国用水总量为 6015.5 亿 m³，其中，农业用水所占比例最大，占我国用水总量的 61.4%，农业高效节水是严防用水"三条红线"的关键。节水三大目标包括："真实"节水、农民增收、水资源可持续利用。这些目标也是世界多数国家公认的原则，但实现起来并非容易。它们是相互矛盾的共同体，一般来讲，少用水就会减产、减收入。在用地一定情况下，多用水基本意味着多产多收入，但"以需定水"的意识及行为必然导致用水的持续增加，而水资源是有限的，此模式必然引发用水矛盾持续增加。采用 ET 技术可以客观、真实、动态地揭示用水现状，为高效节水、实行最严格水资源管理制度等提供有效监测管理手段，为有效缓解用水矛盾提供科学方法，这是 ET 技术被许多国家与地区重视的原因所在。

弄清农田水分的微循环特征十分重要。农田土壤水分循环包括土壤水分收入和支出两部分。收入项包括：降水、灌溉水、土壤水侧向渗入和深层土壤水蒸发。支出项包括：作物蒸腾、土壤蒸发、径流、土壤水侧向渗出和土壤水深层渗漏。土壤水分平衡见式 (10.3.1)[2]。

$$P+I+Q_1+W_P=ET+D+R+Q_2+\Delta X \tag{10.3.1}$$

$$I=ETv+ETs+\Delta G \tag{10.3.2}$$

式中：P 为降水量；I 为灌水量；Q_1 为土壤的侧向渗入水量；W_P 为潜水对土壤水的补充；ET 为蒸散发量；D 为土壤水渗漏补给潜水量；R 为地表径流量；Q_2 为土壤侧向渗出量；ΔX 为土壤蓄变量；ΔG 为潜水蓄变量；ETv 为有效蒸散，主要是作物蒸腾；ETs 为无效蒸散，主要是裸地蒸发。

由于在具体农田中土壤侧渗量较小或稳定，降水也可视为相对稳定，为简化分析不妨略去这些；地下水补给和排泄用地下水蓄变量代替；土壤蓄变量总体是平衡，即为零。公式 (10.3.1) 变为式 (10.3.2)，这个公式不妨称为灌溉节水方程。从此方程可以看出，节水实质是要减少 ETs 量，即主要是减少棵间裸地蒸发量。另外节水还会影响对潜水的补给量。

通过遥感 ET，我们可以更加客观详尽地揭示水分在地、气与植物间的循环特征和过程，分析节水潜力，制定合理的节水措施，指导节水规划和建设，避免一味地要求节水，只管节水，不管农民死活的闭门造车工作方法。有些地区仅简单地根据上报的统计农田面积确定用水红线，制定的节水计划和当地的客观实际节水能力差距太大，农民根本无法实施；这是造成部分地区难守"红线"的主要原因，也是激化用水矛盾的主要因素。

从节水方程可以看出，节水会导致地下水补给减少，如果这部分补给是下游用水、是生态用水、下游地表水的来源等，那么节水就需适可而止，否则等于变相截取其他用水对象的用水权。现在有些地区出现诸如"上游节水下游遭殃""农业节水生态退化"等问题，都是节水变相截留了在自然状态下本应补给下游或生态的水量。利用遥感 ET 技术，可以动态监测农业与生态用水的变化，为公平用水、保护生态用水提供依据。

遥感 ET 技术可以为高效节水规划与建设、运行维护、监测与管理提供重要信息，是高效节水的核心技术，并有可能创造新型节水管理模式，需要国家大力扶持和建设。

10.3.2　精准农业

精准农业灌溉技术研究以大田耕作为基础，通过监测控制技术，按照作物生产过程需求，适时适量精确灌溉，达到高产优质、高效节水的目的。精准灌溉不同于以往节水灌溉，是一项新兴的、先进的灌溉技术，目前仍处于研究试验阶段。精准灌溉不仅可以大大提高水的利用率（达 80%～90%，目前我国平均为 40%），提高水对农业的增产率 20%～40%。而且可以提高水分生产率。在《中国节水技术政策大纲》中，"鼓励应用精准灌溉技术，提倡适时适量灌溉，加强农作物水分生理特性和需水规律研究；积极研究作物生长与土壤水分、土壤养分、空气湿度、大气温度等环境因素的关系"。

如今全世界不到 2% 的水浇地使用这项技术。美国是世界研制开发精准灌溉最早的国家之一，目前 20% 的耕地、80% 的大农场都已经实施了精准灌溉。我国精准灌溉研究起步较晚，整体水平只达到先进国家 20 世纪 80 年代水平；加速开发建设精准灌溉系统是 21 世纪世界和我国现代农业发展的重要内容。如刘大江等[3]论述了精准节水灌溉技术的特点、国内外现状和发展趋势；韩建明等[4]基于土壤湿度和其他环境信息，根据作物栽培专家研究设定的作物生长科学需水阀值，通过智能控制实现灌溉用水控制的自动化和精准化。孙莉等[5]研究提出了北疆棉花精准灌溉的指标体系，并依据棉花不同生育期内对水分的需求量，对棉花全生育期进行适时、适量地精准灌溉，以期达到节能、高产、优质、环保目标。

精准灌溉是否能实现高效节水，关键在于作物用水过程是否能与产出效益过程实现最佳匹配；即建立最佳的作物用水-产出过程控制模型，这是精准灌溉的核心技术。作物生长习性和环境具有相对的稳定性，构建类似习性作物，区域作物普适用水产出模型，采用普适模型控制灌溉，这是目前精准灌溉系统通常采用的模式。目前许多精准灌溉系统虽然称作精准灌溉系统，实质仅仅是自动控制喷灌、微灌系统，没有反应出特定地区、特定作物的特性。由于环境要素的变化，往往导致作物生长发育阶段出现超前或延迟现象；同样生长发育期的作物，由于环境因素变化也会引起需水发生较大变化，只有采用本地化模型控制灌溉，才能取得最佳效果。

基于土壤墒情控制灌溉，信号稳定具有优势。但此种监测控制也存在缺陷，此类监测属点监测，不能准确反映作物需水的分布特征，用十分稀少的点状信息表征作物区复杂多变的面状空间需水分布和过程，肯定很难做到精准。过多布置建设监测点又不经济。另外土壤墒情与作物需水过程并不完全一致，具有滞后性，作物自身对需水过程还具有生理调控作用。

利用遥感信息控制灌溉，可以克服土壤墒情监测点的不足，可以监测作物区需水面状分布信息、输出局部灌水控制信息。基于卫星遥感反演的叶面特性，能够直接反映作物生理需水状态。基于遥感 ET 构建精准灌溉控制动态模型，以此为基础对农作物进行精准灌溉，可以使灌溉最大限度地逼近作物最佳需水点和过程，从而真正实现高效节水灌溉的目的。如在山东平阴县科技示范区，通过监测土壤、气象信息，由 ET 管理系统计算作物实际需要的 ET，然后通过中央灌溉控制系统控制灌溉，从而提高灌溉用水效率[6]。基于 ET 可以为灌区作物结构调整提供客观信息，从而实现灌区整体节水和规模化节水，同时保证农业增收和水资源的可持续利用。可以基于 ET 开展区域水资源优化配置和管理，从而实现区域整体节水[7]。

　　监测预测作物产出，是高效节水研究的另一重要方面。研究热点主要集中在基于遥感的作物估产和生物量累积过程等方面。如基于苜蓿光谱特征和植被指数，估算苜蓿鲜草量和干物质量，代表研究有：吕小东等[8] 的苜蓿人工草地高光谱遥感估产模型研究；王建光等[9] 的苜蓿和无芒雀麦混播草地高光谱遥感估产研究。高产高效是精准农业、现代农业的发展目标，遥感 ET 将为其监测、调控提供关键信息。

　　卫星遥感也存在不足，由于大气干扰以及卫星资源等制约，常出现数据缺失情况，特别是在汛期。由于目前适于灌溉控制的卫星重访周期一般较长，这极大地制约了卫星遥感 ET 在灌溉控制中的应用。卫星遥感技术发展将促进其质量提高，卫星重访周期也将大为缩短。基于无人机的航空遥感快速发展，极大地弥补了卫星遥感的不足；这些发展为基于遥感精准控制灌溉创造了必要条件。

　　新疆为干旱半干旱气候区，国土面积占全国的 1/6，是我国资源型缺水严重的省区。农业为灌溉农业，农业机械化程度整体相对较高。农业与生态、城市建设等用水矛盾突出。新疆需要、也非常适合大规模发展基于遥感 ET 的高效节水灌溉技术、精准农业技术。在新疆大面积开展高标准现代农业建设，既可保证农民收益，又可促进生态建设，为新疆长治久安建设奠定良好的物质与技术基础。

10.3.3　智能水利建设

　　实现水资源管理现代化是确保我国水资源与经济、社会、环境协调发展的客观需要。没有水利的现代化，将极大削弱实行最严格水资源管理制度的效果，就难以实现水资源可持续利用的目标。水利信息化是水利现代化的前提，遥感信息将是当今和未来人类的主要信息来源，是水利信息化不可或缺的基础数据资源，但是目前水利遥感应用还相对滞后，其主要原因是遥感还没能有效解决水循环以及水资源管理等关键技术问题，或者说我们还没有找到利用遥感研究水循环、水资源管理的有效方法。遥感 ET 为基于遥感研究水循环及水资源管理开辟了新路，随着遥感技术进步，这些领域的应用将得到快速发展。

　　目前，水文模型已经成为研究水文过程和流域管理的重要工具。20 世纪 50 年代提出了流域水文模型概念，随后出现了 SSARR 模型、Stanford 模型。20 世纪 70—80 年代是水文模型蓬勃发展时期，相继出现新安江模型、Sacramento 模型、Tank 模型、HEC - 1 模型、SCS 模型、API 连续演算模型等[10]，这些模型将流域作为一个整体，依据平均降雨和状态参数推求流域出口断面流量。水文过程具有非线性和很强的时空变异性，这些集总式水文模型不能很好地反映水文要素在空间上的变化，于是又出现了分布式水文模型。分布式水文模型主要有：VSAS 模型、CAS2D 模型、THALES 模型、SWRRB 模型、SWAT 模型等。与集总式模型相比，分布式模型能够利用遥感与地理信息系统提供的空间分布信息，基于严格的物理基础来描述水文过程，采用偏微分方程来定量描述水文参数和过程的空间分布。随着计算机、地理信息系统和遥感技术的发展，分布式水文模型得到迅速发展[11]。目前，遥感水文耦合模型在生态环境领域，特别是在水资源开发应用与管理中，其作用日益重要，利用遥感水文耦合模型可以在更大范围内更准确地估算流域的水文概况，进行水体变化监测、洪水过程监测预报等，满足社会经济、科学发展等对更加精准、及时水文信息的需要[12]。遥感可以为模型提供 DEM 数据、下垫面特性、植被状态、ET 等参数，提高了模型精度。这一时期的水资源规划管理可概括为遥感数据＋分布模型模式。

目前国外的水资源管理模式主要为三类，即地方行政区域＋流域管理模式，如美国和加拿大等；自然流域管理模式，如欧洲；按部门分工管理模式，如日本。我国为中央统一管理、地方分级管理、部门分工管理相结合模式[13]。我国的管理模式相对于国外较为复杂，在政策执行上有优越性，在统一水资源管理、高效节水体系建设、开发与保护并重、安全用水、保护生态用水等方面取得显著成效。但同时还存在许多急待解决的问题，如水资源优化利用问题、水资源局部严重浪费问题、真实节水效果不佳问题、局部地区或流域水权不明问题、被动防洪抗旱问题、"长规划短监测"问题等。这些问题主要是由于管理技术手段落后、信息利用不充分、技术衔接不到位等所致。目前的信息化多数停留在文字报表的转发再处理上，缺乏核心业务支撑模型，缺乏基于大数据分析的监测、预测、规划、决策支持系统。由于不同级别管理机构之间、同级别不同管理机构之间、不同职能管理部门之间所管理的区域范围、水资源、水利设施以及涉及的用户群体和环境存在着很大差异，即使采用了数字模型技术，但也可能难以协同工作，因此需要建设智能的、虚拟的水资源管理系统。

规划管理是水利部门最基本的日常业务工作。研究掌握流域、区域水循环过程、水资源量以及水资源形成、运移和消耗机理是许多水利工作的重要内容，这也是传统水资源管理的内容。现代水资源管理需要研究水资源问题、水灾害问题、水与生态环境问题，具有多目标性特征。传统的分布水文模型已经不能满足现实需要，因此，需要基于分布水文模型开发智能决策系统需要增加其他非水文模型信息来满足现代规划管理需要。智能水资源规划管理的标志技术为：大数据、分布模型、云计算、互联网、智能决策等。

水循环是地球上的水在太阳辐射和重力作用下，以蒸发、降水和径流等方式往返于大气、陆地和海洋之间周而复始的运动。包括降水、蒸发和径流三个互为耦合环节，其综合作用决定着全球水资源及地区水资源总量。ET 监测与降水、径流监测同等重要，通过遥感 ET 监测和虚拟技术，可以借助遥感技术实现对水循环各环节的数字化分析和模拟。ET 有潜力成为水利部门广泛采用的水资源管理工具。通过现代技术生产长期、持续、稳定的高分 ET 产品，将极大降低应用门槛，促进 ET 技术直接服务于生产和社会生活。

智慧水利是智慧城市的关键部分，随着智慧城市的快速发展与升级完善，智慧水利也将需要与时俱进。2008 年 11 月，IBM 提出了"智慧的地球"这一新理念；2010 年，IBM 正式提出了"智慧的城市"远景，由此引发了全球智慧城市规划建设热潮。世界主要地区、国家纷纷出台智慧城市的方案和建设计划。欧盟于 2006 年发起了欧洲 Living Lab 组织。2009 年，迪比克市与 IBM 合作，建立了美国第一个智慧城市。2009 年，日本推出"I-Japan 智慧日本战略 2015"。2013 年 1 月，住房城乡建设部公布首批 90 个智慧城市试点，截至 2015 年，国家智慧城市试点已达 290 个，产业投资估计 1.4 万亿元人民币。

推动智慧城市建设有两个重要的驱动力，即新一代信息技术和城市创新生态。智慧城市是一个复杂的、相互作用的综合系统，是新兴城市发展模式。智慧城市是低能耗、低碳排放、节约用水、高效便捷、幸福及可持续的城市化，是以人为本、质量提升和智慧发展的城市化。

智慧城市建立需要智慧水利支持。智慧水利建设是世界发展的需要，同时也是人类缓解水资源危机的需要。智慧水利核心任务是动态水资源信息服务、智能决策与控制管理。主要涉及海量气象、水文、遥感等基础数据采集；弹性分布模型、智能决策模型等研发；遥测调控等技术系统开发；大数据、云服务、互联网等基础信息平台建设等关键环节。其中遥感 ET 信息提取、利用是目前智慧水利信息获取的主要弱项之一，遥感 ET 技术深入发展，将极大提升智慧水利的服务质量和功能，并促进相关领域的发展。

10.4　遥感 ET 产业前景

10.4.1　产业前景

遥感 ET 不会止步于研究，最终将深刻融入社会生产和生活，并造就一个新兴产业，即遥感高分 ET 产业。这是一个关乎国计民生的产业、关乎世界和平发展的产业。遥感高分 ET 产业具有十分广阔的前景，目前正处于蓄势待发、万事俱备只欠东风阶段。产业投资规模 0.58 万亿元，经济效益 1.35 万亿元，社会经济综合效益 2.60 万亿元[14]。其发展将开启中国数字水利、虚拟水利、智慧水利新时代，促进水利核心技术升级换代，为水资源可持续利用提供根本保障，为国民经济发展和生态环境保护提供水资源保障。促进中国高新技术与产品跨出国门走向世界，为一带一路建设，为共建利益共同体、命运共同体、责任共同体再添新动力和新亮点。

遥感高分 ET 主要应用于现代水资源规划与管理、高效节水监测与管理、水土流失治理、洪旱灾害防治与灾后重建、现代化农业建设、森林与草场保护及修复、水权界定与保护等，具有广阔的应用前景。

（1）现代水资源规划与管理。规划管理是水利部门最基本的日常工作。研究掌握流域、区域水循环过程、水资源量以及水资源形成、运移和消耗机理是许多水利工作的重要内容。通过 ET 和虚拟技术，可以借助遥感技术实现对水循环各环节的数字化分析管理，为其他水利技术提供关键支撑。ET 技术有潜力成为水利部门广泛采用的水资源管理工具。通过现代技术生产长期、持续、稳定的高分 ET 产品，将极大地降低应用门槛，促进 ET 技术直接服务于生产和社会生活。基于 ET 的现代水资源规划将改变传统规划"长规划短管理"的弊端，将创建即时规划，长期持续监测管理的新体制。为合理制定流域三条红线，执行最严格水资源管理制度提供关键信息。为水资源开发利用提供实时、可视化公共信息服务。遥感 ET 将为区域水资源的有效利用和合理配置提供一种更加有效的途径，在现代水资源规划管理中有着不可或缺的作用[15-17]。

（2）提高农业节水技术水平，促进精准、智慧现代农业发展。农业是用水大户，农业节水技术提高关乎区域发展。基于 ET 的节水技术可以实现灌区真实节水[18]，并为高效节水监测、管理与技术升级换代开辟新路，ET 技术可以有效解决"重建设轻管理"的问题；节水面积不断增加，用水矛盾不减甚至增加的问题等；创新田间供排水技术和用水监测调控技术等。

现代农业的主要标志是信息化、自动化、精准化、高产与高效益。ET 可以为农业生产全过程提供跟踪监测、调节控制信息[19]；为精准灌溉、精准施肥、精准收割等提供监测与控制信息；为农作物估产、种植结构调整、产品生产与交易提供信息。精准农业将农业带入数字和信息时代[20]。

（3）水权界定与保护。基于 ET 和景观生态学理论技术，可以为生态水权界定与保护提供技术服务和依据[1]。干旱半干旱区生态退化绝大多数情况是生态用水被挤占或过程被改变所致，上游节水下游遭殃问题，其根本原因是上游通过节水技术，截留了在自然状态下本应补给下游的地下水资源。半数林地、草地退化与缺水有关，ET 技术可以为林业、牧业以及生态环境保护提供基础信息。地下水资源被超采、偷采以及上游地区过渡开发水资源等现象，在高分 ET 下将暴露无遗。因此高分 ET 技术是未来水权界定与保护的关键技术，其推广将为促进国家、地区和平用水、公平用水提供重要依据，为促进人与自然和谐用水提供重要依据。

（4）促进遥感应用技术整体提高。ET 产品的广泛应用，不但促进我国水利、农业等国民经济基础行业核心技术跨越发展，同时也将带动我国遥感、地理信息、卫星导航、通信、计算机以及相关软件开发等技术的整体提升，为我国社会、经济持续发展提供科技动力[21]。

（5）为一路一带建设再添新亮点。水资源短缺是世界许多国家均面临的问题，节约用水、高效用水是世界许多国家共同关注的问题和需要解决的技术。21 世纪，由于用水矛盾激发国家、地区冲突的概率正在持续增加。如果能在短期内依托我国目前已经形成的技术优势，促成高分 ET 产业的规模化发展，将会加速提高我国的整体技术优势。一旦优势产业形成，必将辐射世界许多国家，尤其是一带一路国家，为一带一路建设再添新亮点，同时也为维护世界和平贡献中国力量。

10.4.2　产业发展条件

产业发展条件基本成熟，只欠东风，具体体现在以下几个方面：

（1）中国 ET 研究与应用已持续近大半个世纪，即将进入快速发展轨道。ET 理论技术深远而又不断创新。ET 研究的三个阶段，也是 ET 技术适应社会发展需要，技术不断进步的三个阶段。中国水利部高度重视 ET 与遥感 ET 监测技术，连续研究监测、跟踪引进、试验改进近 60 年，并不断推动技术向更高层次发展。近半世纪的研究及应用，为产业发展储备了雄厚技术、为产业发展开辟了广阔应用空间和市场。随着我国遥感技术的快速发展、遥感 ET 反演和应用技术等的新突破，遥感 ET 技术将迈入新阶段，即遥感高分 ET 阶段，ET 应用将进入蓬勃发展期。

（2）中国遥感技术进步为产业发展创造了必要条件。目前中国遥感卫星主要包括气象卫星系列、国土资源卫星系列、海洋卫星系列、环境与灾害小卫星星群、高分系列卫星以及其他小卫星和微卫星等。传感器主要包括多光谱与高光谱传感器；高空间、高时间以及高辐射分辨率传感器；宽视场多角度传感器以及雷达等多种传感器；具有位居世界前列的综合对地观测体系。就目前中国遥感已经实现的技术指标来看，中国已经具备研究建设遥感高分 ET 卫星的能力和技术。

（3）遥感高分 ET 对地观测是目前亟待解决的技术空白。目前国际上有许多对地观测项目和计划，但没有专门针对高分 ET 的监测卫星，大多数是基于气象卫星、陆地卫星等观测数据反演 ET。这些 ET 产品主要应用于研究试验、大尺度、超大尺度区域蒸散发研究。产品的空间分辨率、时间分辨率、精度等质量特性难以满足现代水利、农业及生态环境保护等发展的需要。国内外卫星在空间分辨率、时间分辨率、波谱范围等方面虽已有很大进步，但基于目前卫星数据反演高分 ET 还存在许多制约因素，为实现 ET 规模化应用，需要独立或与国际合作研发新卫星或星座。

10.4.3　产业规模

遥感高分 ET 产业指开展遥感高分 ET 监测与应用的有关行业、企业集群，包括遥感系统和应用系统两大部分。遥感系统包括卫星火箭研制、地面接收与处理系统建设、遥感地面校验场建设、ET 标准产品服务系统、卫星发射与维护等。应用系统包括大型数据中心与云服务平台、分布专业校验场、县级数据中心、软件等。软件分为系统软件和应用软件两类。系统软件包括操作系统、数据库软件等。应用软件包括通用软件和专业应用软件，通用软件包括办公软件、GIS 软件、遥感软件等；专业应用软件包括虚拟水资源规划管理系统、真实节水管理业务系统、水权界定与监测业务系统、遥感节水控制系统、精细农业管理系统、林业用水管理系统、水源地可视化管理系统、牧业用水管理系统等。

（1）遥感系统。遥感系统建设包括卫星与火箭的研制及发射、地面数据中心建设、地面校验场建设、运行维护等。这部分建设费用各国差异很大，为了从定量角度概略说明遥感 ET 产业规模，采用基于单位有效荷载的国际平均指标估算，有效荷载按 1500kg 计算。卫星研究费用 12.2 亿元，发射费用 9.8 亿元，地面数据中心建设 60 亿元，地面校验场建设 2.5 亿元，运行维护 8 年总计费用 40.9 亿元，年平均 5.1 亿元，总计遥感系统建设投资为 125.4 亿元。

（2）应用系统。应用系统总计投资 5658.1 亿元，主要包括大型数据中心与云服务平台、分布专业校验场建设、县级数据中心建设、软件购置及开发等。

1）大型数据中心与云服务平台。建设 54 个大型数据中心，建设投资 3240 亿元；各县设置小型数据中心。除总数据中心单设异地备份中心外，其他采用同级异地数据备份，数据采用分级储存与管理模式。

2）分布专业校验场建设。建设 74802 个校验场，建设投资 374 亿元。

3）县级数据中心。以县（市）为单位配置基础软件与应用软件，每县 1 套基础软件与应用软件以及配套硬件，总计软硬件建设投资 152.5 亿元。软件包括操作系统、办公软件、GIS 软件、数据库软件、遥感软件。操作系统采用 Windows、Linux 系统或国产操作系统等。每县通用软件共计费用 110 万元，专业应用软件及开发建模每县费用 250 万元；硬件按小型数据中心建设，平均综合费用每个 50 万元。

（3）总产业投资规模。投资建设 2 年，运行 8 年，总静态投资 5783 亿元。其中遥感系统建设运行投资 125 亿元，应用系统建设运行投资 5658 亿元。遥感系统与应用系统投资比例为 1∶45。

10.4.4　产业效益

遥感高分 ET 产业前期发展需要政府主导和扶持。一旦激活形成规模，其社会经济与环境效益将十分巨大。主要表现在：信息技术深刻融入国家基础产业或行业，成为支撑其发展的持续动力；中国开启数字水利、虚拟水利、智慧水利新时代，水资源持续利用得到有效保障；高效农业蓬勃发展，工业城市发展用水更趋合理；生态环境用水得到切实保障，共建共享绿水青山得到有效实施。中国的水资源管理、高效节水、水权管理、高效农业以及相关遥感、信息等高新技术与产品融入世界。中国在和平用水、公平用水国际领域担当重要角色。

按照遥感与信息技术投入与效益一般比例计算，投入与效益比例为 1∶2.33，产业的形成将带来 1.35 万亿元投资收益。创造高薪 IT 持续岗位 37374 个，为国家科技持续发展提供人才保障。其产业效益没有考虑投资残余值效益、边际效益、安全效益，如果考虑总效益应不低于 2.6 万亿元。

10.4.5　结论

（1）遥感高分 ET 产业具有广阔的前景，产业规模大于 0.58 万亿元，经济效益大于 1.35 万亿元，社会经济综合效益大于 2.60 万亿元。

（2）产业形成的关键是尽快研究建设高分 ET 遥感系统。由政府主导依托相关行业，强力推进应用系统建设和相应管理体制的改革。

（3）产业上、下游投入比例达 1∶45，即使采用共享机制，减少大数据中心建设数量，上、下游投入比例也将达 1∶20～1∶30，说明我国目前的基础行业、产业信息化技术还存在巨大短板，需要快速弥补，以避免出现技术脱节和技术真空，影响国家持续发展。

（4）遥感高分 ET 产业将成为中国和平崛起的重要基石，其发展将促进中国高新技术与产品跨出国门走向世界，为一带一路建设，为共建利益共同体、命运共同体、责任共同体再添新动力和新亮点。

10.5　农田节水潜力及效益分析软件

为促进遥感 ET 在农业的应用，项目开发了农田节水潜力及效益分析软件。基于灌区遥感 ET 分布、作物类型及气象等数据，快速计算地块的节水潜力和效益，为灌区节水效果评价提供分析数据和渲染图，同时降低基于 ET 评价节水效果的技术难度。软件为灌区真实节水效果评价提供了新技术。

（1）应用领域。主要用于基于遥感 ET 开展灌区节水潜力和节水效益分析领域。

（2）开发模式。基于 Visual C♯，采用基于组件的二次开发模式开发。

（3）软件功能。主要完成农业区节水潜力、节水效益计算，专题渲染，专题展示，统计分析，图形符号化等功能。

（4）运行环境。硬件要求：CPU 速度，最低 2.2GHz，最好用多核；处理器，Intel Pentum4、Inte Core i5 或 Xeon E3 以上处理器，或同等性能的其他处理器；内存 8GB 以上；硬盘容量 500G 以上。软件要求：Windows 操作系统，Win8.1 以上基础、专业或企业版，ArcMap10.0 以上版本及 ArcMap 许可。

（5）主界面。主界面见图 10.5.1，分为 6 个区域：窗题区、菜单区、工具区、导航区、视图区、状态栏。

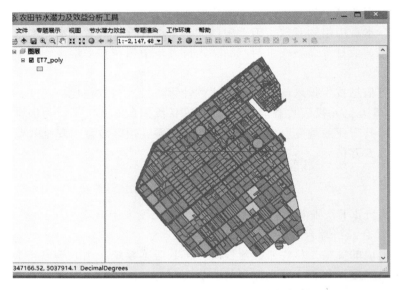

图 10.5.1　农田节水潜力及效益分析软件

参 考 文 献

［1］　于海鸣，黄琪，索建军. 干旱区流域生态水权界定技术体系研究［M］. 北京：中国水利水电出版社，2010：32-76.

［2］　李志宏. 海河流域农田"真实"节水措施与对策［A］. 刘润堂，刘建明，郭孟卓，等. 利用遥感监测 ET 技术研究与应用［C］. 北京：中国农业科学技术出版社，2003：98-118.

［3］　刘大江，封金祥. 精准灌溉及其前景分析［J］. 节水灌溉，2006（1）：43-44.

［4］　韩建明，何志刚，钱亚明，等. 作物智能化精准节水灌溉系统的研究［J］. 江西农业学报，2012，24（7）：130-132.

［5］　孙莉，王军，陈嬉，等. 新疆棉花精准灌溉指标体系试验示范研究［J］. 中国棉花，2004，31（9）：22-24.

［6］　闫华，郑文刚，申长军，等. ET 管理系统在农业高效灌溉中的应用［J］. 农业工程学报，2004，24（2）：51-53.

［7］　秦大庸，吕金燕，刘家宏，等. 区域目标 ET 的理论与计算方法［J］. 科学通报，2008，53（19）：2384-2390.

［8］　吕小东，王建光，孙启忠，等. 苜蓿人工草地高光谱遥感估产模型的研究［J］. 草业学报，2014，23（1）：84-91.

［9］　王建光，吕小东，姚贵平，等. 苜蓿和无芒雀麦混播草地高光谱遥感估产研究［J］. 中国草地学报，2013，35（1）：35－41.

［10］　余钟波. 流域分布式水文模型原理及应用［M］. 北京：科学出版社. 2008：5－14.

［11］　吕爱铎，王纲胜，陈嘻，等. 基于 GIS 的分布式水文模型系统开发研究［J］. 中国科学院研究生院学报，2004，21（1）：56－62.

［12］　赵少华，邱国玉，杨永辉，等. 遥感水文耦合模型的研究进展［J］. 生态环境，2006，15（6）1391－1396.

［13］　王萍. 现代水资源管理及实例研究［J］. 四川水利，2011（1）：40－43.

［14］　索建军. 遥感高分蒸散监测与应用产业前景分析［J］. 科技创新导报，2017，14（26）：146－149.

［15］　张晓涛，康绍忠，王鹏新，等. 估算区域蒸发蒸腾量的遥感模型对比分析［J］. 农业工程学报，2006，22（7）：6－13.

［16］　沈彦俊，夏军，张永强，等. 陆面蒸散的双源遥感模型及其在华北平原的应用［J］. 水科学进展，2006，17（3）：371－375.

［17］　张洪波，兰甜，王斌，等. 基于 ET 控制的平原区县域水资源管理研究［J］. 水利学报，2016，47（2）：127－138.

［18］　胡明罡，庞治国，李黔湘. 应用遥感监测 ET 技术实现北京市农业用水的可持续管理［J］. 水利水电技术，2006，37（5）：103－106.

［19］　程帅，张兴宇，李华朋. 遥感估算蒸散发应用于灌溉水资源管理研究进展［J］. 核农学报，2015，29（10）：2040－2047.

［20］　韩永峰，李学营，鄢新民，等. 精准农业的技术体系及其在我国的发展现状［J］. 河北农业科学，2010，14（3）：146－149.

［21］　索建军. 从胡服骑射看遥感产业发展［J］. 产业与科技论坛，2017，16（6）：15－17.

第 11 章　遥感应用示范

针对水利、农业、生态等发展需求，结合干旱半干旱区和遥感 ET 特点，在示范区重点开展了基于 ET 的苜蓿高效节水、土地利用及其蒸散发监测评价、农业节水潜力及效益监测评价、景观生态耗水监测评价、苜蓿灌溉预警模型研究等典型应用。本章主要阐述这些典型应用相关内容，以期进一步推进 ET 应用的深入发展。

11.1　示范区概况

11.1.1　自然地理

11.1.1.1　行政隶属及位置

应用示范区行政隶属新疆维吾尔自治区克拉玛依市农业综合开发区，应用示范区主要覆盖农业综合开发区的农业区部分。示范区位于省道 S201 西侧，国道 G217 东南，南临古尔班通古特沙漠，距克拉玛依市约 20km。示范区地理坐标：北纬 45°22′～45°32′，东经 84°47′～85°04′，总面积 228.75km²。示范区地理位置见图 11.1.1。

克拉玛依市是新疆维吾尔自治区直辖地级市、国家重要的石油石化基地、新疆重点建设的新型工业化城市。克拉玛依市地处准噶尔盆地西北缘，位于北纬 44°07′～46°08′，东经 84°44′～86°01′，城市东西宽 110km，南北长 240km，呈东西窄，南北长的斜长条状，总面积为 7735km²，海拔高度 250～500m。下辖四个区，自北向南依次为乌尔禾区、白碱滩区、克拉玛依区和独山子区[1,2]。克拉玛依是世界石油新城、一带一路建设的关键节点、新疆天山北坡经济带明珠，经济发达，人均 GDP 位居自治区和全国前列。2018 年其实现地区生产总值 898 亿元，人均 GDP 为 20.27 万元。克拉玛依在经济快速发展的同时，生态文明建设也得到了巨大发展，城市已由昔日的蛮漠之地变为花团锦簇、绿树成荫、环境优美的生态之城。空气质量位居全国前列，是国家园林城市、国家环境模范城市、全国生态文化旅游城市。

克拉玛依农业总产值规模虽然相对较小，但它对于克拉玛依市却十分重要。为了实现城市可持续发展，避免资源枯竭而颓废，克拉玛依市在加速工业发展的同时，同步实施城市转型升级、提质增效和现代化建设。不断加强稳固城市绿色生态屏障，持续改善城市生态环境；在农业综合

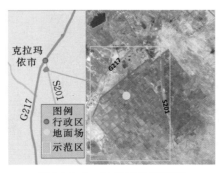

图 11.1.1　示范区地理位置

开发区，创新打造绿色、生态、高效节水型现代农业示范区；大力发展休闲观光、种植采摘等生态农业旅游新亮点；打造"草畜乳"全产业链式现代畜牧业；大力实施"菜篮子"工程，稳定城市生活成本。克拉玛依农业综合开发区正在成为新疆大型现代农业示范基地。

克拉玛依市农业为典型绿洲灌溉农业，现代化程度较高，管理较为先进。选择该区作为示范区，基础条件较好，便于地面场建设保护、配套基础数据收集、采集以及应用示范的实施和效果评估。

11.1.1.2　地形地貌

研究区位于准噶尔盆地边缘半荒漠湖积平原上，地形平缓开阔，地势为西南高，东北低，平均自然地面坡度 0.36‰[3]。研究区东南耕地外围为不连续分布的沙垄和沙包地貌；主要景观类型为耕地景观、公路景观、建筑景观、湿地景观、灌木荒漠景观等。

11.1.1.3　河流水系

克拉玛依市属资源型缺水地区，主要利用外来地表水资源。其中，流入克拉玛依市境内的河流主要有 5 条，依次为白杨河、克拉苏河、达尔布图河、玛纳斯河和奎屯河。这些河流均为内陆河，河流补给来源主要为雪融水、降雨和少量裂隙水。

研究区没有常年有水河流和季节性河流通过，灌溉水来自阿依库勒水库。在研究区西北角建有人工湿地、人工湖，其水源来自克拉玛依市中水和溢出的地下水。

11.1.1.4　气候

研究区位于中纬度内陆地区，属典型的温带大陆性干旱荒漠气候，寒暑差异悬殊，夏季干旱炎热，干燥少雨，蒸发量大；春秋季时间短，多大风、扬沙和浮尘天气。春季气温回升快，却极不稳定；秋季受冷空气影响，气温下降迅速。

（1）气温。年平均气温 8.6℃，1 月平均气温−15.4℃，7 月平均气温 27.9℃，极端最高气温 46.2℃，极端最低气温−43.3℃。初霜一般在 11 月上旬，终霜一般在来年 3 月下旬结束，平均无霜期 190 天。

（2）降水。年平均降水量 108.9mm，主要集中在夏季，常呈阵发性，降水量大而时间短。春季占 28.2%，夏季占 45.2%，秋季占 15.0%，冬季占 11.6%。无固定积雪，近十几年来，每年 10 月下旬开始降雪，一般到翌年 3 月。平均积雪厚度 18cm，最大积雪厚度可达 25cm。

（3）蒸发。年均蒸发量为 2692.1mm，是同期降水量的 24.7 倍。年际变化在 43%～56% 之间。6 月蒸发量最大，1 月最小。

（4）风。研究区多风，风向多为西北风，年平均风速 3.4m/s，夏季平均风速 4.5m/s，冬季平均风速 1.3m/s，瞬时最大风速可达 42.2m/s。多年平均大风日数为 64.5 天，4—6 月为大风期，平均风力 6.7 级，最大风力可达 9 级，多出现在 1—2 月。

（5）冻土深度。冰冻期为 11 月下旬至来年 3 月中旬，平均冻土深度 163.4cm，最大冻土深度 197cm。

（6）光照。年日照时数为 2700h，全年日照以 7 月最多，达 302.5h，12 月最小，仅有 99.8h[4]。

11.1.2 资源条件

11.1.2.1 水资源

（1）地表水资源。研究区农业用水来自克拉玛依市阿依库勒水库。2013—2016 年平均每年供水 6773 万 m^3，水质均符合农田灌溉水质标准。

（2）地下水资源。研究区内没有建设水源地，没有开采地下水资源。区内地下水排泄主要为潜水蒸散发、侧向径流。地下水资源补给主要来自灌溉渗漏补给和山前侧向补给等。

11.1.2.2 土地资源

研究区土壤以灰漠土和盐土为主，土壤肥力中等，缺氮少磷富钾。全氮含量 70～80mg/kg，速效氮 60mg/kg，速效磷 8mg/kg，有机质含量 10～20mg/kg，部分土壤盐渍化严重，0～100cm 土层含盐量 2～4mg/kg，盐分化学组成以氯化物硫酸盐为主。土壤质地为轻砂壤土或壤土，透水性较好。

研究区耕地为现耕熟地，地势平整，自然地面坡降 0.5‰～1‰，土壤容重 1.42g/cm^3，田间持水量 24%。

灌区土壤次生盐渍化较为严重。2014 年，麦麦提尼亚孜·努尔等[5]研究干旱区盐碱地滴灌灌水后土壤盐运移特征，通过在新疆昌吉呼图壁县国家生态园实验，指出土壤盐分表现为随水移动，滴灌后，在 0～20cm 土层含盐量最低，在 20～50cm、50～80cm 土层盐分积累逐渐增加，在 80～120cm 土层盐分积累受滴灌水影响较小。2007 年，王新英等[6]研究克拉玛依农业开发区土地利用方式对土壤盐分的影响，指出灌溉洗盐作用使盐分大多积聚在 30～60cm 深度，与此同时表层盐分却降低。2018 年，张寿雨等[7]研究不同开垦年限土壤盐分变化，依据 1996 年、2006 年、2016 年 3 期，土壤采样深度为 0～30cm，得出克拉玛依农业开发区开垦后盐渍化减轻程度较大，农业活动的改良效果较好。自 2001 年开垦种植以来，土壤盐渍化有所减轻但并没有消除，轻度、中度和重度盐渍化依然保持一定的面积，局部地区盐渍化有所加重。依据麦麦提尼亚孜·努尔等的研究，在 30～80cm 之间应积累大量盐分。干旱半干旱地区，地下水位抬升往往造成土壤次生盐渍化。耕作层盐分降低是由于在灌溉作用下盐分下移。依据地下水位埋深划分盐渍化土地，埋深小于 2.0m 为重度，2.0～2.5m 为中度，2.5～3.5m 为轻度。2010 年、2015 年与 2016 年土壤盐渍化面积比例变化见表 11.1.1。数据显示土壤重度、中度盐渍化呈增加趋势。

表 11.1.1　　　　　　　3 个典型年土壤盐渍化面积比例变化

年份	重度/%	中度/%	轻度/%	全部/%
2010	11.21	19.53	47.3	78.04
2015	13.52	25.17	41.17	79.86
2016	17.93	21.5	39.28	78.71

11.1.2.3 植物资源

研究区植被主要为农作物、人工林和少部分荒漠植被[8,9]。

（1）农作物主要包括粮食作物、经济作物和饲料作物等。①粮食作物主要有小麦、玉米、薯类、豆类、旱稻等；②经济作物：蔬菜作物主要有萝卜、白菜、胡萝卜、西红柿、茄子、黄瓜、辣椒、南瓜、西葫芦等；油料作物主要有油葵、花生、油菜、打瓜；糖料作物主要为甜菜；果类主要有苹果、桃、李、葡萄、草莓、西瓜等；③饲料作物主要有苜蓿、青储等。

（2）人工林：乔木树种主要包括杨树、柳树、榆树、白蜡、沙枣、山楂、银杏等；沙生植物主要有沙拐枣、沙棘、枸杞等。

（3）荒漠植被主要包括梭梭、展枝假木贼、木碱蓬、琵琶柴、柽柳、黑果枸杞、芦苇等。

11.1.2.4　动物资源

示范区主要养殖奶牛、鸡、蜜蜂、羊和猪等。在示范区内建有配套牛奶加工厂，基本实现了饲料种植、奶牛养殖、奶制品加工、城市消费和外部供应的一条龙牛奶生产服务。

11.1.3　基础设施

11.1.3.1　水利设施

研究区灌溉系统是克拉玛依农业综合开发区灌溉系统的一部分，主要采用滴灌和喷灌等方式灌溉。灌溉系统水源及供水工程如下：

（1）水源工程。阿依库勒水库是研究区的水源工程，位于克拉玛依市西南 2km 处，是以农业林业灌溉供水为主，兼有养殖、娱乐用水的年调节水库，总库容 3800 万 m^3。

（2）输、配水工程。通过总干管从水库引水，然后通过各级管道将水送至田间。主要包括：

1）总干管：长 9.6km。D2200 大口径重力输水钢管，将水通过管道自压到开发区。

2）主干管：长 5.0km。将总干来水送到农业区和造林减排基地。

3）支干管：包括一干管和二干管，其中一干管向农业区输水。

4）支管：包括 28 条支管，总长 134km。

5）斗管：包括 154 条斗管，总长 123km。

（3）田间工程：包括各类分布于田间的农管和毛管等。

（4）克拉玛依污水经处理后，部分先排入研究区北部沼泽湿地，然后通过跨越农业综合开发区的污水管道，排入南部沙漠。

11.1.3.2　交通设施

研究区公路网建设较为发达，建设有以白云系列命名的西南～东北向公路，以及以蓝天系列命名的西北～东南向公路，两向公路交错分布将农业综合开发区分隔成为近似正方形的田块，田间道路又将田块进一步分隔为不同规模的长方形或正方形田块。发达的交通网络为农业机械化作业奠定了良好基础。

克拉玛依飞机场位于研究区东北区域，有高等级公路直接连通 S210 省道，机场和克拉玛依市客运站相距 17km。

11.1.3.4　电信设施

研究区布设有 220V 电网，使办公、机械加工、生活、灌溉泵站等用电有保障。但在各田块内基本没有交流接入点。

在研究区内，联通公司建设有通信塔，无线通信稳定有保障，各田块基本都有良好的移动信息号。

11.1.4　水文地质

研究区位于玛纳斯河、奎屯河等河流形成的冲湖积平原的西北部，研究区主要受玛纳斯河影响。历史上，玛纳斯河有地表水流入该区，但由于河流中上游水资源开发强度加大，目前玛纳斯河已经没有地表水流入该区。

11.1.4.1　水文地质条件

研究区区域水文地质条件较为复杂，西北部受北山地下水系影响、东南部受玛纳斯河冲洪积平原下游地下水系影响。按地下水的赋存形式，可分为包气带水、第四系松散岩类孔隙水和白垩系碎屑岩类孔隙裂隙水三种形式。

1. 包气带水

包气带是地下水的存在形式之一，包气带水分是影响陆面蒸发、蒸腾的主要因素之一。包气带是地表水与地下水联系的纽带。

（1）包气带岩性结构及特性。岩性以黏性土为主，主要为粉质黏土、粉土与粉细砂互层。从上到下典型地层结构为：0～1.60m 为灰黄色的粉土，结构松散。1.60～3.60m 为土黄色的粉质黏土加粉土层，结构密实。3.60～8.0m 为黄色、灰褐色的粉质与粉细砂互层，结构松散。8.00～22.00m 为砂砾石或含泥砂砾，结构松散。包气带主要岩层透水性如下：

黏土：渗透系数 0.01～0.04m/d，极弱透水层；

粉质黏土：渗透系数 0.14～0.28m/d，极弱透水层；

粉土：渗透系数 0.33～1.64m/d，弱透水层；

粉细砂：渗透系数 2.56～3.18m/d，弱透水层。

（2）包气带水分特点。包气带含水量在天然状态下，总体随着深度增加而增大，但变化连续性差，波动明显，与岩性密切相关。粉土天然含水量明显大于粉细砂；粉质黏土的天然含水量相对较大，如在天然状态下，粉细砂为 11%，粉质黏土为 28%。在两种岩性交界面上，上下岩性含水量明显不同，如上部粉质黏土为 28.6%，下部细砂为 11.4%。

（3）包气带厚度。研究区内包气带厚度分布不均匀，农业开发初期在农业区中部北东方向，包气带较厚，为 8～12m；在两侧较薄，为 5～8m。由于灌溉导致地下水位持续抬升，目前包气带厚度平均为 2～4m。

2. 松散岩类孔隙水

松散岩类孔隙水主要分布于研究区西南和东南区域。研究区西南区为山前冲洪积扇与冲湖积平原交界区域。含水层类型为潜水和微承压水，含水层岩性为中细砂、砂砾石、粉细砂，地下水埋深 2.29～3.5m，含水层厚 1.50～22.92m，渗透系数 4.3～6.4m/d，给水度 0.10～0.21。2013—2016 年，地下水矿化度 13.67～20.96g/L，平均为 17.13g/L，pH 值在 8.02～7.50 之间，平均为 7.74。水化学类型为 Cl - Na 型水和 Cl - SO$_4$ - Na 型水；水量贫乏，地下水不宜生活饮用、农业灌溉和工业水。

研究区东南区为玛纳斯河冲洪积平原区。含水层为潜水和微承压水，含水层岩性为粉细砂、粉沙、粉土以及含泥砂砾等。地下水埋深在 0.96～2.29m 之间，含水层厚 7.10～

31.80m，渗透系数 0.04～3.06m/d，给水度 0.08～0.10。2013—2016 年，地下水矿化度 21.99～40.88g/L，平均为 32.92g/L，pH 值在 7.94～7.49 之间，平均为 7.65。水化学类型为 Cl - Na 型水和 Cl - SO$_4$ - Na 型水；水量贫乏，地下水不宜生活饮用、农业灌溉和工业水。

3. 碎屑岩类孔隙裂隙水

碎屑岩类孔隙裂隙水分布于整个研究区，是第四系冲湖积平原的基底。主要岩性为泥岩、砂岩，具有不同程度的破碎结构面。含水层类型为承压水，含水层岩性主要为砂岩、粉砂岩。地下水埋深 7.00～14.00m，含水层厚 6.00～33.00m，渗透系数 1.26～2.01m/d，给水度 0.11～0.12，地下水矿化度 25.63～37.19g/L。水化学类型为 Cl - Na 型水和 Cl - Na - Ca 型水。

4. 补给条件

研究区位于冲湖积平原区，地下水受两个地下水系统控制，但北山由于天然原因，降水少，产生补给少。玛纳斯由于大规模开发，在本区附近以下河段已经断流，只有沿古河道对本区有少量补给。污水库会产生一些垂直补给，但补给缓慢，因此研究区地下水整体平缓滞流。农业开发后，灌溉水对地下水补给增强，由于包气带主要为粉质黏土、粉土、粉细砂互层，渗透系数小，往往因灌溉强度不同，在特定时段、局部地区先形成地下水凸包，灌溉结束后又下降至正常水平。由于自然因素和人为因素的叠加作用，造成地下水水流方向多变。但对整体地下水径流影响不大。具体补给情况如下：

（1）研究区西南区域为邻扎依尔山和成吉思汗山山丘区，山丘区降水少，在研究区无地表径流，仅在夏季汛期，有少量雨洪水通过地表渗入或基岩裂隙侧向补给。

（2）研究区东南区域，接受玛纳斯河少量侧向径流补给。

（3）研究区北部污水库，西南角污水库垂向补给。

（4）农田灌溉、林带灌溉垂向补给，这是本区地下水的主要补给源。农业开发区建设后，本区地下水已经大幅度抬升。

5. 排泄条件

研究区地下水为一封闭或半封闭的环境，地下水排泄主要为垂向向上蒸发蒸腾排泄。侧向排泄主要发生在研究区东侧局部断面。

研究区基底为砂岩、泥岩互层，受山前断裂影响，产生一些次级构造，在研究区东部中间区域，形成走向西南—东北向的地下水低洼深水槽，地下水沿该洼槽向区外排泄。

垂向排泄主要包括：植物蒸腾排泄、裸地蒸发排泄以及地下水溢出区的水面蒸发排泄等。

11.1.4.2　地下水埋深变化

由于灌溉补给作用，研究区地下水水位已经大幅度抬升。建设初期，平均埋深为 8.50～12.00m，2012—2016 年农业区地下水埋深为 2.43～2.67m。灌区依靠灌溉洗盐，保证了农业生产的发展，同时也导致地下水水位大幅抬升，土壤次生盐渍化威胁已成为制约农业生产可持续发展的关键因素[10]。

1. 农业综合开发区内外区域地下水埋深年际变化情况

2000—2006 年，地下水水位年上升 0.6～1.77m；2007—2012 年，年上升 0.14～0.39m；2013—2016 年，地下水水位上升势头得到抑制，水位年上升 0.04～0.19m。2013—2016

年多年平均地下水埋深维持在 3.73m，2016 年农业综合开发区内外地下水位上升 0.13m，平均地下水埋深 3.53m，见图 11.1.2。

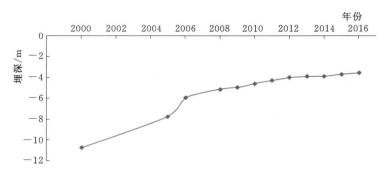

图 11.1.2　2000—2016 年农业综合开发区内外区域地下水埋深变化

2. 农业综合开发区内外区域地下水埋深年内变化情况

不同年度农业综合开发区内外区域地下水埋深年内变化过程基本相似，从 3—5 月，地下水埋深逐渐变浅，6—7 月基本维持在高水位，8—9 月地下水埋深缓慢加大。9 月到来年 3 月埋深快速下降，基本达到年初水平。2015 年、2016 年 9—11 月地下水埋深没有加大，反而减小。2014 年，年内变幅 0.44m、2015 年为 0.59m、2016 年为 0.32m，详见图 11.1.3。

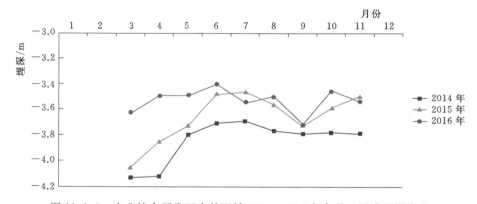

图 11.1.3　农业综合开发区内外区域 2014—2016 年各月地下水埋深变化

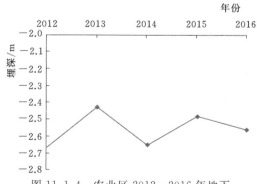

图 11.1.4　农业区 2012—2016 年地下水年平均埋深变化

3. 农业区地下水埋深年际变化情况

2012—2016 年农业区地下水埋深为 2.43～2.67m，见图 11.1.4。2016 年年平均地下水埋深相对于 2015 年增加 0.08m。

4. 农业区地下水埋深年内变化情况

2014—2016 年农业区地下水埋深变化过程基本一致。从 3—5 月，地下水埋深逐渐变浅，6—7 月基本维持在高水位，8—10 月，地下水埋深缓慢加大，11 月到来年 3 月，地下水埋深加大，3 月基本达到最低点。2015 年和 2014 年、2016 年稍有不同，9—11 月，地下水埋深不降反升，11 月以后又快速下降，降到接近年初水平。2014 年变幅 0.69m，2015 年为 0.81m，2016 年为 0.35m，见图 11.1.5。

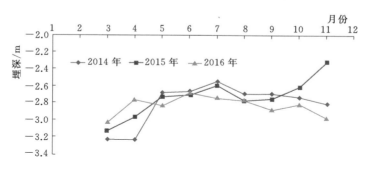

图 11.1.5　农业区 2014—2016 年各月地下水埋深变化

11.1.5　近年供水

11.1.5.1　农业区供水

农业区 2013—2016 年月供水量见表 11.1.2。

表 11.1.2　　　　　　　　　农业区 2013—2016 年供水量　　　　　　　　单位：万 m³

年份 月份	2013	2014	2015	2016
1	0	0	0	0
2	0	0	0	0
3	0	0	0	0
4	263.0	115.7	49.1	148.8
5	1187.0	1230.0	1493.4	660.1
6	1143.0	1042.0	1330.9	1015.5
7	1482.0	1482.8	1869.5	1419.9
8	1488.0	1602.0	1784.4	1491.5
9	882.0	952.6	770.5	968.8
10	112.0	241.3	228.2	571.9
11	31.0	0	0	35.3
12	0	0	0	0
合计	6588.0	6666.4	7526.0	6311.8

2014 年、2015 年、2016 年农业区供水分别为 6666.40 万 m³、7526.00 万 m³、6311.80 万 m³，2013—2016 年平均供水 6773.05 万 m³。

11.1.5.2　高效节水

农业区几乎全部采用喷灌或滴灌方式灌溉。2014 年、2015 年、2016 年平均灌溉定额分别为 7041.90m³/hm²、7950.00m³/hm²、6614.70m³/hm²，明显高于自治区喷灌或滴灌规定定额。过高的灌溉定额会加大无效蒸发，灌溉渗漏对地下水的补给，既浪费了水资源又会引发农业区地下水水位上升，增加大面积土壤次生盐渍化风险，为农业持续发展埋下隐患。

11.1.6　存在的主要问题及解决思路

11.1.6.1　存在的主要问题

（1）研究区主要采用喷灌、滴灌方式灌溉，由于灌溉管理控制欠佳，没有达到滴灌、喷灌技术效果，平均灌溉定额为 $7220\text{m}^3/\text{hm}^2$，而实际要求的灌溉定额只有 $5250\text{m}^3/\text{hm}^2$，用水定额偏高。

（2）长期持续过量灌溉，会导致地下水水位上升，并可能引发生态灾难，需要提前预防。农业区地下水水位相对于开发初期出现明显的整体上升。1997 年，农业开发区地下水水位埋深基本都超过 4m，最大超过 17m。灌溉使地下水水位持续上升，至 2009 年，开发区 66% 土地的地下水水位埋深小于 4m，局部小于 1m。地下水水位埋深 4m 是土壤次生盐渍化的临界深度，3.5m 是克拉玛依地下水安全临界红线，因此，农业开发区大部分地区已受土壤次生盐渍化威胁[3]。1997—2014 年农业开发区平均地下水水位上升了 6.93m[11]，最近几年采用多种措施控制灌溉水量，使地下水水位快速上升趋势基本得到遏制。2016 年，农业区平均地下水埋深为 2.66m。

（3）次生盐渍化问题需要引起足够重视。将地下水埋深维持在合理深度，避免下移盐分重回耕作层，才能保证农作物持续处于良好生长环境。农业综合开发区土壤盐渍化较为严重，2016 年相比于 2010 年，虽然总盐渍化面积仅略有增加，但重度盐渍化面积增加却较大。从 2010—2016 年，重度盐渍化面积所占比例由 11.21% 增加到 17.93%。

（4）研究区属温带干旱荒漠区，由于油气开发、道路兴建、引水工程建设、农业开发等人为活动，侵占或碎化了自然生境，对自然生态环境产生了一定程度的破坏。干旱区生态环境较为脆弱，需要加强保护[12]。

（5）虽然引水极大地改善了克拉玛依市的供水状况，但是城市、工业、农业以及生态环境等需水也在快速增加，供需矛盾依然突出。城市与工业用水压力大，农业用水、生态用水依然紧缺。节水以及污水回用在未来克拉玛依市的经济发展中仍然是重要任务[13]。

11.1.6.2　解决思路

（1）加大农业高效节水灌溉技术推广力度，把节约出的水用于高附加值的工业生产，以及确保生态环境用水[14]。缓解城市工业用水压力，加强生态用水保障，为实现克拉玛依经济多元化持续发展提供强有力的水资源保障。

（2）基于遥感 ET 新节水技术，优化灌溉过程，控制灌溉水量，调控农田耗水，减少无效蒸发和灌溉对地下水的补给量，使地下水位长期维持在合理水平。

（3）优化种植结构，减少高耗水作物的种植面积、扩大高经济价值作物的种植面积，提高灌溉用水效益。

（4）加快精准农业、智慧农业建设，抑制传统农业的弊端[15]，智能、适时、适量灌溉，达到高产优质、高效节水的目的。

（5）完善林带布局，优化地下水植物蒸腾排泄。研究试验工程排水，如暗管[16]或排碱渠排水，严格控制地下水水位的抬升。

11.2 苜蓿 ET 及高效节水研究

紫花苜蓿根系强大入土深，根瘤菌有很强的固氮能力，具有抗干旱、耐低温、耐瘠薄、蓄水保土、适应性强等特点[17]。"牧草之王"紫花苜蓿富含蛋白质和多种维生素，具有抗旱耐寒、适口性好等特点，是改土培肥、保持水土的重要植物[18]。紫花苜蓿喜温暖半湿润及半干旱的气候条件，主要分布于我国长江以北地区[19,20]，尤其是干旱半干旱地区[21,22]。苜蓿种植已经成为发展地方经济、改善生态环境的一个重要途径[23]。

苜蓿为目前国内外主要人工种植饲料，同时又为高耗水作物，规模种植既可带来巨大的经济效益，又会给区域带来巨大的用水负担，研究苜蓿高效节水具有重要意义。克拉玛依农业综合开发区种植苜蓿面积已达 667hm² 以上，灌溉主要包括滚移式喷灌、指针式喷灌、滴灌等多种灌溉方式[24,25]。为了便于进行遥感 ET 校验和促进应用，项目选择种植苜蓿作物田块建立 ET 地面观测场。

遥感地面场具体位于克拉玛依农业区 5-3 苜蓿试验田。地面场种植苜蓿为多年生植物紫花苜蓿，苜蓿主要作为奶牛场饲料，根据市场需求和气象条件，一年收割 3~4 茬。2016 年为苜蓿第 5 生长年。苜蓿为高耗水作物，供水不足会影响产量和品质，过量用水对产量和品质提高效果又不大，并且还会增加对地下水的补给量，引起地下水水位抬升，加大土壤次生盐渍化风险。通过监测苜蓿全年蒸散发，研究其生理过程、耗水过程以及特点，拟定最佳节水方案，以提高苜蓿节水效果和生产效益。以 2016 年监测的苜蓿 ET 为例，研究苜蓿不同时间尺度耗水特点以及影响因素，分析探讨苜蓿节水潜力。

11.2.1 苜蓿不同时间尺度 ET 分析

11.2.1.1 苜蓿——时 ET 监测分析

苜蓿的时尺度 ET 数据较多，为了分析不同日期的时 ET 变化，选择苜蓿 2016 年第一茬典型日的时 ET 进行分析。为了便于对比分析，统一采用 5 次多项式拟合。3 月 17 日为苜蓿返青初期代表日，4 月 8 日为返青中后期代表日，4 月 17 日为分枝期代表日，5 月 4 日为现蕾期代表日，5 月 15 日为初花期代表日，5 月 27 日为盛花期代表日，5 月 31 日为刈草后期代表日。ET 采用小孔径激光闪烁仪监测的时尺度 ET 序列，相对于涡度仪其监测大 40%～50%，ET 值基本接近苜蓿实际蒸散发。苜蓿不同发育期典型日的时 ET 变化如下：

（1）在苜蓿返青初期，苜蓿时 ET 较低，相对波动较大。在 0—9 时之间，蒸散发在 0 上下波动，偏向负值，一般为 -0.068mm/h。在 10—20 时之间，蒸散发在 0.146mm/h 左右，期间出现最大值 0.295mm/h 和最小值 -0.009mm/h，高值区出现在 14 时左右。在 21—23 时之间，蒸散发在 -0.116mm/h 左右，全天平均 0.022mm/h。从构建的趋势线来看，ET 和时间相关性很强，均方差 R 平方值为 0.93，详见图 11.2.1。

（2）在苜蓿返青中后期，苜蓿时 ET 变化比较规整，在 10—20 时之间，蒸散发随时间变化呈明显的上凸抛物线变化特征，在 0—9 时和 20—23 时之间，即在晚上期间，蒸散发主要在 0 左右波动。为了后面叙述方便，不妨将类似 4 月 8 日的蒸散发过程曲线称之为

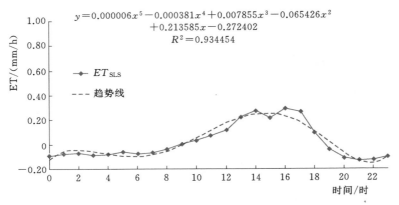

$$y=0.000006x^5-0.000381x^4+0.007855x^3-0.065426x^2$$
$$+0.213585x-0.272402$$
$$R^2=0.934454$$

图 11.2.1　苜蓿 2016 年 3 月 17 日返青初期的时 ET 变化

典型蒸散发曲线。4 月 8 日苜蓿 ET 特点为：在 0—9 时之间，蒸散发在 0 值上下波动，微偏向负值，一般为 -0.032mm/h；在 10—20 时之间，随时间增加蒸散发呈抛物线变化趋势，蒸散发平均为 0.119mm/h，最大为 0.646mm/h，最小为 0.106mm/h；在 21—23 时之间，蒸散发在 -0.029mm/h 左右，全天平均 0.156mm/h。从构建的趋势线来看，ET 和时间相关性很强，R 平方值为 0.92，详见图 11.2.2。

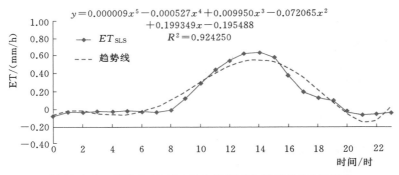

$$y=0.000009x^5-0.000527x^4+0.009950x^3-0.072065x^2$$
$$+0.199349x-0.195488$$
$$R^2=0.924250$$

图 11.2.2　苜蓿 2016 年 4 月 8 日返青中后期的时 ET 变化

（3）在苜蓿分枝期，苜蓿时 ET 变化比较规整，具有典型蒸散发曲线特征。在 0—9 时之间，蒸散发在 0 值上下波动，偏向正值，一般为 0.024mm/h。在 10—20 时之间，随时间增加蒸散发呈抛物线变化趋势，在 10—20 时之间，蒸散发平均为 0.451mm/h，最大为 0.682mm/h，最小为 0.111mm/h。在 21—23 时之间，蒸散发在 -0.039mm/h 左右，全天平均 0.209mm/h。从构建的趋势线来看，ET 和时间相关性很强，R 平方值为 0.95，详见图 11.2.3。

（4）在苜蓿现蕾期，苜蓿时 ET 变化也比较规整，具有典型蒸散发曲线特征。在 0—9 时之间，蒸散发在 0 值上下波动，偏向负值，一般为 -0.011mm/h。在 10—20 时之间，随时间增加蒸散发呈抛物线变化趋势，蒸散发平均为 0.437mm/h，最大为 0.801mm/h，最小为 0.109mm/h。在 21—23 时之间，蒸散发在 -0.013mm/h 左右，全天平均 0.194mm/h。从构建的趋势线来看，ET 和时间相关性很强，R 平方值为 0.91，详见图 11.2.4。

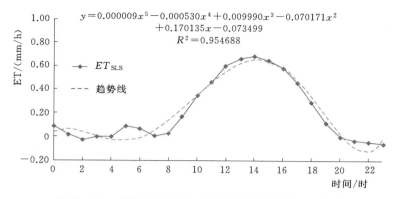

图 11.2.3　苜蓿 2016 年 4 月 17 日分枝期的时 ET 变化

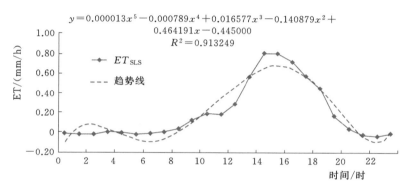

图 11.2.4　苜蓿 2016 年 5 月 4 日现蕾期的时 ET 变化

（5）在苜蓿初花期，苜蓿时 ET 变化相对较大，这主要是气象条件异常变化导致监测数据波动引起，但仍具有典型蒸散发曲线特征。在 0—9 时之间，蒸散发在 0 值上下波动，偏向正值，一般为 0.061mm/h。在 10—20 时之间，随时间增加蒸散发呈抛物线变化趋势，蒸散发平均为 0.397mm/h，最大为 0.718mm/h，最小为 0.162mm/h。在 21—23 时之间，蒸散发在 0.026mm/h 左右，全天平均 0.209mm/h。从构建的趋势线来看，ET 和时间相关性较强，R 平方值为 0.75，详见图 11.2.5。

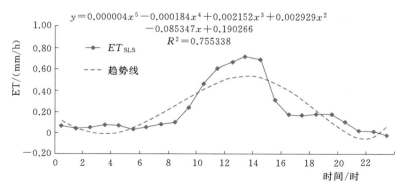

图 11.2.5　苜蓿 2016 年 5 月 15 日初花期的时 ET 变化

（6）在苜蓿盛花期，苜蓿时 ET 变化比较规整，具有典型蒸散发曲线特征。在 0—9 时之间，蒸散发在 0 值上下波动，偏向正值，波动区间小于 0.001mm/h。在 10—20 时之间，随时间增加蒸散发呈抛物线变化趋势，蒸散发平均为 0.456mm/h，最大为 0.828mm/h，最小为 0.188mm/h。在 21—23 时之间，蒸散发在 0.008mm/h 左右，全天平均 0.210mm/h。从构建的趋势线来看，ET 和时间相关性较强，R 平方值为 0.85，详见图 11.2.6。

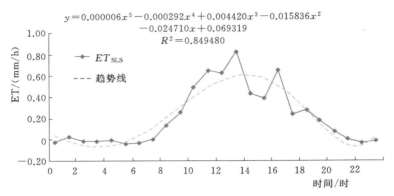

$$y = 0.000006x^5 - 0.000292x^4 + 0.004420x^3 - 0.015836x^2 - 0.024710x + 0.069319$$
$$R^2 = 0.849480$$

图 11.2.6　苜蓿 2016 年 5 月 27 日盛花期的时 ET 变化

（7）在苜蓿刈草后期，苜蓿时 ET 变化比较规整，具有典型蒸散发曲线特征。在 0—9 时之间，蒸散发在 0 值上下波动，偏向负值，一般为 -0.013mm/h。在 10—20 时之间，随时间增加蒸散发呈抛物线变化趋势，蒸散发平均为 0.383mm/h，最大为 0.615mm/h。在 21—23 时之间，蒸散发在 -0.061mm/h 左右，全天平均 0.160mm/h。从构建的趋势线来看，ET 和时间相关性很强，R 平方值为 0.99，详见图 11.2.7。

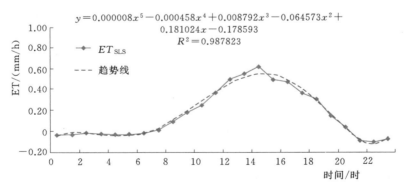

$$y = 0.000008x^5 - 0.000458x^4 + 0.008792x^3 - 0.064573x^2 + 0.181024x - 0.178593$$
$$R^2 = 0.987823$$

图 11.2.7　苜蓿 2016 年 5 月 31 日刈草后期的时 ET 变化

从苜蓿第一茬各生长期看，蒸散发变化的主体趋势是：0—9 时基本围绕 0 值波动，在苜蓿分枝到收割期间，一般会偏正值，而在返青或刈草期间，会偏负值；21—23 时有着类似变化特点；10—20 时，随时间增加呈上凸抛物线特征变化；9—10 时，由小变大；20—21 时，由大变小，即白天和晚上交替期间一般呈渐变关系。在苜蓿各发育期蒸散发特性说明中，采用 5 次多项式粗略拟合 ET 的日变化趋势，这种拟合在晚间以及昼夜过渡期相对误差较大，为了取得较好的拟合效果，实际拟合时最好采用分段函数，即对 0—10 时、10—20 时、20—24 时分别采用多项式拟合。

11.2.1.2　苜蓿——日 ET 监测分析

利用 EC 进行 ET 监测，由于存在能量不闭合问题，监测 ET 与实际 ET 相比一般小 20％～50％。利用 SLS 监测农田 ET，获得的 ET 与实际基本接近；为此需要将 EC 监测的 ET 校验成实际 ET 或 SLS 监测的 ET。不同尺度的移动平均序列可以突出要素不同周期的物理或生理过程特征。5 日平均日 ET 数据序列可以反映多茬苜蓿整个生长期的 ET 特征，并保留不同茬苜蓿特征以及灌溉、气象等特征，因此选择 5 日移动平均日 ET 序列进行 EC 与 SLS 观测的 ET 的交互校验。地面场 EC 获取 2016 全部监测数据，SLS 只获取了 2016 年 1—8 月的 ET 监测数据，SLS 的 9—12 月数据可通过 EC 校验获得。通过利用 EC 和 SLSL 监测的 2016 年 ET 交互检验，形成 2016 年地面场苜蓿 1—12 月 ET 序列数据，详细见附录 G。基于 2016 年苜蓿 EC_{ET} 序列数据和 SLS_{ET} 序列数据，分析苜蓿日 ET 特征。

苜蓿日 ET 全年变化具有周期性，年初年末较低，年中较高。每年 1—2 月较低，大致在 1.00mm/d 以下。3—10 月为苜蓿生长期，蒸散发较大，一般在 3～4mm/d 之间。11—12 月与 1—2 月相似，苜蓿进入冬眠期，蒸散发主要表现为裸地、积雪蒸发。由于气温较低，蒸散发较弱，一般低于 1.00mm/d，详见表 11.2.1 的 SLS_{ET} 列。

表 11.2.1　　　　　　　　　　　2016 年 SLS 与 EC 监测苜蓿 ET

月　份	发育期	SLS_{ET}/(mm/d)	EC_{ET}/(mm/d)
1	冬眠期	0.81	0.13
2	冬眠期	0.89	0.15
3	生长期	1.61	0.72
4	生长期	3.94	2.39
5	生长期	4.81	3.21
6	生长期	4.16	3.12
7	生长期	4.10	3.08
8	生长期	4.59	3.59
9	生长期	3.24	2.29
10	生长期	1.61	0.92
11	冬眠期	0.92	0.24
12	冬眠期	1.01	0.48
平均		2.64	1.69

苜蓿日 ET 具有较强的波动性，苜蓿蒸散发受气象、苜蓿生长状况影响，同时还受降水、灌溉、收割等因素干扰。图 11-2-8 为 2016 年 EC 监测的苜蓿 ET，从中可以明显看出三茬苜蓿的日 ET 变化特征。

5 月 29 日—6 月 8 日、7 月 27 日—8 月 2 日、9 月 3—10 日为收割期，在这些期间出现收割波谷，见图 11.2.8。

5 月 6—12 日为第一茬苜蓿第一遍灌水、5 月 16—22 日为第一茬第二遍灌水，它们在

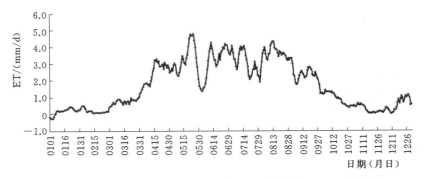

图 11.2.8　2016 年 EC 监测的苜蓿 5 日移动平均日 ET 分布图

第一茬苜蓿蒸散发过程中产生 2 个波峰，后者较高。

6 月 11—23 日为第二茬苜蓿第一遍灌水、7 月 2—10 日为第二茬第二遍灌水、7 月 17—23 日为第二茬第三遍灌水，它们在第二茬苜蓿蒸散发过程中产生 3 个波峰，第三波峰较低。

7 月 24 日—8 月 11 日为第三茬苜蓿第一遍灌水、8 月 17—21 日为第三茬第二遍灌水、8 月 22—26 日为第三茬第三遍灌水，它们在第三茬苜蓿蒸散发过程中产生 3 个波峰，第三波峰不明显。

9 月 4—10 日为第四茬苜蓿第一遍灌水（推算），它在第四茬苜蓿蒸散发过程中产生 1 个波峰。

在整个苜蓿生长期，日 ET 还存在其他微小波动，这与气象变化、土壤水分变化等有关。收割会导致苜蓿蒸散发快速降低从而产生波谷。灌溉实施一般在波谷期，灌溉后又会引起日 ET 增加。由于灌溉采用轮灌方式，其对 EC 源区影响具有复合作用，因此灌溉影响与 ET 并不完全同步。

在三个收割期均出现日 ET 波峰，这些波峰由灌溉引起。说明在苜蓿收割前 5～6 天一般进行了灌溉。对于多数作物，在花期后灌溉，主要是用于作物灌浆，提高产量，但对于苜蓿，一般在花期或盛花期直接进行收割，收割后经过初步晾晒，打捆进行销售。收割前灌溉可以增加苜蓿鲜草重量，但对苜蓿品质没有太大影响，此期间灌溉应去掉，这样在苜蓿自然缺水状态下收割，可以保持苜蓿品质，同时减少晾晒时间，减少用水，达到生物节水目的。

图 11.2.9 为 SLS 监测的苜蓿 ET，它和 EC 监测的日 ET 具有相似的变化特征，但也存在差异，6 月的收割谷不如 EC 系统明显。这是由于 SLS 的源区相比 EC 更大，其区域平均效果更强。其收割谷与其他因素引发的蒸散发低值谷相当，几乎无法区别。也就是说 EC 监测表现出更好的灵敏性。从表 11.2.1 可以看出，EC 监测的 ET 系统性地小于 SLS 监测值；水平衡分析表明，SLS 监测的 ET 比较符合实际情况。因此我们将 SLS 监测的 ET 视作苜蓿实际 ET。EC 监测的 ET 一般是 SLS 监测的 ET 的 0.64 倍。通过 SLS 与 EC 交互校验，可以提供稳定的苜蓿日 ET 序列。

11.2.1.3　苜蓿——月 ET 监测分析

苜蓿为多年生植物。2016 年地面场苜蓿为第 5 生长年，苜蓿第一茬在 3 月 12 日—5

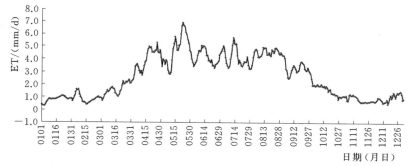

图 11.2.9　2016 年 SLS 监测的苜蓿 5 日移动平均日 ET 分布图

月 29 日，第二茬在 6 月 7 日—7 月 25 日，第三茬在 8 月 9 日—9 月 6 日，9 月 13 日—10 月 31 日为第四茬。由于苜蓿刈草后紧接着进入返青发育期；苜蓿刈草后，盛花期苜蓿景观的高蒸腾低蒸发被裸地景观的高蒸发低蒸腾代替，但两者的蒸散发相对都较强；加之月尺度的平滑效应等导致在月尺度上，收割后短暂的低蒸散发阶段表现不明显。从 3 月开春到 10 月秋末整个苜蓿生长期，表现为高耗水期，特别是 4—9 月之间，耗水一直维持在 $100 \sim 150 \mathrm{mm/month}$ 之间。

为了开展苜蓿地年际蒸散发对比分析，基于苜蓿蒸散发与水面蒸发的经验模型，依据 2014 年、2015 年气象观测的水面蒸发，对 2014 年、2015 年苜蓿地蒸散发进行估算。苜蓿地蒸散发与水面蒸发的经验模型见式（8.3.5）～式（8.3.9）。2014 年、2015 年苜蓿地蒸散发和 2016 年趋势吻合很好，计算结果比较理想。对于单一的、均匀植被，可以依据水面蒸发、植被覆盖度两因素对植被区月尺度 ET 进行估算。2017 年 ET 为依据 EC 观测数据经交叉校验取得的苜蓿月尺度 ET，详见表 11.2.2 和图 11.2.10。

表 11.2.2　　　　　　　　　　苜蓿近几年的月 ET 变化表　　　　　　单位：mm/month

月份	2014 年	2015 年	2016 年	2017 年	平均
1	12.98	16.18	25.24	24.06	19.61
2	20.41	30.71	25.92	35.62	28.17
3	36.42	44.68	50.06	32.08	40.81
4	111.29	98.93	118.19	71.60	100.00
5	147.64	149.59	148.97	153.30	149.87
6	133.17	139.51	124.85	112.00	127.38
7	146.29	160.28	127.13	124.45	139.54
8	134.95	143.97	142.32	142.09	140.83
9	101.17	97.49	97.29	153.12	112.27
10	57.50	70.89	49.86	55.57	58.46
11	30.36	28.93	27.62	22.73	27.41
12	20.38	10.92	31.19	28.64	22.78
全年	952.57	992.08	968.64	955.26	967.14

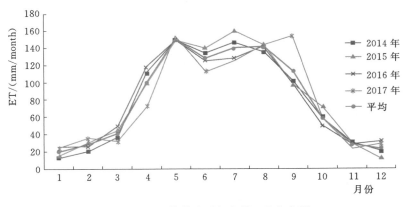

图 11.2.10　苜蓿地近年各月 ET 分布图

以 2014—2017 年各月蒸散发数据为基础绘制散点图,并以此为基础构建趋势线,见图 11.2.11。从图可见全年月 ET 呈上凸抛物线形式的变化趋势,月蒸散发与月份密切相关,R 平均值为 0.815,利用关系函数式(11.2.1)可以预测月 ET。相比于日 ET,月 ET 趋势性更明显,利用趋势线进行预测可以达到相当精度。

$$y = -0.062x^3 - 3.164x^2 + 51.09x - 48.38 \tag{11.2.1}$$

式中:y 为苜蓿地月蒸散发量,mm/month;x 为月份。

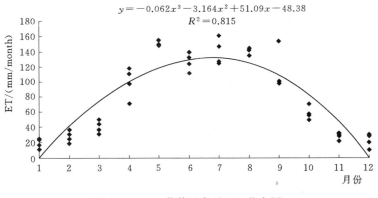

图 11.2.11　苜蓿地各月 ET 分布图

11.2.1.4　苜蓿——年 ET 监测分析

1. 年 ET 计算

将各年度月 ET 求和汇总得到年 ET,见表 11.2.2。2014 年、2015 年、2016 年、2017 年苜蓿地年 ET 分别为 953mm/year、992mm/year、969mm/year、955mm/year,平均为 967mm/year。年 ET 大小受降水、气温等影响。

2. 基于经验公式利用 ET 估算灌溉强度

由于研究区年降水较小,次降水量大多小于 10mm,降水入渗量比较小,可以忽略;包气带在灌溉期,部分灌溉水会向下输送补给地下水,在非灌溉期又接收地下水补给,两者之差可视为灌溉水对地下水的有效补给量;降水有效渗漏补给系数比灌溉渗漏有效补给系数要小许多；对于全年来讲，包气带储变量可近似为零；因此为了简化计算，可采用式（11.2.2）估算灌溉强度，结果见表 11.2.3。

表 11.2.3　　　　　　　　　苜蓿 2014—2017 年 ET 及灌溉定额模拟　　　　　　　单位：mm/year

项目	2014 年	2015 年	2016 年	2017 年	平均
降水量	96	112	219	209	159
ET	953	992	969	955	967
灌溉强度	882	905	772	768	832

$$I = (ET - P)/(1 - a) \tag{11.2.2}$$

式中：I 为灌溉水量，mm；ET 为苜蓿蒸散发，mm；P 为降水，mm；a 为考虑潜水蒸散发消减作用下的渗漏补给系数，$a = 0.03$，不同地区、不同水文地质条件和气象条件，a 值不同，需要根据实验获得。

基于表 11.2.3 制作 2014—2017 年苜蓿 ET、灌溉强度（定额）、降水变化图，见图 11.2.12。图 11.2.12 显示不同年份苜蓿 ET 以及采用灌溉强度存在波动性，与降水存在负相关关系，年降水越大，ET 越小，灌溉强度越小，灌溉强度的变化较 ET 显著。

2014—2017 年苜蓿平均灌溉强度为 832mm，按照新疆水利厅克拉玛依地区苜蓿滴灌强度 375mm 分析，理论上还存在 457mm 的节水空间，可节出 55％ 的灌溉水量。基于 ET 和必要的气

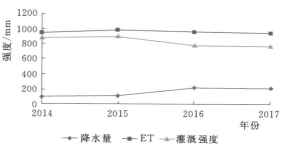

图 11.2.12　不同年份苜蓿年 ET、灌溉强度及降水变化

象和水文地质条件，可以估算实际灌溉强度，为基于 ET 研究作物耗水机理和灌溉节水提供理论依据。

11.2.1.5　苜蓿——生长期 ET 监测分析

以 2016 年 EC 和 SLS 子系统监测数据为例，分析苜蓿生长期不同发育阶段蒸散发特点。由于 EC 的源区相对于 SLS 的源区来说较小，源区一致性变化较易保证，监测数据的变化随源区植被、气象、人为等因素变化较为敏感，各茬苜蓿 ET 特征较 SLS 明显，见图 11.2.8 和图 11.2.9。但由于 EC 监测存在能量不闭合问题，实际监测的 ET 值一般相对于 SLS 较低，SLS 监测结果比较符合实际。实际应用 EC 监测 ET 时需要经过不同系统交叉校验，形成实际 ET 数据序列。为了较为准确地表述苜蓿生长期各茬各发育阶段的相对特点，可采用 EC 实际监测序列数据。为了较为准确地刻画苜蓿不同发育 ET 绝对大小，可采用 SLS 监测序列或 EC 校验序列。2017 年，索建军等[26] 在紫花苜蓿全生长期蒸散变化研究中，采用 EC 监测序列描述苜蓿各发育阶段 ET 特点。这里采用 SLS 实测序列和 EC 校验序列阐述苜蓿 ET 各个发育阶段 ET 特点，并给出两种监测数据对比表，见表 11.2.4。

表 11.2.4　　　　　　　　　　　**苜蓿 2016 年各茬苜蓿 ET 特征**

茬数	生长期	开始日期(月日)	结束日期(月日)	天数/d	SLS 监测 ET				EC 监测 ET
					最大/(mm/d)	最小/(mm/d)	平均/(mm/d)	合计/mm	合计/mm
冬眠	冬眠	0101	0312	72	1.8	0.3	0.9	67.2	16.1
1	返青初期	0313	0322	10	1.9	1.1	1.4	14.3	6.7
	返青中后期	0323	0413	22	3.6	2.0	2.7	59.5	29.7
	分枝	0414	0501	18	5.3	3.4	4.5	81.8	52.1
	现蕾	0502	0510	9	5.3	2.8	3.5	31.2	23.6
	初花	0511	0522	12	6.9	3.9	5.4	64.6	41.0
	盛花	0523	0528	6	6.7	5.3	6.1	36.4	25.8
	收割期	0529	0608	11	4.7	3.5	4.1	45.6	20.4
2	分枝	0609	0620	12	5.1	3.8	4.5	53.9	41.3
	现蕾	0621	0630	10	4.7	3.3	3.9	42.7	41.8
	初花	0701	0710	10	5.1	3.3	4.1	41.3	33.6
	盛花	0711	0724	14	5.8	3.5	4.3	60.8	44.4
	收割期	0725	0808	15	4.8	3.3	4.1	60.9	44.7
3	分枝	0809	0820	12	5.0	4.3	4.6	55.5	46.4
	现蕾	0821	0831	11	5.0	4.3	4.6	51.0	37.7
	初花	0901	0905	5	4.3	2.6	3.5	17.6	12.7
	收割期	0906	0910	5	3.4	2.5	2.9	14.7	10.3
4	分枝 1	0911	1005	25	3.9	1.9	3.0	75.1	52.0
	分枝 2	1006	1020	15	2.1	1.4	1.8	26.9	16.8
	分枝 3	1021	1114	25	1.4	0.8	1.2	28.8	11.9
冬眠	冬眠	1115	1231	47	1.5	0.5	0.9	42.9	15.7

苜蓿生长期 ET 日平均在 1.2～6.1mm/d 之间，从返青分枝期到现蕾开花期，蒸散发逐渐增加，收割后蒸散发减小，然后 ET 又逐渐增加。灌溉后、大雨后 ET 会快速增加。波谷期基本对应收割期、降水干扰期、土壤水分亏缺期等，日 ET 总体变动幅度较大。

1. 第一茬苜蓿蒸散发分析

(1) 2016 年 3 月中旬以前为苜蓿冬眠期，时间范围为 2016 年 1 月 1 日—3 月 12 日，平均气温低于 0℃。地表景观为积雪景观、裸地景观，蒸散发表现为裸地、积雪蒸发。受气象条件变化影响，大气层结偏于稳定，湍流弱，ET 相对波动大，ET 均值接近于零，波动区间一般为 0.3～1.8mm/d，平均 ET 为 0.9mm/d，总蒸散发为 67.2mm。高值点和低值点主要由大气层结稳定性和气象要素相对异常波动引起。

(2) 3 月中旬为苜蓿返青初期，时间范围为 3 月 13—22 日，苜蓿生长主要表现为地下根部活动，上部仅发育少量叶簇。地表景观为裸地景观，蒸散发主要表现为裸地蒸发。从返青初期到末期，ET 呈增加趋势，ET 值相对较小。蒸散发波动区间为 1.1～1.9mm/d，平均 ET 为 1.4mm/d，总蒸散发为 14.3mm。期间小起伏的波动是由于存在降水、气温变化、土壤积雪融水蒸散发耗尽后土壤变干等原因造成。

（3）3 月下旬至 4 月中旬为苜蓿返青中后期，时间范围为 3 月 23 日—4 月 13 日，地表景观为裸地植被景观，蒸散发表现为裸地的蒸发和苜蓿新枝的蒸腾。蒸散发从返青中期开始到末期逐渐增大，蒸散发波动区间为 2.0～3.6mm/d，平均 ET 为 2.7mm/d，总蒸散发为 59.5mm。此时段又可分为两个次级时段，第一时段 3 月 23—31 日，此期间 ET 波动较小、值相对较低；第二时段 4 月 2—13 日，此期间 ET 波动也较小，但值相对较高。第一时段到第二时段之间，ET 快速增加，这反映苜蓿返青中期、后期的两个次级生长期的 ET 存在着较大差异。

（4）4 月中旬至 5 月初为苜蓿分枝期，时间范围为 4 月 14 日—5 月 1 日，地表景观主要为苜蓿植被景观，蒸散发主要表现为苜蓿蒸腾和少部分裸地蒸发。蒸散发从分枝初期到末期逐渐增大，蒸散发波动区间为 3.4～5.3mm/d，平均 ET 为 4.5mm/d，总蒸散发为 81.8mm。期间小幅度波动是由于气象条件变化引起。

（5）5 月上旬为苜蓿现蕾期，时间范围为 5 月 2—10 日，地表景观主要为苜蓿植被景观，蒸散发主要表现为苜蓿蒸腾。蒸散发从现蕾期初期到末期逐渐增大，蒸散发波动区间为 2.8～5.3mm/d，平均 ET 为 2.8mm/d，总蒸散发为 31.2mm。期间 5 月 8 日—5 月 10 日的低值区域，主要是由于降雨或土壤水分亏缺造成。

（6）5 月中旬为苜蓿初花期，大致时间范围为 5 月 11—22 日，地表景观主要为苜蓿初花期植被景观，蒸散发主要表现为苜蓿蒸腾。蒸散发从初花早期到末期逐渐增大，蒸散发波动区间为 3.9～6.9mm/d，平均 ET 为 5.4mm/d，总蒸散发为 64.6mm。5 月 16—18 日低值点主要是由于降雨或土壤水分亏缺造成。

（7）5 月下旬为苜蓿盛花期，时间范围为 5 月 23—28 日，地表景观主要为苜蓿盛花期植被景观，蒸散发主要表现为苜蓿蒸腾。蒸散发从盛花早期到末期逐渐增大，蒸散发波动区间为 5.3～6.7mm/d，平均 ET 为 6.1mm/d，总蒸散发为 36.4mm。日均 ET 维持在较高水平，相对稳定。总蒸散发值小是由于苜蓿进入盛花期第 6 天后，就被收割造成，此值只是苜蓿部分盛花期的蒸散发量。

（8）5 月末至 6 月初为苜蓿收割期，时间范围为 5 月 29 日—6 月 8 日，地表景观主要为裸地杂草植被景观，蒸散发主要表现为裸地蒸发、杂草和苜蓿新枝的蒸腾。蒸散发从收割早期到末期先逐渐降低，到达最低点后，又逐渐变大。前半段降低是由于土壤水分随时间增加，水分散失，水分限制因素影响加大。后半段增加是由于苜蓿进入返青中后期，苜蓿新枝生长发育，其蒸腾作用增大造成。蒸散发波动区间为 3.5～4.7mm/d，平均 ET 为 4.1mm/d，总蒸散发为 45.6mm。日均 ET 维持在相对较低水平，相对稳定。5 月 27—29 日 ET 快速下降，这是由于收割初期裸地较潮湿，随着蒸散发延续，土壤变干造成。6 月 7—9 日 ET 又逐渐增加，主要是新枝成长发育，蒸腾作用增强造成。5 月 30 日—6 月 6 日期间，裸地蒸发、新枝蒸腾均相对较弱，蒸散发相对较低。收割后苜蓿直接进入返青期，收割期也是新枝生长期，该期完毕后苜蓿进入分枝期。

2. 第二茬苜蓿蒸散发分析

（1）6 月中旬为第二茬苜蓿分枝期，时间范围为 6 月 9—20 日，地表景观主要为裸地苜蓿植被景观，蒸散发主要表现为裸地蒸发和苜蓿蒸腾。蒸散发从早期到末期逐渐增大，蒸散发波动区间为 3.8～5.1mm/d，平均 ET 为 4.5mm/d，总蒸散发为 53.9mm。日均 ET 维持在较高水平，相对稳定。分枝期由于土壤缺水，导致 ET 值整体偏低。虽然期间存在多次降水，但强度大多较小，加之夏季气温较高，很快这些降水就会被蒸散发掉，期间苜蓿景观主体处于水分亏缺状态。在 6 月 11 日和 19 日，农户对苜蓿进行轮灌，此过程增加了蒸散发变化的复杂性。

（2）6 月下旬为第二茬苜蓿现蕾期，时间范围为 6 月 21—30 日，地表景观主要为苜蓿植被景观，蒸散发主要表现为苜蓿蒸腾作用。蒸散发从现蕾早期到末期 ET 呈波状变化，蒸散发波动区间为 3.3～4.7mm/d，平均 ET 为 3.9mm/d，总蒸散发为 42.7mm。日均 ET 维持在较高水平，相对稳定。由于土壤缺水，导致 ET 值整体偏低。虽然期间存在多次降水，但强度大多较小，加之夏季温度高，很快这些降水就会被蒸散发掉，土壤主体处于水分亏缺状态。在 6 月 23 日出现 ET 低值点。在 6 月 20 和 24 日，农户对苜蓿进行轮灌，此阶段 ET 随时间呈增加趋势，且呈波状变化，这与灌溉及气象变化有关。

（3）7 月上旬为第二茬苜蓿初花期，时间范围为 7 月 1—10 日，地表景观主要为初花苜蓿植被景观，蒸散发主要表现为苜蓿蒸腾作用。蒸散发从初花早期到末期呈波状变化，蒸散发波动区间为 3.3～5.1mm/d，平均 ET 为 4.1mm/d，总蒸散发为 41.3mm。日均 ET 维持在较高水平，相对稳定。期间存在多次降雨，导致降雨时段偏低，降雨后又升高，加之夏季气温高，很快这些降水就会被蒸散发掉，土壤主体处于水分亏缺状态。ET 在 7 月 7 日出现相对低点，在 7 月 5—8 日，苜蓿得到轮灌，蒸散发又开始增加。此阶段 ET 随时间增加呈波状变化，灌溉使土壤水分保持在合理水平。

（4）7 月中旬为第二茬苜蓿盛花期，时间范围为 7 月 11—24 日，地表景观主要为盛花苜蓿植被景观，蒸散发主要表现为苜蓿蒸腾作用。蒸散发从盛花早期到末期 ET 呈波状变化，蒸散发波动区间为 3.5～5.8mm/d，平均 ET 为 4.3mm/d，总蒸散发为 60.8mm。日均 ET 维持在较高水平，相对稳定。由于持续蒸散发，土壤水分散失多，水分成蒸散发限制因子，导致盛花后期 ET 整体偏低。7 月 18 日、22 日、23 日降雨量分别为 13.1mm、0.9mm、2.7mm，以及 23 日、24 日轮灌，导致 ET 在 7 月 21 日出现相对低点后，以后又逐步增加。

（5）7 月末到 8 月初为第二茬苜蓿收割期，时间范围为 7 月 25 日—8 月 8 日，地表景观主要为裸地杂草景观，蒸散发主要表现为裸地蒸发、杂草和苜蓿新枝的蒸腾。蒸散发本应从高到低，再由低到高变化，但由于在 7 月 25 日—8 月 8 日期间轮灌，ET 总体表现为增加趋势，并且相对较大，蒸散发波动区间为 3.3～4.8mm/d，平均 ET 为 4.1mm/d，总蒸散发为 60.9mm。日均 ET 维持在较高水平，相对稳定。8 月 1 日出现 ET 相对最低点，主要是由于较强降水过程和收割过程共同作用造成。7 月 24 日—8 月 11 期间轮灌，致使收割期间，ET 出现较为复杂的变化。

3. 第三茬苜蓿蒸散发分析

（1）8 月中旬为第三茬苜蓿分枝期，时间范围为 8 月 9—20 日，地表景观主要为裸地苜蓿植被景观，蒸散发主要表现为裸地蒸发和苜蓿蒸腾。蒸散发从早期到末期逐渐增大，蒸散发波动区间为 4.3～5.0mm/d，平均 ET 为 4.6mm/d，总蒸散发为 55.5mm。日均 ET 维持在较高水平，相对稳定。在 8 月 17—20 日期间对苜蓿进行了轮灌，灌溉对 ET 变化产生一定影响。

（2）8 月下旬为第三茬苜蓿现蕾期，时间范围为 8 月 21—31 日，地表景观主要为苜蓿植被景观，蒸散发主要表现为苜蓿蒸腾作用。蒸散发从现蕾早期到末期呈波状变化，蒸散发波动区间为 4.3～5.0mm/d，平均 ET 为 4.6mm/d，总蒸散发为 51.0mm。日均 ET维持在较高水平，相对稳定。

（3）9 月上旬早期为第三茬苜蓿初花期，时间范围为 9 月 1—5 日，地表景观主要为初花苜蓿植被景观，蒸散发主要表现为苜蓿蒸腾作用。蒸散发从初花早期到末期呈波状变化，蒸散发波动区间为 2.6～4.3mm/d，平均 ET 为 3.5mm/d，总蒸散发为 17.6mm。日均 ET 维持在较低水平，相对稳定。

（4）9 月上旬后期为第三茬苜蓿收割期，时间范围为 9 月 6—10 日，地表景观主要为裸地杂草景观，蒸散发主要表现为裸地蒸发、杂草和苜蓿新枝的蒸腾。蒸散发从高到低，再由低到高变化，蒸散发波动区间为 2.5～3.4mm/d，平均 ET 为 2.9mm/d，总蒸散发为 14.7mm。日均 ET 维持在较低水平，相对稳定。

4. 第四茬苜蓿蒸散发

由于气温变低，苜蓿生长缓慢，长期处在分枝期，为了研究方便，将其分为 3 个阶段。

（1）9 月中旬到 10 月初为第四茬苜蓿分枝 1 期，时间范围为 9 月 11 日—10 月 5 日，地表景观主要为裸地苜蓿植被景观，蒸散发主要表现为裸地蒸发和苜蓿蒸腾。蒸散发从该阶段的早期到末期逐渐降低，蒸散发波动区间为 1.9～3.9mm/d，平均 ET 为 3.0mm/d，总蒸散发为 75.1mm。日均 ET 维持在较高水平，相对稳定。由于 9 月 14 日前后的低温过程，导致在该生长阶段的中期，ET 出现低值点。9 月 28 日—10 月 5 日之间出现多个小级别的波峰与波谷，这是由连续小幅度降水造成的。

（2）10 月上旬到 10 月中旬为第四茬苜蓿分枝 2 期，时间范围为 10 月 6—20 日，地表景观主要为裸地苜蓿植被景观，蒸散发主要表现为裸地蒸发和苜蓿蒸腾。蒸散发从该阶段早期到末期逐渐减小，蒸散发波动区间为 1.4～2.1mm/d，平均 ET 为 1.8mm/d，总蒸散发为 26.9mm。日均 ET 维持在较低水平，相对稳定。

（3）10 月下旬到 11 月上旬为第四茬苜蓿分枝 3 期，时间范围为 10 月 21 日—11 月 14日，地表景观主要为裸地苜蓿植被景观，蒸散发主要表现为裸地蒸发和苜蓿蒸腾。蒸散发从该阶段早期到末期逐渐减小，蒸散发波动区间为 0.8～1.4mm/d，平均 ET 为 1.2mm/d，总蒸散发为 28.8mm。日均 ET 维持在较低水平，相对稳定。

（4）11 月中旬到 12 月末为第四茬苜蓿冬眠期，时间范围为 11 月 15 日—12 月 31 日之间，地表景观主要为裸地景观、积雪景观，蒸散发主要表现为裸地蒸发、积雪蒸发。蒸散发相对波动较大，蒸散发波动区间为 0.5～1.5mm/d，平均 ET 为 0.9mm/d，总蒸散发为 42.9mm。日均 ET 维持在较低水平，波动相对较大。

11.2.2　苜蓿地水平衡分析

利用年尺度 ET 进行试验田苜蓿水平衡分析，检验仪器监测数据的合理性。2016 年灌溉用水 505933m³，平均定额为 7952.42m³/hm²。按包气带和浅层地下水两个单元分别做水平衡分析，见表 11.2.5 和表 11.2.6。

表 11.2.5　　　　　　　　　　　　　包气带水分平衡分析

收入项	数　量	支出项	数　量
降水/m³	139580	降水入渗/m³	4204
灌溉/m³	505933	灌溉入渗/m³	70543
地下水补给/m³	46520	蒸散/m³	616239
合计/m³	692033	合计/m³	690986
平衡差/m³	1047		
相对误差/%	0.15		

表 11.2.6　　　　　　　　　　　　　浅层地下水平衡分析

收入项	数　量	支出项	数　量
降水入渗/m³	4204	潜水蒸发/m³	46520
灌溉入渗/m³	70543	侧向排泄/m³	43363
侧向径流补给/m³	12108	蓄变量/m³	−2036
越流补给/m³	2515		
合计/m³	89370	合计/m³	87847
平衡差/m³	1523		
相对误差/%	1.72		

在包气带单元，收入项主要来自灌溉和降水，分别为 505933m³ 和 139580m³，支出项主要为苜蓿地蒸散和灌溉入渗补给地下水，分别为 616239m³ 和 70543m³。平衡差为 1047m³，相对误差 0.15%。

在浅层地下水单元，收入项主要来自灌溉入渗、降水入渗和侧向径流补给，分别为 70543m³、4204m³ 和 12108m³，支出项主要为潜水蒸发和侧向排泄，分别为 46520m³ 和 43363m³。平衡差为 1523m³，相对误差 1.72%。

全年地下水位基本维持不变，略有下降，下降约为 0.08m。包气带岩土含水率基本保持不变，维持在 16.6% 左右，包气带厚度稍有增加，增加 0.08m。

11.2.3　苜蓿地节水潜力分析

研究制定科学合理的灌溉制度，对于苜蓿节水十分重要。从苜蓿日 ET 监测分析可知，在每茬苜蓿收割前均出现一次灌溉，此轮灌溉对于一般作物主要是灌浆期灌溉，增加作物产量，如小麦、玉米产量，但对于苜蓿，实际增加的是苜蓿枝叶水分含量，增加了鲜草重量，但对苜蓿品质提升意义不太大。因此从苜蓿最终用途来讲，此期灌溉基本可以省去。这样可以减少苜蓿晾晒时间，增加下茬苜蓿生长时间，总体达到苜蓿增产目的。因为新疆气候原因，第三茬苜蓿生长需要的积温往往不足，如果减少盛花期灌溉，缩短收割时间，可使第三茬苜蓿发育期提前，增加其生长期积温，进而提高苜蓿整体产量和品质，增加种植收益。按每茬苜蓿减少一次灌溉，三茬共可减少 3 次，灌水量按低强度灌溉，共计可减少灌溉水量 1800m³/hm²。

从遥感地面场水平衡分析可知，苜蓿平均定额为 7952.42m³/hm²，灌溉入渗量为

$1108.81\text{m}^3/\text{hm}^2$，灌溉入渗补给地下水量占灌溉水量的 14%。灌溉渗漏量为无效水量，灌溉渗漏水进入地下水系统后，将引起地下水位抬升，进而诱发土壤次生盐渍化。灌溉渗漏同时也导致灌溉用水增加，导致田间灌溉水利用率降低。理论上最好不产生灌溉渗漏量。两项共计可节水 $2909\text{m}^3/\text{hm}^2$，也就是说苜蓿理论上可以采用 $5043\text{m}^3/\text{hm}^2$ 的定额灌溉。考虑现有技术水平，上浮 10% 作为基本灌溉定额，则为 $5547\text{m}^3/\text{hm}^2$。为了实现此灌溉目标，需要采用低强度、多频次灌溉技术，同时需要配套相应的监测和灌溉控制技术，即精准灌溉技术。如果按 $5547\text{m}^3/\text{hm}^2$ 定额灌溉，相对于现状灌溉定额，可节约 30% 的水量，整个实验田可节约 153033m^3 的水量。

基于苜蓿生长期的日 ET 监测、生理过程观测、灌溉监测等，研究苜蓿不同发育阶段耗水特点和水分利用效率，研究分析田间灌溉水运移途径，找出生理节水、灌溉节水等关键环节，以此制定措施，开展节水，可以达到既节约用水，又高产、高效的目的。

11.3　土地利用及其蒸散发监测

蒸散发是水循环一重要环节，其影响因素很多，包括能量、降雨、下垫面状况等。土地利用是影响下垫面状况的要素之一，其变化对蒸散发产生影响较大。不同尺度下土地利用类型与蒸散发异质性变化趋势相似，尺度变化对流域蒸散发量数值影响较小[27-30]。ET 的空间分布与土地利用/覆盖类型有关，其特点基本控制了研究区 ET 的分布特点[31]。对农田蒸散发规律、蒸腾与蒸发的比例关系、抑制土壤蒸散发的农艺措施等研究[32,33]，可为科学合理、高效利用水资源提供依据。研究不同土地利用类型的蒸散发特征对于优化区域用水结构、科学灌溉和农业高效节水建设等都十分重要。

11.3.1　研究区土地利用分类

土地利用分类是区分土地利用空间地域组成单元的过程。这种空间地域单元是土地利用的地域组合单位，表现为人类对土地利用、改造的方式和成果，反映土地的利用形式和用途（功能）。为了对国家、地区土地资源进行调查或统一的科学管理，需要对国家或地区的土地利用情况，按照一定的层次等级体系划分为若干不同的土地利用类别。为了便于对比分析和信息共享，研究中主要依据国家标准《土地利用现状分类》（GB/T 21010—2017）进行土地利用分类。同时为了实现使分类单元尽可能从遥感影像上可辨识，参照在该地区前期研究形成的遥感解释标志成果，在二级以下分类中引入遥感分类标志。为了开展农业节水分析，对农田单元又进行了细化，依据作物类型进行动态分类。

研究区主要涉及荒漠绿洲区，区划出的土地利用一级类包括：耕地、园地、林地、草地、工矿仓储用地、住宅用地、交通运输用地、水域及水利设施用地、其他土地 9 类。

在一级土地利用类基础上，主要依据耕种或灌溉方式、植被类型及覆盖度、土地主要功能等又进行了二级和三级土地利用分类。

二级类主要包括：水浇地、果园、有林地、灌木林地、其他林地、其他草地、工业用地、城镇住宅用地、农村住宅用地、铁路用地、公路用地、农村道路、机场用地、坑塘水面、内陆滩涂、沼泽、裸地等。

三级类主要包括：水浇地、大棚用地、果园用地、高郁闭度有林地、高覆盖度灌木林地、中覆盖度灌木林地、疏林地、苗圃、高覆盖度草地、中覆盖度草地、低覆盖度草地、低覆盖度灌木草地、工业建筑用地、工业绿地用地、城镇建筑用地、城镇绿地用地、农村建筑用地、普通铁路用地、高速公路用地、1 级公路用地、公路防护林用地、农村道路用地、农田防护林用地、机场绿地用地、机场道路用地、机场建筑用地、坑塘水面、内陆滩涂、沼泽、裸岩石砾、其他未利用地。

四级类主要对水浇地、果园两地类进行细分，依据当年作物或树种类型划分，其他类延续三级类型名称，不再细分。

11.3.2　一级土地利用及蒸散发分析

示范区一级土地利用单元共包括耕地、园地、林地、草地、工矿仓储用地、住宅用地、交通运输用地、水域及水利设施用地以及其他土地 9 类。耕地面积最大，为 84.96km²；其次是草地，面积为 62.94km²；林地面积 23.28km²。耕地、草地、林地的蒸散发也较大，2016 年分别为 7287.73 万 m³、4169.70 万 m³ 和 1813.87 万 m³，见图 11.3.1、图 11.3.2 和表 11.3.1。

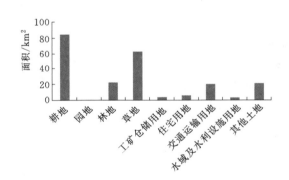

图 11.3.1　一级土地利用面积直方图

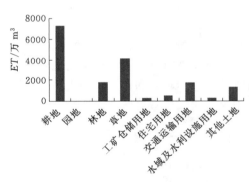

图 11.3.2　一级土地利用蒸散发直方图

11.3.3　二级土地利用及蒸散发分析

二级土地利用类型中面积相对较大的主要有水浇地，面积 84.96km²；其次是其他草地地类，面积 62.94km²；裸地面积 20.73km²；有林地面积 8.81km²；灌木林地面积 9.83km²；详见表 11.3.2。

主要二级土地利用类型 2016 年蒸散发如下：水浇地 7287.73 万 m³；其他草地为 4169.70 万 m³；裸地 1253.70 万 m³；有林地 736.84 万 m³；灌木林地为 658.40 万 m³。

11.3.4　三级土地利用及蒸散发分析

在三级土地利用类型区划中，将二级的水浇地再细分为水浇地和大棚用地两类，占地面积分别为 83.37km² 和 1.59km²，蒸散发分别为 7150.31 万 m³ 和 137.42 万 m³，详见表 11.3.3。

表 11.3.1　　　　　　　　　　示范区一级土地利用类型及其蒸散发

土地利用 一级	面积 /km²	1 月 /万 m³	2 月 /万 m³	3 月 /万 m³	4 月 /万 m³	5 月 /万 m³	6 月 /万 m³
耕地	84.96	164.09	168.46	325.37	768.26	986.83	1192.68
园地	0.11	0.23	0.24	0.46	1.08	1.51	1.71
林地	23.28	47.77	49.04	94.72	223.65	278.21	311.98
草地	62.94	112.82	115.83	223.71	528.23	626.22	723.22
工矿仓储用地	4.07	7.10	7.29	14.08	33.25	42.13	47.90
住宅用地	6.53	13.61	13.97	26.99	63.72	84.09	91.95
交通运输用地	20.91	42.16	43.29	83.61	197.41	259.13	292.08
水域及水利设施用地	3.97	9.60	9.85	19.03	44.93	54.55	53.86
其他土地	21.98	37.05	38.04	73.47	173.47	202.91	236.73
土地利用 一级	7 月 /万 m³	8 月 /万 m³	9 月 /万 m³	10 月 /万 m³	11 月 /万 m³	12 月 /万 m³	全年 /万 m³
耕地	1430.26	1342.82	564.02	166.74	92.36	85.84	7287.73
园地	1.87	1.82	0.88	0.28	0.16	0.15	10.40
林地	299.12	318.64	118.02	35.15	19.47	18.10	1813.87
草地	673.82	776.58	238.52	72.87	40.37	37.52	4169.70
工矿仓储用地	43.91	50.67	17.57	6.04	3.35	3.11	276.40
住宅用地	93.73	96.46	41.92	13.16	7.29	6.78	553.67
交通运输用地	317.29	315.55	133.77	41.31	22.88	21.26	1769.74
水域及水利设施用地	48.35	54.30	20.04	6.30	3.49	3.24	327.54
其他土地	212.50	251.16	71.09	25.84	14.31	13.30	1349.86

　　林地又进行了细分。有林地仍只有一类即高郁闭度有林地，面积为 8.81km²、蒸散发为 736.84 万 m³；灌木林地再细分为高覆盖度灌木林地、中覆盖度灌木林地；面积分别为 0.31km² 和 9.52km²，蒸散发分别为 26.34 万 m³ 和 632.06 万 m³；其他林地进一步分出疏林地和苗圃。

　　其他草地又分为高覆盖度草地、中覆盖度草地、低覆盖度草地和低覆盖度灌木草地（植被由稀疏灌木和草本植物构成），面积分别为 2.24km²、3.05km²、2.15km²、55.49km²。蒸散发分别为 186.77 万 m³、242.01 万 m³、170.17 万 m³、3570.76 万 m³。

　　公路用地中再细分出高速公路用地、1 级公路用地、公路防护林用地，其面积分别为 0.34km²、0.34km²、12.19km²，2016 年蒸散量分别为 23.43 万 m³、27.05 万 m³、1075.43 万 m³，见表 11.3.3。

表 11.3.2　　　　　　　　　　　　　示范区二级土地利用类型及其蒸散发

土地利用		面积 /km²	1 月 /万 m³	2 月 /万 m³	3 月 /万 m³	4 月 /万 m³	5 月 /万 m³	6 月 /万 m³
一级	二级							
耕地	水浇地	84.96	164.09	168.46	325.37	768.26	986.83	1192.68
园地	果园	0.11	0.23	0.24	0.46	1.08	1.51	1.71
林地	有林地	8.81	18.99	19.50	37.65	88.91	115.66	123.77
	灌木林地	9.83	18.47	18.96	36.62	86.46	98.79	119.22
	其他林地	4.65	10.31	10.59	20.44	48.27	63.76	68.99
草地	其他草地	62.94	112.82	115.83	223.71	528.23	626.22	723.22
工矿仓储用地	工业用地	4.07	7.10	7.29	14.08	33.25	42.13	47.90
住宅用地	城镇住宅用地	4.58	9.64	9.90	19.12	45.15	60.74	66.46
	农村住宅用地	1.95	3.97	4.07	7.87	18.58	23.35	25.49
交通运输用地	铁路用地	0.09	0.15	0.15	0.30	0.70	0.87	0.96
	公路用地	12.84	26.71	27.43	52.97	125.08	164.72	184.50
	农村道路	5.95	11.74	12.05	23.27	54.95	71.61	81.33
	机场用地	2.03	3.56	3.66	7.07	16.68	21.94	25.29
水域及水利设施用地	坑塘水面	2.38	5.92	6.07	11.73	27.70	34.48	34.51
	内陆滩涂	1.59	3.68	3.78	7.30	17.23	20.07	19.34
其他土地	沼泽	1.25	2.44	2.50	4.83	11.40	14.57	16.55
	裸地	20.73	34.61	35.54	68.64	162.07	188.34	220.18

土地利用		7 月 /万 m³	8 月 /万 m³	9 月 /万 m³	10 月 /万 m³	11 月 /万 m³	12 月 /万 m³	全年 /万 m³
一级	二级							
耕地	水浇地	1430.26	1342.82	564.02	166.74	92.36	85.84	7287.73
园地	果园	1.87	1.82	0.88	0.28	0.16	0.15	10.40
林地	有林地	119.06	126.59	52.63	16.47	9.12	8.48	736.84
	灌木林地	107.22	120.20	34.35	8.75	4.85	4.51	658.40
	其他林地	72.85	71.84	31.03	9.93	5.50	5.11	418.63
草地	其他草地	673.82	776.58	238.52	72.87	40.37	37.52	4169.70
工矿仓储用地	工业用地	43.91	50.67	17.57	6.04	3.35	3.11	276.40
住宅用地	城镇住宅用地	66.30	68.14	30.47	9.77	5.41	5.03	396.13
	农村住宅用地	27.43	28.32	11.45	3.39	1.88	1.75	157.54
交通运输用地	铁路用地	0.94	1.11	0.35	0.11	0.06	0.06	5.75
	公路用地	202.80	197.76	85.12	26.44	14.65	13.61	1121.79
	农村道路	87.08	87.46	36.16	11.19	6.20	5.76	488.82
	机场用地	26.47	29.21	12.14	3.56	1.97	1.83	153.38
水域及水利设施用地	坑塘水面	32.05	34.83	14.16	4.68	2.59	2.41	211.15
	内陆滩涂	16.30	19.48	5.87	1.62	0.90	0.83	116.40
其他土地	沼泽	15.22	17.03	6.93	2.27	1.26	1.17	96.15
	裸地	197.28	234.13	64.16	23.57	13.05	12.13	1253.70

表 11.3.3　示范区三级土地利用类型及其蒸散发

土地利用 二级	土地利用 三级	面积 /km²	1月 /万m³	2月 /万m³	3月 /万m³	4月 /万m³	5月 /万m³	6月 /万m³	7月 /万m³	8月 /万m³	9月 /万m³	10月 /万m³	11月 /万m³	12月 /万m³	全年 /万m³
水浇地	水浇地	83.37	160.73	165.01	318.70	752.52	966.57	1170.67	1405.62	1318.36	553.61	163.63	90.64	84.24	7150.31
	大棚用地	1.59	3.36	3.45	6.66	15.74	20.26	22.02	24.64	24.46	10.40	3.11	1.72	1.60	137.42
果园	果园用地	0.11	0.23	0.24	0.46	1.08	1.51	1.71	1.87	1.82	0.88	0.28	0.16	0.15	10.40
有林地	高郁闭度有林地	8.81	18.99	19.50	37.65	88.91	115.66	123.77	119.06	126.59	52.63	16.47	9.12	8.48	736.84
灌木林地	高覆盖度灌木林地	0.31	0.59	0.61	1.18	2.78	3.82	4.27	4.77	4.77	2.17	0.66	0.37	0.34	26.34
	中覆盖度灌木林地	9.52	17.87	18.35	35.44	83.68	94.96	114.95	102.45	115.43	32.18	8.09	4.48	4.16	632.06
其他林地	疏林地	0.25	0.53	0.54	1.05	2.48	3.22	3.40	3.46	3.68	1.63	0.49	0.27	0.25	21.02
	苗圃	4.40	9.78	10.04	19.39	45.79	60.54	65.59	69.39	68.16	29.40	9.44	5.23	4.86	397.61
其他草地	高覆盖度草地	2.24	4.68	4.80	9.27	21.90	28.70	31.80	31.55	32.24	13.14	4.20	2.33	2.16	186.77
	中覆盖度草地	3.05	6.07	6.23	12.04	28.43	35.86	40.99	42.06	43.50	16.84	4.82	2.67	2.48	242.01
	低覆盖度草地	2.15	3.84	3.94	7.61	17.96	21.89	29.28	33.54	32.37	12.64	3.43	1.90	1.77	170.17
	低覆盖度灌木草地	55.49	98.23	100.85	194.79	459.94	539.76	621.15	566.67	668.48	195.90	60.42	33.47	31.10	3570.76
工业用地	工业建筑用地	3.32	5.50	5.65	10.91	25.75	32.01	36.85	33.51	40.04	13.08	4.45	2.46	2.29	212.49
	工业绿地用地	0.75	1.60	1.64	3.17	7.49	10.12	11.05	10.40	10.64	4.49	1.60	0.88	0.82	63.91

续表

土地利用 二级	土地利用 三级	面积 /km²	1月 /万 m³	2月 /万 m³	3月 /万 m³	4月 /万 m³	5月 /万 m³	6月 /万 m³	7月 /万 m³	8月 /万 m³	9月 /万 m³	10月 /万 m³	11月 /万 m³	12月 /万 m³	全年 /万 m³
城镇住宅用地	城镇建筑用地	1.52	3.21	3.29	6.36	15.01	20.16	22.07	21.95	22.64	10.12	3.25	1.80	1.67	131.53
	城镇绿地用地	3.06	6.44	6.61	12.76	30.14	40.58	44.40	44.35	45.50	20.35	6.52	3.61	3.36	264.60
农村住宅用地	农村建筑用地	1.95	3.97	4.07	7.87	18.58	23.35	25.49	27.43	28.32	11.45	3.39	1.88	1.75	157.54
铁路用地	普通铁路用地	0.09	0.15	0.15	0.30	0.70	0.87	0.96	0.94	1.11	0.35	0.11	0.06	0.06	5.75
公路用地	高速公路用地	0.34	0.55	0.57	1.09	2.58	3.22	3.73	3.82	4.45	1.37	0.44	0.25	0.23	23.43
	1级公路用地	0.34	0.69	0.70	1.36	3.21	4.16	4.55	4.40	4.80	1.95	0.59	0.33	0.31	27.05
	公路防护林用地	12.19	25.53	26.21	50.62	119.53	157.65	176.58	195.26	189.31	82.05	25.47	14.11	13.11	1075.43
农村道路	农村道路用地	4.89	9.70	9.96	19.23	45.41	58.58	65.89	69.42	70.74	28.66	8.83	4.89	4.55	395.85
	农田防护林用地	1.02	1.98	2.04	3.94	9.29	12.72	15.09	17.33	16.33	7.39	2.32	1.29	1.20	90.90
机场用地	机场绿地用地	0.80	1.51	1.55	3.00	7.08	9.71	11.16	11.58	12.14	5.34	1.65	0.92	0.85	66.49
	机场道路用地	0.11	0.21	0.21	0.41	0.97	1.33	1.52	1.60	1.68	0.74	0.23	0.13	0.12	9.16
	机场建筑用地	1.11	1.84	1.89	3.65	8.63	10.90	12.60	13.29	15.39	6.06	1.68	0.93	0.86	77.72
坑塘水面	坑塘水面	2.38	5.92	6.07	11.73	27.70	34.48	34.51	32.05	34.83	14.16	4.68	2.59	2.41	211.15
内陆滩涂	内陆滩涂	1.59	3.68	3.78	7.30	17.23	20.07	19.34	16.30	19.48	5.87	1.62	0.90	0.83	116.40
沼泽	沼泽	1.25	2.44	2.50	4.83	11.40	14.57	16.55	15.22	17.03	6.93	2.27	1.26	1.17	96.15
裸地	裸岩石砾	20.03	33.26	34.14	65.95	155.72	180.60	210.94	186.94	223.90	60.42	22.53	12.48	11.60	1198.47
	其他未利用地	0.70	1.36	1.39	2.69	6.35	7.75	9.24	10.34	10.22	3.74	1.04	0.58	0.53	55.23

11.3.5 四级土地利用及蒸散发分析

四级土地利用类主要依据作物、植被建群种类型区划，水浇地进一步区划出小麦、玉米类、葵花等作物地类，林地又区划出杨树榆树林地，柽柳灌木林地、苗圃等。示范区内农业区四级土地利用地类及蒸散发见附录Ⅰ，其中玉米类、葵花、西瓜、西葫芦等面积较大，分别为 22.78km²、16.24 km²、13.16 km²、12.89 km²，蒸散发分别为 1964.59 万 m³、1352.61 万 m³、1093.41 万 m³、1102.12 万 m³。林地中面积较大的为苗圃，面积为 4.40km²，蒸散发为 397.61 万 m³，其他地类面积及蒸散发详见附录Ⅰ。

11.4 农业节水潜力及效益监测分析

农业区位于研究区中部，占地面积最大，为 111.10km²。主要种植苜蓿、玉米、瓜类和蔬菜等，在地块之间和道路两侧防护林带，多种植杨树、榆树、沙枣树等；在个别田间地头建有房屋。该区是克拉玛依农业主产区，是克拉玛依自产农副产品的主要来源地。

近年从水库年引水约 6773.05 万 m³ 到农业区。农业区地下水排泄主要有潜水蒸发和侧向排泄两种形式，后者较弱。持续灌溉入渗补给地下水，已经造成该区地下水水位大幅抬升十几米，近几年通过灌溉控制，地下水埋深基本处于相对稳定状态，水位快速上涨已经得到抑制，目前地下水水位平均埋深维持在 3.73m。即使灌溉入渗保持不变，次生盐渍化的风险已在持续积累，这将极大地影响农业区的可持续发展。

蒸散发既是地面热量平衡的组成部分，又是水平衡的组成部分[34]。蒸散发估算是农业、水文、气象、土壤等学科的重要研究内容[35]，精确估测蒸散发对生态系统管理[36]、精准农业生产[37]、水资源管理、环境保护以及大气循环研究等都具有重要意义[38,39]。了解耕作层土壤水分增长和消退过程，对农业生产有着特殊意义[40]。作物水分敏感期和最佳灌溉量是节水灌溉基本理论研究的重点和难点内容[41-44]。农田蒸散和作物需水量空间变异很大[45]。田间试验研究成果在扩展应用中存在较大的不确定性和风险，目前亟须以农田节水潜力和作物需水规律为基础，从作物产量、水分利用效率和环境效应等方面筛选和优化当前节水灌溉制度[46]，卫星遥感技术是区域蒸散发估算的主要手段[47]。

为了实现农业和生态可持续发展，有必要借助遥感、遥控等现代技术，监测控制灌溉用水，节约水资源和提高用水效益。为此基于 ET 技术，在示范区进行农业节水潜力和效益监测评价研究应用。

11.4.1 农业区蒸散发特点

农业区土地利用类型主要为农业用地的水浇地和大棚用地，面积分别为 81.78km² 和 1.59km²。其他为苗圃、防护林等。水浇地蒸散发总量最大，2016 年蒸散发 7009.91 万 m³。其他地类面积及蒸散发见表 11.4.1。

农田蒸散发年内主要分布在夏季秋季，4—6 月占 40.35%，7—9 月占 45.93%，见图 11.4.1。

公路以及田间道路防护林占地 15.05km²，蒸散发总量也较大，为 1326.62 万 m³。研究区防护林和农田一样，夏季需要灌溉。防护林在本区除具有防风外，还具有排泄地下水功能，对维持该区地下水埋深在合适深度具有重要作用。

农业区三级土地利用及蒸散发

表 11.4.1

土地利用三级分类	面积/km²	1月/万m³	2月/万m³	3月/万m³	4月/万m³	5月/万m³	6月/万m³	7月/万m³	8月/万m³	9月/万m³	10月/万m³	11月/万m³	12月/万m³	全年/万m³
水浇地	81.78	157.3	161.49	311.91	736.48	945.2	1146.68	1382.32	1294.25	543.03	160.12	88.7	82.43	7009.91
大棚	1.59	3.36	3.45	6.66	15.74	20.26	22.02	24.64	24.46	10.4	3.11	1.72	1.6	137.42
果园	0.11	0.23	0.24	0.46	1.08	1.51	1.71	1.87	1.82	0.88	0.28	0.16	0.15	10.4
高郁闭度有林地	0.65	1.43	1.46	2.83	6.67	8.75	9.35	9.58	10.09	4.42	1.38	0.76	0.71	57.44
高覆盖度灌木林地	0.29	0.56	0.57	1.11	2.61	3.59	4.01	4.5	4.51	2.05	0.62	0.34	0.32	24.8
中覆盖度灌木林地	0.02	0.04	0.04	0.08	0.18	0.2	0.26	0.22	0.24	0.06	0.02	0.01	0.01	1.36
疏林地	0	0	0	0.01	0.02	0.03	0.03	0.03	0.04	0.02	0	0	0	0.19
苗圃	4.4	9.78	10.04	19.39	45.79	60.54	65.59	69.39	68.16	29.4	9.44	5.23	4.86	397.61
高覆盖度草地	0.8	1.63	1.67	3.23	7.62	10.09	11.52	12.35	11.83	4.82	1.45	0.8	0.75	67.75
中覆盖度草地	1.52	3.03	3.11	6.01	14.2	17.77	20.11	21.91	22.25	8.73	2.4	1.33	1.24	122.1
低覆盖度草地	2.15	3.84	3.94	7.61	17.96	21.89	29.27	33.54	32.37	12.64	3.43	1.9	1.77	170.17
低覆盖度灌木草地	0.66	1.27	1.31	2.53	5.97	7.93	8.7	9.1	9.83	4.15	1.25	0.69	0.64	53.36
城镇建筑用地	0.05	0.09	0.1	0.19	0.44	0.59	0.65	0.67	0.67	0.29	0.09	0.05	0.05	3.88
城镇绿地用地	0	0	0	0.01	0.02	0.02	0.03	0.03	0.03	0.01	0	0	0	0.16
农村建筑用地	1.32	2.74	2.81	5.43	12.83	16.52	18.48	20.56	19.96	8.44	2.56	1.42	1.32	113.08
公路防护林	11.24	23.52	24.14	46.63	110.11	144.91	162.6	181.75	175.18	75.81	23.5	13.02	12.1	993.26
农田防护林	1.02	1.97	2.02	3.91	9.23	12.64	14.98	17.2	16.21	7.34	2.31	1.28	1.19	90.26
农村道路	2.79	5.77	5.92	11.44	27.01	35.16	39.73	44.79	43.19	18.48	5.61	3.11	2.89	243.1
坑塘水面	0	0.01	0.01	0.02	0.05	0.06	0.07	0.07	0.07	0.03	0.01	0	0	0.4
裸岩石砾地	0	0	0	0	0	0	0	0	0	0	0	0	0	0
其他未利用地	0.7	1.36	1.39	2.69	6.35	7.75	9.24	10.34	10.22	3.74	1.04	0.58	0.53	55.23

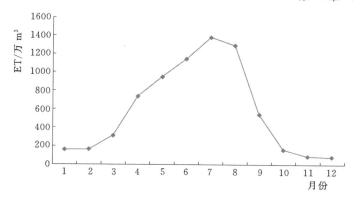

图 11.4.1　2016 年农业区农田蒸散发 1—12 月分布图

11.4.2　农业区水平衡分析

　　农业综合开发区管委会为了促进农业与生态可持续发展，除了建立较为现代的灌溉设施外，还进行了系统的地下水监测，每年对农业综合开发区内外地下水埋深和水质进行定期监测；克拉玛依水务局对全区灌溉用水进行了系统监测。为了项目研究需要，我们在地面场还布置了一眼地下水埋深连续监测井，对地面场地下水埋深进行连续观测。结合克拉玛依市气象站常规气象监测数据、管委会的地下水埋深观测数据、水务局灌溉用水监测数据以及本次研究成果，对农业区包气带和浅层地下水系统进行水平衡分析，同时检验蒸散发反演的合理性，水平衡分析见表 11.4.2 和表 11.4.3。

表 11.4.2　　　　　　　　　　　包气带水分平衡分析表

收　入　项		支　出　项	
降水量/万 m³	2387	降水入渗/万 m³	50
灌溉水量/万 m³	6312	灌溉入渗/万 m³	1452
潜水蒸散发/万 m³	1980	蒸散发/万 m³	9557
总收入/万 m³	10679	总支出/万 m³	10859
平衡差/万 m³		−180	
相对平衡差/%		−1.67	

表 11.4.3　　　　　　　　　　　浅层地下水平衡分析表

收　入　项		支　出　项	
降水入渗/万 m³	50	潜水蒸散发/万 m³	1980
灌溉入渗/万 m³	1452	侧向排泄/万 m³	16
侧向补给/万 m³	84	储变量/万 m³	−35
越流补给/万 m³	344		
总收入/万 m³	1930	总支出/万 m³	1961
平衡差/万 m³		−31	
相对平衡差/%		−1.59	

　　包气带水分平衡分析表明，包气带收入项主要为灌溉水和大气降水，分别为 6312 万 m³ 和 2387 万 m³。支出项主要为蒸散发和灌溉入渗，分别为 9557 万 m³ 和 1452 万 m³。

收支平衡相对误差为 -1.67%。

　　本区地下水收入项主要为灌溉入渗和越流补给量，分别为 1452 万 m^3 和 344 万 m^3。支出项主要为潜水蒸散发，为 1980 万 m^3。收支相对误差为 -1.59%。包气带及地下水平衡分析表明，遥感反演的蒸散发符合本区实际。本区蒸散发水量主要来自灌溉和降水。通过蒸散发可以估算灌溉需水量，并可用于制定节水目标和监测灌溉节水过程。

11.4.3　农业区年内蒸散强度分析

　　利用农业区 2016 年生长季节，即 4—9 月四级地类平均蒸散强度，编制 4—9 月农业区 ET 分布图，见图 11.4.2。附录 J 为农业区 1—12 月 ET 分布图。该图系统地再现了农业区不同田块的蒸散发过程，由于降水量很少可以忽略，因此其同时也近似反映了灌溉过程。通过蒸散发监测可以为节水灌溉监测提供依据。

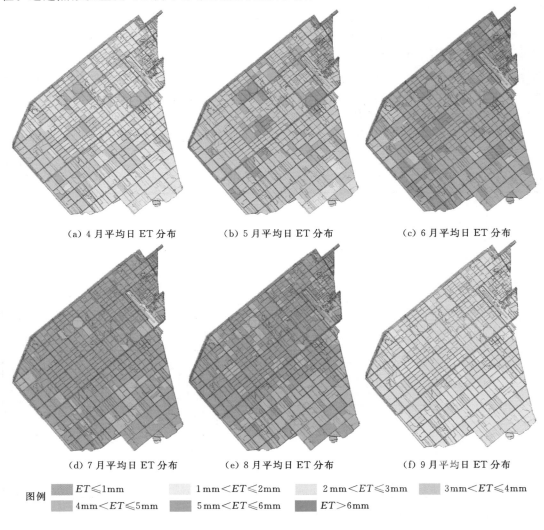

图 11.4.2　农业区 2016 年 4—9 月 ET 分布图

11.4.4　农业区节水潜力分析

以 2016 年蒸散为基础，按三种方案调整蒸散发量，分析农业区节水潜力。节水主要来自农作物和防护林，即需要灌溉的农作物区和植被区，覆盖面积为 101.52km²，其中包括了机场用地类型中林地、耕地等植被用地。假设三种方案蒸散发分别降低 10％、15％ 和 20％。为了方便对比，各种作物采用统一调整比例，也可以根据作物特点，采用不同比例，结果见表 11.4.4、表 11.4.5 和表 11.4.6。

表 11.4.4　　　　　　　　　农业区植被蒸散发降低 10%产生的节水效果

四级地类名称	蒸散发降低比例 /%	实际节水系数	面积 /km²	预测节水后灌溉水量 /万 m³	原灌溉水量 /万 m³
小麦	10	0.87	2.09	126.18	144.43
玉米	10	0.87	20.40	1104.19	1267.39
玉米类	10	0.91	2.84	157.16	172.03
花生	10	0.87	0.80	39.73	45.76
葵花	10	0.87	16.24	840.73	966.24
辣子	10	0.87	2.22	118.25	135.89
红花	10	0.92	0.27	15.02	16.39
菜地	10	0.87	0.99	55.41	63.56
西红柿	10	0.90	3.92	205.44	229.29
西葫芦	10	0.87	12.89	690.00	790.79
瓜地	10	0.87	0.45	22.95	26.41
西瓜	10	0.87	12.64	654.45	749.30
南瓜	10	0.87	0.17	9.09	10.43
甜瓜	10	0.87	0.29	13.66	15.76
苜蓿	10	0.88	6.03	375.46	426.00
大棚菜地	10	0.87	1.59	85.68	98.41
采摘园	10	0.87	0.11	6.65	7.61
苗圃	10	0.89	4.40	254.92	287.85
道路防护林	10	0.88	13.20	738.96	840.94
合计/平均		0.88	101.52	5513.93	6294.47

表 11.4.5　　　　　　　　　农业区植被蒸散发降低 15%产生的节水效果

四级地类名称	蒸散发降低比例 /%	实际节水系数 /%	面积 /km²	预测节水后灌溉水量 /万 m³	原灌溉水量 /万 m³
小麦	15	0.81	2.09	117.06	144.43
玉米	15	0.81	20.40	1021.69	1267.39
玉米类	15	0.82	2.84	141.41	172.03
花生	15	0.80	0.80	36.71	45.76
葵花	15	0.80	16.24	777.04	966.24
辣子	15	0.81	2.22	109.44	135.89
红花	15	0.81	0.27	13.21	16.39

四级地类名称	蒸散发降低比例 /%	实际节水系数 /%	面积 /km²	预测节水后灌溉水量 /万 m³	原灌溉水量 /万 m³
菜地	15	0.81	0.99	51.33	63.56
西红柿	15	0.82	3.92	189.04	229.29
西葫芦	15	0.81	12.89	637.02	790.79
瓜地	15	0.80	0.45	21.22	26.41
西瓜	15	0.80	12.64	602.47	749.30
南瓜	15	0.81	0.17	8.41	10.43
甜瓜	15	0.80	0.29	12.61	15.76
苜蓿	15	0.82	6.03	347.31	426.00
大棚菜地	15	0.81	1.59	79.32	98.41
采摘园	15	0.81	0.11	6.17	7.61
苗圃	15	0.81	4.40	232.69	287.85
道路防护林	15	0.81	13.20	680.36	840.94
合计/平均	15	0.81	101.52	5084.51	6294.47

表 11.4.6　农业区植被蒸散发降低 20% 产生的节水效果

四级地类名称	蒸散发降低比例 /%	实际节水系数 /%	面积 /km²	预测节水后灌溉水量 /万 m³	原灌溉水量 /万 m³
小麦	20	0.81	2.09	107.94	144.43
玉米	20	0.81	20.40	939.79	1267.39
玉米类	20	0.82	2.84	127.32	172.03
花生	20	0.80	0.80	33.69	45.76
葵花	20	0.80	16.24	713.97	966.24
辣子	20	0.81	2.22	100.62	135.89
红花	20	0.81	0.27	12.15	16.39
菜地	20	0.81	0.99	47.26	63.56
西红柿	20	0.82	3.92	169.20	229.29
西葫芦	20	0.81	12.89	585.77	790.79
瓜地	20	0.80	0.45	19.49	26.41
西瓜	20	0.80	12.64	553.52	749.30
南瓜	20	0.81	0.17	7.74	10.43
甜瓜	20	0.80	0.29	11.56	15.76
苜蓿	20	0.82	6.03	318.89	426.00
大棚菜地	20	0.81	1.59	72.95	98.41
采摘园	20	0.81	0.11	5.69	7.61
苗圃	20	0.81	4.40	214.31	287.85
道路防护林	20	0.81	13.20	625.56	840.94
合计/平均	20	0.81	101.52	4667.41	6294.47

从表 11.4.4 中可以看出，2016 年种植作物中玉米用水最多，为 1267.39 万 m³。其次为葵花用水，为 966.24 万 m³。道路防护林用水也较多，为 840.94 万 m³。农业区作物及林带 2016 年总灌溉用水 6294.47 万 m³，平均定额为 6200.15m³/hm²。

采用蒸散发降低 10% 方案，灌溉需水 5513.93 万 m³，对应的灌溉定额为 5431.31m³/hm²。原用水较大的作物，节水后仍保持较大用水量。采用蒸散发降低 15% 方案，灌溉需水 5084.51 万 m³，对应的平均灌溉定额为 5008.32m³/hm²。采用蒸散发降低 20% 方案，灌溉需水 4667.41 万 m³，对应的平均灌溉定额为 4597.48m³/hm²。

2014 年、2015 年、2016 年平均灌溉定额分别 7041.90m³/hm²、7950.00m³/hm²、6614.70m³/hm²，这三年平均定额为 7041.90m³/hm²。10%、15%、20% 三个方案对应定额分别为 5431.31m³/hm²、5008.32m³/hm²、4597.48m³/hm²。相对于近年平均，定额高于平均的作物，其节水定额需要分别降低 25%、30%、36%。相对于 2016 年，定额高于平均的作物，其节水定额需要分别降低 18%、24%、30%。

11.4.5 农业区节水效益分析

为了客观评价节水效益，仅对农业区的作物灌溉节水效益进行分析，不同作物用水效益存在差异。用水效益考虑种植作物直接经济收入和劳动成本，对小麦、玉米、花生等按三种节水方案分别统计，结果见表 11.4.7。

表 11.4.7   大农业区节水效益分析

作物	面积 /km²	方案 1		方案 2		方案 3	
		效益 /万元	节约水费 /万元	效益 /万元	节约水费 /万元	效益 /万元	节约水费 /万元
小麦	2.09	89.74	2.92	134.61	4.38	179.48	5.84
玉米	20.40	861.66	25.74	1313.73	39.18	1758.67	52.42
玉米类	2.84	75.25	2.38	130.91	4.03	232.08	6.82
花生	0.80	52.96	0.97	79.44	1.45	105.92	1.93
葵花	16.24	527.76	19.65	811.76	30.14	1088.25	40.36
辣椒	2.22	203.18	2.82	304.77	4.23	406.36	5.64
红花	0.27	1.70	0.07	13.45	0.40	23.37	0.68
蔬菜	0.99	45.49	1.28	69.76	1.96	93.01	2.61
西红柿	3.92	247.32	3.82	427.25	6.44	575.30	8.65
西葫芦	12.89	564.03	13.85	1023.32	24.60	1364.43	32.80
瓜地	0.45	20.35	0.55	30.53	0.83	40.71	1.11
西瓜	12.64	772.21	13.54	1367.51	23.49	1823.34	31.32
南瓜	0.17	7.35	0.22	11.03	0.32	14.70	0.43
甜瓜	0.29	10.26	0.34	15.40	0.50	20.53	0.67
首蓿	6.03	299.28	7.28	530.27	12.59	708.22	16.81
合计	82.23	3778.55	95.40	6263.74	154.55	8434.37	208.09

方案 1、方案 2、方案 3 节水灌溉产生的经济效益分别为 3778.55 万元、6263.74 万

元和 8434.37 万元。节约水费分别为 95.40 万元、154.55 万元、208.09 万元。平均节水效益分别为 4643.70 元/hm²、7693.35 元/hm²、10544.55/hm²。不同节水方案节水效益分布，见图 11.4.3。

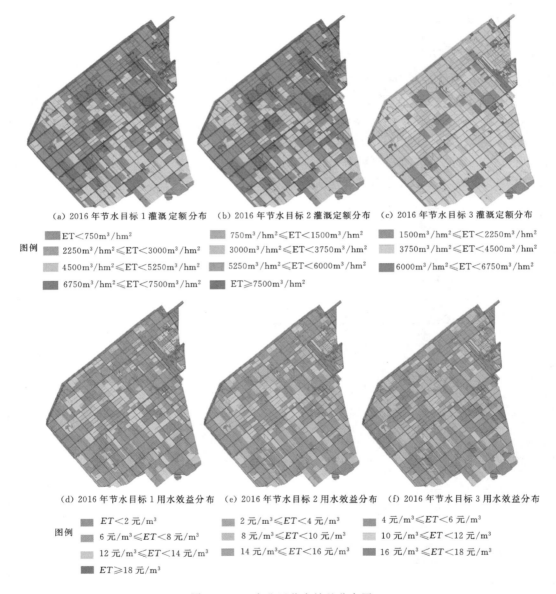

(a) 2016 年节水目标 1 灌溉定额分布　(b) 2016 年节水目标 2 灌溉定额分布　(c) 2016 年节水目标 3 灌溉定额分布

图例
- ET<750m³/hm²
- 2250m³/hm²≤ET<3000m³/hm²
- 4500m³/hm²≤ET<5250m³/hm²
- 6750m³/hm²≤ET<7500m³/hm²
- 750m³/hm²≤ET<1500m³/hm²
- 3000m³/hm²≤ET<3750m³/hm²
- 5250m³/hm²≤ET<6000m³/hm²
- ET≥7500m³/hm²
- 1500m³/hm²≤ET<2250m³/hm²
- 3750m³/hm²≤ET<4500m³/hm²
- 6000m³/hm²≤ET<6750m³/hm²

(d) 2016 年节水目标 1 用水效益分布　(e) 2016 年节水目标 2 用水效益分布　(f) 2016 年节水目标 3 用水效益分布

图例
- ET<2 元/m³
- 6 元/m³≤ET<8 元/m³
- 12 元/m³≤ET<14 元/m³
- ET≥18 元/m³
- 2 元/m³≤ET<4 元/m³
- 8 元/m³≤ET<10 元/m³
- 14 元/m³≤ET<16 元/m³
- 4 元/m³≤ET<6 元/m³
- 10 元/m³≤ET<12 元/m³
- 16 元/m³≤ET<18 元/m³

图 11.4.3　农业区节水效益分布图

11.5　景观生态耗水监测评价

克拉玛依农业综合开发区地处准噶尔盆地西缘，属于干旱半干旱荒漠景观类，农业综合开发区在此背景上开发建设而成。为农业综合开发，从区外年调入约 1 亿 m³ 水资源用于农业开发和生态修复，经过十几年建设开发如今已经实现农业与生态协同、良性发展新格局。但由于农业区处于河流下游冲洪积区，地下水排泄不畅，开发必然会伴生土壤的次生盐渍化，城市发展也会产生一些污水，需要妥善处理。示范区西北湿地区还承担了城市部分再生水承纳任务，为了妥善处理再生水并使其更好地被利用，在此区建设了人工湿地。研究区本身缺水，外来水资源已经远远超出研究区已有水资源。人工作用对自然生态发展产生了巨大干扰。通过现代技术，监测农业与自然生态耗水过程，研究自然发展与人工干扰影响，以及农业发展存在的安全隐患，为城市、农业可持续发展提供重要支撑。为了更加精细地研究示范区内自然与人工植被的耗水特点，基于遥感 ET 技术，对研究区的不同景观耗水进行监测。为配合此项监测，基于荒漠绿洲景观特点，对荒漠绿洲景观又进行了三级区划。

11.5.1　景观生态区划原则及方案

11.5.1.1　区划原则

（1）对自然景观和人工景观统一区划，采用统一方案区划。

（2）整体原则，突出景观主体功能，对次要景观和主体景观中的微小斑块进行归并。

（3）边界一致原则，下级景观和其上级景观在重叠边界上保持一致性原则。体现各级景观的空间一致性和空间分级性。

（4）分级细化原则，依据景观功能、变化特性以及影响特点，分级细化。

（5）分区稳定原则，便于对比研究和跟踪监测。

（6）影像匹配原则，景观区应具有相对独特的影像特征和区位。

（7）习惯一致原则，分区尽量和传统的边界一致。

11.5.1.2　区划方案

（1）一级区：依据主要生态功能、土地利用类型区划，分为 8 个一级区，即农田景观区、湿地景观区、荒漠景观区、山丘景观区、机场景观区、人居景观、道路景观、林地景观。其中农田景观区、湿地景观区、机场景观区、人居景观、林地景观为斑块景观；道路景观为廊道型；荒漠景观区、山丘景观区为基质型。景观生态分区见图 11.5.1。

（2）二级区：依据区域位置不同，将一级景观区又进行细化，形成二级区。农田景观区划出 3 个二级区，湿地景观区划出 4 个二级区，荒漠景观区划出 4 个二级区，山丘区区划出 3 个二级区，人居景观细化为 5 个二级区，道路景观区细化为 3 个二级区。林地不为本次研究重点，不再细化。机场景观面积较小，不再细化。共计细化出 24 个二级区。

（3）三级区：依据地理区位、建群主要植被或主要功能，在二级区区划基础上，又细化出 247 个三级区。

（4）四级区：在三级区划基础上，依据地理区位和主要功能，主要是对农田景观区进行细化，突出农业景观的重要地位；总计细化出 298 个四级区。

（5）五级区：针对农田景观，主要依据作物类型和自然植被类型划分。

一至三级，采用固定编号，四级、五级景观区受农业耕种影响变化大，不进行固定编号，采用动态编号，以体现景观的年际特性。

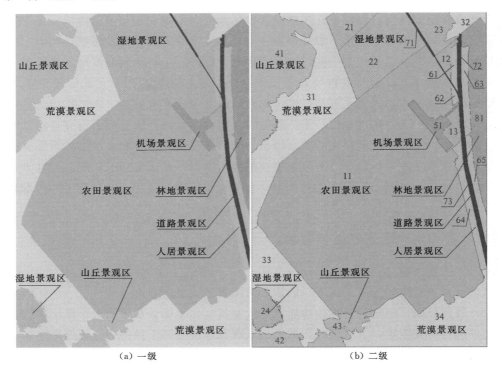

（a）一级　　　　　　　　　　　　（b）二级

图 11.5.1　景观生态分区图

11.5.2　一级景观区分区描述

11.5.2.1　农田景观区

农田景观区分布于研究区中南部，占据研究区大部分空间，是研究区分布的主要景观类。总面积 111.10km²，分为 3 个二级区，农田景观 11 区面积最大，为 108.78km²，几乎覆盖了整个农田景观区。农田景观 12 区分布于农田景观区西北角，面积较小，为0.99km²。农田景观 13 区分布于机场景观区北部，面积也较小，为 1.32km²。

农田景观区主要植被为粮食作物和经济作物，以及防护林乔木、灌木等。农田景观中还分布一些荒漠自然植被。在田间地头零星分布有人居住景观等。其 3 个二级区土地利用类型见表 11.5.1。

11.5.2.2　湿地景观区

湿地景观区主要分布于研究区西北和东北角，总面积 21.26km²。湿地主要为人工湿地，水源为污水或中水。次级景观主要为水域、中高覆盖度草地、低覆盖度草地和裸地。依据地理区位又细分为 4 个二级区。21～23 二级区分布于研究区北部，紧邻农田景观区，面积分别为 2.94km²、12.17km²、3.41km²。24 区位于研究区东南角，主要由污水库和周边的沼泽湿地组成，面积为 2.74km²。4 个二级区土地利用类型见表 11.5.2。

11.5.2.3　荒漠景观区

荒漠景观区主要分布于研究区周围，面积较大，由于研究范围限制，研究仅涉及部分荒漠景观，研究区内荒漠景观总面积为 54.32km²，面积大致相当于研究区内农业景观区

表 11.5.1　　　　　　　　　　　　一级农田景观区土地利用类型

一级景观	土地利用类型二级	三级	四级	面积/km²	一级景观	土地利用类型二级	三级	四级	面积/km²
11	水浇地	水浇地	小麦	2.09	11	农村道路	农村道路	沥青表面	0.01
			玉米	21.64				沥青表面	2.70
			花生	0.80			农田防护林	杨树、芦苇	0.95
			葵花	16.24		坑塘水面	坑塘水面	农业污水	0
			辣子	2.22		裸地	裸岩石砾地	裸岩石砾地	0
			红花	0.27			其他未利用地	裸地	0.70
			菜地、玉米	0.99		小计			108.78
			西红柿	3.85	12	水浇地	水浇地	玉米类	0.52
			西葫芦	12.89		有林地	高郁闭度有林地	杨树、榆树	0.09
			西瓜	13.16		其他草地	低覆盖度灌木草地	梭梭荒漠	0.01
			南瓜	0.45		城镇住宅用地	城镇建筑用地	低层建筑	0
			苜蓿	6.03		城镇住宅用地	城镇绿地用地	菜地类	0
		大棚	大棚菜地	1.59		公路用地	公路防护林	杨树、胡杨	0.22
	果园	果园	采摘园	0.11		公路用地	公路防护林	杨树、榆树	0.04
	有林地	高郁闭度有林地	乔木林	0.24		农村道路	农村道路	沥青表面	0.03
			杨树、榆树	0.29		农村道路	农田防护林	杨树、芦苇	0.07
	灌木林地	高覆盖度灌木林地	柽柳、芦苇	0.29		小计			0.99
		中覆盖度灌木林地	白梭梭	0.02	13	水浇地	水浇地	玉米类	0.62
			柽柳、梭梭			水浇地	水浇地	西葫芦	0
	其他林地	疏林地	梭梭疏林	0		有林地	高郁闭度有林地	杨树、榆树	0.03
		苗圃	苗圃	4.22		其他林地	疏林地	梭梭疏林	0
	其他草地	高覆盖度草地	杂草	0.80			苗圃	苗圃	0.18
		中覆盖度草地	中草	0.25		其他草地	低覆盖度灌木草地	梭梭荒漠	0.40
			芦苇、盐节木	1.27		城镇住宅用地	城镇建筑用地	低层建筑	0.01
		低覆盖度灌木草地	荒地	2.15			城镇绿地用地	菜地类	0
			梭梭荒漠	0.25		农村住宅用地	农村建筑用地	水泥表面	0
	城镇住宅用地	城镇建筑用地	低层建筑	0.03		公路用地	公路防护林	杨树、榆树	0.03
		城镇绿地用地	菜地类	0		农村道路	农村道路	沥青表面	0.05
	农村住宅用地	农村建筑用地	水泥表面	1.32		小计			1.32
	公路用地	公路防护林	杨树、胡杨	2.84		合计			111.10
			杨树、榆树	8.11					

的一半。主要植被建群种为柽柳、芦苇。植被覆盖度一般较低,多为低覆盖度植被区。依照地理区位再细分为 4 个二级区。31、32 二级区分别位于研究区的西北、东北部,面积分别为 21.83km² 和 1.68km²。33 区和 34 区分别位于研究区南东部和西南部,面积分别为 13.41km² 和 17.40km²。4 个二级区土地利用类型见表 11.5.3。

表 11.5.2　　　　　　　　　　　　一级湿地景观区土地利用类型

一级景观	土地利用类型 二级	三级	四级	面积/km²	一级景观	土地利用类型 二级	三级	四级	面积/km²
21	有林地	高郁闭度有林地	杨树、榆树	0.17	22	公路用地	公路防护林	杨树、榆树	0.02
	其他草地	高覆盖度草地	芦苇	0		农村道路	农村道路	沥青表面	0.57
			沼泽杂草	0.01		坑塘水面	坑塘水面	中水	0.93
		中覆盖度草地	芦苇	0.13		沼泽	沼泽	芦苇	0.01
		低覆盖度灌木草地	梭梭灌木	0.64		小计			12.17
	工业用地	工业建筑用地	土质表面	0.22	23	水浇地	水浇地	玉米类	0.01
			水泥表面	0.74		有林地	高郁闭度有林地	杨树、榆树	0.25
		工业绿化用地	乔木林	0.75		其他草地	高覆盖度草地	芦苇	0.14
	农村住宅用地	农村建筑用地	水泥表面	0.03			中覆盖度草地	芦苇	0
	公路用地	高速公路	沥青混凝土表面	0.10			低覆盖度灌木草地	梭梭灌木	0.62
		公路防护林	杨树、榆树	0		农村住宅用地	农村建筑用地	水泥表面	0.04
	农村道路	农村道路	沥青表面	0.05		公路用地	公路防护林	杨树、胡杨	0
	沼泽	沼泽	芦苇	0.09			公路防护林	杨树、榆树	0
	小计			2.94		农村道路	农村道路	沥青表面	0.17
22	水浇地	水浇地	玉米类	0.28		坑塘水面	坑塘水面	中水	1.06
	有林地	高郁闭度有林地	杨树、榆树	1.03		沼泽	沼泽	芦苇	1.13
	其他草地	高覆盖度草地	芦苇	0.33		小计			3.41
			沼泽杂草	0.62	24	有林地	高郁闭度有林地	杨树、榆树	0.74
		中覆盖度草地	芦苇、盐节木	0.02		其他草地	低覆盖度灌木草地	梭梭灌木	0.00
		低覆盖度灌木草地	梭梭灌木	6.53		农村道路	农村道路	沥青表面	0.04
	工业用地	工业建筑用地	土质表面	1.54		坑塘水面	坑塘水面	工业污水	0.36
			水泥表面	0.16		内陆滩涂	内陆滩涂	内陆滩涂	1.59
	农村住宅用地	农村建筑用地	水泥表面	0.13		小计			2.74
	公路用地	公路防护林	杨树、胡杨	0		合计			21.26

11.5.2.4　山丘景观区

山丘景观区位于研究区西南和东南部，总面积为 21.43km²。依照地理区位和土地利用类型，细分为 3 个二级区。41 区位于西南部，主要为裸岩石砾地，植被覆盖度较低，面积为 16.01km²。42 区与 43 区位于研究区东南部，主要植被建群种为梭梭灌木林地，一般分布于山包上，覆盖度较大，面积分别为 2.01km² 和 3.41km²。3 个二级区土地利用类型见表 11.5.4。

11.5.2.5　机场景观

机场景观位于示范区西北部，面积 2.03km²，面积不大，但社会经济功能突出，将其

表 11.5.3　　　　　　　　　　　一级荒漠景观区土地利用类型

一级景观	土地利用类型			面积/km²	一级景观	土地利用类型			面积/km²
	二级	三级	四级			二级	三级	四级	
31	水浇地	水浇地	玉米类	0.01	33	灌木林地	中覆盖度灌木林地	柽柳、梭梭	0.02
	有林地	高郁闭度有林地	杨树、榆树	0.70		其他草地	高覆盖度草地	沼泽杂草	0.27
	灌木林地	中覆盖度灌木林地	柽柳、梭梭	0.63			低覆盖度灌木草地	梭梭灌木	12.68
	其他草地	高覆盖度草地	沼泽杂草	0		工业用地	工业建筑用地	土质表面	0.03
		中覆盖度草地	芦苇	0		农村住宅用地	农村建筑用地	水泥表面	0.30
		低覆盖度灌木草地	梭梭灌木	18.92		公路用地	公路防护林	杨树、胡杨	0
	工业用地	工业建筑用地	土质表面	0.47		农村道路	农村道路	沥青表面	0.08
			水泥表面	0.01		裸地	裸岩石砾地	裸岩石砾地	0
		工业绿地用地	乔木林	0		小计			13.41
	农村住宅用地	农村建筑用地	水泥表面	0.08	34	水浇地	水浇地	玉米	0
	铁路用地	普通铁路	水泥钢轨	0.06				西红柿	0
	公路用地	高速公路	沥青混凝土表面	0.21				西瓜	0
		公路防护林	杨树、胡杨	0		有林地	高郁闭度有林地	杨树、榆树	0
	农村道路	农村道路	沥青表面	0.39		灌木林地	中覆盖度灌木林地	白梭梭	6.59
	坑塘水面	坑塘水面	中水	0		其他草地	中覆盖度草地	中草	0
	裸地	裸岩石砾地	裸岩石砾地	0.34				芦苇、盐节木	0.64
	小计			21.83			低覆盖度灌木草地	稀疏荒漠	0
32	有林地	高郁闭度有林地	杨树、榆树	0				梭梭灌木	10.14
	其他草地	低覆盖度灌木草地	梭梭荒漠	1.63		城镇住宅用地	城镇绿地用地	菜地类	0
	农村住宅用地	农村建筑用地	水泥表面	0.01		农村住宅用地	农村建筑用地	水泥表面	0.02
	农村道路	农村道路	沥青表面	0.03		公路用地	公路防护林	杨树、榆树	0
	沼泽	沼泽	芦苇	0.02		农村道路	农村道路	沥青表面	0.02
	小计			1.68		裸地	裸岩石砾地	裸岩石砾地	0
33	有林地	高郁闭度有林地	杨树、榆树	0.03		小计			17.40
	灌木林地	中覆盖度灌木林地	白梭梭	0		合计			54.32

单独区划出。主要土地利用类型为机场跑道和绿地等地类占地,其面积分别为 1.09km²
和 0.81km²,其土地利用情况见表 11.5.5。

11.5.2.6　人居景观

人居景观主要分布于示范区 S211 省道两侧,为高档居住区,主要有房屋建筑和房前
屋后菜地花园以及道路构成,总面积 7.28km²。分为 5 个二级区,面积分别为 0.75km²、

表 11.5.4　　　　　　　　　　　　一级山丘景观区土地利用类型

一级景观	土地利用类型			面积/km²	一级景观	土地利用类型			面积/km²
	二级	三级	四级			二级	三级	四级	
41	有林地	高郁闭度有林地	杨树、榆树	0	42	小计			2.01
	其他草地	低覆盖度灌木草地	梭梭灌木	0.02	43	水浇地	水浇地	玉米	0
	工业用地	工业建筑用地	土质表面	0.15				西瓜	0
	铁路用地	普通铁路	水泥钢轨	0.03		灌木林地	中覆盖度灌木林地	白梭梭	1.17
	公路用地	高速公路	沥青混凝土表面	0.03		其他草地	低覆盖度灌木草地	梭梭荒漠	0.25
	农村道路	农村道路	沥青表面	0.08		公路用地	公路防护林	杨树、榆树	0
	裸地	裸岩石砾地	裸岩石砾地	15.70		农村道路	农村道路	沥青表面	0
	小计			16.01		裸地	裸岩石砾地	裸岩石砾地	1.99
42	其他草地	低覆盖度灌木草地	梭梭灌木	0		小计			3.41
	裸地	裸岩石砾地	裸岩石砾地	2.01		合计			21.43

表 11.5.5　　　　　　　　　　　　一级机场景观区土地利用类型

一级景观	土地利用类型			面积/km²	一级景观	土地利用类型			面积/km²
	二级	三级	四级			二级	三级	四级	
51	机场用地	机场绿地用地	梭梭疏林	0.04	51	机场用地	机场绿地用地	沼泽杂草	0
			乔木林	0.10			机场道路用地	沥青混凝土表面	0.03
			玉米类	0.45				沥青表面	0.08
			杨树、榆树	0.14			机场建筑用地	水泥跑道	1.09
			杨树、榆树	0.03				低层建筑	0.02
			梭梭荒漠	0.05		合计			2.03

0.29km²、1.78km²、2.61km²、1.85km²，5 个二级区土地利用情况见表 11.5.6。

11.5.2.7　道路景观

道路景观包括路面及道路两侧绿化带等，由于其宽度相对较大，具有景观生态的廊道功能，总面积 3.12km²。为此将其单独区划出，依据地理区位又细分为 3 区，占地面积分别为 0.42km²、1.16km²、1.54km²，其土地利用情况见表 11.5.7。

11.5.2.8　林地景观

林地景观主要分布于示范区东部，为农业综合开发区造林减排作业区的部分区域，面积 8.24km²。主要由林地、水浇地和菜地等组成，其土地利用情况见表 11.5.8。

11.5.3　景观生态蒸散发评价

11.5.3.1　一级景观区生态蒸散发评价

1. 一级景观占地面积

示范区主要分布 8 类景观，即农田景观区、湿地景观区、荒漠景观区、山丘景观区、机场

表 11.5.6 一级人居景观区土地利用类型

一级景观	二级	三级	四级	面积/km²
61	水浇地	水浇地	玉米类	0
	有林地	高郁闭度有林地	杨树、榆树	0.01
	其他草地	低覆盖度灌木草地	梭梭荒漠	0
	城镇住宅用地	城镇建筑用地	低层建筑	0.30
		城镇绿地用地	菜地类	0.36
	公路用地	公路防护林	杨树、胡杨	0
			杨树、榆树	0.03
	农村道路	农村道路	沥青表面	0.05
		农田防护林	杨树、芦苇	0
	小计			0.75
62	水浇地	水浇地	玉米类	0
	有林地	高郁闭度有林地	杨树、榆树	0.01
	其他草地	低覆盖度灌木草地	梭梭荒漠	0.01
	城镇住宅用地	城镇建筑用地	低层建筑	0.08
		城镇绿地用地	菜地类	0.15
	农村住宅用地	农村建筑用地	水泥表面	0
	公路用地	公路防护林	杨树、榆树	0.03
	农村道路	农村道路	沥青表面	0.01
	小计			0.29
63	水浇地	水浇地	玉米类	0
	有林地	高郁闭度有林地	乔木林	0
			杨树、榆树	0.02
	灌木林地	中覆盖度灌木林地	梭梭、盐节木	0
	其他林地	疏林地	梭梭疏林	0
	其他草地	高覆盖度草地	芦苇	
		中覆盖度草地	芦苇	0.01
		低覆盖度灌木草地	梭梭荒漠	0.02
	城镇住宅用地	城镇建筑用地	低层建筑	0.35
		城镇绿地用地	菜地类	1.05
	农村住宅用地	农村建筑用地	水泥表面	0

一级景观	二级	三级	四级	面积/km²
63	公路用地	公路防护林	杨树、榆树	0.22
	农村道路	农村道路	沥青表面	0.11
	小计			1.78
64	水浇地	水浇地	玉米	0.03
			西红柿	0
			西葫芦	0.02
		大棚	大棚菜地	0
	有林地	高郁闭度有林地	杨树、榆树	0.02
	其他草地	中覆盖度草地	芦苇、盐节木	0
		低覆盖度灌木草地	梭梭荒漠	0.04
	城镇住宅用地	城镇建筑用地	低层建筑	0.75
		城镇绿地用地	菜地类	1.48
	农村住宅用地	农村建筑用地	水泥表面	0
	公路用地	公路防护林	杨树、榆树	0.11
	农村道路	农村道路	沥青表面	0.16
	小计			2.61
65	水浇地	水浇地	玉米类	0
	有林地	高郁闭度有林地	乔木林	0.01
			杨树、榆树	0.02
	灌木林地	中覆盖度灌木林地	白梭梭	0.71
			梭梭、盐节木	0.24
	其他林地	疏林地	梭梭疏林	0.01
	其他草地	中覆盖度草地	芦苇	0
		低覆盖度灌木草地	梭梭荒漠	0.79
	公路用地	公路防护林	杨树、榆树	0.01
	农村道路	农村道路	沥青表面	0.04
	坑塘水面	坑塘水面	中水	0
	小计			1.85
	合计			7.28

景观区、人居景观区、道路景观区、林地景观区。示范区总面积为 228.75km²，其中农业景观区占地最大，其次是荒漠景观区，其面积分别为 111.10km² 和 54.32km²，详见图 11.5.2。

表 11.5.7　　　　　　　　　　　　　　一级道路景观区土地利用类型

一级景观	土地利用类型			面积/km²	一级景观	土地利用类型			面积/km²
	二级	三级	四级			二级	三级	四级	
71	水浇地	水浇地	玉米类	0	72	其他草地	高覆盖度草地	芦苇	0.03
			西葫芦	0			中覆盖度草地	芦苇	0
	有林地	高郁闭度有林地	杨树、榆树	0			低覆盖度灌木草地	梭梭荒漠	0.68
	其他草地	低覆盖度灌木草地	梭梭荒漠	0.10		公路用地	1 级公路	沥青混凝土表面	0.10
	城镇住宅用地	城镇建筑用地	低层建筑	0			公路防护林	杨树、榆树	0
		城镇绿地用地	菜地类	0		农村道路	农村道路	沥青表面	0.02
	农村住宅用地	农村建筑用地	水泥表面	0		小计			1.16
	公路用地	1 级公路	沥青混凝土表面	0.11	73	有林地	高郁闭度有林地	杨树、榆树	0.25
		公路防护林	杨树、胡杨	0		灌木林地	中覆盖度灌木林地	白梭梭荒漠	0
		公路防护林	杨树、榆树	0.21		其他草地	低覆盖度灌木草地	梭梭荒漠	1.12
	农村道路	农村道路	沥青表面	0		公路用地	1 级公路	沥青混凝土表面	0.14
		农田防护林	杨树、芦苇	0		农村道路	农村道路	沥青表面	0.03
	沼泽	沼泽	芦苇	0		小计			1.54
	小计			0.42		合计			3.12
72	水浇地	水浇地	玉米类	0.05					
	有林地	高郁闭度有林地	杨树、榆树	0.27					
	灌木林地	中覆盖度灌木林地	梭梭、盐节木	0.01					

表 11.5.8　　　　　　　　　　　　　　一级林地景观区土地利用类型

一级景观	土地利用类型			面积/km²	一级景观	土地利用类型			面积/km²
	二级	三级	四级			二级	三级	四级	
81	水浇地	水浇地	玉米类	1.19	81	其他草地	低覆盖度灌木草地	梭梭荒漠	0.64
	有林地	高郁闭度有林地	乔木林	3.17		城镇住宅用地	城镇建筑用地	低层建筑	0
			杨树、榆树	1.47		农村住宅用地	农村建筑用地	水泥表面	0.03
	灌木林地	高覆盖度灌木林地	柽柳、芦苇	0.02		公路用地	公路防护林	杨树、榆树	0.33
		中覆盖度灌木林地	梭梭、盐节木	0.13		农村道路	农村道路	沥青表面	0.27
	其他林地	疏林地	梭梭疏林	0.24		坑塘水面	坑塘水面	中水	0.02
	其他草地	高覆盖度草地	芦苇	0.02		合计			8.24
		中覆盖度草地	芦苇	0.72					

2. 一级景观蒸散发

2016 年示范区蒸散总量为 17558.90 万 m³。其中最大为农田景观区，为 9551.87 万 m³，其次为荒漠景观区 3462.60 万 m³，荒漠景观蒸散大主要是面积大，该区地下水位偏高导致，见图 11.5.3。

　　3. 一级景观区占地比与蒸散发占比

　　用示范区一级区景观占地面积除以示范区总面积，得到一级景观区占地比例。用示范区一级区景观蒸散量除以示范区总蒸散量，得到蒸散发占比。依据一级景观占地比和蒸散发占比，绘制一级景观占地比与蒸散发占比直方图，见图 11.5.4。

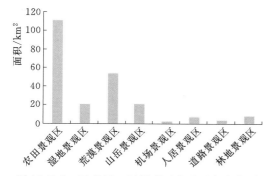

图 11.5.2　示范区一级景观区占地面积直方图

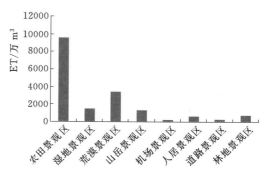

图 11.5.3　示范区一级景观区蒸散发直方图

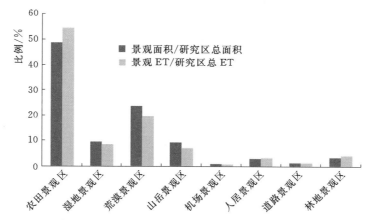

图 11.5.4　一级景观区占地比与蒸散发占比直方图

　　从图 11.5.4 可以看出，在示范区中农田景观区占地比和蒸散量占比均较大，分别占到示范区用地与蒸散发的 48.57％和 54.40％。荒漠景观区分别为 23.74％和 19.72％。湿地景观区分别为 9.29％和 8.69％。农田景观区蒸散发占比大于占地比，湿地景观区、荒漠景观区、山丘景观区等占地比均高于蒸散发占比。人居景观区和林地景观区的占地比稍微低于蒸散发占比。湿地景观区占地比高于蒸散发占比，是由于湿地景观区中包含了过多的次级荒漠景观区。

　　4. 一级景观蒸散发年内分布

　　不同类型的景观生态区年内蒸散分布存在明显不同，其中农田景观区年内相对变化最大，其次是荒漠景观区。湿地景观区、山丘景观区、机场景观区、人居景观区、道路景观区、林地景观区变化趋势基本一致。各景观区蒸散发主要分布在 4—9 月之间，即夏季和秋季，见图 11.5.5。

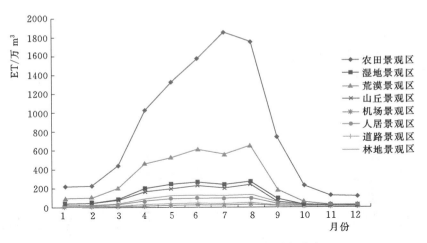

图 11.5.5　一级景观 1—12 月蒸散发分布

　　一级景观 2016 年 1—12 月各月蒸散发占全年比例，见表 11.5.9。从中可以看出，农田景观春季、夏季、秋季、冬季蒸散发占年总蒸散发的比例分别为 9.15％、40.84％、45.28％、4.73％；夏季、秋季明显高于春季、冬季，几乎是后者的 4～8 倍。荒漠景观区春季、夏季、秋季、冬季蒸散发占年总蒸散发的比例分别为 11.23％、45.72％、39.85％、3.19％；夏季、秋季也明显高于春季、冬季。其他景观区具有类似的过程，详见表 11.5.9。

表 11.5.9　　　　　　　　　　　　一级景观蒸散发年内分布

景观类型	一级景观各月蒸散发比例/％					
	1 月	2 月	3 月	4 月	5 月	6 月
农田景观区	2.28	2.34	4.52	10.68	13.77	16.38
湿地景观区	2.65	2.72	5.25	12.40	15.65	17.27
荒漠景观区	2.80	2.88	5.55	13.12	15.05	17.56
山丘景观区	2.79	2.86	5.52	13.04	15.06	17.64
机场景观区	2.32	2.38	4.61	10.88	14.30	16.49
人居景观区	2.48	2.55	4.92	11.62	15.33	16.66
道路景观区	2.55	2.62	5.05	11.93	15.35	16.74
林地景观区	2.53	2.60	5.02	11.85	15.65	16.68
平均	2.55	2.62	5.06	11.94	15.02	16.93
景观类型	一级景观各月蒸散发比例/％					
	7 月	8 月	9 月	10 月	11 月	12 月
农田景观区	19.31	18.27	7.69	2.29	1.27	1.18
湿地景观区	15.62	17.81	6.31	2.09	1.16	1.08
荒漠景观区	15.90	18.74	5.21	1.54	0.85	0.79
山丘景观区	15.60	18.73	4.99	1.82	1.01	0.94

景观类型	一级景观各月蒸散发比例/%					
	7 月	8 月	9 月	10 月	11 月	12 月
机场景观区	17.26	19.05	7.91	2.32	1.29	1.20
人居景观区	16.63	17.54	7.49	2.31	1.28	1.19
道路景观区	16.26	17.86	7.16	2.17	1.20	1.12
林地景观区	16.38	16.79	7.57	2.39	1.32	1.23
平均	16.62	18.10	6.79	2.12	1.17	1.09

11.5.3.2　二级景观区蒸散发评价

农田景观区是示范区蒸散发大户，2016 年蒸散发总量为 9551.87 万 m³，3 个二级类蒸散发分别为 9356.69 万 m³、89.80 万 m³、105.38 万 m³，见表 11.5.10。

表 11.5.10　　　　　　　　　　二级景观蒸散发年内分布

景观类型	面积 /km²	蒸散发/万 m³					
		1 月	2 月	3 月	4 月	5 月	6 月
农田景观 11	108.78	213.50	219.19	423.35	999.61	1287.21	1532.39
农田景观 12	0.99	2.07	2.13	4.11	9.71	13.32	15.42
农田景观 13	1.32	2.36	2.42	4.68	11.04	14.89	17.23
湿地景观 21	2.94	5.35	5.49	10.60	25.03	32.44	36.86
湿地景观 22	12.17	21.34	21.91	42.32	99.93	127.39	144.69
湿地景观 23	3.41	7.38	7.58	14.64	34.57	44.18	48.43
湿地景观 24	2.74	6.34	6.51	12.57	29.69	34.89	33.68
荒漠景观 31	21.83	36.62	37.59	72.61	171.45	209.65	233.52
荒漠景观 32	1.68	2.35	2.41	4.66	10.99	13.69	19.08
荒漠景观 33	13.41	24.94	25.60	49.45	116.76	129.80	145.18
荒漠景观 34	17.40	33.09	33.97	65.61	154.92	168.06	210.13
山丘景观 41	16.01	25.44	26.11	50.44	119.10	139.68	163.70
山丘景观 42	2.01	3.83	3.93	7.60	17.95	20.12	22.73
山丘景观 43	3.41	6.48	6.65	12.85	30.33	33.46	39.97
机场景观 51	2.03	3.56	3.66	7.07	16.68	21.94	25.29
人居景观 61	0.75	1.64	1.69	3.26	7.69	10.58	11.65
人居景观 62	0.29	0.64	0.66	1.27	3.00	4.03	4.37
人居景观 63	1.78	3.85	3.95	7.64	18.03	24.61	26.67
人居景观 64	2.61	5.29	5.43	10.49	24.77	32.70	35.96
人居景观 65	1.85	3.30	3.39	6.54	15.44	19.00	20.17
道路景观 71	0.42	0.89	0.91	1.76	4.16	5.68	6.36
道路景观 72	1.16	2.33	2.39	4.61	10.89	14.40	15.92
道路景观 73	1.54	2.94	3.02	5.82	13.75	16.96	18.11
林地景观 81	8.24	18.90	19.40	37.48	88.49	116.92	124.61

景观类型	蒸散发/万 m³						
	7 月	8 月	9 月	10 月	11 月	12 月	全年
农田景观 11	1810.86	1709.48	719.06	213.68	118.37	110.01	9356.69
农田景观 12	15.37	15.72	7.10	2.34	1.30	1.21	89.80
农田景观 13	18.65	20.18	8.57	2.59	1.44	1.33	105.38
湿地景观 21	33.65	37.19	13.37	4.83	2.68	2.49	209.97
湿地景观 22	131.25	151.40	52.08	17.55	9.72	9.03	828.61
湿地景观 23	45.35	49.14	20.68	6.82	3.78	3.51	286.06
湿地景观 24	28.14	34.10	10.18	2.78	1.54	1.43	201.83
荒漠景观 31	224.57	261.63	80.69	26.53	14.69	13.66	1383.20
荒漠景观 32	15.68	20.05	6.41	2.13	1.18	1.09	99.73
荒漠景观 33	133.19	166.90	46.88	12.55	6.95	6.46	864.64
荒漠景观 34	177.28	200.19	46.49	12.22	6.77	6.29	1115.03
山丘景观 41	145.99	174.68	47.05	19.44	10.77	10.01	932.40
山丘景观 42	18.19	24.37	6.88	1.40	0.78	0.72	128.51
山丘景观 43	36.04	41.28	10.04	2.52	1.40	1.30	222.32
机场景观 51	26.47	29.21	12.14	3.56	1.97	1.83	153.38
人居景观 61	11.32	11.93	5.40	1.80	1.00	0.93	68.89
人居景观 62	4.40	4.71	2.03	0.65	0.36	0.33	26.45
人居景观 63	26.46	27.21	12.35	4.04	2.24	2.08	159.11
人居景观 64	36.31	37.03	16.30	5.07	2.81	2.61	214.76
人居景观 65	20.13	23.12	8.33	2.15	1.19	1.11	123.88
道路景观 71	5.96	6.28	2.75	0.88	0.49	0.45	36.57
道路景观 72	15.82	16.90	7.13	2.22	1.23	1.14	95.00
道路景观 73	17.46	19.93	7.39	2.14	1.18	1.10	109.81
林地景观 81	122.32	125.39	56.52	17.82	9.87	9.18	746.90

　　蒸散发排在第二位的是荒漠景观区，其蒸散发为 3462.60 万 m³。4 个二级类蒸散发分别为 1383.20 万 m³、99.73 万 m³、864.64 万 m³、1115.03 万 m³。

　　湿地景观总蒸散发为 1526.67 万 m³。1～4 个二级类蒸散发分别为 209.97 万 m³、828.61 万 m³、286.06 万 m³、201.83 万 m³。其他一级景观蒸散发总量较小。

11.5.3.3　三级与四级典型景观区蒸散发评价

　　1. 二级湿地景观 23 区的三级景观蒸散发评价

　　对于二级湿地景观 23 区依据土地利用类型和地理区位又细分 14 个三级景观区，见图 11.5.6。景观区蒸散发年内分布见表 11.5.11，其中 11～16 号景观区为水域，面积为 1.22km²，2016 年蒸散发量为 118.28 万 m³；21～24 号为沼泽湿地区，面积为 1.43km²，2016 年蒸散发量为 109.25 万 m³；31～33 号为荒漠区，面积为 0.70km²，2016 年蒸散发量为 54.70 万 m³；41 为人居区域，面积为 0.05km²，2016 年蒸散发量为 3.82 万 m³。

　　2. 农田景观 11 区的典型三级景观蒸散发评价

　　选择一级景观 11 区的 33 号、35 号、53 号、55 号三级景观分析其蒸散发，这四个景观区分布在 11 号农田景观的中部，见图 11.5.7。33 号、35 号、53 号、55 号景观区面积分别为 2.76km²、2.77km²、3.00km²、3.04km²，2016 年蒸散发量分别为 241.13 万 m³、241.91 万 m³、276.58 万 m³、255.98 万 m³，详见表 11.5.12。

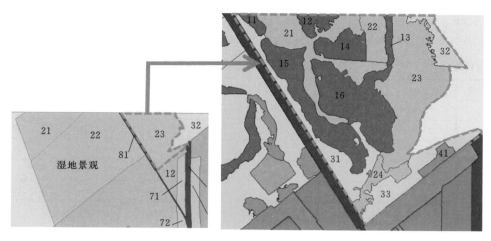

图 11.5.6　二级湿地景观 23 区的三级景观区分布图

表 11.5.11　　　　　　　　　二级湿地景观 23 区的三级景观蒸散发

| 景观类型 | | 面积 | 1 月 | 2 月 | 3 月 | 4 月 | 5 月 | 6 月 |
二级	功能	/km²	/万 m³	/万 m³	/万 m³	/万 m³	/万 m³	/万 m³
11～16	水域	1.22	3.14	3.23	6.23	14.71	18.75	19.18
21～24	湿地	1.43	2.75	2.82	5.46	12.88	16.42	19.01
31～33	荒漠	0.70	1.40	1.43	2.77	6.53	8.43	9.57
41	人居	0.05	0.10	0.10	0.19	0.45	0.57	0.68

| 景观类型 | | 7 月 | 8 月 | 9 月 | 10 月 | 11 月 | 12 月 | 全年 |
二级	功能	/万 m³	/万 m³	/万 m³	/万 m³	/万 m³	/万 m³	/万 m³
11～16	水域	18.51	19.44	8.88	3.00	1.66	1.55	118.28
21～24	湿地	17.44	19.47	7.73	2.55	1.41	1.31	109.25
31～33	荒漠	8.77	9.55	3.80	1.19	0.66	0.61	54.70
41	人居	0.62	0.69	0.27	0.08	0.04	0.04	3.82

3. 四级典型景观区蒸散发评价

　　农田三级景观 33 区涉及多个四级景观类，主要包括田块以及田块周围和其间的道路、防护林等，见图 11.5.8。四级景观类编号采用临时编号。每一地块、路、林带涉及的土地利用也分为四级，为了便于表述，在表 11.5.13 中仅列出二级和四级名称。其中 5076 地块为首蓿水浇地，面积为 0.31km²，蒸散发量为 30.68 万 m³；5209地块为首蓿水浇地，面积为 0.33km²，蒸散发量为 30.82 万 m³；5527 地块为种植西瓜的水浇地，面积为 0.19km²，蒸散发量为

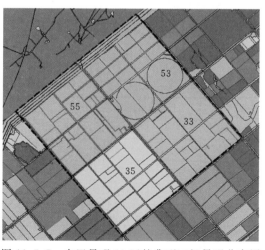

图 11.5.7　农田景观 11 区的典型三级景观分布图

257

15.51 万 m³；5620 地块为种植西瓜的水浇地，面积为 0.16km²，蒸散发量为 13.52 万 m³；6308 地块为种植苗圃的其他林地，面积为 0.13km²，蒸散发量为 11.79 万 m³。

表 11.5.12　　　　　　　　　　　二级农田景观 11 区的典型三级景观蒸散发

景观类型	面积	1 月	2 月	3 月	4 月	5 月	6 月
二级	/km²	/万 m³	/万 m³	/万 m³	/万 m³	/万 m³	/万 m³
33	2.76	5.45	5.59	10.80	25.50	33.91	38.14
35	2.77	5.29	5.43	10.49	24.76	32.29	38.58
53	3.00	6.77	6.95	13.42	31.68	42.55	45.34
55	3.04	5.42	5.56	10.75	25.38	34.18	42.22

景观类型	7 月	8 月	9 月	10 月	11 月	12 月	全年
二级	/万 m³	/万 m³	/万 m³	/万 m³	/万 m³	/万 m³	/万 m³
33	46.48	43.78	18.76	6.15	3.41	3.17	241.13
35	48.33	45.46	19.23	5.83	3.23	3.00	241.91
53	49.54	45.98	20.74	6.59	3.65	3.39	276.58
55	51.99	48.03	19.89	6.07	3.36	3.12	255.98

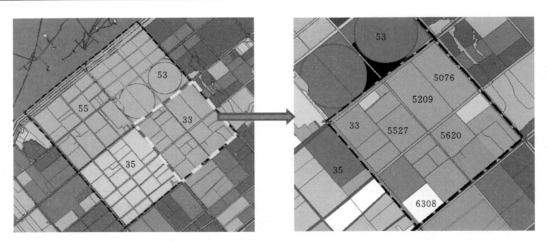

图 11.5.8　农田三级景观 33 区的四级景观分布图

表 11.5.13　　　　　　　　　　　四级景观蒸散发分布

景观类型	土地利用类型		面积	1 月	2 月	3 月	4 月	5 月	6 月
四级	二级	四级	/km²	/万 m³	/万 m³	/万 m³	/万 m³	/万 m³	/万 m³
5076	水浇地	苜蓿	0.31	0.85	0.87	1.68	3.96	5.05	4.21
5209	水浇地	苜蓿	0.33	0.86	0.88	1.70	4.02	4.92	4.47
5527	水浇地	西瓜	0.19	0.31	0.32	0.62	1.47	1.98	2.54
5620	水浇地	西瓜	0.16	0.24	0.25	0.48	1.12	1.74	2.39
6308	其他林地	苗圃	0.13	0.27	0.28	0.54	1.28	1.82	1.95

景观类型 四级	5 月 /万 m³	6 月 /万 m³	7 月 /万 m³	8 月 /万 m³	9 月 /万 m³	10 月 /万 m³	11 月 /万 m³	12 月 /万 m³	全年 /万 m³
5076	5.05	4.21	4.66	5.19	2.47	0.84	0.47	0.43	30.68
5209	4.92	4.47	5.09	4.96	2.21	0.83	0.46	0.43	30.82
5527	1.98	2.54	3.35	2.97	1.19	0.37	0.20	0.19	15.51
5620	1.74	2.39	2.83	2.57	1.13	0.37	0.21	0.19	13.52
6308	1.82	1.95	2.16	1.96	0.87	0.32	0.18	0.16	11.79

11.6 基于 ET 的苜蓿灌溉预警模型研究

11.6.1 苜蓿灌溉预警指数设计

苜蓿灌溉预警指数用于指示是否实施灌溉。当指数大于阀值时，输出预警值，比如预警值为 1 提示下一日需要实施灌溉。否则给出非预警信息，比如 0 值，指示不需要灌溉。指数计算，见式（11.6.1）。

$$WI_k = f(k)g(NI_k) \tag{11.6.1}$$

式中：WI_k 为预警指数，值为 0 或 1；f 为预警排除函数；g 为预警控指数函数；NI_k 为 ET 变化归一化指数；k 为苜蓿生长日数。

苜蓿生长日数编制方法：将返青起点为 1，然后一次类推，如返青后第 20 日，$k=20$；最大值为苜蓿进入冬眠日的序数，如果在返青后 220 天再次进入本年度冬眠首日，则 k 最大值取 220。不同生长年序列长短可能不一致，最大值可能不一致。返青日可以依据气象数据确定，从苜蓿生长特征准确确定比较困难。返青日主要用于计数，其误差对灌溉预警影响不大。

（1）预警排除函数。

$$f(k) = \begin{cases} 0, & \text{符合排除条件} \\ 1, & \text{不符合排除条件} \end{cases} \tag{11.6.2}$$

式中：k 为苜蓿生长期日期编号。排除条件主要包括：①收割前 10 天不灌溉；②收割后 5 天不灌溉；③距离前一次灌溉 3 天不灌溉；④降雨天不灌溉；⑤返青期植被覆盖度小于 10% 不灌溉；⑥返青起点前不灌溉。

（2）预警指数函数。

$$g(NI_k) = \begin{cases} 1, & (NI_k \leqslant a) \\ 0, & (NI_k > a) \end{cases} \tag{11.6.3}$$

式中：$g(NI_k)$ 为第 k 日预警指数；a 为控制函数阀值；NI_k 为基于 ET 提取的灌溉信息，计算方法有多种，如依据 ET 变化率指标。

11.6.2 基于 ET 2016 年苜蓿灌溉预警验证

基于试验场 2016 年 3 月 1 日到 9 月 30 日苜蓿日 ET 监测数据，利用模型计算灌溉预警指数并编制灌溉预警图,见图 11.6.1。为了便于分析,在图中同时显示首蓿日 ET、灌溉期、刈割期三个指标。首蓿日 ET 采用实际值;灌溉预警指数采用人为设定值,将高指标定为 2.5mm/d,低指标定为 1.0mm/d,指标具体数值可依据控制信号要求设置;对灌溉期和刈割期也采用类似灌溉预警指标的处理方式。将刈割期和非刈割期分别对应收割状态的高指标和低指标,高指标为 3.5mm/d,低指标为 1.5mm/d。灌溉期对应灌溉状态的高指标 3.0mm/d,非灌溉期对应灌溉状态的低指标 2.0mm/d。灌溉期和非灌溉期数据来自 2016 年 5-3 首蓿生产管理监测信息。

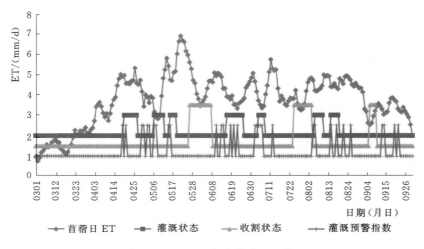

图 11.6.1　2016 年首蓿灌溉预警图

通过对比分析预警出的灌溉日期与实际实施的灌溉日期的符合程度,评价模型预警的可靠性与有效性,见表 11.6.1。

表 11.6.1　　　　　　　　　　2016 年首蓿灌溉与预警对比统计

序号	首蓿生长期	预警序号	灌水序号	预警日期 (月日)	灌溉日期 (月日—月日)	灌溉响应
1	第一茬	1	1	0419,0421	0420—0427	需要
2	第一茬	2		0430,0501—0504		需要
3	第一茬	3	2	0507,0508	0507—0512	需要
4	第一茬	4	3	0515,0516	0516—0519	需要
5	第二茬	1		0611,0614,0615		需要
6	第二茬	2	1	0619,0621,0623	0617—0626	需要
7	第二茬	3	2	0703—0707	0705—0808	需要
8	第二茬	4		0713		不需要
9	第三茬	1	1	0805,0806	0806—0809	需要
10	第三茬	2	2	0815,0818	0815—0819	需要
11	第三茬	3		0822		需要
12	第三茬	4		0826		不需要
13	第四茬	1		0913,0914		不需要
14	第四茬	2		0920,0922		不需要

考虑实施灌溉的实际需要，对灌溉预警指标进行适当归并。将相隔日期小于 3 天归为一次预警。预警指数出现高值指示需要灌溉，连续出现预警表示苜蓿缺水较严重。将预警日期覆盖需要灌溉日期的预警视为有效预警，将预警日期与实施灌溉日期相差在 1 天内的预警视为实际响应预警，将预警日期超前灌溉日期的预警视为超前预警。以此统计预警、有效预警和实际响应预警。

从表 11.6.1 可知，第 8 次、第 12 次预警灌溉日期邻近收割，属不需要灌溉预警。第 13 次、第 14 次灌溉预警日期处于冬灌期，2016 年苜蓿没有冬灌，可视为不需要灌溉。前三茬苜蓿共计预警 12 次，预警全部覆盖需要灌溉响应和实际灌溉响应。2016 年需要灌溉响应 10 次，需要响应预警率 83%，说明预警的可靠性高。灌溉实际响应 7 次，相对于灌溉预警，实际响应率为 58%，相对于需要灌溉预警，实际响应率为 70%，说明预警十分有效。

预警模型可以良好地预报需要实施灌溉的日期，并且多数情况下可以提前预报，为灌溉时机选择和适时灌溉提供了关键信息。

依据 2016 年苜蓿地 ET 监测、灌溉监测和水文气象等信息，以及校验率定水平衡模型。依据校验率定后的水平衡模型检验模拟灌水的合理性，以此估算需要模拟灌水期的苜蓿灌水量。结合灌溉预警，编制 2016 年苜蓿灌溉用水表，见表 11.6.2。

表 11.6.2　　　　　　　　　　　2016 年苜蓿灌溉用水表

苜蓿生长期	灌水次数	灌水日期 （月日—月日）	灌溉水量/m^3	灌溉水定额/（m^3/hm^2）
第一茬	第一遍	0420—0427	54610	881
	第二遍	0502—0508	67279	1085
	第三遍	0520—0528	48128	776
第二茬	第一遍	0611—0623	97251	1569
	第二遍	0702—0710	48128	776
第三茬	第一遍	0723—0731	22347	360
		0801—0811	27313	441
	第二遍	0817—0821	68834	1110
第四茬	第一遍	0904—0910	24638	397
合计			458528	7395

2016 年苜蓿全生育期灌溉水量为 458528m^3，灌溉定额为 7395m^3/hm^2。共计灌水 8 次，平均每次灌水定额为 882m^3/hm^2。其中第一茬灌水 3 遍、第四茬灌水为依据水平衡模型模拟灌水。2016 年 5-3 苜蓿试验田实施灌溉定额为 7855m^3/hm^2。模拟灌溉定额相对误差为 5.9%。2016 年第一茬苜蓿单产量为 5992kg/hm^2，根据灌水与产量的关系计算灌溉用水为 2866m^3/hm^2，模拟第一茬灌溉用水为 2742m^3/hm^2，第一茬模拟灌溉用水相对于计算灌溉用水产生的相对误差为 4.3%。说明建立的水平衡模型及参数设置合理，可以用于苜蓿试验田灌溉用水估算，形成的 2016 年苜蓿灌水方案符合实际。

11.6.3　基于 ET 2017 年苜蓿灌溉预警验证

基于试验场 2017 年 3 月 1 日—9 月 30 日苜蓿日 ET，计算灌溉预警指数并编制灌溉预警图，见图 11.6.2。为了便于分析，对图中同时显示的三个指标进行变换处理，具体方法与 2016 年相似。

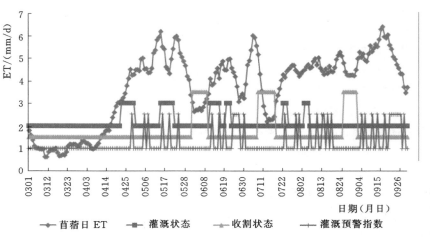

图 11.6.2 2017 年苜蓿灌溉预警图

依据预警的灌溉日期与实际灌溉日期的符合程度，评价模型预警的可靠性与有效性。考虑实施灌溉实际需要，对灌溉预警指标进行归并，将相隔日期小于 3 天归为一次预警。预警指数出现高值指示需要灌溉，连续出现预警表示缺水较严重。将预警日期覆盖需要灌溉日期的预警视为有效预警，将预警日期与实施灌溉日期相差在 1 天内的预警视为实际响应预警，将预警日期超前灌溉日期的预警视为超前预警。以此统计预警、有效预警和实际响应预警，见表 11.6.3。

表 11.6.3　　　　　　　　　　2017 年苜蓿灌溉与预警对比统计

序号	苜蓿生长期	预警序号	灌水序号	预警日期 （月日）	灌溉日期 （月日—月日）	灌溉响应
1	第一茬	1	1	0428	0422—0429	需要
2	第一茬	2		0505，0507		需要
3	第一茬	3	2	0515，0519	0514—0521	需要
4	第一茬	4		0524		不需要
5	第二茬	1	1	0611，0616	0611—0616	需要
6	第二茬	2	2	0619	0620—0622	需要
7	第二茬	3		0624—0627		需要
8	第二茬	4		0630		需要
9	第三茬	1	1	0723	0722—0724	需要
10	第三茬	2		0729，0731		不需要
11	第三茬	3	2	0806，0810	0803—0805	需要
12	第三茬	4		0813，0814，0816，0818		需要
13	第四茬	1		0904，0906		不需要
14	第四茬	2		0911，0913		不需要
15	第四茬	3		0917		不需要
16	第四茬	4		0920—0926，0928		不需要

从表 11.6.3 可知，第 4 次、第 10 次预警灌溉日期邻近收割，属不需要灌溉预警。第 13 到第 16 次灌溉预警日期处于冬灌期，2017 年苜蓿没有冬灌，可视为不需要灌溉。苜蓿整个生长期预警 16 次，需要灌溉响应 10 次，预警全部覆盖灌溉需要灌溉响应。

前三茬苜蓿共计预警 12 次，需要灌溉响应 10 次，需要响应预警率 83%，说明预警的可靠性高。前三茬苜蓿灌溉实际响应 6 次，实际响应率为 50%，说明预警十分有效性。实际响应率相比 2016 年稍有降低。原因是水压不足，不能灌溉。

基于建立、率定的苜蓿地包气带和地下水平衡模型。依据 2017 年苜蓿地 ET 监测、灌溉监测和水文气象等信息，估算 2017 年苜蓿地灌水量。结合灌溉预警，编制 2017 年苜蓿灌溉用水表，见表 11.6.4。2017 年苜蓿全生育期灌溉水量为 478950m³，灌溉定额为 7725m³/hm²。共计灌水 8 次，平均每次灌水定额为 773m³/hm²。

表 11.6.4　　　　　　　　　　　　　　2017 年苜蓿灌溉用水表

苜蓿生长期	灌水次数	灌水日期 （月日—月日）	灌水量/m³	灌水定额/(m³/hm²)
第一茬	1	0422—0429	46500	750
	2	0514—0521	74400	1200
第二茬	1	0611—0616	46500	750
	2	0620—0622	74400	1200
第三茬	1	0722—0724	46500	750
	2	0803—0805	97650	1575
第四茬	1	0911，0913	93000	1500
合计			478950	7725

2016 年、2017 年灌溉预警验证表明：预警模型可以良好地预报 2016 年、2017 年需要实施灌溉的日期，并且多数情况下可以提前预报，为灌溉时机选择和适时灌溉提供了关键信息。模型预警信息可靠、信息稳定，可以用于苜蓿灌溉预警。由于遥感信息的时效性，数据时间尺度目前至多达到日（24h），这影响了预警模型的有效性。随着遥感技术进步，如果能达到 4~8h，模型实用性和价值将大为提高。

参 考 文 献

[1] 殷志刚，卞正富，张永福. 克拉玛依市土地利用规划实施的生态效果研究 [J]. 干旱区地理，2006，29（5）：760-765.

[2] 普宗朝，张山清，杨琳，等. 1961—2008 年新疆克拉玛依市气候变化分析 [J]. 新疆农业大学学报，2009，32（4）：55-60.

[3] 师长兴，杜俊，范小黎. 克拉玛依农业开发区地下水位变化和应对措施探讨 [J]. 干旱区资源与环境，2011，25（8）：127-132.

[4] 张建新，马秀清. 克拉玛依市气象因子对设施农业的影响 [J]. 现代农业科技，2012（19）：233，235.

[5] 麦麦提尼亚孜·努尔，郑晓辉，巴特尔·巴克，等. 干旱区盐碱地滴灌灌水后土壤水盐运移特征分析 [J]. 山东农业大学学报（自然科学版），2011，42（4）：551-554.

［6］　王新英，田长彦，文启凯，等. 克拉玛依农业开发区土地利用方式对土壤盐分的影响［J］. 新疆农业大学学报，2007，30（2）：38-40.

［7］　张寿雨，吴世新，贺可，等. 克拉玛依农业开发区不同开垦年限土壤盐分变化［J］. 土壤，2018，50（3）：574-582.

［8］　刘林，梁刚，王磊. 克拉玛依大农业地区青贮玉米高产种植模式［J］. 新疆农业科技，2012（4）：58-59.

［9］　曾广新，于雷，古扎丽·努尔，等. 克拉玛依大农业开发区害虫发生特点及可持续控制策略研究［J］. 伊犁师范学院学报（自然科学版），2010（4）：37-40.

［10］　师长兴，杜俊，范小黎. 克拉玛依农业开发区地下水位变化原因分析［J］. 资源科学，2010，32（10）：1883-1889.

［11］　陈银磊，程建军，马仲民. 克拉玛依农业综合开发区土壤水盐运移特征与影响因素的分析［J］. 石河子大学学报（自然版），2016（2）：222-231.

［12］　徐磊. 克拉玛依生态廊道植被恢复途径探讨［J］. 新疆环境保护，2015，37（2）：31-34.

［13］　李承红，何英. NSGA-Ⅱ在克拉玛依市资源优化配置应用初探［J］. 地下水，2016，38（2）：126-129.

［14］　克拉玛依市人民政府. 克拉玛依实施高效节水农业的几点经验［J］. 新疆水利，2012（3）：34-35.

［15］　王维翰，姜栋刚. 浅析在克拉玛依推广精准农业的必要性及条件［J］. 农村科技，2006（9）：69.

［16］　刘力辉. 暗管排水技术在克拉玛依大农业区的应用［J］. 中国西部科技，2013，12（6）：72-73.

［17］　杨启国，张旭东，杨兴国. 甘肃中部半干旱区紫花苜蓿耗水规律及土壤水分变化特征研究［J］. 中国农业气象，2003，24（4）：37-40.

［18］　李宗奎，王位泰，张天锋，等. 陇东黄土高原春播紫花苜蓿的生长发育及耗水规律研究［J］. 草业科学，2006，23（11）：35-40.

［19］　耿华珠. 中国苜蓿［M］. 北京：中国农业出版社，1995：45-51.

［20］　陈默君，贾慎修. 中国饲用植物［M］. 北京：中国农业出版社，2001：581-586.

［21］　赵金梅，周禾，王秀艳. 水分胁迫下苜蓿品种抗旱生理生化指标变化及其相互关系［J］. 草地学报，2005，13（3）：184-189.

［22］　李文娆，张岁岐，山仑. 水分胁迫对紫花苜蓿根系吸水与光合特性的影响［J］. 草地学报，2007，15（3）：206-211.

［23］　裴学艳，宋乃平，王磊，等. 灌溉量和灌溉时期对紫花苜蓿耗水特性和产量的影响［J］. 节水灌溉，2010（1）：26-30.

［24］　郑和祥，李和平，白巴特尔，等. 紫花苜蓿中心支轴式喷灌综合节水技术集成模式［J］. 内蒙古水利，2014，151（3）：11-12.

［25］　郭学良，李卫军. 不同灌溉方式对紫花苜蓿产量及灌溉水利用效率的影响［J］. 草地学报，2014，22（5）：1086-1090.

［26］　索建军，杨江平，孙栋，等. 紫花苜蓿全生长期蒸散变化研究［J］. 农业开发与装备，2017（11）：66-79.

［27］　袁勇，严登华，贾仰文，等. 嫩江流域土地利用尺度变化对蒸散发影响研究［J］. 水利学报，2012，43（12）：1440-1446.

［28］　Mika J，Horváth S，Makra L. Impact of documented land use changes on the surface albedo and evapotranspiration in a plain watershed［J］. Physics and Chemistry of the Earth，Part B：Hydrology，Oceans and Atmosphere，2001，26（7-8）：601-606.

［29］　Olchev A，Ibrom A，Priess J，et al. Effects of land-use changes on evapotranspiration of tropical rain forest margin area in Central Sulawesi（Indonesia）：Modelling study with a regional SVAT model［J］. Ecological Modelling，2008，212（1-2）：131-137.

［30］ 刘啸，张一驰，杜朝阳，等. 额济纳三角洲土地利用现状及其蒸散发量时空分异特征 ［J］. 南水北调与水利科技，2015，13 （4）：609 - 613.

［31］ 张殿君，张学霞，武鹏飞. 黄土高原典型流域土地利用变化对蒸散发影响研究 ［J］. 干旱区地理，2011，34 （3）：400 - 408.

［32］ 晋凡生，李素玲，萧复兴，等. 旱塬地玉米耗水特点及提高水分利用率途径 ［J］. 华北农学报，2000，15 （1）：76 - 80.

［33］ 王会肖，刘昌明. 农田蒸散、土壤蒸发与水分有效利用 ［J］. 地理学报，1997，52 （5）：447 - 454.

［34］ Pauwels V R N，Samson R. Comparison of different methods to measure and model actual evapotranspiration rates for a wet sloping grassland ［J］. Agricultural Water Management，2006，82 （1 - 2）：1 - 24.

［35］ 郝振纯，杨荣榕，陈新美，等. 1960 - 2011 年长江流域潜在蒸发量的时空变化特征 ［J］. 冰川冻土，2013，35 （2）：408 - 419.

［36］ Lecina S，Martínez - Cob A，Pérez P J，et al. Fixed versus variable bulk canopy resistance for reference evapotranspiration estimation using the Penman - Monteith equation under semiarid conditions ［J］. Agricultural Water Management，2003，60 （3）：181 - 198.

［37］ Bastiaanssen W G M. SEBAL - based sensible and latent heat fluxes in the irrigated Gediz Basin，Turkey ［J］. Journal of Hydrology，2000，229 （1 - 2）：87 - 100.

［38］ Xu Z X，Li J Y. A distributed approach for estimating catchment evapotranspiration：Comparison of the combination equation and the complementary relationship approaches ［J］. Hydrological Processes，2003，17 （8）：1509 - 1523.

［39］ 赵文智，吉喜斌，刘鹄. 蒸散发观测研究进展及绿洲蒸散研究展望 ［J］. 干旱区研究，2011，28 （3）：463 - 470.

［40］ 李铁男，郎景波，尹刚吉，等. 土壤蒸散发模型研究 ［J］. 节水灌溉，2014 （6）：22 - 25.

［41］ Fang Q，Chen Y，Yu Q，et al. Much improved irrigation use efficiency in an intensive wheat - maize double cropping system in the North China Plain ［J］. Journal of Integrative Plant Biology，2007，40 （10）：1517 - 1526.

［42］ Zhang X Y，Pei D，Hu C S. Conserving groundwater for irrigation in the North China Plain ［J］. Irrigation Science，2003，21 （4）：159 - 166.

［43］ Zhang Y，Kendy E，Yu Q，et al. Effect of soil water deficit on evapotranspiration，crop yield，and water use efficiency in the North China Plain ［J］. Agricultural Water Management，2004，64 （2）：107 - 122.

［44］ Sun H，Liu C，Zhang X，et al. Effects of irrigation on water balance，yield and WUE of winter wheat in the North China Plain ［J］. Agricultural Water Management，2006，85 （1/2）：211 - 218.

［45］ Mo X，Liu S，Lin Z，et al. Prediction of crop yield，water consumption and water use efficiency with a SVAT - crop growth model using remotely sensed data on the North China Plain ［J］. Ecological Modelling，2005，183 （2 - 3）：301 - 322.

［46］ 房全孝，王建林，于舜章. 华北平原小麦-玉米两熟制节水潜力与灌溉对策 ［J］. 农业工程学报，2011，27 （7）：37 - 44.

［47］ 赵红，赵玉金，李峰，等. FY - 3/VIRR 卫星遥感数据反演省级区域蒸散量 ［J］. 农业工程学报，2014，30 （13）：111 - 119.

附录 A 中国民用遥感卫星主要载荷参数

附表 A　　　　　　　　中国民用遥感卫星主要载荷参数

卫星	传感器	波段	波长 /μm	空间分辨率 /m	重访时间 /d	幅宽 /km
资源一号 01/02 星（CBERS - 01/02）	CCD 相机	1	0.45～0.52	20	3	113
		2	0.52～0.59			
		3	0.63～0.69			
		4	0.77～0.89			
		5	0.51～0.73			
	宽视场成像仪（WFI）	6	0.63～0.69	258		890
		7	0.77～0.89			
	红外多光谱扫描仪（IRMSS）	8	0.50～0.90	78	26	119.5
		9	1.55～1.75			
		10	2.08～2.35			
		11	10.4～12.5	156		
资源一号 02B 星（CBERS - 02B）	CCD 相机	1	0.45～0.52	20	3	113
		2	0.52～0.59			
		3	0.63～0.69			
		4	0.77～0.89			
		5	0.51～0.73			
	高分辨率相机（HR）	6	0.50～0.80	2.36		27
	宽视场成像仪（WFI）	7	0.63～0.69	258		890
		8	0.77～0.89			
资源一号 04 星（CBERS - 04）	全色多光谱相机	1	0.51～0.85	5	3	60
		2	0.52～0.59	10		
		3	0.63～0.69			
		4	0.77～0.89			
	多光谱相机	5	0.45～0.52	20	26	120
		6	0.52～0.59			
		7	0.63～0.69			
		8	0.77～0.89			

续表

卫星	传感器	波段	波长/μm	空间分辨率/m	重访时间/d	幅宽/km
资源一号04星（CBERS-04）	红外多普勒相机	9	0.50～0.90	40	26	120
		10	1.55～1.75			
		11	2.08～2.35			
		12	10.4～12.5	80		
	宽视场成像仪（WFI）	13	0.45～0.52	73	3	866
		14	0.52～0.59			
		15	0.63～0.69			
		16	0.77～0.89			
资源一号02C星（ZY-1 02C）	P/MS相机	1	0.51～0.85	5	3	60
		2	0.52～0.59	10		
		3	0.63～0.69			
		4	0.77～0.89			
	高分辨率相机（HR）	—	0.50～0.80	2.36		54（2台）
资源三号卫星（ZY-3）	前视相机	—	0.50～0.80	3.5	5	52
	后视相机	—	0.50～0.80			
	正视相机	—	0.50～0.80	2.1		51
	多光谱相机	1	0.45～0.52	6		
		2	0.52～0.59			
		3	0.63～0.69			
		4	0.77～0.89			
资源三号02星（ZY3-02）	前视相机	—	0.50～0.80	2.5	3～5	51
	后视相机	—	0.50～0.80			
	正视相机	—	0.50～0.80	2.1		
	多光谱相机	1	0.45～0.52	5.8	3	
		2	0.52～0.59			
		3	0.63～0.69			
		4	0.77～0.89			
HJ-1A	CCD相机	1	0.43～0.52	30	4	360（1台），700（2台）
		2	0.52～0.60			
		3	0.63～0.69			
		4	0.76～0.89			
	高光谱成像仪（HIS）	—	0.45～0.95（110～128个谱段）	100		50

续表

卫星	传感器	波段	波长 /μm	空间分辨率 /m	重访时间 /d	幅宽 /km
HJ-1B	CCD 相机	1	0.43~0.52	30	4	360（1 台），700（2 台）
		2	0.52~0.60			
		3	0.63~0.69			
		4	0.76~0.89			
	红外多普勒相机	5	0.75~1.10	150		720
		6	1.55~1.75			
		7	3.50~3.90			
		8	10.5~12.5	300		
HJ-1C	S 波段合成孔径雷达（SAR）	—	—	条带模式 5（单视）	4	40
				扫描模式 20（4 视）		100
高分一号（GF-1）	全色多光谱相机	1	0.45~0.90	2	4	60（2 台）
		2	0.45~0.52	8		
		3	0.52~0.59			
		4	0.63~0.69			
		5	0.77~0.89			
	多光谱相机	6	0.45~0.52	16	2	800（4 台）
		7	0.52~0.59			
		8	0.63~0.69			
		9	0.77~0.89			
高分二号（GF-2）	全色多光谱相机	1	0.45~0.90	1	5	45（2 台）
		2	0.45~0.52	4		
		3	0.52~0.59			
		4	0.63~0.69			
		5	0.77~0.89			
高分四号（GF-4）	可见光近红外相机（VNIR）	1	0.45~0.90	50	20s（面阵凝视方式成像）	400
		2	0.45~0.52			
		3	0.52~0.60			
		4	0.63~0.69			
		5	0.76~0.90			
	中波红外（MWIR）	6	3.5~4.1	400		

续表

卫星	传感器	波段	波长 /μm	空间分辨率 /m	重访时间 /d	幅宽 /km
SJ-9A 星	全色多光谱相机	1	0.45～0.89	2.5	4	30
		2	0.45～0.52	10		
		3	0.52～0.59			
		4	0.63～0.69			
		5	0.77～0.89			
SJ-9B 星	红外相机	6	0.80～1.20	73	8	18

附录 B 国外民用遥感卫星主要载荷参数

附表 B　　　　　　　　　国外民用遥感卫星主要载荷参数

卫星	传感器	波段	波长 /μm	空间分辨率 /m	重访时间 /d	幅宽 /km
美国 DigitalGlobe 公司 QuickBird - 2	全色相机	1	0.450～0.900	0.61	1～6	16.5
	多光谱相机	2	0.450～0.520	2.44		
		3	0.520～0.600			
		4	0.630～0.690			
		5	0.760～0.900			
以色列 ImageSat International 公司 EROS - B	全色相机	1	0.500～0.900	0.7	5	7
印度制图卫星 Cartosat - 2B	全色相机	1	0.500～0.850	0.8	4	9.6
美国 DigitalGlobe 公司 WorldView - 4	全色相机	1	0.450～0.800	0.31	1～4.5	13.1
	多光谱相机	2	0.450～0.510	1.24		
		3	0.510～0.580			
		4	0.655～0.690			
		5	0.780～0.920			
美国地球眼公司 GeoEye - 1	全色相机	1	0.450～0.800	0.41	2～3	15.2
	多光谱相机	2	0.450～0.510	1.65		
		3	0.510～0.580			
		4	0.655～0.690			
		5	0.780～0.920			

卫星	传感器	波段	波长 /μm	空间分辨率 /m	重访时间 /d	幅宽 /km
美国　地球观测一号 （EO-1 卫星）	高光谱成像仪 （Hyperion）	242 个波段， 光谱分辨率 10nm	0.400～2.500	30	200	7.7
	高级陆地成像仪 （ALI）	1	0.480～0.690	10	16	37
		2	0.433～0.453	30		
		3	0.450～0.515			
		4	0.525～0.605			
		5	0.633～0.690			
		6	0.775～0.805			
		7	0.845～0.890			
		8	1.200～1.300			
		9	1.550～1.750			
		10	2.080～2.350			
欧洲航天局 PROBA-1 卫星	CHRIS 模式 1 （陆地与水）	62 个波段	0.406～1.003	34	7	14
	CHRIS 模式 2（水）	18 个波段	0.406～1.036	17		
	CHRIS 模式 3（陆地）	18 个波段	0.438～1.035			
	CHRIS 模式 4（陆地）	18 个波段	0.486～0.796			
	CHRIS 模式 5（陆地）	37 个波段	0.438～1.036			
法国空间研究中心 SPOT-7	新型 Astrosat 平台光 学模块化设备 （NAOMI）的空间 相机	1	0.485～0.745	1.5	1～3（与 SPOT6 构成联合，重访 周期 1 天）	60
		2	0.455～0.525	6		
		3	0.530～0.590			
		4	0.625～0.695			
		5	0.760～0.890			
美国 NASA Landsat7	陆地成像仪（ETM+）	B1	0.450～0.515	30	16	185
		B2	0.525～0.605			
		B3	0.630～0.690			
		B4	0.775～0.900			
		B5	1.550～1.750			
		B6	10.40～12.5	60		
		B7	2.090～2.350	30		
		B8	0.520～0.900	15		

续表

卫星	传感器	波段	波长 /μm	空间分辨率 /m	重访时间 /d	幅宽 /km
美国 NASA Landsat8	陆地成像仪（OLI）	B1	0.433～0.453	30	16	185
		B2	0.450～0.515			
		B3	0.525～0.600			
		B4	0.630～0.680			
		B5	0.845～0.885			
		B6	1.560～1.660			
		B7	2.100～2.300			
		B8	0.500～0.680	15		
		B9	1.360～1.390	30		
	热红外传感器（TIRS）	B10	10.6～11.2	100		
		B11	11.5～12.5			
日本 ALOS 卫星	PRISM 传感器（包括前视、中视、后视相机）	—	0.52～0.77	2.5	2	70（星下点成像模式），35
		—	0.52～0.77			
		—	0.52～0.77			
	AVNIR-2 传感器	1	0.42～0.50	10		70
		2	0.52～0.60			
		3	0.61～0.69			
		4	0.76～0.89			
	PALSAR 传感器	高分辨率模式	28MHz	7～44		40～70
			14MHz	14～88		
		扫描式合成孔径雷达	14MHz，28MHz	100		250～350
		极化（试验模式）	14MHz	24～89		20～65

附录C 典型地物波谱

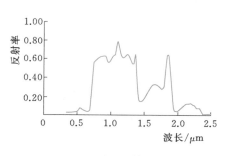

（a）小麦反射率波谱

（b）小麦

附图 C.1 小麦反射率波谱和照片

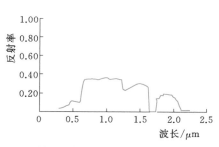

（a）玉米反射率波谱

（b）玉米

附图 C.2 玉米反射率波谱和照片

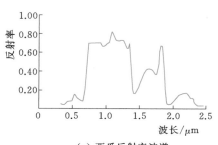

（a）西瓜反射率波谱

（b）西瓜

附图 C.3 西瓜反射率波谱和照片

（a）西葫芦反射率波谱　　　　　　（b）西葫芦

附图 C.4　西葫芦反射率波谱和照片

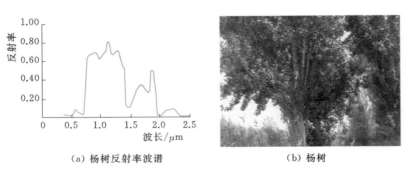

（a）杨树反射率波谱　　　　　　（b）杨树

附图 C.5　杨树反射率波谱和照片

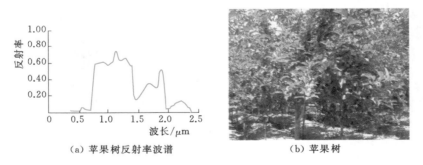

（a）苹果树反射率波谱　　　　　　（b）苹果树

附图 C.6　苹果树反射率波谱和照片

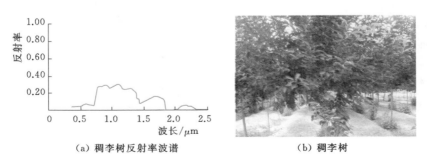

（a）稠李树反射率波谱　　　　　　（b）稠李树

附图 C.7　稠李树反射率波谱和照片

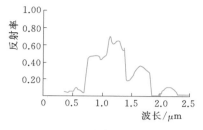

（a）柽柳反射率波谱

（b）柽柳

附图 C.8　柽柳反射率波谱和照片

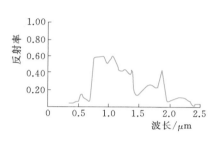

（a）芦苇反射率波谱

（b）芦苇

附图 C.9　芦苇反射率波谱和照片

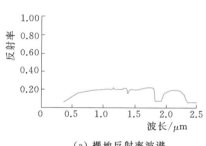

（a）裸地反射率波谱

（b）裸地

附图 C.10　裸地反射率波谱和照片

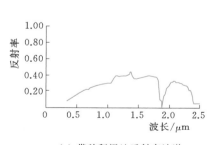

（a）带秸秆裸地反射率波谱

（b）带秸秆裸地

附图 C.11　带秸秆裸地反射率波谱和照片

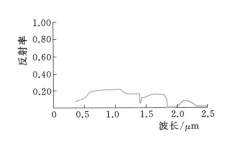

（a）卤水反射率波谱　　　　　　　　　　（b）卤水

附图 C.12　卤水反射率波谱和照片

附录 D 苜蓿地物波谱及俯视图和正视图

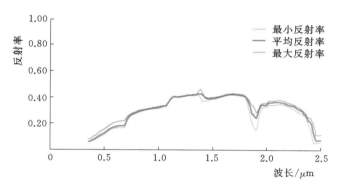

附图 D.1 5 月 28 日苜蓿收割后地物波谱

附图 D.2 5 月 28 日苜蓿收割后照片

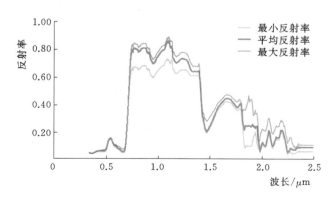

附图 D.3 6 月 7 日苜蓿返青期地物波谱

附图 D.4　6 月 7 日苜蓿返青期照片

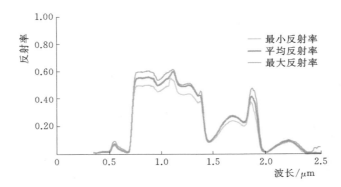

附图 D.5　6 月 20 日苜蓿分枝期地物波谱

附图 D.6　6 月 20 日苜蓿分枝期照片

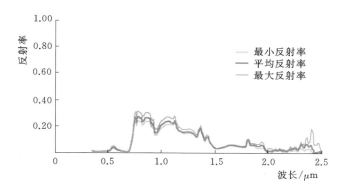

附图 D.7 6 月 24 日苜蓿现蕾期反射率波谱

附图 D.8 6 月 24 日苜蓿现蕾期照片

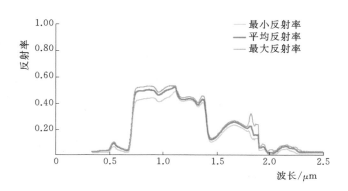

附图 D.9 7 月 1 日苜蓿初花早期反射率波谱

附图 D.10　7 月 1 日苜蓿初花早期照片

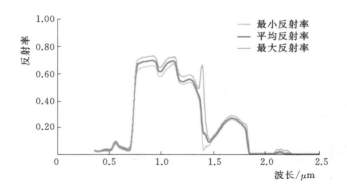

附图 D.11　7 月 4 日苜蓿初花中期反射率波谱

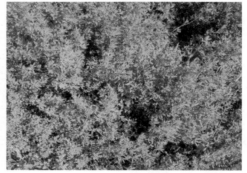

附图 D.12　7 月 4 日苜蓿初花中期照片

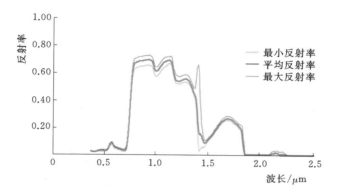

附图 D. 13 7 月 8 日苜蓿初花后期反射率波谱

附图 D. 14 7 月 8 日苜蓿初花后期照片

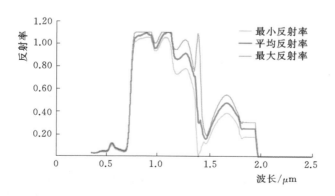

附图 D. 15 7 月 11 日苜蓿盛花早期反射率波谱

附图 D.16 7月11日苜蓿盛花早期照片

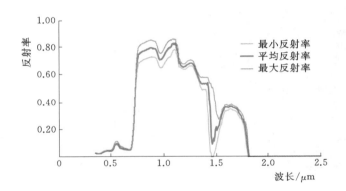

附图 D.17 7月15日苜蓿盛花期反射率波谱

附图 D.18 7月15日苜蓿盛花期照片

附录 E 2014 年遥感地面场紫花苜蓿日 ET

2014 年遥感地面场紫花苜蓿日 ET 　　　　单位：mm/d

月	日	日 ET	月	日	日 ET	月	日	日 ET	月	日	日 ET
01	01	−0.26	02	08	0.69	03	18	0.91	04	25	4.37
01	02	−0.43	02	09	0.68	03	19	1.05	04	26	4.06
01	03	−0.26	02	10	0.66	03	20	1.23	04	27	4.07
01	04	−0.26	02	11	0.67	03	21	1.51	04	28	4.17
01	05	−0.26	02	12	0.66	03	22	1.64	04	29	4.19
01	06	−0.26	02	13	0.68	03	23	1.46	04	30	4.22
01	07	−0.26	02	14	0.68	03	24	1.64	05	01	4.31
01	08	−0.43	02	15	0.70	03	25	1.67	05	02	4.40
01	09	−0.43	02	16	0.72	03	26	1.70	05	03	4.42
01	10	0.67	02	17	0.74	03	27	1.85	05	04	4.54
01	11	0.67	02	18	0.76	03	28	2.33	05	05	4.71
01	12	0.70	02	19	0.74	03	29	2.66	05	06	4.91
01	13	0.70	02	20	0.76	03	30	2.96	05	07	4.96
01	14	0.70	02	21	0.76	03	31	3.72	05	08	4.96
01	15	0.65	02	22	0.83	04	01	3.11	05	09	5.18
01	16	0.72	02	23	0.84	04	02	3.21	05	10	5.25
01	17	0.75	02	24	0.88	04	03	3.24	05	11	5.17
01	18	0.77	02	25	0.88	04	04	3.27	05	12	5.26
01	19	0.77	02	26	0.44	04	05	3.14	05	13	5.34
01	20	0.82	02	27	0.84	04	06	3.26	05	14	5.17
01	21	0.80	02	28	0.86	04	07	3.24	05	15	5.07
01	22	0.80	03	01	0.89	04	08	3.25	05	16	5.04
01	23	0.82	03	02	0.45	04	09	3.36	05	17	4.99
01	24	0.65	03	03	0.45	04	10	3.45	05	18	4.93
01	25	0.67	03	04	0.46	04	11	3.24	05	19	5.02
01	26	0.67	03	05	0.46	04	12	3.66	05	20	4.88
01	27	0.65	03	06	0.45	04	13	3.54	05	21	4.77
01	28	0.67	03	07	0.88	04	14	3.56	05	22	4.66
01	29	0.70	03	08	0.86	04	15	3.64	05	23	4.62
01	30	0.76	03	09	0.85	04	16	3.76	05	24	4.45
01	31	0.75	03	10	0.85	04	17	3.70	05	25	4.44
02	01	0.76	03	11	0.45	04	18	3.82	05	26	4.54
02	02	0.75	03	12	0.46	04	19	3.75	05	27	4.57
02	03	0.71	03	13	0.47	04	20	3.79	05	28	4.79
02	04	0.66	03	14	0.51	04	21	4.19	05	29	4.18
02	05	0.68	03	15	0.56	04	22	4.24	05	30	4.20
02	06	0.69	03	16	0.56	04	23	4.26	05	31	3.93
02	07	0.68	03	17	0.67	04	24	4.28	06	01	3.88

续表

月	日	日 ET	月	日	日 ET	月	日	日 ET	月	日	日 ET
06	02	3.65	07	10	4.53	08	17	4.37	09	24	2.95
06	03	3.61	07	11	4.73	08	18	4.20	09	25	2.87
06	04	3.85	07	12	5.00	08	19	4.29	09	26	2.50
06	05	3.94	07	13	4.95	08	20	4.46	09	27	2.19
06	06	4.01	07	14	5.16	08	21	4.64	09	28	2.00
06	07	3.88	07	15	5.10	08	22	4.83	09	29	1.74
06	08	3.53	07	16	5.05	08	23	5.00	09	30	1.79
06	09	3.23	07	17	4.79	08	24	4.83	10	01	1.80
06	10	3.24	07	18	4.95	08	25	5.10	10	02	1.89
06	11	3.28	07	19	4.80	08	26	5.17	10	03	1.97
06	12	3.47	07	20	5.04	08	27	5.09	10	04	1.94
06	13	4.06	07	21	5.13	08	28	5.01	10	05	1.66
06	14	4.46	07	22	5.18	08	29	4.96	10	06	1.61
06	15	4.60	07	23	5.18	08	30	4.56	10	07	1.79
06	16	4.75	07	24	5.14	08	31	4.60	10	08	1.69
06	17	4.76	07	25	4.29	09	01	4.76	10	09	1.79
06	18	4.56	07	26	4.23	09	02	4.86	10	10	1.82
06	19	4.41	07	27	4.51	09	03	4.96	10	11	1.76
06	20	4.86	07	28	4.57	09	04	4.91	10	12	1.65
06	21	4.98	07	29	4.60	09	05	4.93	10	13	1.71
06	22	5.11	07	30	4.42	09	06	3.85	10	14	1.88
06	23	5.33	07	31	4.24	09	07	3.61	10	15	2.11
06	24	5.42	08	01	3.88	09	08	3.50	10	16	2.50
06	25	5.35	08	02	3.76	09	09	3.68	10	17	2.53
06	26	5.35	08	03	3.73	09	10	3.82	10	18	2.44
06	27	5.44	08	04	3.91	09	11	3.79	10	19	2.49
06	28	5.37	08	05	3.88	09	12	3.74	10	20	2.35
06	29	5.30	08	06	3.94	09	13	3.60	10	21	2.09
06	30	5.49	08	07	3.95	09	14	3.34	10	22	1.88
07	01	5.39	08	08	3.82	09	15	2.89	10	23	1.78
07	02	5.05	08	09	3.59	09	16	2.90	10	24	1.56
07	03	4.77	08	10	3.68	09	17	3.05	10	25	1.67
07	04	4.62	08	11	3.72	09	18	3.11	10	26	1.66
07	05	4.19	08	12	3.84	09	19	3.05	10	27	1.59
07	06	4.06	08	13	4.18	09	20	3.11	10	28	1.54
07	07	4.17	08	14	4.55	09	21	3.09	10	29	1.57
07	08	4.22	08	15	4.73	09	22	3.56	10	30	1.38
07	09	4.32	08	16	4.53	09	23	3.08	10	31	1.37

续表

月	日	日 ET	月	日	日 ET	月	日	日 ET	月	日	日 ET
11	01	1.43	11	17	0.86	12	03	0.68	12	19	0.70
11	02	1.43	11	18	0.81	12	04	0.68	12	20	0.75
11	03	1.37	11	19	0.76	12	05	0.65	12	21	0.82
11	04	1.38	11	20	0.70	12	06	0.85	12	22	0.65
11	05	1.42	11	21	0.68	12	07	0.89	12	23	0.66
11	06	1.45	11	22	0.80	12	08	0.88	12	24	0.82
11	07	1.64	11	23	0.65	12	09	0.87	12	25	0.66
11	08	1.65	11	24	0.64	12	10	0.88	12	26	0.66
11	09	1.45	11	25	0.63	12	11	0.66	12	27	0.65
11	10	1.29	11	26	0.66	12	12	0.70	12	28	0.71
11	11	1.17	11	27	0.62	12	13	0.67	12	29	0.73
11	12	1.03	11	28	0.50	12	14	0.67	12	30	0.70
11	13	0.96	11	29	0.87	12	15	−0.26	12	31	0.68
11	14	0.95	11	30	0.83	12	16	−0.43	全年平均		2.61
11	15	0.92	12	01	0.70	12	17	0.67			
11	16	0.87	12	02	0.69	12	18	0.67			

附录 F 2015 年遥感地面场紫花苜蓿日 ET

附表 F　　　　　　　　　　2015 年遥感地面场紫花苜蓿日 ET　　　　　　　　单位：mm/d

月	日	日 ET	月	日	日 ET	月	日	日 ET	月	日	日 ET
01	01	0.68	02	08	0.75	03	18	1.23	04	25	4.55
01	02	0.75	02	09	0.77	03	19	1.25	04	26	4.55
01	03	0.80	02	10	0.79	03	20	1.26	04	27	4.55
01	04	0.67	02	11	1.96	03	21	1.53	04	28	4.54
01	05	0.69	02	12	2.00	03	22	2.14	04	29	4.64
01	06	0.71	02	13	1.99	03	23	2.76	04	30	4.40
01	07	0.72	02	14	1.97	03	24	2.82	05	01	4.49
01	08	0.70	02	15	1.94	03	25	2.88	05	02	4.58
01	09	0.69	02	16	1.79	03	26	2.79	05	03	4.66
01	10	0.69	02	17	0.87	03	27	3.03	05	04	4.90
01	11	0.68	02	18	0.88	03	28	1.84	05	05	5.15
01	12	0.67	02	19	0.87	03	29	1.64	05	06	5.30
01	13	0.68	02	20	1.66	03	30	1.22	05	07	5.31
01	14	0.65	02	21	1.49	03	31	1.04	05	08	5.28
01	15	0.72	02	22	1.28	04	01	0.94	05	09	5.02
01	16	−0.43	02	23	1.09	04	02	0.70	05	10	4.92
01	17	−0.26	02	24	0.93	04	03	0.66	05	11	5.14
01	18	−0.10	02	25	0.74	04	04	0.87	05	12	5.19
01	19	0.66	02	26	0.63	04	05	1.37	05	13	5.07
01	20	0.73	02	27	0.62	04	06	1.68	05	14	4.99
01	21	0.78	02	28	0.61	04	07	2.20	05	15	4.78
01	22	0.80	03	01	0.60	04	08	2.79	05	16	4.36
01	23	0.79	03	02	0.62	04	09	3.49	05	17	4.24
01	24	0.70	03	03	0.65	04	10	3.44	05	18	4.40
01	25	0.80	03	04	0.68	04	11	3.74	05	19	4.47
01	26	−0.43	03	05	0.74	04	12	3.88	05	20	4.73
01	27	−0.10	03	06	0.75	04	13	3.83	05	21	4.72
01	28	−0.43	03	07	0.81	04	14	3.69	05	22	4.76
01	29	0.65	03	08	0.92	04	15	3.64	05	23	4.67
01	30	0.72	03	09	1.17	04	16	3.51	05	24	4.82
01	31	0.77	03	10	1.39	04	17	3.41	05	25	4.74
02	01	0.82	03	11	1.45	04	18	3.53	05	26	4.88
02	02	0.80	03	12	1.33	04	19	3.74	05	27	5.06
02	03	0.66	03	13	1.41	04	20	3.89	05	28	5.29
02	04	0.68	03	14	1.19	04	21	4.02	05	29	4.76
02	05	0.70	03	15	1.11	04	22	4.10	05	30	4.57
02	06	0.70	03	16	1.15	04	23	4.27	05	31	4.42
02	07	0.73	03	17	1.30	04	24	4.23	06	01	4.22

月	日	日 ET	月	日	日 ET	月	日	日 ET	月	日	日 ET
06	02	4.08	07	10	5.08	08	17	4.37	09	24	3.03
06	03	4.23	07	11	5.12	08	18	4.34	09	25	2.71
06	04	4.42	07	12	5.12	08	19	4.52	09	26	2.01
06	05	4.72	07	13	5.27	08	20	4.82	09	27	1.93
06	06	4.89	07	14	5.06	08	21	5.13	09	28	1.84
06	07	5.23	07	15	5.13	08	22	4.93	09	29	2.01
06	08	5.11	07	16	5.43	08	23	4.71	09	30	2.36
06	09	4.75	07	17	5.62	08	24	4.79	10	01	2.83
06	10	4.48	07	18	5.63	08	25	4.57	10	02	2.91
06	11	4.44	07	19	5.66	08	26	4.30	10	03	2.98
06	12	4.12	07	20	5.67	08	27	4.39	10	04	3.14
06	13	4.32	07	21	5.79	08	28	4.49	10	05	3.11
06	14	4.58	07	22	5.71	08	29	4.34	10	06	3.13
06	15	4.62	07	23	5.66	08	30	4.35	10	07	3.16
06	16	4.58	07	24	5.93	08	31	4.37	10	08	3.08
06	17	4.52	07	25	5.52	09	01	4.45	10	09	3.10
06	18	4.19	07	26	5.12	09	02	4.69	10	10	3.35
06	19	4.20	07	27	5.18	09	03	4.77	10	11	3.41
06	20	4.57	07	28	4.89	09	04	4.73	10	12	3.40
06	21	4.58	07	29	4.68	09	05	4.71	10	13	3.28
06	22	4.65	07	30	4.65	09	06	3.81	10	14	3.64
06	23	4.81	07	31	4.41	09	07	3.35	10	15	2.38
06	24	4.97	08	01	4.51	09	08	3.00	10	16	1.70
06	25	5.07	08	02	4.87	09	09	3.03	10	17	1.42
06	26	4.97	08	03	4.74	09	10	3.10	10	18	1.31
06	27	5.03	08	04	4.86	09	11	3.39	10	19	1.30
06	28	5.08	08	05	5.01	09	12	3.52	10	20	1.32
06	29	5.01	08	06	5.24	09	13	3.51	10	21	1.57
06	30	4.96	08	07	5.39	09	14	3.37	10	22	1.69
07	01	5.06	08	08	5.03	09	15	3.15	10	23	1.68
07	02	5.10	08	09	4.73	09	16	3.72	10	24	1.69
07	03	5.06	08	10	4.56	09	17	2.92	10	25	1.61
07	04	4.97	08	11	4.10	09	18	3.32	10	26	1.45
07	05	4.82	08	12	4.13	09	19	2.92	10	27	1.36
07	06	4.79	08	13	4.52	09	20	2.93	10	28	1.36
07	07	4.69	08	14	4.57	09	21	3.02	10	29	1.43
07	08	4.57	08	15	4.68	09	22	3.06	10	30	1.52
07	09	4.90	08	16	4.62	09	23	3.00	10	31	1.71

续表

月	日	日 ET	月	日	日 ET	月	日	日 ET	月	日	日 ET
11	01	1.73	11	17	0.89	12	03	0.68	12	19	−0.10
11	02	1.60	11	18	0.81	12	04	0.80	12	20	−0.10
11	03	1.43	11	19	0.79	12	05	0.67	12	21	−0.26
11	04	1.34	11	20	0.72	12	06	0.75	12	22	−0.43
11	05	1.16	11	21	0.74	12	07	0.77	12	23	−0.43
11	06	1.10	11	22	0.76	12	08	0.77	12	24	0.67
11	07	1.14	11	23	0.77	12	09	0.65	12	25	0.70
11	08	1.14	11	24	0.75	12	10	0.82	12	26	0.70
11	09	1.12	11	25	0.72	12	11	0.72	12	27	0.65
11	10	1.07	11	26	0.69	12	12	0.70	12	28	−0.43
11	11	1.03	11	27	0.82	12	13	−0.43	12	29	0.07
11	12	0.97	11	28	0.75	12	14	0.23	12	30	0.39
11	13	0.95	11	29	0.65	12	15	0.39	12	31	0.56
11	14	0.89	11	30	0.70	12	16	0.23	全年平均		2.72
11	15	0.89	12	01	0.70	12	17	0.07			
11	16	0.82	12	02	0.68	12	18	−0.26			

附录 G　2016 年遥感地面场紫花苜蓿日 ET

附表 G　　　　　　　　2016 年遥感地面场紫花苜蓿日 ET　　　　　单位：mm/d

月	日	日 ET	月	日	日 ET	月	日	日 ET	月	日	日 ET
01	01	0.85	02	08	1.23	03	17	1.15	04	24	4.69
01	02	0.85	02	09	1.03	03	18	1.06	04	25	4.73
01	03	0.60	02	10	0.91	03	19	1.19	04	26	5.34
01	04	0.26	02	11	0.64	03	20	1.46	04	27	4.59
01	05	0.11	02	12	0.59	03	21	1.56	04	28	4.52
01	06	0.13	02	13	0.62	03	22	1.92	04	29	4.74
01	07	−0.22	02	14	0.54	03	23	2.27	04	30	4.17
01	08	−0.57	02	15	0.42	03	24	2.03	05	01	3.43
01	09	−0.78	02	16	0.45	03	25	2.07	05	02	4.01
01	10	−1.04	02	17	0.52	03	26	2.24	05	03	3.90
01	11	−1.37	02	18	0.59	03	27	2.18	05	04	3.61
01	12	−1.30	02	19	0.64	03	28	2.27	05	05	3.93
01	13	−1.15	02	20	0.69	03	29	2.40	05	06	3.85
01	14	−0.96	02	21	0.76	03	30	2.12	05	07	3.17
01	15	−0.84	02	22	0.76	03	31	2.12	05	08	2.91
01	16	−0.79	02	23	0.83	04	01	2.29	05	09	2.83
01	17	−0.80	02	24	0.88	04	02	2.38	05	10	2.96
01	18	−1.00	02	25	0.96	04	03	2.73	05	11	3.94
01	19	−0.90	02	26	0.99	04	04	3.42	05	12	4.83
01	20	−0.86	02	27	1.06	04	05	3.53	05	13	5.26
01	21	−0.71	02	28	0.95	04	06	3.64	05	14	5.82
01	22	−0.55	02	29	0.97	04	07	3.43	05	15	5.43
01	23	−0.25	03	01	0.93	04	08	3.11	05	16	4.75
01	24	−0.20	03	02	0.73	04	09	2.91	05	17	4.72
01	25	−0.19	03	03	0.89	04	10	3.09	05	18	5.11
01	26	−0.06	03	04	1.16	04	11	2.74	05	19	5.17
01	27	0.10	03	05	1.24	04	12	3.08	05	20	6.03
01	28	0.07	03	06	1.38	04	13	3.49	05	21	6.65
01	29	0.25	03	07	1.55	04	14	3.77	05	22	6.92
01	30	0.36	03	08	1.43	04	15	3.89	05	23	6.70
01	31	0.38	03	09	1.51	04	16	4.47	05	24	6.62
02	01	0.70	03	10	1.67	04	17	4.81	05	25	6.17
02	02	0.87	03	11	1.73	04	18	5.03	05	26	5.98
02	03	1.10	03	12	1.81	04	19	4.91	05	27	5.62
02	04	1.40	03	13	1.68	04	20	4.98	05	28	5.29
02	05	1.62	03	14	1.66	04	21	4.57	05	29	4.73
02	06	1.56	03	15	1.34	04	22	4.60	05	30	4.58
02	07	1.64	03	16	1.28	04	23	4.55	05	31	4.05

续表

月	日	日 ET	月	日	日 ET	月	日	日 ET	月	日	日 ET
06	01	3.80	07	09	4.03	08	16	4.41	09	23	3.21
06	02	3.45	07	10	4.47	08	17	4.57	09	24	3.15
06	03	3.61	07	11	5.15	08	18	4.39	09	25	3.38
06	04	3.75	07	12	5.76	08	19	4.29	09	26	3.19
06	05	3.91	07	13	5.30	08	20	4.81	09	27	3.05
06	06	4.32	07	14	5.21	08	21	4.71	09	28	2.90
06	07	4.69	07	15	5.26	08	22	4.55	09	29	2.53
06	08	4.71	07	16	4.33	08	23	4.91	09	30	1.99
06	09	4.63	07	17	3.68	08	24	4.96	10	01	1.99
06	10	5.11	07	18	3.96	08	25	4.87	10	02	2.03
06	11	4.95	07	19	3.79	08	26	4.75	10	03	1.94
06	12	5.08	07	20	3.54	08	27	4.51	10	04	1.99
06	13	5.03	07	21	3.47	08	28	4.42	10	05	2.09
06	14	4.90	07	22	3.69	08	29	4.58	10	06	1.96
06	15	4.32	07	23	3.84	08	30	4.43	10	07	1.95
06	16	4.33	07	24	3.81	08	31	4.34	10	08	1.96
06	17	3.92	07	25	3.81	09	01	4.34	10	09	2.10
06	18	3.90	07	26	4.23	09	02	4.14	10	10	1.94
06	19	3.78	07	27	3.57	09	03	3.30	10	11	1.88
06	20	3.96	07	28	3.31	09	04	3.18	10	12	1.96
06	21	3.52	07	29	3.25	09	05	2.61	10	13	1.80
06	22	3.54	07	30	3.30	09	06	2.53	10	14	1.95
06	23	3.33	07	31	3.55	09	07	2.61	10	15	1.80
06	24	3.59	08	01	4.19	09	08	2.94	10	16	1.52
06	25	3.65	08	02	4.63	09	09	3.20	10	17	1.64
06	26	3.73	08	03	4.79	09	10	3.42	10	18	1.70
06	27	3.84	08	04	4.84	09	11	3.57	10	19	1.39
06	28	4.36	08	05	4.73	09	12	3.44	10	20	1.38
06	29	4.50	08	06	4.22	09	13	3.29	10	21	1.32
06	30	4.66	08	07	4.19	09	14	3.03	10	22	1.37
07	01	4.85	08	08	4.25	09	15	3.10	10	23	1.25
07	02	5.09	08	09	4.31	09	16	3.17	10	24	1.27
07	03	4.68	08	10	4.45	09	17	3.59	10	25	1.24
07	04	4.17	08	11	5.00	09	18	3.82	10	26	0.89
07	05	3.72	08	12	4.92	09	19	3.86	10	27	1.12
07	06	3.51	08	13	4.97	09	20	3.75	10	28	1.11
07	07	3.35	08	14	4.93	09	21	3.67	10	29	1.05
07	08	3.46	08	15	4.41	09	22	3.31	10	30	1.12

续表

月	日	日 ET	月	日	日 ET	月	日	日 ET	月	日	日 ET
10	31	1.16	11	16	0.82	12	02	0.70	12	18	1.59
11	01	1.16	11	17	0.73	12	03	0.74	12	19	1.34
11	02	1.11	11	18	0.66	12	04	0.84	12	20	1.63
11	03	1.19	11	19	0.70	12	05	1.04	12	21	1.80
11	04	0.81	11	20	0.67	12	06	1.03	12	22	1.60
11	05	0.77	11	21	0.68	12	07	0.99	12	23	1.39
11	06	1.25	11	22	0.72	12	08	0.91	12	24	1.68
11	07	1.32	11	23	0.71	12	09	0.82	12	25	1.80
11	08	1.22	11	24	0.67	12	10	0.64	12	26	1.72
11	09	1.20	11	25	0.69	12	11	0.65	12	27	1.82
11	10	1.30	11	26	0.71	12	12	0.69	12	28	1.89
11	11	1.20	11	27	0.71	12	13	0.71	12	29	1.70
11	12	1.18	11	28	0.77	12	14	0.89	12	30	1.22
11	13	1.14	11	29	0.77	12	15	0.89	12	31	1.26
11	14	1.06	11	30	0.77	12	16	1.06	全年平均		2.56
11	15	0.90	12	01	0.75	12	17	1.37			

附录 H 2017年遥感地面场紫花苜蓿日ET

附表 H　　　　　　　　　　2017年遥感地面场紫花苜蓿日ET　　　　　　　单位：mm/d

月	日	日ET	月	日	日ET	月	日	日ET	月	日	日ET
01	01	1.26	02	08	0.60	03	18	0.68	04	25	3.78
01	02	1.17	02	09	0.60	03	19	0.69	04	26	4.10
01	03	1.13	02	10	0.62	03	20	0.74	04	27	4.50
01	04	1.26	02	11	0.62	03	21	0.72	04	28	4.24
01	05	1.05	02	12	0.76	03	22	0.86	04	29	4.27
01	06	0.85	02	13	0.98	03	23	1.12	04	30	4.48
01	07	0.96	02	14	1.38	03	24	1.20	05	01	4.49
01	08	1.04	02	15	1.38	03	25	1.18	05	02	4.44
01	09	1.02	02	16	1.40	03	26	1.20	05	03	4.95
01	10	0.87	02	17	1.26	03	27	1.20	05	04	4.99
01	11	0.69	02	18	1.07	03	28	1.14	05	05	4.51
01	12	0.56	02	19	1.17	03	29	1.10	05	06	4.53
01	13	0.50	02	20	1.69	03	30	1.23	05	07	4.35
01	14	0.44	02	21	2.29	03	31	1.38	05	08	4.37
01	15	0.52	02	22	2.76	04	01	1.33	05	09	4.55
01	16	0.53	02	23	3.07	04	02	1.25	05	10	5.22
01	17	0.56	02	24	2.58	04	03	1.24	05	11	5.34
01	18	0.60	02	25	2.29	04	04	1.17	05	12	5.80
01	19	0.64	02	26	1.91	04	05	1.01	05	13	5.91
01	20	0.68	02	27	1.64	04	06	0.99	05	14	6.16
01	21	0.74	02	28	1.77	04	07	1.04	05	15	5.49
01	22	0.76	03	01	1.79	04	08	1.14	05	16	5.39
01	23	0.78	03	02	1.60	04	09	1.24	05	17	4.61
01	24	0.65	03	03	1.38	04	10	1.46	05	18	4.50
01	25	0.73	03	04	1.13	04	11	1.60	05	19	4.32
01	26	0.71	03	05	1.03	04	12	1.62	05	20	4.95
01	27	0.71	03	06	1.02	04	13	1.77	05	21	5.40
01	28	0.68	03	07	0.98	04	14	1.82	05	22	5.89
01	29	0.78	03	08	0.98	04	15	1.80	05	23	5.96
01	30	0.66	03	09	0.97	04	16	2.07	05	24	5.79
01	31	0.54	03	10	0.64	04	17	2.36	05	25	5.21
02	01	0.50	03	11	0.64	04	18	2.58	05	26	5.04
02	02	0.49	03	12	0.86	04	19	2.86	05	27	4.86
02	03	0.51	03	13	0.93	04	20	3.02	05	28	4.66
02	04	0.51	03	14	0.94	04	21	3.00	05	29	4.20
02	05	0.56	03	15	0.94	04	22	3.13	05	30	4.05
02	06	0.56	03	16	1.02	04	23	3.25	05	31	3.37
02	07	0.64	03	17	0.82	04	24	3.43	06	01	3.03

月	日	日 ET	月	日	日 ET	月	日	日 ET	月	日	日 ET
06	02	2.62	07	10	3.55	08	17	4.64	09	24	4.70
06	03	2.70	07	11	2.87	08	18	4.42	09	25	4.55
06	04	2.69	07	12	2.51	08	19	4.39	09	26	4.31
06	05	2.78	07	13	2.19	08	20	4.58	09	27	4.29
06	06	2.66	07	14	2.30	08	21	4.93	09	28	3.73
06	07	2.82	07	15	2.26	08	22	5.12	09	29	3.46
06	08	3.03	07	16	2.28	08	23	5.25	09	30	3.71
06	09	3.19	07	17	2.40	08	24	5.08	10	01	3.62
06	10	3.42	07	18	3.09	08	25	4.78	10	02	3.68
06	11	4.09	07	19	3.35	08	26	4.40	10	03	3.90
06	12	3.81	07	20	3.65	08	27	4.25	10	04	3.79
06	13	3.88	07	21	4.02	08	28	4.24	10	05	3.32
06	14	4.36	07	22	4.27	08	29	4.24	10	06	3.00
06	15	4.55	07	23	4.15	08	30	4.25	10	07	2.60
06	16	4.11	07	24	4.41	08	31	4.22	10	08	2.19
06	17	4.71	07	25	4.50	09	01	4.48	10	09	1.75
06	18	4.86	07	26	4.58	09	02	4.97	10	10	1.57
06	19	4.49	07	27	4.68	09	03	5.25	10	11	1.40
06	20	4.47	07	28	4.68	09	04	5.03	10	12	1.36
06	21	4.93	07	29	4.46	09	05	5.18	10	13	1.31
06	22	4.96	07	30	4.38	09	06	4.91	10	14	1.76
06	23	4.56	07	31	4.20	09	07	4.85	10	15	1.61
06	24	4.37	08	01	4.31	09	08	5.17	10	16	1.53
06	25	4.18	08	02	4.42	09	09	5.54	10	17	1.45
06	26	3.75	08	03	4.48	09	10	5.28	10	18	1.51
06	27	3.06	08	04	4.61	09	11	5.42	10	19	1.42
06	28	3.29	08	05	4.71	09	12	5.60	10	20	1.41
06	29	3.42	08	06	4.55	09	13	5.50	10	21	1.36
06	30	3.22	08	07	4.59	09	14	5.81	10	22	1.18
07	01	3.85	08	08	4.85	09	15	6.25	10	23	1.07
07	02	4.70	08	09	4.97	09	16	6.37	10	24	1.08
07	03	4.88	08	10	4.69	09	17	5.93	10	25	1.05
07	04	5.34	08	11	5.01	09	18	5.87	10	26	1.00
07	05	5.99	08	12	4.56	09	19	6.01	10	27	0.94
07	06	5.90	08	13	4.43	09	20	5.56	10	28	0.92
07	07	5.54	08	14	4.28	09	21	5.39	10	29	0.87
07	08	5.15	08	15	4.52	09	22	5.05	10	30	0.94
07	09	4.29	08	16	4.32	09	23	4.95	10	31	0.97

月	日	日 ET	月	日	日 ET	月	日	日 ET	月	日	日 ET
11	01	0.98	11	17	0.55	12	03	0.56	12	19	1.15
11	02	0.93	11	18	0.47	12	04	0.66	12	20	1.44
11	03	1.01	11	19	0.52	12	05	0.85	12	21	1.61
11	04	0.93	11	20	0.49	12	06	0.85	12	22	1.41
11	05	0.90	11	21	0.50	12	07	0.80	12	23	1.20
11	06	1.06	11	22	0.54	12	08	0.72	12	24	1.49
11	07	1.14	11	23	0.53	12	09	0.64	12	25	1.61
11	08	1.04	11	24	0.49	12	10	0.46	12	26	1.53
11	09	1.02	11	25	0.51	12	11	0.47	12	27	1.63
11	10	1.12	11	26	0.53	12	12	0.51	12	28	1.70
11	11	1.02	11	27	0.53	12	13	0.53	12	29	1.51
11	12	0.99	11	28	0.59	12	14	0.71	12	30	1.04
11	13	0.96	11	29	0.59	12	15	0.71	12	31	1.08
11	14	0.88	11	30	0.59	12	16	0.87	全年平均		2.62
11	15	0.72	12	01	0.57	12	17	1.18			
11	16	0.64	12	02	0.52	12	18	1.41			

附录 I 农业区四级土地利用类型及蒸散发

附表 I 农业区四级土地利用类型及蒸散发

三级	四级	面积/km²	1月/万m³	2月/万m³	3月/万m³	4月/万m³	5月/万m³	6月/万m³	7月/万m³	8月/万m³	9月/万m³	10月/万m³	11月/万m³	12月/万m³	全年/万m³
水浇地	小麦	2.09	4.65	4.77	9.21	21.76	30.27	33.43	33.99	33.71	15.17	4.93	2.73	2.54	197.15
	玉米类	22.78	42.69	43.82	84.64	199.85	264.30	326.51	388.41	359.69	157.33	47.05	26.07	24.22	1964.59
	花生	0.80	1.27	1.30	2.51	5.93	7.20	11.05	13.27	13.04	5.67	1.71	0.95	0.88	64.77
	葵花	16.24	30.54	31.36	60.57	143.01	177.13	220.67	275.38	255.75	101.30	27.50	15.23	14.16	1352.61
	辣子	2.22	4.08	4.19	8.09	19.11	24.66	29.96	37.66	35.70	16.10	5.03	2.78	2.59	189.95
	红花	0.27	0.45	0.46	0.89	2.11	3.00	3.82	4.70	4.35	1.82	0.57	0.32	0.29	22.77
	菜地	0.99	1.96	2.02	3.89	9.20	12.38	14.65	16.09	15.69	7.23	2.35	1.30	1.21	87.97
	西红柿	3.85	7.40	7.60	14.68	34.67	42.33	50.16	64.48	59.88	22.51	6.10	3.38	3.14	316.33
	西葫芦	12.89	24.32	24.96	48.22	113.85	143.46	180.39	220.15	206.39	86.66	25.97	14.39	13.37	1102.12
	西瓜	13.16	24.06	24.70	47.70	112.63	144.83	180.43	223.76	205.03	80.92	23.86	13.22	12.28	1093.41
	甜瓜	0.45	0.90	0.93	1.79	4.22	4.93	5.68	7.03	7.02	2.89	0.90	0.50	0.46	37.23
	苜蓿	6.03	14.99	15.38	29.71	70.16	90.71	89.95	97.42	98.01	45.44	14.14	7.83	7.28	581.02
大棚	大棚菜地	1.59	3.36	3.45	6.66	15.74	20.26	22.02	24.64	24.46	10.40	3.11	1.72	1.60	137.42
果园	采摘园	0.11	0.23	0.24	0.46	1.08	1.51	1.71	1.87	1.82	0.88	0.28	0.16	0.15	10.40
高郁闭度有林地	乔木林	0.24	0.52	0.54	1.04	2.45	3.34	3.63	3.70	3.79	1.71	0.56	0.31	0.29	21.86
	杨树、榆树	0.42	0.90	0.93	1.79	4.22	5.41	5.73	5.88	6.30	2.70	0.82	0.46	0.42	35.57

续表

土地利用 三级	土地利用 四级	面积/km²	1月/万 m³	2月/万 m³	3月/万 m³	4月/万 m³	5月/万 m³	6月/万 m³	7月/万 m³	8月/万 m³	9月/万 m³	10月/万 m³	11月/万 m³	12月/万 m³	全年/万 m³
高覆盖度灌木林地	柽柳、芦苇	0.29	0.56	0.57	1.11	2.61	3.59	4.01	4.50	4.51	2.05	0.62	0.34	0.32	24.80
中覆盖度灌木林地	白梭梭	0.02	0.04	0.04	0.08	0.18	0.20	0.26	0.22	0.24	0.06	0.02	0.01	0.01	1.36
疏林地	柽柳、梭梭	0	0	0	0	0	0	0	0	0	0	0	0	0	0
	梭梭疏林	0	0	0	0.01	0.02	0.03	0.03	0.03	0.04	0.02	0	0	0	0.19
苗圃	苗圃	4.40	9.78	10.04	19.39	45.79	60.54	65.59	69.39	68.16	29.40	9.44	5.23	4.86	397.61
高覆盖度草地	杂草	0.80	1.63	1.67	3.23	7.62	10.09	11.52	12.35	11.83	4.82	1.45	0.80	0.75	67.75
中覆盖度草地	中覆盖度杂草	0.25	0.46	0.47	0.92	2.16	2.82	3.44	3.93	3.91	1.71	0.50	0.27	0.26	20.85
	芦苇、盐节木	1.27	2.57	2.64	5.10	12.04	14.95	16.67	17.99	18.34	7.02	1.90	1.05	0.98	101.25
低覆盖度草地	稀疏荒漠	2.15	3.84	3.94	7.61	17.96	21.89	29.27	33.54	32.37	12.64	3.43	1.90	1.77	170.17
低覆盖度灌木草地	梭梭荒漠	0.66	1.27	1.31	2.53	5.97	7.93	8.70	9.10	9.83	4.15	1.25	0.69	0.64	53.36
城镇建筑用地	低层建筑	0.05	0.09	0.10	0.19	0.44	0.59	0.65	0.67	0.67	0.29	0.09	0.05	0.05	3.88
城镇绿地用地	菜地类	0	0	0	0.01	0.02	0.02	0.03	0.03	0.03	0.01	0	0	0	0.16
农村建筑用地	水泥表面	1.32	2.74	2.81	5.43	12.83	16.52	18.48	20.56	19.96	8.44	2.56	1.42	1.32	113.08
公路防护林	杨树、胡杨	3.07	6.72	6.90	13.33	31.48	42.07	45.03	46.57	46.58	20.68	6.75	3.74	3.48	273.33
	杨树、榆树	8.18	16.79	17.24	33.30	78.63	102.84	117.57	135.18	128.59	55.13	16.75	9.28	8.62	719.93
农田防护林	杨树、芦苇	1.02	1.97	2.02	3.91	9.23	12.64	14.98	17.20	16.21	7.34	2.31	1.28	1.19	90.26
农村道路	沥青表面	2.79	5.77	5.92	11.44	27.01	35.16	39.73	44.79	43.19	18.48	5.61	3.11	2.89	243.10
坑塘水面	农业污水	0	0.01	0.01	0.02	0.05	0.06	0.07	0.07	0.07	0.03	0.01	0	0	0.40
裸岩石砾地	裸岩石砾地	0	0	0	0	0	0	0	0	0	0	0	0	0	0
其他未利用地	裸地	0.70	1.36	1.39	2.69	6.35	7.75	9.24	10.34	10.22	3.74	1.04	0.58	0.53	55.23

附录 J 农业区 ET 分布图

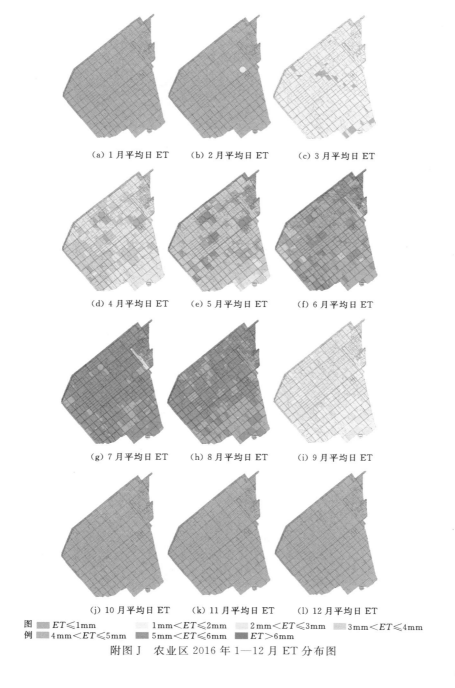

(a) 1 月平均日 ET   (b) 2 月平均日 ET   (c) 3 月平均日 ET

(d) 4 月平均日 ET   (e) 5 月平均日 ET   (f) 6 月平均日 ET

(g) 7 月平均日 ET   (h) 8 月平均日 ET   (i) 9 月平均日 ET

(j) 10 月平均日 ET   (k) 11 月平均日 ET   (l) 12 月平均日 ET

图例 $ET \leqslant 1mm$ $1mm < ET \leqslant 2mm$ $2mm < ET \leqslant 3mm$ $3mm < ET \leqslant 4mm$ $4mm < ET \leqslant 5mm$ $5mm < ET \leqslant 6mm$ $ET > 6mm$

附图 J   农业区 2016 年 1—12 月 ET 分布图

附录 K 常 用 物 理 常 数

附表 K 常 用 物 理 常 数

物 理 量			符号及数值
通用物理常数			
真空中光速			$c = 2.99792458 \times 10^8 \, \text{m/s}$
普朗克（Planck）常数			$h = 6.62606876 \times 10^{-34} \, \text{J/s}$
玻尔兹曼（Boltzmann）常数			$k = 1.3806503 \times 10^{-23} \, \text{J/K}$
斯特藩-玻尔兹曼（Stefan-Boltzmann）常数			$\sigma = 5.670400 \times 10^{-8} \, \text{W/(m}^2 \cdot \text{K}^4)$
维恩（Wien）位移定律常数			$b = 2.8977686 \times 10^{-3} \, \text{m} \cdot \text{K}$
阿伏伽德罗（Avogadro）数			$NA = 6.02214199 \times 10^{23} \, \text{mol}^{-1}$
万有引力常数			$G = 6.67259 \times 10^{-11} \, \text{N} \cdot \text{m}^2/\text{kg}^2$
摩尔气体常数			$R = 8.314472 \, \text{J/(mol} \cdot \text{K})$
声速（1atm，288.15K）			$340.294 \, \text{m/s}$
太阳与地球			
太阳常数			$S = 1366 \pm 3 \, \text{W/m}^2$
太阳平均半径（日盘）			$R_0 = 6.96 \times 10^5 \, \text{km}$
日地距离		平均	$d_0 = 1.496 \times 10^8 \, \text{km}$
		近日点时	$d = 1.47 \times 10^5 \, \text{km}$
		远日点时	$d = 1.52 \times 10^8 \, \text{km}$
		地球质量	$m_e = 5.97370 \times 10^{24} \, \text{kg}$
地球半径		平均	$R_e = 6370.949 \, \text{km}$
		赤道	$R_e = 6378.077 \, \text{km}$
		极地	$R_e = 6356.577 \, \text{km}$
地球自转角速度			$\omega = 7.292115 \times 10^{-5} \, \text{rad/s}$
标准重力加速度			$g = 9.80665 \, \text{m/s}^2$
科氏参数（纬度45°）			$1.03 \times 10^{-4} \, \text{J/s}$
地球大气			
标准大气压			$p_0 = 1013.25 \, \text{hPa}$
干空气平均摩尔质量（90km 以下）			$28.9644 \, \text{g/mol}$
干空气气体常数			$R_d = 287.05 \, \text{J/(kg} \cdot \text{K})$
干空气比定容压热容（定压比热）			$C_{pd} = 1004.07 \, \text{J/(kg} \cdot \text{K})$
干空气比定容热容（定容比热）			$C_{vd} = 717 \, \text{J/(kg} \cdot \text{K})$

物　理　量		符号及数值
空气密度	1atm，273.15K	$\rho_d=1.293kg/m^3$
	1atm，288.15K	$\rho_d=1.225kg/m^3$
水与水汽		
液水密度（0℃）		$1.000\times10^3kg/m^3$
冰的密度		$0.917\times10^3kg/m^3$
水汽气体常数		$461.5J/(kg\cdot K)$
水汽比定压热容（定压比热）		$C_w=1850J/(kg\cdot K)$
水汽比定容热容（定容比热）		$C_w=1390J/(kg\cdot K)$
液水比热容（比热）		$C_i=4218J/(kg\cdot K)$
冰的比热容（比热）		$C_i=2106J/(kg\cdot K)$
水的汽化潜热	0℃	$L_{wv}=2500.6J/g$
	100℃	$L_{wv}=2250J/g$
水的熔解潜热（0℃）		$L_{iw}=333.6J/g$
水的升华潜热（0℃）		$L_{iv}=2834.2J/g$

附录L 项目现场照片

(a) 水利部948项目遥感地面校验场仪器设施

附图L（一）　项目现场照片

（b）水利部 948 项目培训及工作现场

附图 L（二） 项目现场照片

附录 M 国产卫星遥感影像掠影

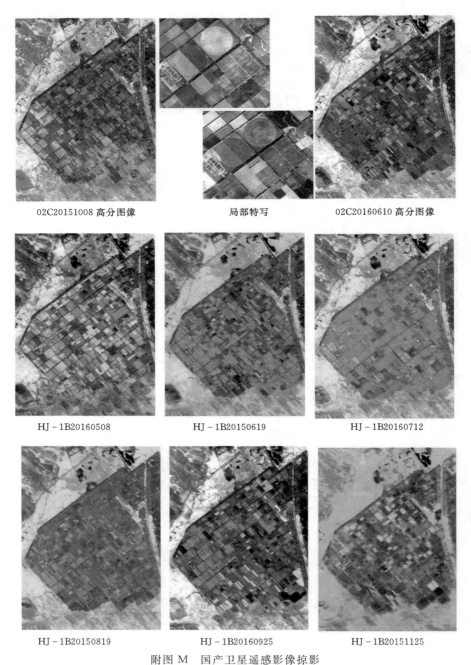

附图 M 国产卫星遥感影像掠影

附录 N 基于 HJ - 1B 和 CB04 卫星遥感数据 反演示范区日 ET 分布图

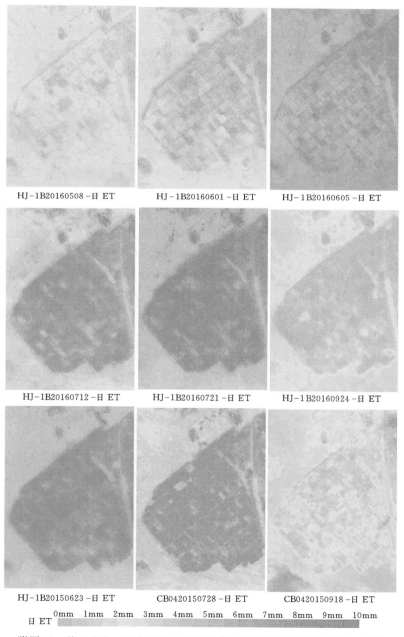

附图 N 基于 HJ - 1B 和 CB04 卫星遥感数据反演示范区日 ET 分布图

结　束　语

　　茫茫人海，擦肩而过即为缘分，即使对语争论，也无所谓，这是机遇。如果能短暂合作，那将十分幸福，就如同郑和下西洋能同舟共济探索新领域。谢谢您打开此书，十分期盼，他日能当面言谢。水是生命之源、生命之本、人类赖以生存的必要条件。我不敢相信地球最后一滴水，是人的眼泪，但局部地区为水而战却在时时发生。为了避免未来水资源危机波及整个地球村，为实现人类可持续发展，你、我总应该有所贡献。这是小草的呼唤、人的责任，因为截至目前，人类仍是宇宙唯一的幸运儿、地球最智慧的生命。地球永恒需要我们代代携手竭力保护并主动创造机遇。

　　为了促进我国水资源可持续发展，加强生态环境保护，国家实行最严格水资源管理制度，全面推进节水型社会建设。与此同时不断加强水资源管理、节水、生态用水保护等关键技术研发。基于我国遥感技术快速发展的先决条件及水利发展的急切需要，水利部持续加大遥感及应用技术的研发力度，新疆水利厅积极鼓励、促进遥感技术的应用推广。

　　在此背景下，水利部新疆维吾尔自治区水利水电勘测设计研究院基于国家和新疆发展形势，持续开展了遥感应用的研究工作。我有幸先后负责或参与完成了新疆国土资源环境综合调查研究项目的《新疆水资源遥感综合调查专题》《中澳国际合作项目塔里木河流域四源一干水土资源演变遥感调查》《中巴资源卫星应用技术的开发》《干旱区流域生态水权界定技术体系研究》以及水利部"948"计划项目《遥感地面校验系统引进及应用技术开发》等的研究。在这些研究中，学习和开发了多项新技术，并进一步加深了对 ET 重要性的认识。ET 技术对于水资源可持续利用、农业高效节水、生态用水保护、现代水资源管理、精准与智慧农业建设、生态城市建设等都具有重要意义。经过持续试验和研究，基本解决了基于国产卫星的遥感 ET 反演、校验及应用等关键技术难题，其深入研究和规模化应用将促进更高精度遥感 ET 产品的生产，将促进基于 ET 的水资源精准管理、农业高效节水监测管理、智慧农业建设、生态水权保护以及精准气象服务等的发展，并为人类和谐用水、和平用水、公平用水等提供重要技术支撑。

　　为了进一步推进研发和应用，以遥感 ET 反演、校验和应用为主线，撰写此书，希望借此系统介绍相关理论与技术、应用及发展前景。蒸散发是水利、气象、农业等多领域研究的热点，蒸散发研究属于多学科交叉前沿科技，目前还存在着许多理论与技术难题需要解决。提高遥感 ET 精度和质量是世界性难题，我们仅在个别方面取得了突破，未来的路还很长，期待您的参与。

　　专著分四篇，即理论与技术、遥感 ET 反演、遥感 ET 校验和遥感 ET 应用。如果您是领域专家，完全可跨过理论与技术篇，直接浏览后三篇；如果您是相关研究者，不妨先了解一下理论与技术篇；如果您是感兴趣的非专业人士，可只浏览第 1 章和第 10 章，而略去其他章节；如果您是商业精英，则需要全篇宏观阅读。

　　人类可持续发展是永恒主题，保护地球环境更加刻不容缓。唱响新时代乐章，需要新理念、新科技，更需要实际行动。时不我待，破浪前行，方能不愧于时代的呼唤，尽显我辈风采、本色与担当。

这是一部专业书籍，虽然其中隐匿着科学神奇、无限机遇以及巨大挑战，但不一定能激发您的雅兴别致。由于文词所限，虽已竭尽全力，但可能还会浪费您的神力，有些可能还十分晦涩，对此我深表歉意。

不论您是否购买此书，我们都十分感谢您的光顾。为了便于日后交流探讨，可将信息发送到我的个人邮箱 xjsdsjj@sina.com，再次感谢您的光顾。

> 人海悠悠或匆忙，
> 擦肩叠影难回首。
> 铿锵对语当机遇，
> 携手同舟走大洋。
> 宇宙无垠系满堂，
> 摇篮第二藏迷茫。
> 人生百岁赛朝阳，
> 代代同心创永恒。

索建军

2019 年 6 月 30 日